转型发展系列教材

U0616776

线性代数及其应用

（第2版）

主　编　苗成双　宋军智　李　文
副主编　王秋娇　胡　容

西南交通大学出版社
·成　都·

图书在版编目（CIP）数据

线性代数及其应用 /苗成双，宋军智，李文主编. 2 版. -- 成都 : 西南交通大学出版社，2025. 1.

ISBN 978-7-5774-0223-9

Ⅰ. 0151. 2

中国国家版本馆 CIP 数据核字第 20245RS568 号

Xianxing Daishu ji qi Yingyong

线性代数及其应用（第 2 版）

主编　苗成双　宋军智　李　文

策划编辑	罗爱林
责任编辑	孟秀芝
助理编辑	卢韵玥
责任校对	左凌涛
封面设计	何东琳设计工作室
出版发行	西南交通大学出版社 （四川省成都市金牛区二环路北一段 111 号 西南交通大学创新大厦 21 楼）
营销部电话	028-87600564　028-87600533
邮政编码	610031
网　址	https://www.xnjdcbs.com
印　刷	四川森林印务有限责任公司
成品尺寸	185 mm × 260 mm
印　张	18.75
字　数	468 千
版　次	2025 年 1 月第 2 版
印　次	2025 年 1 月第 10 次
书　号	ISBN 978-7-5774-0223-9
定　价	56.00 元

总 序

教育部、国家发展改革委、财政部《关于引导部分地方普通本科高校向应用型转变的指导意见》指出：

“当前，我国已经建成了世界上最大规模的高等教育体系，为现代化建设作出了巨大贡献。但随着经济发展进入新常态，人才供给与需求关系深刻变化，面对经济结构深刻调整、产业升级加快步伐、社会文化建设不断推进特别是创新驱动发展战略的实施，高等教育结构性矛盾更加突出，同质化倾向严重，毕业生就业难和就业质量低的问题仍未有效缓解，生产服务一线紧缺的应用型、复合型、创新型人才培养机制尚未完全建立，人才培养结构和质量尚不适应经济结构调整和产业升级的要求。”

“贯彻党中央、国务院重大决策，主动适应我国经济发展新常态，主动融入产业转型升级和创新驱动发展，坚持试点引领、示范推动，转变发展理念，增强改革动力，强化评价引导，推动转型发展高校把办学思路真正转到服务地方经济社会发展上来，转到产教融合校企合作上来，转到培养应用型技术技能型人才上来，转到增强学生就业创业能力上来，全面提高学校服务区域经济社会发展和创新驱动发展的能力。”

高校转型的核心是人才培养模式，因为应用型人才和学术型人才是有所不同的。应用型技术技能型人才培养模式，就是要建立以提高实践能力为引领的人才培养流程，建立产教融合、协同育人的人才培养模式，实现专业链与产业链、课程内容与职业标准、教学过程与生产过程对接。

应用型技术技能型人才培养模式的实施，必然要求进行相应的课程改革，我们这套“转型发展系列教材”就是为了适应转型发展的课程改革需要而推出的。

希望教育集团下属的院校，以培养应用型、技术技能型人才为职责使命，其人才培养目标与国家大力推动的转型发展的要求高度契合。在办学过程中，围绕培养应用型、技术技能型人才，教师们在不同的课程教学中进行卓有成效的探索与实践。为此，我们将经过教学实践检验的、较成熟的讲义陆续整理出版。一来与兄弟院校共同分享这些教改成果，二来也希望兄弟院校对于其中的不足之处进行指正。

让我们共同携起手来，增强转型发展的历史使命感，大力培养应用型技术技能型人才，使其成为产业转型升级的“助推器”、促进就业的“稳定器”、人才红利的“催化器”！

汪辉武

2016年6月

第二版前言

本书在历经四川省普通本科高等学校应用人才培养指导委员会与四川省应用型本科高校联盟的联合评审后，凭借其卓越质量荣获“首届优秀教材”理学类优秀奖。第二版教材在继承第一版精华的基础上，经过长期教学实践的积淀，紧密围绕当前“应用型、技术技能型人才”的培养需求，并顺应计算机编程领域 Python 语言的流行趋势，进行全面而深入的修订工作。

在修订过程中，本书对绪论部分进行大幅度调整，更加详尽地阐释了线性代数的主要研究内容，并对后续章节进行有机串联，以帮助学生构建更为系统、完整的线性代数知识体系，深入领会各章节间的内在联系。此外，第 1 章新增了行列式的应用实例，旨在丰富学生对行列式实际应用的认知。第 2、3、4 章不仅增加了更多的实际案例，凸显了线性代数在不同领域的广泛应用和重要作用，而且改进了数学实验的编程语言，由原先的 MATLAB 转变为更为普及、友好且免费的 Python 语言，从而降低了学生的学习门槛，提高了实验教学的效果。

本次修订旨在为学生提供更加优质、实用的学习资源，助力其更好地掌握线性代数的核心知识和应用技能。为此，教材在每节末尾设置课后习题，根据难度不同分为基础训练和能力提升两个层次，并针对考研需求特别选入了考研真题。每章末尾还增加知识结构网络图与章节测验，以帮助学生及时复习并自测学习成效。

在编写理念上，本书以 OBE 教育理念为基础，紧密结合应用型人才培养方案，将学生的毕业要求指标与知识能力目标进行拆解，构建知识-目标矩阵。基于该矩阵，反向设计课后习题，并注重将习题与实际应用场景相结合，以检验学生对知识点的掌握程度及其实际应用能力，进而提升学生的实践能力和问题解决能力。

为实现知识传授、能力培养与价值塑造的有机统一，本书深入挖掘课程中的思政元素，并巧妙融入各章节中。实现全程育人、全方位育人的教育目标。

此外，第二版教材还对部分章节的编排与内容进行适当调整，优化全书结构。在排版方面，采用双色印刷，以不同颜色突出重难点与常用知识点，便于学生快速掌握核心内容。

在修订过程中，李文负责统稿并对绪论及正文内容进行深入修订，王秋娇、王俊鑫负责习题部分的编写与 OBE 目标标注，胡容、沈雪负责案例补充，王俊鑫负责 Python 编程的编写，王彭波、苗成双、宋军智负责校稿工作。各位编者各司其职，共同为教材的质量提升做出贡献。

需要注意的是，在编写过程中，本书引用了一些网络上的优秀论述与观点。若涉及版权问题，敬请及时与编者联系，我们将尽快妥善处理。同时，尽管我们在编撰过程中力求精确无误，但难免存在疏漏与不足之处。我们衷心欢迎广大读者提出宝贵的批评与建议，以便我们不断完善教材内容，提高教材质量。

编　者

2024 年 3 月

第一版前言

代数源于阿拉伯语 Algebra，其原意是“结合在一起”。代数的功能就是把很多看似不相关的事物“结合在一起”，进行高度抽象。其目的是方便解决问题和提高效率，把许多看似不相关的问题划归为一类问题。

科技实践中，数学问题的实际转化为两类：一类是线性问题，另一类是非线性问题。线性问题是迄今为止研究最久、理论最完善的；非线性问题在一定基础上可以转化为线性问题。

线性代数是数学的一个分支，是研究变量间线性关系的数学学科，其研究对象是数组和数组间的运算关系。由于科学技术研究中的非线性模型通常可以被近似为线性模型，使得线性代数被广泛地应用于自然科学和社会科学中。迄今为止，线性代数在工程技术、心理学、经济学及管理学等领域中有广泛而深入的应用。

2014 年以来，在国家政策引导及市场需求下，诸多高校向应用型大学整体转型，以“应用型人才”作为人才培养目标。现有线性代数教材非常重视理论知识的讲解，而对知识的应用看得较轻。为契合培养“应用型”人才的目标，故编写了适合应用型本科院校及高职高专使用的线性代数及其应用教材。本教材以行列式、矩阵为工具，研究线性方程组、向量组、二次型及应用等问题。

本教材具有以下特点：

（1）以实例引入理解概念。章节以实际问题引入，便于学生理解实际问题怎样归纳为线性代数问题，使学生能从数学角度看待实际问题，并能进一步用数学方法解决实际问题。

（2）各章理论去繁就简。该书体系为归纳体系，即从简单例子中发现规律（被严格数学上所证明成立），易于学生接受；学生能从中举一反三，触类旁通地进一步思考和总结。

（3）突出应用实例。在每章末，列举出实际实例，运用该章的数学知识解决问题，提高学生利用数学初步解决实际问题的能力。

（4）尝试和数学建模结合，培养学生使用 MATLAB 的能力。本书增加了数学实验，使学生以 MATLAB 为工具，使用计算或编程来实现线性代数的应用问题。

本书引言由苗成双主笔，第 1 章由许凌云、陈康编写，第 2 章由李文、谢杨晓洁老师编写，第 3 章由郭伦众、宋军智老师编写，第 4 章由赵威、李媛老师编写。全书由宋军智、苗成双统稿，叶建军教授校稿。

由于作者水平有限，教材中难免有错误和不妥之处，欢迎读者批评指正。

最后，诚挚地感谢胡成教授对该教材的指导！

编 者

2018 年 7 月

目录

绪　论

线性代数作为代数学乃至整个数学的重要分支，其核心在于探究线性问题的代数理论. 而代数，这一数学的重要分支，主要研究数、数量、关系、结构以及代数方程. 代数（Algebra）一词源于阿拉伯语，其本意是“结合在一起”，这恰恰体现了代数的核心功能——将看似不相关的事物和问题进行高度抽象，划归为一类问题，从而方便解决并提高效率.

为了更深入地展现代数的功能及其学习的趣味性，下面通过一首脍炙人口的数学启蒙儿歌来进行详细阐述.

《数青蛙》

一只青蛙一张嘴，
两只眼睛四条腿，
扑通一声跳下水。
两只青蛙两张嘴，
四只眼睛八条腿，
扑通扑通跳下水。
三只青蛙三张嘴，
六只眼睛十二条腿，
扑通扑通扑通跳下水。
……

从代数的视角来看，这首儿歌中的数学关系可以通过引入代数符号来进行高度抽象和概括. 具体而言，可以用字母 k 来代表儿歌中提及的青蛙的数目. 通过这种设定，可以将儿歌中的具体情境转化为一个简洁的数学表达式，从而实现对问题的抽象化处理.

k 只青蛙 k 张嘴，
$2k$ 只眼睛 $4k$ 条腿，
“扑通” k 声跳下水。

这种处理方式不仅充分展现了代数的核心功能——将具体问题抽象化、一般化，同时也凸显了代数在简化问题、提高效率方面的独特优势. 通过代数方法，可以将复杂的实际问题转化为易于处理的数学形式，从而更高效地解决问题.

显然，运用代数方法来描述问题具有精确且扼要的特点. 在代数学中，“以字母代数”的方式进行运算是一种极为常见且有效的方法. 正如人们在购物时希望用有限的资金购买到多功能物品一样，在科学研究中，我们也期望利用从众多事物中提炼出的普遍结论与方法，来应对和解决各种复杂问题. 这正是抽象思维的强大之处，它能够帮助我们超越具体问题的限制，洞察事物背后的本质和规律.

那么，所谓的线性问题，究竟是什么呢?

0.1 线性模型的历史与发展

早在大约 4 000 年前，古巴比伦人便已经能够求解由两个方程构成的二元一次线性方程组，这展示了人类对线性关系认识的早期萌芽. 随着时间的推移，线性代数的理论和应用得到了不断地发展和完善.

到了公元 200 年前，中国的《九章算术》已经解决了由 3 个方程构成的三元一次方程组求解问题，这标志着线性方程组求解方法的进一步成熟. 这些成就不仅展示了古代数学家的智慧，也为后世的线性代数理论发展奠定了坚实的基础.

随着科学技术的不断进步，线性代数在工程、经济等领域的应用愈发广泛. 特别是在计算机技术的崛起之后，线性代数的应用得到了前所未有的发展. 列昂惕夫使用 Mark Ⅱ 计算机求解了描述美国经济状况的 42×42 的线性方程组，这一创举不仅解决了实际问题，也标志着应用计算机求解大规模数学模型的开始.

从此，线性代数在工程、经济、物理、生物等众多领域中都发挥着不可或缺的作用. 无论是优化问题、信号处理、图像处理还是机器学习等领域，线性模型都是重要的工具和方法. 随着研究的深入和技术的不断进步，线性模型的应用前景将更加广阔.

0.2 认识“线性”

线性问题与非线性问题构成了数学领域的两大基石. 其中，线性问题以其深厚的理论基础和广泛的研究背景，成为数学领域中研究最为深入、理论最为完善的一类问题. 因此，在面临数学问题时，首先需要对其进行分类，判断其属于线性问题还是非线性问题.

对于线性问题，可以直接借助线性代数的理论和方法进行求解，其简洁明了的性质和规律使得求解过程相对直观和高效. 而对于非线性问题，尽管其复杂性和多样性给求解带来了一定的挑战，但在一定条件下或近似范围内，许多非线性问题可以通过转化为线性问题来求解. 这种转化技巧在数学和工程领域得到了广泛应用，比如在一元微分学中，常利用微分（即线性主部）来近似处理函数的非线性增量，从而简化问题的求解过程.

然而，值得注意的是，许多学生在完成“线性代数”课程学习后，仍对线性关系的概念感到模糊. 这可能是因为线性关系在实际应用中具有多种表现形式，不仅限于数学方程或函数. 因此，需要进一步加深对线性关系的理解，以便更好地应用它解决实际问题.

首先需要明确什么是线性. 在代数学领域，线性一词通常指线性映射（或称线性变换）. 线性映射必须严格满足 2 个核心条件：

（1）（可加性）当有两个向量 $\boldsymbol{u}$ 和 $\boldsymbol{v}$ 分别经过线性映射 T 后，其映射结果的和等于这两个向量先求和再经过映射的结果. 用数学表达式表示为

$$T(\boldsymbol{u}+\boldsymbol{v})=T(\boldsymbol{u})+T(\boldsymbol{v})$$

这一性质体现了线性映射对向量加法的保持性.

（2）（齐次性）当向量 $\boldsymbol{u}$ 经过线性映射 T 后，再与一个标量 c 相乘，其结果等于该向量先与标量相乘再经过映射的结果. 用数学表达式表示为

$$T(c\boldsymbol{u})=cT(\boldsymbol{u})$$

这一性质体现了线性映射对向量与标量乘法的保持性.

从解析几何中知道，线性函数在二维平面上展现为直线的形态. 更具体地说，二元一次方程与二维平面上的直线之间存在一一对应的关系，即每一个二元一次方程在平面上都对应着一条确定的直线，反之亦然. 例如，形如 $y=kx+b$（其中 k 和 b 为常数）的函数，通常称之为一元线性函数. 当该函数简化为 $y=kx$ 的形式时，它描述的是一条经过原点的直线，此形式即为最简单的一元线性函数，如图 0.1 所示.

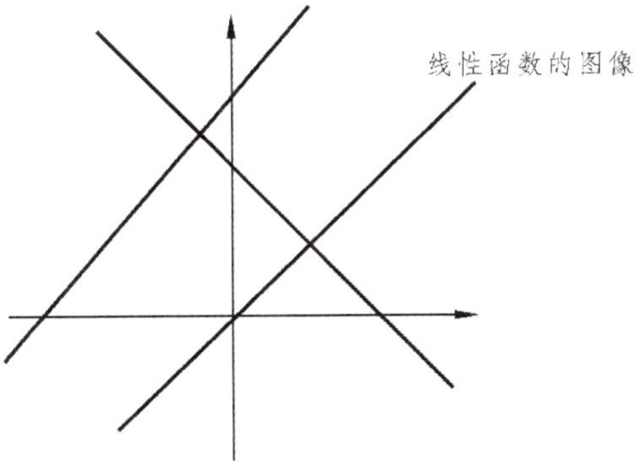

图 0.1

然而，严格来说，函数 $y=kx+b$（k,b 为常数）并不属于线性映射. 这是因为在 $y=kx+b$ 中，如果考虑两个点 $(x_1,\ y_1)$ 和 $(x_2,\ y_2)$，其中 $y_1=kx_1+b$ 和 $y_2=kx_2+b$，那么 y_1+y_2 并不等于 $k(x_1+x_2)+b$，除非 $b=0$. 如果考虑一个点 $(x,\ y)$ 和一个标量 c，那么 $cy=c(kx+b)$ 并不等于 $k(cx)+b$，除非 $b=0$. 从上述两点可以看出，只有当 $b=0$ 时，$y=kx$ 才满足线性映射的定义.

线性映射与线性函数虽然都涉及“线性”这一概念，但它们在数学中的定义和应用有所不同.

线性函数，通常指的是一元线性函数，主要强调的是函数的形式和图像特性，即该函数呈现为一次多项式的形态，在几何图形上表现为一条直线. 这里的“线性”指的是函数关系式中的变量以一次方的形式出现.

然而，当谈到线性映射或线性变换时，这一概念则处于线性代数的框架之下. 它描述的是向量空间之间的一个映射，这个映射保持向量加法和标量乘法的结构. 也就是说，对于向量空间中的任意 2 个向量和任意标量，线性映射满足：映射后的向量和等于映射前向量和的

映射，映射后的标量乘向量等于标量乘映射前的向量.

因此，在使用“线性”这一概念时，需要根据具体的上下文来准确理解其含义.

当在一个系统中考虑多个变元时，线性关系可以描述为这些变元之间的一次函数关系.这种关系体现在每个变元都仅以其一次方的形式出现在关系式中，并且各个变元之间不存在乘积或其他非线性形式.

具体来说，线性关系可以表示为多个变元的线性组合，即每个变元乘以一个常数（通常称为系数）后再相加，形成一个线性表达式，即

$$f(x)=a_1x_1+a_2x_2+\cdots+a_nx_n$$

这样的线性表达式在数学、物理、工程等多个领域中都有广泛的应用.

那么，何为非线性关系呢？以下是一些相关示例：

$$y=kx^2,\quad y=\ln x$$

等都是非线性关系.

线性代数是一门非常实用的学科，大学本科非数学类专业线性代数课程的两大主题分别为多元线性方程组与线性变换.

本章 0.3 节将率先探讨线性方程组，通过简明扼要的实例，引出线性代数中的诸多核心概念. 此举旨在双重目的：其一，协助学生更加清晰地识别在求解线性方程组过程中所面临的挑战，明确为解决这些挑战所需的知识储备与技能掌握；其二，旨在使学生更加条理化地理解本课程各章节之间的内在逻辑与联系.

至于 0.4 节，将简要阐述线性变换的基本定义，探讨其与先前所学知识的关联，剖析特征值与特征向量产生的背景及其几何含义，阐述研究相似矩阵的重要性及关键定理，并在结尾处对二次型的相关知识进行简要介绍.

0.3 线性方程组简介

0.3.1 线性方程组

形如

$$a_1x_1+a_2x_2+\cdots+a_nx_n=b$$

的方程称为含有 n 个未知元的线性方程，其中 $a_1,a_2,\cdots,a_n$ 和 b 为实数，$x_1,x_2,\cdots,x_n$ 称为变量.

注：下标 n 可以是任意正整数，在本书的例题中，n 通常在 2 与 5 之间. 在实际问题中，n 可以是 100，10 000 或更大.

线性方程组是由一个或几个包含相同变量 $x_1,x_2,\cdots,x_n$ 的线性方程所组成的，这里研究一般的线性方程组.

定义 1 含有 m 个方程和 n 个未知量的线性方程组定义为

$$\begin{cases} a_{11}x_1 + a_{12}x_2 + \cdots + a_{1n}x_n = b_1 \\ a_{21}x_1 + a_{22}x_2 + \cdots + a_{2n}x_n = b_2 \\ \cdots\cdots \\ a_{m1}x_1 + a_{m2}x_2 + \cdots + a_{mn}x_n = b_m \end{cases}$$

其中 a_{ij} 和 b_i 均为实数，$a_{ij}(i=1,2,\cdots,m;\ j=1,2,\cdots,n)$ 是未知数的系数，$b_i(i=1,2,\cdots,m)$ 是常数项.

如果 $b_i=0(i=1,2,\cdots,m)$，则称之为齐次线性方程组，否则，称之为非齐次线性方程组.

若 n 元有序数组 $(x_1,x_2,\cdots,x_n)$ 满足方程组中的所有方程，则称其为方程组的一个解.

空间直线与平面的位置关系为线性方程组的结构理论提供了直观且深刻的几何阐释. 同样地，线性代数中的线性方程组结构理论对于深入理解直线与平面的位置关系亦具有举足轻重的作用.

以下便是一个典型的例证：

$$\begin{cases} x_1 + 2x_2 = 1 \\ x_1 - 3x_2 = -4 \end{cases}$$

求包含两个未知数的两个方程组成的方程组的解，等价于求两条直线的交点. 这两个方程的图形都是直线，分别用 l_1 和 l_2 表示，实数对 (x_1,x_2) 满足这两个方程当且仅当点 (x_1,x_2) 是这两条直线的交点，容易验证有序数对 $(-1,1)$ 为方程组的解. 因为

$$\begin{cases} 1\cdot(-1)+2\cdot(1)=1 \\ 1\cdot(-1)-3\cdot(1)=-4 \end{cases}$$

从图 0.2 可知这个解是唯一的.

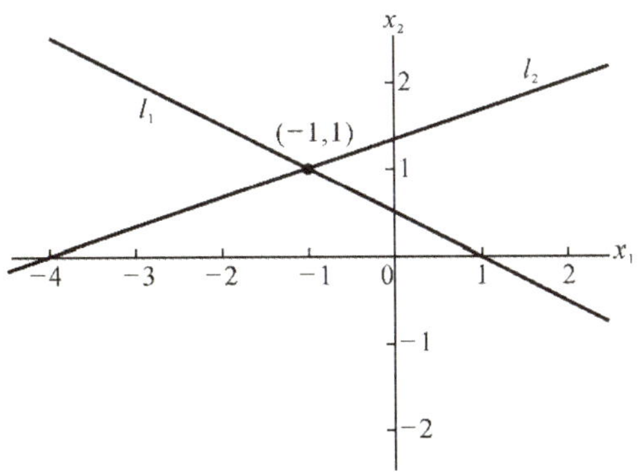

图 0.2

诚然，两条直线未必交于一点. 它们可能平行，此时平行的直线间无交点，对应于线性方程组无解的情形；也可能重合，重合的两条直线上任意一点均可视为交点，此时线性方程组有无穷多解.

图 0.3 是方程组① $\begin{cases} x_1 + 2x_2 = 1 \\ -x_1 - 2x_2 = 1 \end{cases}$ 和② $\begin{cases} x_1 + 2x_2 = 1 \\ -2x_1 - 4x_2 = -2 \end{cases}$ 对应的图形.

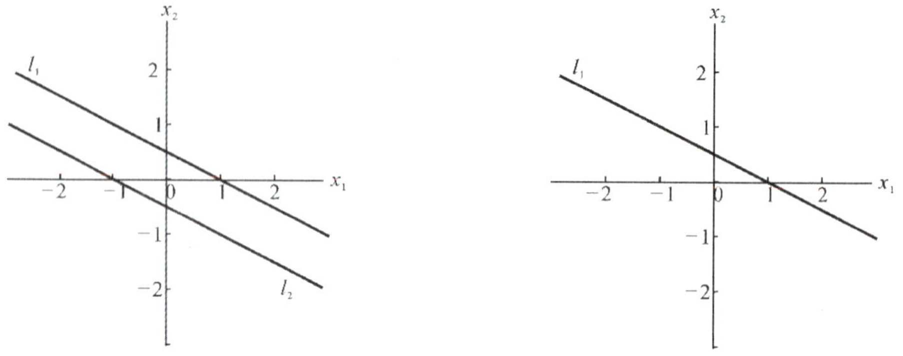

图 0.3

图 0.2 与图 0.3 详细阐述了二元线性方程组解的存在性，具体表现为唯一解、无穷多解及无解 3 种情形. 基于上述情形，可以合理推断，此结论同样适用于一般线性方程组.

线性方程组的解有以下 3 种情形：

（1）无解；

（2）有唯一解；

（3）有无穷多解.

一般而言，线性方程组的求解涉及以下两个基本问题：

1. 方程组是否有解？若线性方程组有解，它是否只有一个解？
2. 若方程组有无穷多解，能否求出其所有解？

方程组的全部解的集合称为方程组的**通解**. 相对于通解，称方程组的一个解为**特解**.

接下来，将通过引例来说明如何求解线性方程组.

引例 1 考虑如下线性方程组

$$\begin{cases} 2x_1 - x_2 + 3x_3 = 1 \\ x_2 - x_3 = 2 \\ x_3 = 3 \end{cases}. \tag{0-1}$$

方程组（0-1）称为严格三角形方程组.

定义 2 若方程组中，第 k 个方程的前 $k-1$ 个未知量的系数均为零，且 $x_k\,(k=1,2,\cdots,n)$ 的系数不为零，则称该方程组为**严格三角形**.

解 显然严格三角形方程组（0-1）较容易求解. 因为，由最后一个方程可知 $x_3=3$，将其代入第二个方程可得 $x_2=5$，再将这些值代入第一个方程，可得 $x_1=-3/2$. 于是得到线性方程组（0-1）的唯一解：

$$\begin{cases} x_1 = -3/2 \\ x_2 = 5 \\ x_3 = 3 \end{cases}$$

引例 1 的解法可以推广到一般的严格三角形方程组：

从最后一个方程解出所含的未知数的值，代入上一个方程再解出一个未知数的值，由下而上依次将已求出的未知数的值代入上一个方程，可以依次求出所有的未知数的值，从而求出方程组的解. 这种求解严格三角形方程组的方法为回代法.

事实上，并不是所有的方程组都是严格三角形的，例如下面的引例 2.

引例 2　考虑如下线性方程组
$$\begin{cases}2x_1-x_2+3x_3=1\\2x_1+x_2+x_3=5\\4x_1+x_2+2x_3=5\end{cases}.\tag{0-2}$$

解　鉴于方程组（0-2）并非严格三角形，其求解过程似乎相对复杂一些. 然而，实际上方程组（0-2）与方程组（0-1）具有相同的解. 为阐明此点，需回顾中学时期所学的高斯消元法，保留第一个方程中的 x_1，把其他方程中的 x_1 消去. 为此，先把第一个方程乘以 -1，加到第二个方程上：

$$\begin{array}{r}-1\times[\text{方程}1]\\+[\text{方程}2]\\\hline[\text{新方程}2]\end{array}\qquad\qquad\begin{array}{r}-2x_1+x_2-3x_3=-1\\2x_1+x_2+\ \ x_3=5\\\hline 2x_2-2x_3=4\end{array}$$

把原来的第二个方程用所得新方程代替：

$$\begin{cases}2x_1-x_2+3x_3=1\\\qquad 2x_2-2x_3=4\\4x_1+x_2+2x_3=5\end{cases}$$

再把第一个方程的 -2 倍加到第三个方程上：

$$\begin{array}{r}-2\times[\text{方程}1]\\+[\text{方程}3]\\\hline[\text{新方程}3]\end{array}\qquad\qquad\begin{array}{r}-4x_1+2x_2-6x_3=-2\\4x_1+\ \ x_2+2x_3=5\\\hline 3x_2-4x_3=3\end{array}$$

把原来的第三个方程用所得新方程代替：

$$\begin{cases}2x_1-x_2+3x_3=1\\\qquad 2x_2-2x_3=4\\\qquad 3x_2-4x_3=3\end{cases}$$

然后，把第二个方程乘以 1/2，使 x_2 的系数变成 1（这步计算可以简化下一步中的运算）：

$$\begin{cases}2x_1-x_2+3x_3=1\\\qquad\quad x_2-x_3=2\\\qquad 3x_2-4x_3=3\end{cases}$$

再把第二个方程的 -3 倍加到第三个方程上：

$$\begin{array}{r}-3\times[\text{方程}2]\\+[\text{方程}3]\\\hline[\text{新方程}3]\end{array}\qquad\qquad\begin{array}{r}-3x_2+3x_3=-6\\3x_2-4x_3=3\\\hline -x_3=-3\end{array}$$

把原来的第三个方程用所得新方程代替，并把第三个方程乘以 – 1，使得 x_3 系数变为 1：

$$\begin{cases}2x_1 - x_2 + 3x_3 = 1\\ \qquad\quad x_2 - x_3 = 2\\ \qquad\qquad\quad x_3 = 3\end{cases}$$

因此 (x_1, x_2, x_3) 为方程组（0-2）的解的充要条件是 (x_1, x_2, x_3) 是方程组（0-1）的解，即方程组（0-1）和方程组（0-2）有相同的解 $\left(-\dfrac{3}{2}, 5, 3\right)$.

定义 3 如果两个线性方程组含有相同的未知量，且具有相同的解集，则称它们同解（或方程组是等价的）.

按照定义 2，两个方程组同解是指它们的解的集合相等. 集合相等是一种等价关系，因此方程组同解也是一种等价关系. 特别地，方程组同解具有传递性.

从引例 2，得到求解一般线性方程组的思路：通过加减消元法将一般方程组转化为与其同解法的三角形方程组来求解. [事实上，当方程组不是唯一解时，不可能将其化简为严格三角形的. 这个结论可以由克莱姆（Cramer）法则加以证明（详见 1.4 节）.]

为得到等价的方程组常用到以下 3 种运算.

定义 4 下列 3 种运算称为方程组的初等变换.

（1）互换性：交换两个方程的位置；

（2）数乘性：用一个非零常数乘以一个方程；

（3）倍加性：将一个方程的 k 倍加到另一个方程上去.

注意： 如果用一种初等变换将一个线性方程组变成另一个线性方程组，则也可以用初等变换将后者变成前者，即初等变换的过程是**可逆**的.

定理 1 用初等变换得到的新的线性方程组与原方程组同解（证明略）.

在运用消元法解决线性方程组的过程中，可以观察到这一过程本质上是对未知量的系数和常数项进行化简与消去，而未知量本身并未参与运算. 鉴于此，反复书写代表未知数的字母显得冗余且不必要. 为简化书写并凸显解方程组过程中的核心要素——即系数的运算，故而采用分离系数法. 具体而言，通过省略代表未知数的字母和等号，仅将方程组的所有系数及常数按照原有位置排列，形成一个数表，即矩阵.

矩阵就是一个矩形的数字阵列（详见 2.1 节）. 一个 m 行 n 列的矩阵称为 $m \times n$ 矩阵.

如果矩阵的行数和列数相等，即 $m = n$，则称该矩阵为方阵.

每个方阵均可与一个称为方阵行列式的实数相对应（详见 1.1 节），该数值可用于判断矩阵是否奇异（或可逆）.

例如，把方程组 $\begin{cases}2x_1 - x_2 + 3x_3 = 1\\ 2x_1 + x_2 + x_3 = 5\\ 4x_1 + x_2 + 2x_3 = 5\end{cases}$ 中每一个未知量的系数写在对齐的一列中，三阶方阵 $\begin{bmatrix}2 & -1 & 3\\ 2 & 1 & 1\\ 4 & 1 & 2\end{bmatrix}$ 就称为该方程组的系数矩阵.

如果在系数矩阵右侧添加一列（这一列是由方程组右边的常数组成的），得到 3×4 矩阵

$\left[\begin{array}{ccc|c} 2 & -1 & 3 & 1 \\ 2 & 1 & 1 & 5 \\ 4 & 1 & 2 & 5 \end{array}\right]$ 称为该方程组的**增广矩阵**.

引例 2' 求解线性方程组（0-2）$\begin{cases} 2x_1 - x_2 + 3x_3 = 1 \\ 2x_1 + x_2 + x_3 = 5 \\ 4x_1 + x_2 + 2x_3 = 5 \end{cases}$.

解 在消去未知数的过程中，同时采用方程组及其对应的矩阵形式进行表示，以便于对比. 采用矩阵表示方程组的目的，不仅在于简化方程组的表示形式，更在于便捷地展现解方程组的过程. 一旦方程组被转化为矩阵形式，方程组的初等变换便转化为对矩阵各行的相应变换.

先把第一个方程乘以 -1，加到第二个方程上：

$$\begin{cases} 2x_1 - x_2 + 3x_3 = 1 \quad \times(-1) \\ 2x_1 + x_2 + x_3 = 5 \\ 4x_1 + x_2 + 2x_3 = 5 \end{cases} \qquad \left[\begin{array}{ccc|c} 2 & -1 & 3 & 1 \\ 2 & 1 & 1 & 5 \\ 4 & 1 & 2 & 5 \end{array}\right] \times(-1)$$

再把第一个方程的 -2 倍加到第三个方程上：

$$\begin{cases} 2x_1 - x_2 + 3x_3 = 1 \quad \times(-2) \\ 2x_2 - 2x_3 = 4 \\ 4x_1 + x_2 + 2x_3 = 5 \end{cases} \qquad \left[\begin{array}{ccc|c} 2 & -1 & 3 & 1 \\ 0 & 2 & -2 & 4 \\ 4 & 1 & 2 & 5 \end{array}\right] \times(-2)$$

然后，把第二个方程乘以 1/2，使 x_2 的系数变成 1.

$$\begin{cases} 2x_1 - x_2 + 3x_3 = 1 \\ 2x_2 - 2x_3 = 4 \quad \times\frac{1}{2} \\ 3x_2 - 4x_3 = 3 \end{cases} \qquad \left[\begin{array}{ccc|c} 2 & -1 & 3 & 1 \\ 0 & 2 & -2 & 4 \\ 0 & 3 & 4 & 3 \end{array}\right] \times\frac{1}{2}$$

再把第二个方程的 -3 倍加到第三个方程上：

$$\begin{cases} 2x_1 - x_2 + 3x_3 = 1 \\ x_2 - x_3 = 2 \quad \times(-3) \\ 3x_2 - 4x_3 = 3 \end{cases} \qquad \left[\begin{array}{ccc|c} 2 & -1 & 3 & 1 \\ 0 & 1 & -1 & 2 \\ 0 & 3 & 4 & 3 \end{array}\right] \times(-3)$$

把原来的第三个方程用所得新方程代替，并把第三个方程乘以 -1，使得 x_3 系数变为 1：

$$\begin{cases} 2x_1 - x_2 + 3x_3 = 1 \\ x_2 - x_3 = 2 \\ -x_3 = -3 \quad \times(-1) \end{cases} \qquad \left[\begin{array}{ccc|c} 2 & -1 & 3 & 1 \\ 0 & 1 & -1 & 2 \\ 0 & 0 & -1 & -3 \end{array}\right] \times(-1)$$

得到等价方程组：

$$\begin{cases} 2x_1 - x_2 + 3x_3 = 1 \\ x_2 - x_3 = 2 \\ x_3 = 3 \end{cases} \qquad \left[\begin{array}{ccc|c} 2 & -1 & 3 & 1 \\ 0 & 1 & -1 & 2 \\ 0 & 0 & 1 & 3 \end{array}\right]$$

用于得到等价方程组的 3 个运算，对应于矩阵的 3 种初等行变换.

初等行变换有三种：

（1）矩阵的某两行元素互换；

（2）用一个非零数 k 乘以矩阵的某一行的元素；

（3）矩阵的某行元素的 k 倍对应加到另一行.

由此可见，为了以更简洁的方式研究线性方程组，需要深入研究矩阵及初等行变换的相关知识. 关于矩阵及初等变换的详尽内容将在第 2 章详细阐述. 值得注意的是，矩阵的初等变换不仅可用于求解线性方程组，未来还可用于解决诸多其他问题，如判断线性相关性、求极大线性无关组与秩、计算行列式、求二次型的标准型等.

前文引例中展示的线性方程组均具备严格三角形的特性（或可通过初等行变换转化为严格三角形），此类方程组均具备唯一解.

然而，并非所有线性方程组均符合此规律. 当线性方程组无法等价转化为严格三角形方程组时，可考虑将其化为某种特定的阶梯形方程组.

定义 5 若一个矩阵满足如下条件，则称其为**阶梯形**（或**行阶梯形**）矩阵：

（1）每个阶梯只有一行；

（2）元素不为零的行（非零行）的第一个非零元素的列标随着行标的增大而严格增大（列标一定小于行标）；

（3）元素全为零的行（如果有的话）必在矩阵的非零行的下面几行.

例如，以下矩阵均为阶梯形矩阵. 为便于区分，用“·”表示非零行的首个非零元素，而“*”则用于标识该位置上的元素可取任意值，包括零值.

$$\begin{bmatrix} \bullet & * & * & * \\ 0 & \bullet & * & * \\ 0 & 0 & 0 & 0 \\ 0 & 0 & 0 & 0 \end{bmatrix} \qquad \begin{bmatrix} 0 & \bullet & * & * & * & * & * & * \\ 0 & 0 & 0 & \bullet & * & * & * & * \\ 0 & 0 & 0 & 0 & \bullet & * & * & * \\ 0 & 0 & 0 & 0 & 0 & 0 & \bullet & * \end{bmatrix}$$

事实上，任何非零矩阵均可通过初等行变换转化为行阶梯形矩阵，而该阶梯形矩阵可进一步通过初等行变换简化为行最简形矩阵.

定义 6 在阶梯形矩阵中，若非零行的第一个非零元素全为 1，且非零行的第一个元素 1 所在的列的其余元素全为零，则称该矩阵为**行最简形**矩阵.

例如，下列矩阵都是行最简形的.

$$\begin{bmatrix} 1 & 0 & * & * \\ 0 & 1 & * & * \\ 0 & 0 & 0 & 0 \\ 0 & 0 & 0 & 0 \end{bmatrix} \qquad \begin{bmatrix} 0 & 1 & * & 0 & 0 & * & 0 & * \\ 0 & 0 & 0 & 1 & 0 & * & 0 & * \\ 0 & 0 & 0 & 0 & 1 & * & 0 & * \\ 0 & 0 & 0 & 0 & 0 & 0 & 1 & * \end{bmatrix}$$

值得注意的是，尽管采用不同的方法可能导致非零矩阵化为形态各异的阶梯形矩阵，但每个矩阵均对应唯一的行最简形矩阵. 显然，相较于其他形式，行最简形矩阵所对应的线性方程组在求解过程中更为便捷.

接下来，将通过引例 3 深入探讨如何利用四等行变换来确定线性方程组解集的具体情况.

引例 3　求解线性方程组（0-3）$\begin{cases} x_1 + x_2 - 2x_3 - x_4 = -1 \\ 4x_2 - x_3 - x_4 = 1 \\ 6x_3 + 6x_4 = 6 \end{cases}$.

解　下面利用初等行变换将增广矩阵化为行最简形（注：用字母 r 代表行，c 代表列，r_i 即为第 i 行）.

注意：原方程组中等于 1 或 0 的未知数系数都被省略了，但在矩阵中不能省略.

$$\left[\begin{array}{cccc|c} 1 & 1 & -2 & -1 & -1 \\ 0 & 4 & -1 & -1 & 1 \\ 0 & 0 & 6 & 6 & 6 \end{array}\right] \xrightarrow{r_3 \times \frac{1}{6}} \left[\begin{array}{cccc|c} 1 & 1 & -2 & -1 & -1 \\ 0 & 4 & -1 & -1 & 1 \\ 0 & 0 & 1 & 1 & 1 \end{array}\right] \xrightarrow{r_2 \times \frac{1}{4}} \left[\begin{array}{cccc|c} 1 & 1 & -2 & -1 & -1 \\ 0 & 1 & -\frac{1}{4} & -\frac{1}{4} & \frac{1}{4} \\ 0 & 0 & 1 & 1 & 1 \end{array}\right] \text{行阶梯形}$$

$$\xrightarrow{r_1 - r_2} \left[\begin{array}{cccc|c} 1 & 0 & -\frac{7}{4} & -\frac{3}{4} & -\frac{5}{4} \\ 0 & 1 & -\frac{1}{4} & -\frac{1}{4} & \frac{1}{4} \\ 0 & 0 & 1 & 1 & 1 \end{array}\right] \xrightarrow{r_1 + \frac{7}{4} r_3} \left[\begin{array}{cccc|c} 1 & 0 & 0 & 1 & \frac{1}{2} \\ 0 & 1 & -\frac{1}{4} & -\frac{1}{4} & \frac{1}{4} \\ 0 & 0 & 1 & 1 & 1 \end{array}\right]$$

$$\xrightarrow{r_2 + \frac{1}{4} r_3} \left[\begin{array}{cccc|c} 1 & 0 & 0 & 1 & \frac{1}{2} \\ 0 & 1 & 0 & 0 & \frac{1}{2} \\ 0 & 0 & 1 & 1 & 1 \end{array}\right] \text{行最简形}$$

上述矩阵对应的方程组为

$$\begin{cases} x_1 \qquad + x_4 = \dfrac{1}{2} \\ \quad x_2 \qquad = \dfrac{1}{2} \\ \qquad x_3 + x_4 = 1 \end{cases}$$

由于上述等价方程组并非严格三角形，故原方程组无法获得唯一解. 在增广矩阵中，每一行首个非零元所对应的未知量被称为主元未知量，因此 x_1，x_2，x_3 为主元未知量. 而在化简过程中被跳过的列所对应的未知量则被称为自由未知量. 这意味着这些未知量可以取任意值. 因此 x_4 为自由未知量.

将此方程组中含 x_4 的项移到等号的右端，得

$$\begin{cases} x_1 = -x_4 + \dfrac{1}{2} \\ x_2 = \dfrac{1}{2} \\ x_3 = -x_4 + 1 \end{cases} \tag{0-4}$$

当表达式（0-4）中的自由未知量 x_4 取定一个值（如 $x_4 = 1$），得到方程组（0-3）的一个解（如 $x_1 = -1/2$，$x_2 = 1/2$，$x_3 = 0$，$x_4 = 1$），称之为方程组（0-3）的特解. 由于自由未知量 x_4 的取值是任意实数，x_4 取值的不同，确定了方程组得到不同的解，方程组的每个解由 x_4 的值的选择来确定. 由此可知该线性方程组有解且解不唯一，称其有无穷多解.

注意：自由未知量的选取不是唯一的，如引例 4 也可以将 x_3 取作自由未知量.

用自由未知量表示主元未知量的表达式（0-4）显示了方程组（0-3）的所有解. 如果将表达式（0-4）中的自由未知量 x_4 取一任意常数 c，即令 $x_4 = c$，就得到方程组（0-3）的通解

$$\begin{cases} x_1 = -c + \dfrac{1}{2} \\ x_2 = \dfrac{1}{2} \\ x_3 = -c + 1 \\ x_4 = c \end{cases}$$

表达式（0-4）被用作解集的参数表示，其中自由未知量作为参数. 求解方程组就是找出这种参数表示形式的解集，或确定无解. 同时，还应掌握用向量形式表示方程组的通解，即了解解的结构. 至于线性方程组解的存在性判别及解集合结构问题，将在第 3 章进一步探讨.

0.3.2　线性方程组与矩阵方程、向量方程的关系

为了更全面地阐述线性方程组的求解问题，下面将从 3 个不同但彼此等价的视角对其展开研究，即作为矩阵方程、作为向量方程以及作为线性方程组. 在构建实际问题的数学模型时，可以根据需求自由地选择最适宜的形式.

为求得线性方程组的等价表达形式，需引入向量、向量的线性组合以及矩阵乘法等相关概念.

定义 7　只有一行的矩阵 $[a_1 \quad a_2 \quad \cdots \quad a_n]$，称为**行矩阵**或 **$n$ 维行向量**. 为避免元素间的混淆，行矩阵也记作 $[a_1, a_2, \cdots, a_n]$.

只有一列的矩阵 $\begin{bmatrix} b_1 \\ b_2 \\ \vdots \\ b_m \end{bmatrix}$ 称为**列矩阵**或 **m 维列向量**. 本书中，列向量用黑体小写字母 $\boldsymbol{a}$，$\boldsymbol{b}$，$\boldsymbol{\alpha}$，$\boldsymbol{\beta}$ 等表示. 所讨论的向量在没有指明是行向量还是列向量时，都当作列向量.

定义 8　若两个矩阵**相等**，则它们的维数以及它们对应的元素必相等.

定义 9　以数 λ 乘以矩阵 $\boldsymbol{A}$ 中的每一个元素所得到的矩阵称为数 λ 与矩阵 $\boldsymbol{A}$ 的数量乘积，简称**矩阵的数乘**，记作 $\lambda\boldsymbol{A}$ 或 $\boldsymbol{A}\lambda$，即

$$\lambda\boldsymbol{A} = \boldsymbol{A}\lambda = \begin{bmatrix} \lambda a_{11} & \lambda a_{12} & \cdots & \lambda a_{1n} \\ \lambda a_{21} & \lambda a_{22} & \cdots & \lambda a_{2n} \\ \vdots & \vdots & & \vdots \\ \lambda a_{m1} & \lambda a_{m2} & \cdots & \lambda a_{mn} \end{bmatrix}$$

定义 10　设矩阵 $\boldsymbol{A} = [a_{ij}]_{m\times s}$，$\boldsymbol{B} = [b_{ij}]_{s\times n}$，规定 $\boldsymbol{A}$ 与 $\boldsymbol{B}$ 的**乘积**为一个 $m\times n$ 的矩阵 $\boldsymbol{C} = [c_{ij}]_{m\times n}$，其中 $c_{ij} = a_{i1}b_{1j} + a_{i2}b_{2j} + \cdots + a_{is}b_{sj} = \sum\limits_{k=1}^{s} a_{ik}b_{kj}\ (i = 1,2,\cdots,m; j = 1,2,\cdots,n)$. 并将此乘积记作 $\boldsymbol{C} = \boldsymbol{AB}$，称 $\boldsymbol{A}$ 左乘矩阵 $\boldsymbol{B}$，或 $\boldsymbol{B}$ 右乘矩阵 $\boldsymbol{A}$.

定义 11 给定向量组 $\boldsymbol{A}:\boldsymbol{\alpha}_1,\boldsymbol{\alpha}_2,\cdots,\boldsymbol{\alpha}_m$，对于任何一组实数 $k_1,k_2,\cdots,k_m$，表达式

$$k_1\boldsymbol{\alpha}_1+k_2\boldsymbol{\alpha}_2+\cdots+k_m\boldsymbol{\alpha}_m$$

称为向量组 $\boldsymbol{A}$ 的一个线性组合.

设 $\boldsymbol{A}=\begin{bmatrix} a_{11} & a_{12} & \cdots & a_{1n} \\ a_{21} & a_{22} & \cdots & a_{2n} \\ \vdots & \vdots & & \vdots \\ a_{m1} & a_{m2} & \cdots & a_{mn} \end{bmatrix}$ 是一个 $m\times n$ 矩阵，将矩阵 $\boldsymbol{A}$ 的第 j 列记为列向量

$$\boldsymbol{a}_j=\begin{bmatrix} a_{1j} \\ a_{2j} \\ \vdots \\ a_{mj} \end{bmatrix}(j=1,2,\cdots,n)$$

矩阵 $\boldsymbol{A}$ 可以用它的列向量组表示为 $\boldsymbol{A}=(\boldsymbol{a}_1,\ \boldsymbol{a}_2,\cdots,\ \boldsymbol{a}_n)$.

若 $\boldsymbol{x}=\begin{bmatrix} x_1 \\ x_2 \\ \vdots \\ x_n \end{bmatrix}$ 是一个 n 维列向量，则 $\boldsymbol{A}$ 与 $\boldsymbol{x}$ 的乘积就是 $\boldsymbol{A}$ 的各列与 $\boldsymbol{x}$ 中对应元素的线性组合，即

$$\boldsymbol{A}\boldsymbol{x}=\begin{bmatrix} \boldsymbol{a}_1 & \boldsymbol{a}_2 & \cdots & \boldsymbol{a}_n \end{bmatrix}\begin{bmatrix} x_1 \\ x_2 \\ \vdots \\ x_n \end{bmatrix}=x_1\boldsymbol{\alpha}_1+x_2\boldsymbol{\alpha}_2+\cdots+x_n\boldsymbol{\alpha}_n$$

由上述定义，含有 $\boldsymbol{m}$ 个方程和 $\boldsymbol{n}$ 个未知量的线性方程组

$$\begin{cases} a_{11}x_1+a_{12}x_2+\cdots+a_{1n}x_n=b_1 \\ a_{21}x_1+a_{22}x_2+\cdots+a_{2n}x_n=b_2 \\ \cdots\cdots \\ a_{m1}x_1+a_{m2}x_2+\cdots+a_{mn}x_n=b_m \end{cases} \tag{0-5}$$

若记方程组右端常数项为向量 $\boldsymbol{b}=\begin{bmatrix} b_1 \\ b_2 \\ \vdots \\ b_m \end{bmatrix}$，则可将方程组（0-5）改写成包含向量的线性组合的向量方程

$$x_1\boldsymbol{a}_1+x_2\boldsymbol{a}_2+\cdots+x_n\boldsymbol{a}_n=\boldsymbol{b} \tag{0-6}$$

也可将方程（0-6）左边的线性组合写成矩阵乘向量（称之为矩阵方程）的形式

$$\boldsymbol{A}\boldsymbol{x}=\boldsymbol{b} \tag{0-7}$$

定理 2 若 $\boldsymbol{A}$ 是 $m\times n$ 矩阵，它的各列为 $\boldsymbol{a}_1,\boldsymbol{a}_2,\cdots,\boldsymbol{a}_n$，而 $\boldsymbol{b}$ 是 m 维列向量，则矩阵方程

$$\boldsymbol{A}\boldsymbol{x}=\boldsymbol{b}$$

与向量方程

$$x_1\boldsymbol{\alpha}_1+x_2\boldsymbol{\alpha}_2+\cdots+x_n\boldsymbol{\alpha}_n=\boldsymbol{b}$$

有相同的解集. 它又与增广矩阵

$$\overline{\boldsymbol{A}}=[\boldsymbol{A} \mid \boldsymbol{b}]=[\boldsymbol{a}_1 \quad \boldsymbol{a}_2\cdots\boldsymbol{a}_n \quad \boldsymbol{b}]$$

的线性方程组有相同的解集.

定理 2 不仅拓宽了线性方程组的研究思路，而且紧密地将线性方程组、矩阵、向量等相关知识联结在一起.

通过前面的论述，可知在线性方程组的求解过程中，可采用克莱姆法则、消元法以及矩阵理论等多种方法. 然而，需注意的是，某些法则与理论的应用须满足特定条件. 为了对线性方程组进行更为深入且全面的探究，应首先牢固掌握上述理论和方法.

0.3.3　线性方程组在实际生活中的应用

线性规划作为运筹学的重要分支，其解决过程依赖于大量的线性代数方法. 一旦掌握了线性代数与线性规划的知识，便能够将现实生活中的诸多问题抽象为线性规划问题，进而求得最优解. 例如，在产品生产计划中，通过合理调配人力、物力、财力等资源，以实现利润最大化；在劳动力安排中，力求以最少劳动力满足工作需求；在运输问题中，通过制定科学的运输方案，实现总运费的最小化. 这些均为线性规划在实际应用中的体现. 以下将通过具体实例进行详细阐述.

引例 4　构造有营养的减肥食谱

20 世纪 80 年代盛行的剑桥食谱，乃是由霍华德（Alan H. Howard）博士领衔的科学家团队，历经 8 年对过度肥胖患者的临床研究，在剑桥大学精心编制的成果. 此食谱以粉状低热量食品形式呈现，其碳水化合物、优质蛋白质与脂肪的比例经过精准调配，并辅以维生素、矿物质微量元素及电解质，以确保营养均衡. 近年来，该食谱助力数百万人实现快速且有效的减重目标.

为达到理想的营养数量与比例，Howard 博士在食谱中融入了多种食材. 每种食材虽能提供人体所需的多种成分，但难以维持正确的比例. 例如，脱脂牛奶作为蛋白质的主要来源，却含有过多的钙，因此引入大豆粉作为替代，其钙含量相对较低. 然而，大豆粉中脂肪含量偏高，故又添加乳清以平衡，因乳清脂肪含量较少. 但乳清又富含碳水化合物，由此引发了营养比例的调整问题.

以下通过一个简化案例来阐述这一问题. 表 0.1 列出了该食谱中的 3 种食物及其每 100 g 所含的某些营养素数量. 若以这 3 种食物作为日常主食，应如何确定各自的用量，以确保全面且准确地满足营养需求？

表 0.1　3 种食物及其所含的营养素数量

营养素/g	每 100 g 食物所含营养			减肥所要求的每日营养量
	脱脂牛奶	大豆面粉	乳清	
蛋白质	36	51	13	33
碳水化合物	52	34	74	45
脂肪	0	7	1.1	3

解　设脱脂牛奶的用量为 x_1 个单位（以 100 g 为单位），大豆面粉的用量为 x_2 个单位（以 100 g 为单位），乳清的用量为 x_3 个单位（以 100 g 为单位）.

解法一　导出方程的一种方法是对每种营养素分别列出方程. 例如，

$$\begin{Bmatrix} x_1\text{单位的} \\ \text{脱脂牛奶} \end{Bmatrix} \times \begin{Bmatrix} \text{每单位脱脂牛} \\ \text{奶所含蛋白质} \end{Bmatrix}$$

给出 x_1 单位脱脂牛奶供给的蛋白质. 类似地加上大豆粉和乳清所含蛋白质，就应该等于每日所需的蛋白质. 类似的计算对每种成分都可进行. 由此，可建立如下方程组

$$\begin{cases} 36x_1 + 51x_2 + 13x_3 = 33 \\ 52x_1 + 34x_2 + 74x_3 = 45 \\ \qquad\quad 7x_2 + 1.1x_3 = 3 \end{cases}$$

解法二　更有效的方法（概念上更为简单）是考虑每种食物所含“营养素向量”而建立向量方程. x_1 单位脱脂牛奶供应的营养素是下列标量乘法：

$$\underset{\text{标量}}{\underset{\uparrow}{\begin{Bmatrix} x_1\text{单位的} \\ \text{脱脂牛奶} \end{Bmatrix}}} \times \underset{\text{向量}}{\underset{\uparrow}{\begin{Bmatrix} \text{每单位脱脂} \\ \text{牛奶的营养素} \end{Bmatrix}}} = x_1\boldsymbol{a}_1$$

其中 $\boldsymbol{a}_1$ 是表 0.1 的第一列. 设 $\boldsymbol{a}_2$ 和 $\boldsymbol{a}_3$ 分别为大豆粉和乳清的对应向量，$\boldsymbol{b}$ 为表示每日所需营养素的向量（表中 0.1 中最后一列）. 则 $x_2\boldsymbol{a}_2$ 和 $x_3\boldsymbol{a}_3$ 分别给出由 x_2 单位大豆粉和 x_3 单位乳清给出的营养素. 所需方程为

$$x_1\boldsymbol{a}_1 + x_2\boldsymbol{a}_2 + x_3\boldsymbol{a}_3 = \boldsymbol{b}$$

再利用线性方程组、向量方程和矩阵与矩阵之间的关系，就可以得到以下的矩阵方程

$$x_1\begin{bmatrix} 36 \\ 52 \\ 0 \end{bmatrix} + x_2\begin{bmatrix} 51 \\ 34 \\ 7 \end{bmatrix} + x_3\begin{bmatrix} 13 \\ 74 \\ 1.1 \end{bmatrix} = \begin{bmatrix} 33 \\ 45 \\ 3 \end{bmatrix} \Rightarrow \begin{bmatrix} 36 & 51 & 13 \\ 52 & 34 & 74 \\ 0 & 7 & 1.1 \end{bmatrix}\begin{bmatrix} x_1 \\ x_2 \\ x_3 \end{bmatrix} = \begin{bmatrix} 33 \\ 45 \\ 3 \end{bmatrix} \Rightarrow \boldsymbol{Ax} = \boldsymbol{b}$$

利用 Python 语言进行编程求解这个问题非常方便，代码如下：

```
import numpy as np
# 定义矩阵 A 和向量 b
A = np.array([[36, 51, 13],
              [52, 34, 74],
              [0, 7, 1.1]])
b = np.array([[33],
              [45],
              [3]])
# 使用 linalg.solve 求解 Ax = b
x = np.linalg.solve(A, b)
print("x=",x)
```

程序执行的结果：

```
x= [[0.27722318]
    [0.39192086]
    [0.23323088]]
```

即脱脂牛奶的用量为 27.7 g、大豆面粉的用量为 39.2 g、乳清的用量为 23.3 g 时，就能保证所需的综合营养量.

事实上，剑桥食谱的制造者精心选用了 33 种食物，以提供 31 种必需的营养成分. 为特定人类或牲畜设计食谱的问题屡见不鲜，这通常被视为线性规划技术的应用范畴. 前述构造向量方程的方法，往往能够简化这些问题的求解过程，尤其是在算法设计方面.

上述实例表明，正是实际应用问题的需求，催生了线性代数这一学科的诞生与发展. 同时，我国古代天文历法资料亦显示，一次同余问题的研究显然受到了天文、历法需求的推动. 可以说，历史上线性代数的首个问题便是关于解线性方程组的问题. 总之，线性代数之所以历经长时间的蓬勃发展，是因为由其广泛的应用所推动.

还有一些情况，比如计算机要反复地解一个线性方程组

$$\begin{cases} a_{11}x_1 + a_{12}x_2 + \cdots + a_{1n}x_n = b_1 \\ a_{21}x_1 + a_{22}x_2 + \cdots + a_{2n}x_n = b_2 \\ \cdots\cdots \\ a_{n1}x_1 + a_{n2}x_2 + \cdots + a_{nn}x_n = b_n \end{cases}$$

其中，仅等号右边的常数项在变化，而左边的系数都不变. 那么就希望变换成

$$\begin{cases} x_1 = c_{11}b_1 + c_{12}b_2 + \cdots + c_{1n}b_n \\ x_2 = c_{21}b_1 + c_{22}b_2 + \cdots + c_{2n}b_n \\ \cdots\cdots \\ x_n = c_{n1}b_1 + c_{n2}b_2 + \cdots + c_{nn}b_n \end{cases}$$

这样可以减少计算量，也就会产生矩阵求逆的问题（详见 2.3 节）.

线性代数的发展与线性方程组的求解是息息相关的. 线性代数有独立的、系统的科学体系，在实践中应用极为广泛，尤其是它为用计算机解线性方程组提供了科学的理论基础.

0.4　线性变换与二次型简介

线性代数的另一重要议题是探讨线性变换. 线性变换涵盖了两个核心概念：线性与变换. 变换的本质在于将一个对象转化为另一个对象，例如将一个向量转变为另一个向量，进而亦可将一个空间转换为另一个空间. 从通俗的角度而言，“变换”本质上是一种函数，它接受一个输入并输出相应的结果. 之所以称之为变换，是因为从几何视角来看，可以将变换理解为一种“运动”方式，如旋转、伸缩、投影或这些操作的叠加. 以实例为证，常见的求导操作便是一种典型的变换，$\dfrac{\mathrm{d}f(x)}{\mathrm{d}x}$ 把 $f(x)$ 变成 $f'(x)$. 而线性的概念，如同前文所述，需满足可加性与齐次性.

若将变换视作函数，则可将中学阶段学习的函数概念进行推广：

（1）当研究对象转变为常数项为 0 的多元一次函数 $y=a_1x_1+a_2x_2+\cdots+a_nx_n$（即线性函数）时，由 n 个 n 元线性函数组成的函数组 $y_i=a_{i1}x_1+a_{i2}x_2+\cdots+a_{in}x_n(i=1,2,\cdots,n)$ 便构成了一种线性变换.

（2）当研究对象转变为仅包含二次项而不含一次项与常数项的二次多项式时，这种二次齐次函数 $f(x_1,\ x_2,\cdots,\ x_n)=a_{11}x_1^2+a_{22}x_2^2+\cdots+a_{nn}x_n^2+2a_{12}x_1x_2+2a_{13}x_1x_3+\cdots+2a_{n-1,n}x_{n-1}x_n$ 便成为第 4 章将要深入研究的二次型.

下面给出线性变换的严格定义.

定义 12　一个从 $\mathbf{R}^n$ 到 $\mathbf{R}^m$ 的映射（或称函数、变换）T，如果对所有的 $\boldsymbol{v}_1,\boldsymbol{v}_2\in\mathbf{R}^n$ 及所有的标量 α 和 β，有

$$T(\alpha\boldsymbol{v}_1+\beta\boldsymbol{v}_2)=\alpha T(\boldsymbol{v}_1)+\beta T(\boldsymbol{v}_2)$$

则称其为线性变换，记作 $T:\mathbf{R}^n\to\mathbf{R}^m$.

线性变换是否独立于其他知识点之外？它与先前学习的矩阵、行列式理论及线性方程组之间是否存在某种关联？下面，将通过一个简洁且易懂的例子来加以阐释.

根据先前的学习，已经了解到矩阵方程 $\boldsymbol{Ax}=\boldsymbol{b}$ 与对应的向量方程 $x_1\boldsymbol{\alpha}_1+x_2\boldsymbol{\alpha}_2+\cdots+x_n\boldsymbol{\alpha}_n=\boldsymbol{b}$ 之间的差异仅在于表示方式的不同. 然而，矩阵方程 $\boldsymbol{Ax}=\boldsymbol{b}$ 在线性代数及其应用中（如计算机图形学、信号传输等）的出现，并非仅仅与向量的线性组合问题直接相关. 通常，将矩阵 $\boldsymbol{A}$ 视为一种特定的对象，它通过乘法“作用”于向量 $\boldsymbol{x}$，从而得到一个新的向量，即 $\boldsymbol{Ax}$.

例如，方程

$$\begin{bmatrix}4 & -3 & 1 & 3\\2 & 0 & 5 & 1\end{bmatrix}\begin{bmatrix}1\\1\\1\\1\end{bmatrix}=\begin{bmatrix}5\\8\end{bmatrix} \text{和} \begin{bmatrix}4 & -3 & 1 & 3\\2 & 0 & 5 & 1\end{bmatrix}\begin{bmatrix}1\\4\\-1\\3\end{bmatrix}=\begin{bmatrix}0\\0\end{bmatrix}$$

$$\uparrow \quad \uparrow \quad \uparrow \qquad \uparrow \quad \uparrow \quad \uparrow$$

$$\boldsymbol{A} \quad \boldsymbol{x} \quad \boldsymbol{b} \qquad \boldsymbol{A} \quad \boldsymbol{u} \quad \boldsymbol{0}$$

乘以矩阵 $\boldsymbol{A}$ 后，将 $\boldsymbol{x}$ 变成了 $\boldsymbol{b}$，将 $\boldsymbol{u}$ 变成了零向量，如图 0.4 所示.

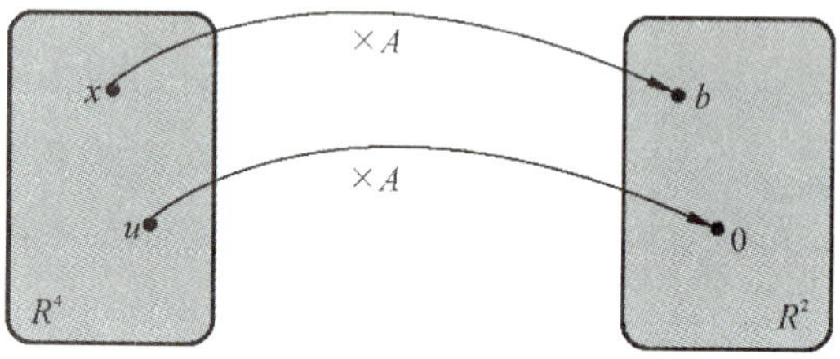

图 0.4　通过矩阵乘法变换向量

由这个观点，解方程组 $\boldsymbol{Ax}=\boldsymbol{b}$ 就是要求出 $\mathbf{R}^4$ 中所有经过乘以 $\boldsymbol{A}$ 的“作用”后变为 $\mathbf{R}^2$ 中 $\boldsymbol{b}$ 的向量 $\boldsymbol{x}$.

通过上例，可以看到线性变换可以用一个矩阵 $\boldsymbol{A}$ 来定义. 事实上，对每一个从 $\mathbf{R}^n$ 到 $\mathbf{R}^m$ 的线性变换 T，都存在一个 $m\times n$ 矩阵 $\boldsymbol{A}$，使得 $T(x)=\boldsymbol{Ax}$. 也就是说从 $\mathbf{R}^n$ 到 $\mathbf{R}^m$ 的每一个线性变换实际上都是一个矩阵变换（为简单起见，矩阵变换记为 $\boldsymbol{x}\mapsto\boldsymbol{Ax}$），反之亦然. 术语“线性变换”聚焦于映射的本质属性，而“矩阵变换”则详述了如何实现此类映射. 因此，如此，变换 $\boldsymbol{T}$ 的重要性质都归结为矩阵 $\boldsymbol{A}$ 的性质.

下面，将通过两个直观的例子，进一步阐释线性变换与矩阵之间的等价关系.

引例 5　求椭圆 $\dfrac{x^2}{a^2}+\dfrac{y^2}{b^2}=1(a>b>0)$（如图 0.5 所示）的面积.

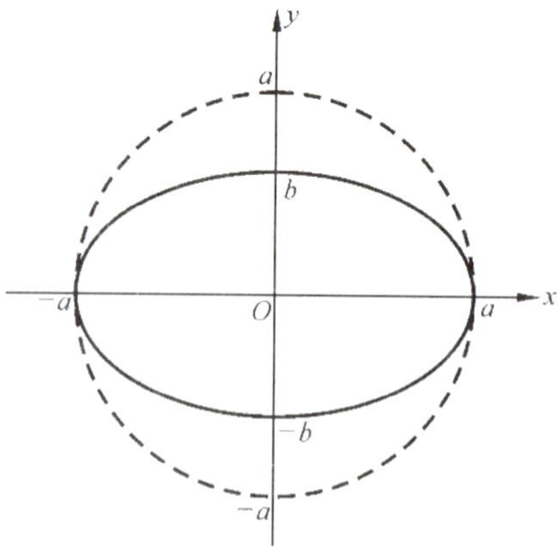

图 0.5

分析　将椭圆在 y 轴方向“拉长” $\dfrac{a}{b}$ 倍得到圆 $x^2+y^2=a^2$. 反过来，将圆 $x^2+y^2=a^2$ 在 y 轴方向按比例 $\dfrac{b}{a}$ “压缩”得到所说的椭圆.

在 y 轴方向上的“压缩”可以通过平面上的线性变换 $(x,y)\mapsto\left(x,\frac{b}{a}y\right)$ 来实现. 即

$$\boldsymbol{x}=\begin{bmatrix}x\\y\end{bmatrix}\mapsto \boldsymbol{A}\boldsymbol{x}=\begin{bmatrix}x\\\frac{b}{a}y\end{bmatrix}=\begin{bmatrix}1&0\\0&\frac{b}{a}\end{bmatrix}\begin{bmatrix}x\\y\end{bmatrix}$$

其中，$\boldsymbol{A}=\begin{bmatrix}1&0\\0&\frac{b}{a}\end{bmatrix}$.

经过这个压缩变换，所有图形的面积都被压缩了同样的比例，变成原来的 $\frac{b}{a}$ 倍. 圆面积 πa^2“压缩”成椭圆面积 $\frac{b}{a}\cdot\pi a^2=\pi ab$.

引例 5 生动地揭示了变换矩阵的行列式在几何上的深刻意义. 一般而言，在平面上，线性变换 $\boldsymbol{x}\mapsto\boldsymbol{A}\boldsymbol{x}$ 会使所有图形的面积以相同的倍数 $\lambda=|\det\boldsymbol{A}|$ 放大或缩小，这一倍数恰好等于变换矩阵 $\boldsymbol{A}$ 的行列式 $\det\boldsymbol{A}$ 的绝对值. 而行列式 $\det\boldsymbol{A}$ 的正负号则反映了图形旋转方向是保持还是改变，即逆时针方向或顺时针方向.

在二维平面中，每个点 (x,y) 都可以与三维空间中位于平面上方 1 单位处的点 $(x,y,1)$ 相对应，称 (x,y) 具有齐次坐标 $(x,y,1)$. 这些齐次坐标不能通过简单的加法或数乘进行运算，但它们可以通过乘以 3×3 矩阵来实现变换.

例如，平移变换 $(x,y)\mapsto(x+h,y+k)$ 在齐次坐标的表示下可以写成特定的形式 $(x,y,1)\mapsto(x+h,y+k,1)$，这种变换可以通过矩阵乘法来实现：

$$\begin{bmatrix}1&0&h\\0&1&k\\0&0&1\end{bmatrix}\begin{bmatrix}x\\y\\1\end{bmatrix}=\begin{bmatrix}x+h\\y+k\\1\end{bmatrix}$$

再如，若需将图形绕原点逆时针旋转特定角度 θ，可通过乘以变换矩阵 $\boldsymbol{A}$ 来实现这一操作：

$$\boldsymbol{A}=\begin{bmatrix}\cos\theta&-\sin\theta&0\\\sin\theta&\cos\theta&0\\0&0&1\end{bmatrix}.$$

引例 6 求出 3×3 矩阵 $\boldsymbol{A}$，对应于先乘以 0.5 的倍乘变换，然后逆时针旋转 90°，最后对图形的每个点的坐标加上 $(-0.5,2)$ 做平移，如图 0.6 所示.

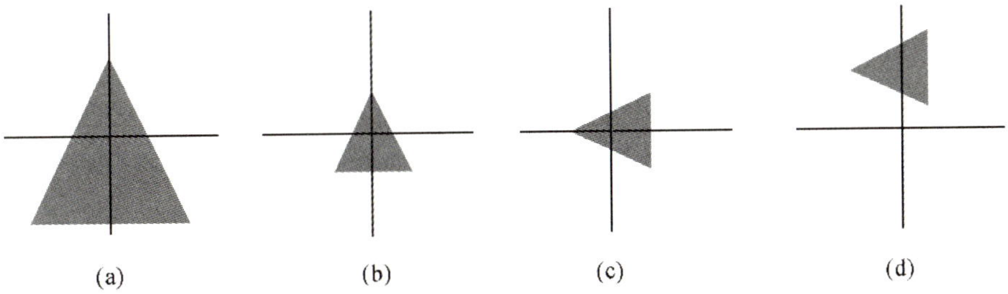

图 0.6

解 由于逆时针旋转 90°，即 $\theta=\frac{\pi}{2}$，$\sin\theta=1$，$\cos\theta=0$，则图形由（a）变换为（b），对应变换为

$$\begin{bmatrix}x\\y\\1\end{bmatrix}\xrightarrow{\text{缩小}}\begin{bmatrix}0.5&0&0\\0&0.5&0\\0&0&1\end{bmatrix}\begin{bmatrix}x\\y\\1\end{bmatrix}$$

图形由（b）变换为（c），对应变换为

$$\begin{bmatrix}x\\y\\1\end{bmatrix}\xrightarrow{\text{先缩小，再旋转}}\begin{bmatrix}0&-1&0\\1&0&0\\0&0&1\end{bmatrix}\begin{bmatrix}0.5&0&0\\0&0.5&0\\0&0&1\end{bmatrix}\begin{bmatrix}x\\y\\1\end{bmatrix}$$

图形由（c）变换为（d），对应变换为

$$\begin{bmatrix}x\\y\\1\end{bmatrix}\xrightarrow{\text{先缩小，再旋转，最后平移}}\begin{bmatrix}1&0&-0.5\\0&1&2\\0&0&1\end{bmatrix}\begin{bmatrix}0&-1&0\\1&0&0\\0&0&1\end{bmatrix}\begin{bmatrix}0.5&0&0\\0&0.5&0\\0&0&1\end{bmatrix}\begin{bmatrix}x\\y\\1\end{bmatrix}$$

所以复合变换的矩阵为

$$\begin{aligned}\boldsymbol{A}&=\begin{bmatrix}1&0&-0.5\\0&1&2\\0&0&1\end{bmatrix}\begin{bmatrix}0&-1&0\\1&0&0\\0&0&1\end{bmatrix}\begin{bmatrix}0.5&0&0\\0&0.5&0\\0&0&1\end{bmatrix}\\&=\begin{bmatrix}0&-1&-0.5\\1&0&2\\0&0&1\end{bmatrix}\begin{bmatrix}0.5&0&0\\0&0.5&0\\0&0&1\end{bmatrix}=\begin{bmatrix}0&-0.5&-0.5\\0.5&0&2\\0&0&1\end{bmatrix}.\end{aligned}$$

特征值和特征向量（详见 4.1 节定义）是线性代数中的重要概念，它们在理解线性变换的过程中起着关键作用.

首先，特征值和特征向量与矩阵 $\boldsymbol{A}$ 密切相关. 设 $\boldsymbol{A}$ 是 n 阶方阵，如果存在数 λ 和非零向量 $\boldsymbol{x}$，使得关系式 $\boldsymbol{Ax}=\lambda\boldsymbol{x}$ 成立，那么数 λ 就称为矩阵 $\boldsymbol{A}$ 的**特征值**，非零向量 $\boldsymbol{x}$ 则称为对应于特征值 λ 的**特征向量**.

从几何意义上理解，特征值和特征向量描述了线性变换 $\boldsymbol{x}\to\boldsymbol{Ax}$ 对向量 $\boldsymbol{x}$ 的影响. 特征值 λ 表示向量 $\boldsymbol{x}$ 在变换后的长度伸缩倍数，而特征向量 $\boldsymbol{x}$ 则是在变换过程中保持方向不变的向量.

其次，特征值和特征向量的应用广泛涉及机器学习、数据处理、物理学等多个领域. 例如，在线性方程组的求解中，特征值和特征向量能够提供重要的信息. 在机器学习和数据挖掘中，特征值和特征向量可以用于数据降维，通过选择前几个最大的特征值对应的特征向量来构建低维空间，从而在降低数据维度的同时保留数据信息. 在图像处理中，特征值和特征向量也发挥着重要作用，可以用于图像压缩、去噪和恢复等问题. 无论我们是否意识到，特征值在我们的生活中都是普遍存在的，只要存在振动现象，就伴随着特征值的出现，即振动的自然频率.

最后，特征值和特征向量还与矩阵的对角化、线性变换的等价关系等概念紧密相关. 通过求解特征值和特征向量，可以将一个任意形状的矩阵转化为对角矩阵的形式，从而简化计算和理解线性变换的过程.

总地来说，特征值和特征向量是理解线性变换和矩阵性质的重要工具，它们在多个领域都有广泛的应用，能够帮助我们更好地理解和处理数据.

为了计算出矩阵 $\boldsymbol{A}$ 的特征值，首先需要构建其特征方程，这一过程涉及到行列式计算的相关知识. 随后，为了求得每个特征值对应的特征向量，则需运用求解线性方程组的相关技巧.

在实际计算过程中，当矩阵的阶数大于 2×2 时，通常需要借助计算机进行特征值的求解，除非矩阵具有三角形结构或其他特殊性质. 尽管 3×3 矩阵的特征多项式可以通过手工计算得出，但对其进行因式分解却往往较为复杂（除非矩阵经过精心选择）. 下述定理为某些近似计算特征值的迭代方法提供了坚实的理论基础.

定理 3 若 n 阶方阵 $\boldsymbol{A}$ 和 $\boldsymbol{B}$ 是相似的，那么它们具有相同的特征多项式，从而它们有相同的特征值（和相同的重数）.

那么什么是相似矩阵呢?

定义 13 设 $\boldsymbol{A},\boldsymbol{B}$ 都是 n 阶矩阵，若有可逆矩阵 $\boldsymbol{P}$，使 $\boldsymbol{P}^{-1}\boldsymbol{A}\boldsymbol{P}=\boldsymbol{B}$，则称 $\boldsymbol{B}$ 是 $\boldsymbol{A}$ 的相似矩阵，或矩阵 $\boldsymbol{A}$ 与 $\boldsymbol{B}$ 相似. 可逆矩阵 $\boldsymbol{P}$ 称为相似变换矩阵，运算 $\boldsymbol{P}^{-1}\boldsymbol{A}\boldsymbol{P}$ 称为对 $\boldsymbol{A}$ 进行相似变换.

鉴于对角矩阵以其简洁的形式和便捷的运算特性著称，因此，探讨矩阵 $\boldsymbol{A}$ 是否能通过相似变换转化为对角矩阵，以及若能转化，如何求得相似变换矩阵 $\boldsymbol{P}$，将成为研究的核心议题.

对角化的目的主要在于化简方阵的计算. 在诸多场合下，通过分解式 $\boldsymbol{A}=\boldsymbol{P}^{-1}\boldsymbol{\Lambda}\boldsymbol{P}$（其中 $\boldsymbol{\Lambda}$ 为对角矩阵），不仅能获取矩阵 $\boldsymbol{A}$ 的特征值和特征向量的信息，而且在 k 值较大时，还能实现高效地计算 $\boldsymbol{A}^k$.

此外，对角化在多个领域都有重要的应用. 例如，在求解差分方程时，通过矩阵的对角化，可以将线性方程组中的变量解放到主对角线上，从而得到差分方程的通解. 在离散傅里叶变换中，对角化可以使傅里叶变换的计算更加简单和高效. 在量子力学和电磁学计算中，对角化算法也经常被用来求解本征值和本征向量，从而描述物理系统的状态和行为.

总地来说，对角化是线性代数中的一个重要概念，通过它可以简化矩阵的计算和理解线性变换的过程，同时也在多个领域有广泛的应用.

至于一个 n 阶矩阵在何种条件下可能实现对角化，这是一个相对复杂的问题. 在此，并不进行泛化的讨论，而是专注于对称矩阵. 这是因为相较于其他类型的矩阵，对称矩阵因其结构的特殊性，在理论上更为完善，也更容易在实际应用中得以展现.

二次型是一个涉及 n 个变量的二次多项式，其中每一个项的次数都为 2. 这个概念起源于几何学中对于二次曲线方程和二次曲面方程化为标准型问题的研究，其系统研究始于 18 世纪. 在线性代数中，二次型是一个重要的内容，它可以通过矩阵来进行研究.

通过大量实例分析，发现没有交叉乘积项的二次型在某些情况下更为易用. 即当二次型对应的矩阵为对角阵时，其使用更为便捷. 幸运的是，通过采用适当的变量代换，可以有效地消除交叉乘积项.

研究二次型的一个主要方法是将其化为标准型，也就是寻找一个可逆的线性变换，使得二次型只包含平方项. 为了实现这一目标，需要掌握特征值、特征向量、正交变换等概念. 这是因为二次型的矩阵是对称矩阵，而特征值和特征向量是对称矩阵的重要性质，对于理解和研究二次型具有关键作用.

此外，二次型的应用十分广泛. 它不仅在数学中的许多分支频繁出现，也在其他学科如物理学、经济学等中有重要的应用. 例如，信号处理中的噪声功率计算；物理学中的势能和动能分析；微分几何中的曲面法曲率研究；经济学中的效用函数制定；以及统计学中的置信椭圆体构建等.

总地来说，二次型是一个具有深厚理论基础和广泛应用价值的数学概念，通过研究二次型，可以帮助我们更好地理解和描述高维状态下的曲面和曲线，为各个领域提供有力的数学工具. 关于相似矩阵与二次型的进一步详细研究，请参见第 4 章.

通过前文的概述，可以认识到要全面理解线性变换、相似矩阵及二次型等核心内容，首要条件是精通行列式和矩阵这两个基础工具. 因此，本书的后续章节将首先集中阐述行列式和矩阵这两个核心概念，随后以此为基石，深入探讨线性方程组、线性变换以及二次型的相关知识. 这一布局与绪论部分以线性方程组为切入点的设计思路有所不同，体现了本书系统性和逻辑性的编排特点.

第 1 章
n 阶行列式

随机过程和畸变

诺贝尔物理奖得主理查德·费曼，在他的自传《别闹了，费曼先生》中，以生动有趣的笔触详细叙述了他在普林斯顿研究生公寓进行的一项别开生面的实验——观察蚂蚁的行为. 他巧妙地运用悬挂的绳子和纸船作为工具，精心设计了一个模拟蚂蚁觅食的环境.

在这个实验中，费曼将纸船悬挂在绳子上，并在船上涂抹食饵糖，以吸引蚂蚁前来觅食. 他细心地观察蚂蚁在寻找食饵糖的过程中所遇到的种种困难，尤其是当它们需要跨越绳子时，如何巧妙地利用纸船作为轮渡. 而当蚂蚁成功找到食物并满载而归时，费曼则巧妙地改变轮渡的返航登陆点，这使得蚂蚁在返回途中陷入了混乱.

这一有趣的观察让费曼得出了深刻的结论：蚂蚁的“学习”过程并非简单的本能反应，而是包含了创造踪迹和跟随踪迹两个重要部分. 蚂蚁在觅食过程中，不仅会留下自己的踪迹，还会根据其他蚂蚁留下的踪迹进行寻找，这种学习能力令人惊叹.

为了进一步验证这一猜想，费曼又进行了另一项实验. 他利用载玻片作为实验平台，精心设置蚂蚁的踪迹路径. 他观察到，当蚂蚁在载玻片上移动时，它们确实会沿着新的踪迹前进，这进一步证实了他的猜想. 这一发现不仅揭示了蚂蚁学习的奥秘，也为人们理解其他生物的行为提供了新的视角.

随后，费曼的研究兴趣转向了更为复杂的空间环境. 他利用由丝网组成的球面作为实验场所，模拟了一个三维的觅食环境. 他假设蚂蚁在这个球面上独立行走，并在交叉口处做出选择. 他提出了一个引人深思的问题：在这些复杂的空间环境中，蚂蚁是如何找到属于自己的食物的呢？是独立寻找，还是依靠其他蚂蚁留下的踪迹？

为了更好地记录和分析蚂蚁的行走路径，费曼提出了将球面分割成多个小块的方法. 然而，他很快发现这种方法在球面两极附近会产生较大的扭曲，导致记录的路径与实际路径存在较大的差异. 因此，他不得不采用与地图绘制不同的方式来处理这种扭曲问题.

令人惊讶的是，费曼发现蚂蚁的路径和区域扭曲问题可以通过计算行列式得到很好的解释. 这与绪论中引例 4 所体现的行列式的几何意义——即行列式是线性变换下图形面积或体积的伸缩因子是一致的. 这一发现不仅揭示了蚂蚁行为背后的数学原理，也为行列式理论的应用提供了新的视角.

因此，在费曼的研究中，行列式成为了一个重要的主题. 他展示了行列式在多个领域的应用，包括托马斯·米尔在 1900 年对行列式的详细论述. 尽管随着矩阵理论的广泛应用，行列式的某些应用可能显得不再那么重要，但它本身仍扮演着重要的角色. 费曼的研究不仅为我们提供了理解生物行为的新视角，也为我们探索数学和物理世界的奥秘提供了宝贵的启示.

行列式作为线性代数领域的核心要素与坚固基石，其诞生与线性方程组的求解历程紧密相连，是伴随着线性方程组求解的需求而逐步发展完善的. 它不仅是数学领域众多分支，如矩阵理论、线性变换等不可或缺的关键组成部分，同时也在实际工程技术领域，如电路分析、力学计算等，展现出其广泛的应用价值和深远影响.

鉴于行列式的重要性不言而喻，本章将全面而深入地介绍阶行列式的定义，对其独特的性质进行深入剖析，并详细探讨行列式的计算方法. 本章将从基础概念出发，逐步引导读者理解行列式的构成与结构，掌握其性质与特点，进而熟练掌握行列式的计算方法. 同时，还将通过丰富的实例和案例分析，帮助读者将理论知识与实际应用相结合，全面而深入地理解和掌握这一基础而重要的数学概念.

通过本章的学习，读者将能够深刻理解行列式的本质与内涵，掌握其计算方法和应用技巧，为后续的学习和应用打下坚实的基础. 无论是进一步深入研究线性代数领域的其他分支，还是将行列式应用于实际工程技术领域，都将受益匪浅.

1.1 n 阶行列式的概念

行列式是研究许多线性代数问题的重要工具，源于解线性方程组. 因此，下面首先从解决线性方程组的问题入手，进而给出二、三阶行列式的明确定义. 在 1.5.3 节中，将通过求解平行四边形的面积和平行六面体的体积，直观且深入地阐述二、三阶行列式的几何意义，以此增强对其理论内涵的理解与把握.

设有二元一次方程组（二元线性方程组）

$$\begin{cases} a_{11}x_1 + a_{12}x_2 = b_1 & ① \\ a_{21}x_1 + a_{22}x_2 = b_2 & ② \end{cases} \tag{1-1}$$

其中，$a_{ij}(i, j = 1,2)$ 叫作方程组的系数；$b_i(i = 1,2)$ 为常数项. 用消元法求解方程组（1-1）：

①$\times a_{22}$ − ②$\times a_{12}$，消去 x_2 得到

$$(a_{11}a_{22} - a_{12}a_{21})x_1 = b_1a_{22} - b_2a_{12}$$

②$\times a_{11}$ − ①$\times a_{21}$，消去 x_1 得到

$$(a_{11}a_{22}-a_{12}a_{21})x_2=b_2a_{11}-b_1a_{21}$$

当 $a_{11}a_{22}-a_{12}a_{21}\neq 0$ 时，可解得

$$x_1=\frac{b_1a_{22}-b_2a_{12}}{a_{11}a_{22}-a_{12}a_{21}},\quad x_2=\frac{b_2a_{11}-b_1a_{21}}{a_{11}a_{22}-a_{12}a_{21}} \tag{1-2}$$

鉴于该结果不便记忆，故引入新的符号以表示上述解如式（1-2）所示，从而简化表达，便于记忆与运用.

设

$$D=\begin{vmatrix} a_{11} & a_{12} \\ a_{21} & a_{22} \end{vmatrix}=a_{11}a_{22}-a_{12}a_{21},$$

$$D_1=\begin{vmatrix} b_1 & a_{12} \\ b_2 & a_{22} \end{vmatrix}=b_1a_{22}-b_2a_{12},$$

$$D_2=\begin{vmatrix} a_{11} & b_1 \\ a_{21} & b_2 \end{vmatrix}=b_2a_{11}-b_1a_{21}$$

则当 $D\neq 0$ 时，方程组（1-1）的解唯一，且可表示为

$$x_1=\frac{D_1}{D},\quad x_2=\frac{D_2}{D}$$

需要注意的是，若当 $a_{11}a_{22}-a_{12}a_{21}=0$，也即当 $D=0$ 时，方程组（1-1）的解可能存在以下两种情形：

（1）若 $D_1\neq 0$ 且 $D_2\neq 0$，则方程组（1-1）无解；

（2）若 $D_1=0$ 且 $D_2=0$，方程组（1-1）有无穷多解.

由此，给出二阶行列式的定义和计算：

定义 1.1 引入符号

$$D=\begin{vmatrix} a_{11} & a_{12} \\ a_{21} & a_{22} \end{vmatrix}$$

将其称为二阶行列式，其值依据对角线法则得出，即主对角线上两元素之积与副对角线上两元素之积之差. 其中，a_{11} 到 a_{22} 的实连线构成主对角线，a_{12} 到 a_{21} 的虚连线则为副对角线. 因此，二阶行列式之值，即为主对角线上元素乘积减去副对角线上元素乘积所得之差：

$$\begin{vmatrix} a_{11} & a_{12} \\ a_{21} & a_{22} \end{vmatrix}=a_{11}a_{22}-a_{12}a_{21}$$

其中，a_{ij} 叫作行列式的元素，简称元，i 叫作行标，j 叫作列标.

例 1 求 $\begin{vmatrix} 5 & -1 \\ 3 & 2 \end{vmatrix}$ 的值.

解 $\begin{vmatrix}5 & -1\\3 & 2\end{vmatrix}=5\times 2-(-1)\times 3=13$.

例 2 求解二元线性方程组$\begin{cases}5x+4y=8\\4x+5y=6\end{cases}$.

解 由于系数行列式 $D=\begin{vmatrix}5 & 4\\4 & 5\end{vmatrix}=25-16=9\neq 0$，所以方程组有解.

又由于

$$D_1=\begin{vmatrix}8 & 4\\6 & 5\end{vmatrix}=40-24=16,$$

$$D_2=\begin{vmatrix}5 & 8\\4 & 6\end{vmatrix}=30-32=-2$$

所以方程组的解为

$$x_1=\frac{D_1}{D}=\frac{16}{9},\quad x_2=\frac{D_2}{D}=\frac{-2}{9}$$

尽管此解法在初观时似乎相较于消元法显得更为烦琐，然而它实则为后续探索多元线性方程组规律性的解法奠定了坚实的基础，并为进一步深入矩阵知识的学习做了充分的铺垫。

同理，为了求解接下来的三元一次方程组

$$\begin{cases}a_{11}x_1+a_{12}x_2+a_{13}x_3=b_1\\a_{21}x_1+a_{22}x_2+a_{23}x_3=b_2\\a_{31}x_1+a_{32}x_2+a_{33}x_3=b_3\end{cases}$$

首先需要引入三阶行列式的概念.

定义 1.2 引入符号

$$\begin{vmatrix}a_{11} & a_{12} & a_{13}\\a_{21} & a_{22} & a_{23}\\a_{31} & a_{32} & a_{33}\end{vmatrix}$$
$$=(a_{11}a_{22}a_{33}+a_{12}a_{23}a_{31}+a_{13}a_{21}a_{32})+(-a_{11}a_{23}a_{32}-a_{12}a_{21}a_{33}-a_{13}a_{22}a_{31})$$

称之为三阶行列式.

三阶行列式的结果为一个数值，这个数值可按如图 1.1 所示的对角线法则计算得到.

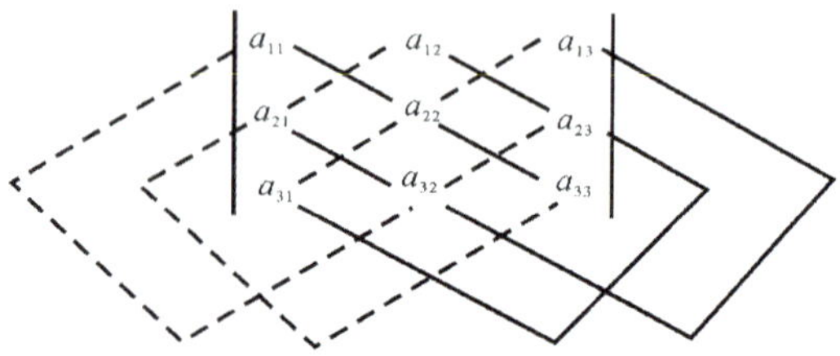

图 1.1

根据图 1.1 所示，三阶行列式是由以下 6 个项的代数和构成：在由左上角至右下角的连线上，选取来自不同行不同列的 3 个元素进行乘积运算，并规定其代数符号为正；而在由右上角至左下角的连线上，同样选取不同行不同列的 3 个元素进行乘积运算，此时规定其代数符号为负。在计算各项时，需遵循行标的自然数顺序来选取相应的元素.

三阶行列式的值也可按图 1.2 所示的沙路法进行求解.

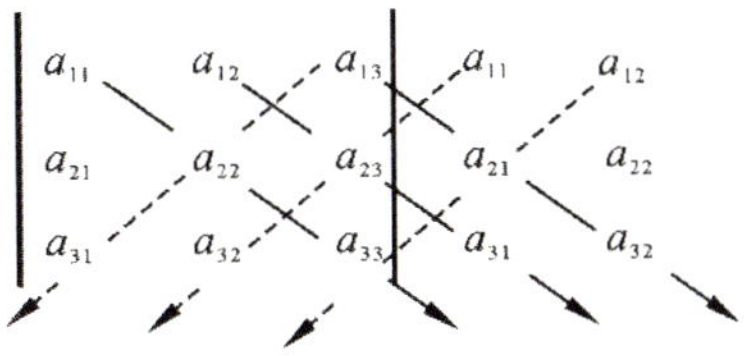

图 1.2

类似地，令

$$D_1=\begin{vmatrix} b_1 & a_{12} & a_{13} \\ b_2 & a_{22} & a_{23} \\ b_3 & a_{32} & a_{33} \end{vmatrix},\quad D_2=\begin{vmatrix} a_{11} & b_1 & a_{13} \\ a_{21} & b_2 & a_{23} \\ a_{31} & b_3 & a_{33} \end{vmatrix},\quad D_3=\begin{vmatrix} a_{11} & a_{12} & b_1 \\ a_{21} & a_{22} & b_2 \\ a_{31} & a_{32} & b_3 \end{vmatrix}$$

则当 $D\neq 0$ 时，三元一次方程组的解可简洁地表示为

$$x_1=\frac{D_1}{D},\quad x_2=\frac{D_2}{D},\quad x_3=\frac{D_3}{D}$$

（此结论已由 1.4 节克莱姆法则加以证明）.

例 3 求行列式 $\begin{vmatrix} 1 & 2 & 3 \\ 4 & 0 & 5 \\ -1 & 0 & 6 \end{vmatrix}$ 的值.

解法一（对角线法则）

$$\begin{vmatrix} 1 & 2 & 3 \\ 4 & 0 & 5 \\ -1 & 0 & 6 \end{vmatrix}=[1\times0\times6+2\times5\times(-1)+3\times4\times0]-[1\times5\times0+2\times4\times6+3\times0\times(-1)]$$
$$=-10-48=-58$$

解法二（沙路法）

$$\begin{vmatrix} 1 & 2 & 3 \\ 4 & 0 & 5 \\ -1 & 0 & 6 \end{vmatrix}\begin{matrix} 1 & 2 \\ 4 & 0 \\ -1 & 0 \end{matrix}=1\times0\times6+2\times5\times(-1)+3\times4\times0-[1\times5\times0+2\times4\times6+3\times0\times(-1)]$$
$$=-10-48=-58$$

经过对二阶行列式与三阶行列式的学习与探讨，可以明显看出，无论是二阶行列式还是三阶行列式，均可运用对角形法则进行计算. 然而，必须强调一点，即当行列式的阶数达到四阶或更高时，对角线法则将不再适用. 对于四阶及以上行列式的具体计算方法，将在后续章节中详细介绍.

接下来，将对三阶行列式进行进一步的整理与剖析，旨在探寻其与二阶行列式之间的内在联系与规律.

$$D=\begin{vmatrix}a_{11}&a_{12}&a_{13}\\a_{21}&a_{22}&a_{23}\\a_{31}&a_{32}&a_{33}\end{vmatrix}=(a_{11}a_{22}a_{33}+a_{12}a_{23}a_{31}+a_{13}a_{21}a_{32})+$$

$$(-a_{11}a_{23}a_{32}-a_{12}a_{21}a_{33}-a_{13}a_{22}a_{31}) \tag{1-3}$$

式（1-3）右端 6 项两两合并，提取公因子可得如下算式：

$$\begin{aligned}D&=\begin{vmatrix}a_{11}&a_{12}&a_{13}\\a_{21}&a_{22}&a_{23}\\a_{31}&a_{32}&a_{33}\end{vmatrix}\\&=a_{11}(a_{22}a_{33}-a_{23}a_{32})+a_{12}(a_{23}a_{31}-a_{21}a_{33})+a_{13}(a_{21}a_{32}-a_{22}a_{31})\\&=a_{11}(a_{22}a_{33}-a_{23}a_{32})-a_{12}(a_{21}a_{33}-a_{23}a_{31})+a_{13}(a_{21}a_{32}-a_{22}a_{31})\\&=a_{11}\begin{vmatrix}a_{22}&a_{23}\\a_{32}&a_{33}\end{vmatrix}-a_{12}\begin{vmatrix}a_{21}&a_{23}\\a_{31}&a_{33}\end{vmatrix}+a_{13}\begin{vmatrix}a_{21}&a_{22}\\a_{31}&a_{32}\end{vmatrix}\end{aligned}$$

由此可以看出，一个三阶行列式的值可由 3 个二阶行列式的计算结果得出. 鉴于此，自然地萌生出一个想法，即是否可以用低阶行列式来表示高阶行列式. 为此，首先需要明确余子式和代数余子式的概念.

定义 1.3 在行列式 $D=\begin{vmatrix}a_{11}&a_{12}&\cdots&a_{1n}\\a_{21}&a_{22}&\cdots&a_{2n}\\\vdots&\vdots&&\vdots\\a_{n1}&a_{n2}&\cdots&a_{nn}\end{vmatrix}$ 中划去元素 $a_{ij}(i,j=1,2,\cdots,n)$ 所在的第 i 行、第 j 列后，余下的元素按原来的相对顺序构成的行列式，称为元素 a_{ij} 的余子式，记为 M_{ij}；并称 $(-1)^{i+j}M_{ij}$ 为元素 a_{ij} 的代数余子式，记为 A_{ij}，即

$$A_{ij}=(-1)^{i+j}M_{ij}$$

注：元素 a_{ij} 的代数余子式 A_{ij} 中加号或减号取决于 a_{ij} 在矩阵中的位置，而与 a_{ij} 本身的符号无关.

如在三阶行列式 $D=\begin{vmatrix}a_{11}&a_{12}&a_{13}\\a_{21}&a_{22}&a_{23}\\a_{31}&a_{32}&a_{33}\end{vmatrix}$ 中，a_{12},a_{22},a_{32} 的余子式和代数余子式分别为

$$M_{12}=\begin{vmatrix}a_{21}&a_{23}\\a_{31}&a_{33}\end{vmatrix},\quad M_{22}=\begin{vmatrix}a_{11}&a_{13}\\a_{31}&a_{33}\end{vmatrix},\quad M_{32}=\begin{vmatrix}a_{11}&a_{13}\\a_{21}&a_{23}\end{vmatrix},$$

$$A_{12}=(-1)^{1+2}M_{12}=-\begin{vmatrix}a_{21}&a_{23}\\a_{31}&a_{33}\end{vmatrix},\quad A_{22}=(-1)^{2+2}M_{22}=\begin{vmatrix}a_{11}&a_{13}\\a_{31}&a_{33}\end{vmatrix},$$

$$A_{32}=(-1)^{3+2}M_{32}=-\begin{vmatrix}a_{11}&a_{13}\\a_{21}&a_{23}\end{vmatrix}$$

不难得出

$$D=\begin{vmatrix}a_{11}&a_{12}&a_{13}\\a_{21}&a_{22}&a_{23}\\a_{31}&a_{32}&a_{33}\end{vmatrix}=a_{11}A_{11}+a_{12}A_{12}+a_{13}A_{13}$$

由此，可以用递推法定义 n 阶行列式的值.

定义 1.4 当 $n=1$ 时，$|a_{11}|=a_{11}$（注意这里 $|a_{11}|$ 不是 a_{11} 的绝对值）；当 $n\geqslant 2$ 时，n 阶行列式

$$D=\det(a_{ij})=\begin{vmatrix}a_{11}&a_{12}&\cdots&a_{1n}\\a_{21}&a_{22}&\cdots&a_{2n}\\\vdots&\vdots&&\vdots\\a_{n1}&a_{n2}&\cdots&a_{nn}\end{vmatrix}=a_{11}A_{11}+a_{12}A_{12}+\cdots+a_{1n}A_{1n}=\sum_{j=1}^{n}a_{1j}A_{1j}$$

其中，$\det(a_{ij})$ 是 n 阶行列式 D 的一种简记符号，数 a_{ij} 为行列式 D 的 (i,j) 元.

注：（1）通过定义 1.4 计算一个 $n(n>3)$ 阶行列式，就要计算 n 个 $n-1$ 阶行列式，而计算一个 $n-1$ 阶行列式，就要计算 $n-1$ 个 $n-2$ 阶行列式，……也就是说，计算一个 n 阶行列式，需要计算 $n(n-1)\cdots 4$ 个三阶行列式，计算量相当大，因此，将会在下一节介绍行列式的性质以简化计算.

（2）行列式 D 的左上角到右下角连线称为 D 的主对角线，主对角线上元素为 $a_{11},a_{22},\cdots,a_{nn}$. 从右上角到左下角的连线成为 D 的副对角线，副对角线上的元素为 a_{1n}，$a_{2,n-1}$，$\cdots$，a_{n1}.

事实上，行列式可由任意一行（列）的元素与其对应的代数余子式的乘积之和表示.

定理 1.1（行列式展开定理）n 阶行列式等于它的任意一行（列）各元素与其代数余子式的乘积之和，即

$$D=a_{i1}A_{i1}+a_{i2}A_{i2}+\cdots+a_{in}A_{in}\quad(i=1,2,\cdots,n)$$

或

$$D=a_{1j}A_{1j}+a_{2j}A_{2j}+\cdots+a_{nj}A_{nj}\quad(j=1,2,\cdots,n)$$

证明略.

定理 1.1 为计算包含大量零元素的行列式提供了便捷途径. 具体而言，当某行中多数元素为零时，依据此定理按该行展开将产生大量零项，从而避免了计算这些项中对应的代数余子式. 同理，对于多数元素为零的某列，亦可采用相同策略简化计算过程.

推论 1 如果行列式中第 i 行元素除 a_{ij} 外都为零，那么行列式等于 a_{ij} 与其对应的代数余子式的乘积，即

$$D=a_{ij}A_{ij}$$

例 4 求行列式 $D=\begin{vmatrix}3 & -7 & 8 & 9 & -6\\0 & 2 & -5 & 7 & 3\\0 & 0 & 1 & 5 & 0\\0 & 0 & 2 & 4 & -1\\0 & 0 & 0 & -2 & 0\end{vmatrix}$ 的值.

解 按 D 的第一列展开，除第一项外均为零，从而

$$D=3\cdot A_{11}+0\cdot A_{21}+0\cdot A_{31}+0\cdot A_{41}+0\cdot A_{51}$$
$$=3\times(-1)^{1+1}\times\begin{vmatrix}2 & -5 & 7 & 3\\0 & 1 & 5 & 0\\0 & 2 & 4 & -1\\0 & 0 & -2 & 0\end{vmatrix}$$

再利用第一列多数为零的优势，按第一列展开这个 4 阶行列式，有

$$D=3\times2\times(-1)^{1+1}\begin{vmatrix}1 & 5 & 0\\2 & 4 & -1\\0 & -2 & 0\end{vmatrix}=6\times\begin{vmatrix}1 & 5 & 0\\2 & 4 & -1\\0 & -2 & 0\end{vmatrix}$$

再将行列式按第三行展开，有

$$D=6\times(-2)\times(-1)^{3+2}\begin{vmatrix}1 & 0\\2 & -1\end{vmatrix}=-12$$

推论 2 若行列式中有一行（列）的元素全为零，则行列式为零.

习题 1.1

【基础训练】

1. [目标 1.1]当 a,b 为何值时，行列式 $D=\begin{vmatrix}a & b\\a^2 & b^2\end{vmatrix}=0$.

2. [目标 1.1]计算二阶行列式 $D=\begin{vmatrix}\sin\alpha & -\cos\alpha\\\cos\alpha & \sin\alpha\end{vmatrix}$.

3. [目标 1.1、2.1]用二阶行列式解线性方程组 $\begin{cases}2x_1+4x_2=1\\x_1+3x_2=2\end{cases}$.

4. [目标 1.1]用对角线法则或者沙路法来计算三阶行列式 $\begin{vmatrix}b & 0 & c\\0 & a & 0\\0 & d & 0\end{vmatrix}$.

5. [目标 1.1、2.1]用三阶行列式解线性方程组$\begin{cases}2x_1 - x_2 + x_3 = 0\\ 3x_1 + 2x_2 - 5x_3 = 1\\ x_1 + 3x_2 - 2x_3 = 4\end{cases}$.

6. [目标 1.1]已知 $f(x)=\begin{vmatrix}x & x & 1 & 0\\ 1 & x & 2 & 3\\ 2 & 3 & x & 2\\ 1 & 1 & 2 & x\end{vmatrix}$，求 x^3 的系数.

7. [目标 1.1、1.2]用行列式的概念计算 $D_n=\begin{vmatrix}0 & 0 & \cdots & 0 & 1 & 0\\ 0 & 0 & \cdots & 2 & 0 & 0\\ \vdots & \vdots & & \vdots & \vdots & \vdots\\ n-1 & 0 & \cdots & 0 & 0 & 0\\ 0 & 0 & \cdots & 0 & 0 & n\end{vmatrix}$.

8*. [目标 1.1]求排列 14 536 287 的逆序数.

9*. [目标 1.1]判定排列 54 312 是奇排列还是偶排列.

【能力提升】

1. [目标 1.1、2.1]当 x 为何值时，行列式$\begin{vmatrix}1 & 2 & 5\\ 1 & 3 & -2\\ 2 & 5 & x\end{vmatrix}=0$.

2. [目标 1.2]已知 $f(x)=\begin{vmatrix}x & 1 & 1 & 2\\ 1 & x & 1 & -1\\ 3 & 2 & x & 1\\ 1 & 1 & 2x & 1\end{vmatrix}$，求 x^3 的系数.

3. [目标 1.2、目标 2.1]用行列式的概念计算 $D_n=\begin{vmatrix}0 & 0 & \cdots & 0 & 0 & 1\\ 0 & 0 & \cdots & 0 & 2 & 0\\ \vdots & \vdots & & \vdots & \vdots & \vdots\\ 0 & n-1 & \cdots & 0 & 0 & 0\\ n & 0 & \cdots & 0 & 0 & 0\end{vmatrix}$.

4. [目标 1.2]求五阶行列式中，含有 $a_{14}a_{23}a_{32}a_{41}a_{55}$ 的项的符号.

5. [目标 1.1]用对角线法则或者沙路法来计算三阶行列式$\begin{vmatrix}a & b & c\\ b & c & a\\ c & a & b\end{vmatrix}$.

6*. [目标 1.1]求排列 36 715 284 的逆序数.

7*. [目标 1.1]判定排列 36 715 248 是奇排列还是偶排列.

【直击考研】

1. [目标 1.2]（2016-13）计算行列式 $\begin{vmatrix} \lambda & -1 & 0 & 0 \\ 0 & \lambda & -1 & 0 \\ 0 & 0 & \lambda & -1 \\ 4 & 3 & 2 & \lambda+1 \end{vmatrix}$.

2. [目标 1.2、1.3]（2021-15）求多项式 $f(x)=\begin{vmatrix} x & x & 1 & 2x \\ 1 & x & 2 & -1 \\ 2 & 1 & x & 1 \\ 2 & -1 & 1 & x \end{vmatrix}$ 中 x^3 项的系数.

1.2　行列式的性质

直接利用行列式的展开式定义进行计算通常较为困难，特别是当行列式的阶数较高时，计算的复杂性会显著增加. 为了简化行列式的计算过程，有必要引入行列式的性质. 以下，将直接给出这些性质，而不再逐一证明.

对于 n 阶行列式

$$D=\begin{vmatrix} a_{11} & a_{12} & \cdots & a_{1n} \\ a_{21} & a_{22} & \cdots & a_{2n} \\ \vdots & \vdots & & \vdots \\ a_{n1} & a_{n2} & \cdots & a_{nn} \end{vmatrix}$$

若把 D 中元素行列互换，得新行列式

$$D^{\mathrm{T}}=\begin{vmatrix} a_{11} & a_{21} & \cdots & a_{n1} \\ a_{12} & a_{22} & \cdots & a_{n2} \\ \vdots & \vdots & & \vdots \\ a_{1n} & a_{2n} & \cdots & a_{nn} \end{vmatrix}$$

称行列式 D^{T} 为行列式 D 的转置行列式，有时也用 D' 表示 D 的转置行列式.

性质 1　行列式与它的转置行列式相等.

性质 1 表明：

> 行列式中的行与列具有同等的地位，行列式的性质凡是对行成立的对列也同样成立；反之亦然.

例 1　$D_1=\begin{vmatrix} 2 & 3 & 1 \\ 3 & 4 & 2 \\ 5 & 1 & 3 \end{vmatrix}$，$D_2=\begin{vmatrix} 2 & 3 & 5 \\ 3 & 4 & 1 \\ 1 & 2 & 3 \end{vmatrix}$.

解　由行列式的性质 1，得 $D_1=D_2$.

性质 2　互换行列式的两行（列）元素，行列式改变符号.

例 2 $D_1=\begin{vmatrix}1&0\\2&5\end{vmatrix}$，$D_2=\begin{vmatrix}2&5\\1&0\end{vmatrix}$.

解 根据二阶行列式的定义，易知

$$D_1=5$$

D_2 与 D_1 相比，第一行、第二行元素互换，易知

$$D_2=-5$$

推论 如果行列式有两行（列）完全相同，则此行列式为零.

例 3 计算行列式 $D=\begin{vmatrix}1&2&3\\1&2&3\\2&3&4\end{vmatrix}$.

解 由于行列式第一行与第二行元素相同，因此行列式

$$D=\begin{vmatrix}1&2&3\\1&2&3\\2&3&4\end{vmatrix}=0$$

性质 3 行列式的某一行（列）中所有的元素都乘以同一数 k，等于用数 k 乘以此行列式，即

$$\begin{vmatrix}a_{11}&a_{12}&\cdots&a_{1n}\\\vdots&\vdots&&\vdots\\ka_{i1}&ka_{i2}&\cdots&ka_{in}\\\vdots&\vdots&&\vdots\\a_{n1}&a_{n2}&\cdots&a_{nn}\end{vmatrix}=k\begin{vmatrix}a_{11}&a_{12}&\cdots&a_{1n}\\\vdots&\vdots&&\vdots\\a_{i1}&a_{i2}&\cdots&a_{in}\\\vdots&\vdots&&\vdots\\a_{n1}&a_{n2}&\cdots&a_{nn}\end{vmatrix}$$

注：行列式中只有一行（列）的元素发生变化.

例 4 $D_1=\begin{vmatrix}1&1&-1\\2&3&4\\1&1&1\end{vmatrix}$

$$D_1=\begin{vmatrix}1&1&-1\\2&3&4\\1&1&1\end{vmatrix}=1\cdot A_{11}+1\cdot A_{12}+(-1)\cdot A_{13}$$

$$=1\cdot(-1)^{1+1}\begin{vmatrix}3&4\\1&1\end{vmatrix}+1\cdot(-1)^{1+2}\begin{vmatrix}2&4\\1&1\end{vmatrix}+(-1)\cdot(-1)^{1+3}\begin{vmatrix}2&3\\1&1\end{vmatrix}$$

$$=2$$

将 D_1 中的第三行所有元素同时乘以 8 得到新的行列式 D_2

$$D_2=\begin{vmatrix}1&1&-1\\2&3&4\\8&8&8\end{vmatrix}=1\cdot A_{11}+1\cdot A_{12}+(-1)\cdot A_{13}$$

$$=1\cdot(-1)^{1+1}\begin{vmatrix}3&4\\8&8\end{vmatrix}+1\cdot(-1)^{1+2}\begin{vmatrix}2&4\\8&8\end{vmatrix}+(-1)\cdot(-1)^{1+3}\begin{vmatrix}2&3\\8&8\end{vmatrix}$$

$$=16$$

显然 $D_2 = 8D_1$.

推论 1 行列式中某一行（列）的所有元素的公因子可以提到行列式符号外面.

推论 2 若行列式中有两行（列）对应元素成比例，则行列式为零.

性质 4 若行列式的某一行（列）的元素 a_{ij} 都可表示为两元素 b_{ij} 和 c_{ij} 之和，即 $a_{ij} = b_{ij} + c_{ij}$ $(i = 1,2,\cdots,n; j = 1,2,\cdots,n)$，则该行列式可分解为相应的两个行列式之和，即

$$\begin{vmatrix} a_{11} & a_{12} & \cdots & a_{1n} \\ \vdots & \vdots & & \vdots \\ b_{i1}+c_{i1} & b_{i2}+c_{i2} & \cdots & b_{in}+c_{in} \\ \vdots & \vdots & & \vdots \\ a_{n1} & a_{n2} & \cdots & a_{nn} \end{vmatrix} = \begin{vmatrix} a_{11} & a_{12} & \cdots & a_{1n} \\ \vdots & \vdots & & \vdots \\ b_{i1} & b_{i2} & \cdots & b_{in} \\ \vdots & \vdots & & \vdots \\ a_{n1} & a_{n2} & \cdots & a_{nn} \end{vmatrix} + \begin{vmatrix} a_{11} & a_{12} & \cdots & a_{1n} \\ \vdots & \vdots & & \vdots \\ c_{i1} & c_{i2} & \cdots & c_{in} \\ \vdots & \vdots & & \vdots \\ a_{n1} & a_{n2} & \cdots & a_{nn} \end{vmatrix}$$

例 5 $D_1 = \begin{vmatrix} a_1 & a_2 \\ a_1+b_1 & a_2+b_2 \end{vmatrix} = a_1(a_2+b_2) - a_2(a_1+b_1) = a_1b_2 - a_2b_1$,

$$D_2 = \begin{vmatrix} a_1 & a_2 \\ a_1 & a_2 \end{vmatrix} + \begin{vmatrix} a_1 & a_2 \\ b_1 & b_2 \end{vmatrix} = 0 + a_1b_2 - a_2b_1 = a_1b_2 - a_2b_1$$

显然 $D_1 = D_2$.

例 6 $\begin{vmatrix} a_1 & b_1 \\ c & d \end{vmatrix} + \begin{vmatrix} a_2 & b_2 \\ c & d \end{vmatrix} = \begin{vmatrix} a_1+a_2 & b_1+b_2 \\ c & d \end{vmatrix}$.

注：性质 4 的逆用.

性质 5 把行列式的某一行（列）的各元素乘以同一常数加到另一行（列）对应的元素上，行列式的值不变，即

$$\begin{vmatrix} a_{11} & a_{12} & \cdots & a_{1n} \\ \vdots & \vdots & & \vdots \\ a_{i1} & a_{i2} & \cdots & a_{in} \\ \vdots & \vdots & & \vdots \\ a_{k1} & a_{k2} & \cdots & a_{kn} \\ \vdots & \vdots & & \vdots \\ a_{n1} & a_{n2} & \cdots & a_{nn} \end{vmatrix} = \begin{vmatrix} a_{11} & a_{12} & \cdots & a_{1n} \\ \vdots & \vdots & & \vdots \\ a_{i1}+\lambda a_{k1} & a_{i2}+\lambda a_{k2} & \cdots & a_{in}+\lambda a_{kn} \\ \vdots & \vdots & & \vdots \\ a_{k1} & a_{k2} & \cdots & a_{kn} \\ \vdots & \vdots & & \vdots \\ a_{n1} & a_{n2} & \cdots & a_{nn} \end{vmatrix}$$

性质 5 是化简行列式的基本方法，若用数 k 乘第 j 行（列）加到第 i 行（列）上，简记为 $r_i + kr_j$（或 $c_i + kc_j$）. 此性质是之后简化计算的主要方法.

例 7 计算行列式 $D = \begin{vmatrix} 1 & 0 & 3 \\ 3 & 1 & 2 \\ 2 & 3 & 1 \end{vmatrix}$.

解（由行列式展开定理） $D_1=\begin{vmatrix}1&0&3\\3&1&2\\2&3&1\end{vmatrix}=1\cdot A_{11}+0\cdot A_{12}+3\cdot A_{13}$

$$=1\times(-1)^{1+1}\begin{vmatrix}1&2\\3&1\end{vmatrix}+3\times(-1)^{1+3}\begin{vmatrix}3&1\\2&3\end{vmatrix}=16$$

对 D 两次利用性质 5，即 $r_2+(-3)r_1$ 和 $r_3+(-2)r_1$，得到 D_2，即

$$D_2=\begin{vmatrix}1&0&3\\3+1\cdot(-3)&1+0&2+3\cdot(-3)\\2+1\cdot(-2)&3+0&1+3\cdot(-2)\end{vmatrix}=\begin{vmatrix}1&0&3\\0&1&-7\\0&3&-5\end{vmatrix}$$

$$=1\cdot A_{11}=\begin{vmatrix}1&-7\\3&-5\end{vmatrix}=16$$

显然 $D_1=D_2$.

由定理 1.1 和上述性质，可推出下面的定理.

定理 1.2 行列式任一行（列）的元素与另一行（列）的对应元素的代数余子式乘积之和等于零. 即

$$a_{i1}A_{j1}+a_{i2}A_{j2}+\cdots+a_{in}A_{jn}=0,\quad i\neq j$$

或

$$a_{1i}A_{1j}+a_{2i}A_{2j}+\cdots+a_{ni}A_{nj}=0,\quad i\neq j$$

定理 1.1 和定理 1.2 可结合起来用一个式子表示为

$$a_{i1}A_{j1}+a_{i2}A_{j2}+\cdots+a_{in}A_{jn}=\begin{cases}D, & i=j\\0, & i\neq j\end{cases}\quad（其中 i,j=1,2,\cdots,n）$$

例 8 已知四阶行列式 D 中第三行元素依次为 $-1,0,2,4$.

（1）若第二行元素对应的代数余子式依次分别为 $1,2,a,4$，试求 a 的值.

（2）若第四行元素对应的余子式依次分别为 $2,10,a,4$，试求 a 的值.

解 （1）由定理 1.2 可得，第三行元素与第二行元素对应的代数余子式乘积之和等于零，即

$$a_{31}A_{21}+a_{32}A_{22}+a_{33}A_{23}+a_{34}A_{24}=0$$

因此可以得到

$$(-1)\cdot 1+0\cdot 2+2\cdot a+4\cdot 4=0$$

从而

$$a=-\frac{15}{2}$$

（2）由余子式与代数余子式的关系，可得

$$a_{31}A_{41}+a_{32}A_{42}+a_{33}A_{43}+a_{34}A_{44}=0$$

即

$$(-1)\cdot(-2)+0\cdot 10+2\cdot(-a)+4\cdot 4=0$$

从而

$$a=9$$

习题 1.2

【基础训练】

1. [目标 1.1、1.3]利用行列式性质计算下列行列式：

（1）$\begin{vmatrix} 4\,251 & 6\,251 \\ 7\,092 & 9\,092 \end{vmatrix}$；（2）$\begin{vmatrix} 103 & 100 & 204 \\ 199 & 200 & 395 \\ 301 & 300 & 600 \end{vmatrix}$.

2. [目标 1.1、1.3]利用行列式性质计算行列式$\begin{vmatrix} a+b & c & 1 \\ b+c & a & 1 \\ c+a & b & 1 \end{vmatrix}$.

3. [目标 1.1]利用行列式性质计算下列行列式：

（1）$\begin{vmatrix} 1 & 2 & 3 & 4 \\ 2 & 3 & 4 & 1 \\ 3 & 4 & 1 & 2 \\ 4 & 1 & 2 & 3 \end{vmatrix}$；（2）$\begin{vmatrix} 3 & 1 & -1 & 2 \\ -5 & 1 & 3 & -4 \\ 2 & 0 & 1 & -1 \\ 1 & -5 & 3 & -3 \end{vmatrix}$.

4. [目标 1.2]利用行列式性质证明$\begin{vmatrix} 1 & x^2 & a^2+x^2 \\ 1 & y^2 & a^2+y^2 \\ 1 & z^2 & a^2+z^2 \end{vmatrix}=0$.

5. [目标 1.1]已知三阶行列式$D=\begin{vmatrix} 1 & x & 1 \\ 2 & 3 & -3 \\ -3 & y & 4 \end{vmatrix}$，求元素$x$与$y$的代数余子式之和.

【能力提升】

1. [目标 1.2]利用行列式性质计算下列行列式：

（1）$\begin{vmatrix} x & y & x+y \\ y & x+y & x \\ x+y & x & y \end{vmatrix}$；（2）$\begin{vmatrix} 1 & 1 & 1 & 0 \\ 1 & 1 & 0 & 1 \\ 1 & 0 & 1 & 1 \\ 0 & 1 & 1 & 1 \end{vmatrix}$；

（3）$\begin{vmatrix}1 & a_1 & a_2 & a_3\\1 & a_1+b_1 & a_2 & a_3\\1 & a_1 & a_2+b_2 & a_3\\1 & a_1 & a_2 & a_3+b_3\end{vmatrix}$.

2. [目标 1.1、2.1]利用行列式性质证明 $\begin{vmatrix}b_1+c_1 & c_1+a_1 & a_1+b_1\\b_2+c_2 & c_2+a_2 & a_2+b_2\\b_3+c_3 & c_3+a_3 & a_3+b_3\end{vmatrix}=2\begin{vmatrix}a_1 & b_1 & c_1\\a_2 & b_2 & c_2\\a_3 & b_3 & c_3\end{vmatrix}$.

3. [目标 1.2、2.1]设 $D=\begin{vmatrix}2 & 0 & 8\\-3 & 1 & 5\\2 & 9 & 7\end{vmatrix}$，求 $M_{12},A_{12},M_{13},A_{13}$.

4. [目标 1.1、2.1]已知三阶行列式 D 中第三行元素依次为-1，2，4.

（1）第二行元素对应的代数余子式依次分别为 1，2，a，试求 a 的值.

（2）第一行元素对应的余子式依次分别为 2，10，a，试求 a 的值.

【直击考研】

1. [目标 1.2、2.1]（2019-14）已知 $D=\begin{vmatrix}1 & -1 & 0 & 0\\-2 & 1 & -1 & 1\\3 & -2 & 2 & -1\\0 & 0 & 3 & 4\end{vmatrix}$，$A_{ij}$ 表示 D 中元（i,j）的代数余子式，求 $A_{11}-A_{12}$.

1.3 行列式的计算

通过运用行列式的性质及展开定理，可以简化行列式的计算过程。在计算中，为便于表述，引入特定记号 r_i 和 c_j 来分别表示第 i 行和第 j 列，从而提高计算的效率。

例 1 计算行列式 $D=\begin{vmatrix}a_{11} & 0 & \cdots & 0\\a_{21} & a_{22} & \cdots & 0\\\vdots & \vdots & & \vdots\\a_{n1} & a_{n2} & \cdots & a_{nn}\end{vmatrix}$.

此行列式是三角形行列式的一种，其特点是当 $i<j$ 时 $a_{ij}=0(i=1,2,\cdots,n;\ j=1,2,\cdots,n)$，即主对角线以上元素都为零，主对角线下方元素不全为零，通常称之为下三角行列式.

解 行列式的第一行除 a_{11} 以外都为零，所以由行列式的展开定理，按第一行展开，得

$$D=a_{11}A_{11}=a_{11}(-1)^{1+1}\begin{vmatrix}a_{22} & 0 & \cdots & 0\\a_{32} & a_{33} & \cdots & 0\\\vdots & \vdots & & \vdots\\a_{n2} & a_{n3} & \cdots & a_{nn}\end{vmatrix}$$

A_{11}是$n-1$阶三角形行列式，则继续由行列式的展开定理，得

$$A_{11}=a_{22}(-1)^{1+1}\begin{vmatrix} a_{33} & 0 & \cdots & 0 \\ a_{43} & a_{44} & \cdots & 0 \\ \vdots & \vdots & & \vdots \\ a_{n3} & a_{n4} & \cdots & a_{nn} \end{vmatrix}$$

以此类推，可得

$$D=a_{11}a_{22}\cdots a_{nn}$$

即下三角行列式的值等于主对角线上各元素之积. 特别地，主对角线行列式

$$\begin{vmatrix} \lambda_1 & & & \\ & \lambda_2 & & \\ & & \ddots & \\ & & & \lambda_n \end{vmatrix}=\lambda_1\lambda_2\cdots\lambda_n$$

例 2 证明 $D=\begin{vmatrix} 0 & 0 & \cdots & 0 & a_{1n} \\ 0 & 0 & \cdots & a_{2,n-1} & a_{2n} \\ \vdots & \vdots & & \vdots & \vdots \\ 0 & a_{n-1,2} & \cdots & a_{n-1,n-1} & a_{n-1,n} \\ a_{n1} & a_{n2} & \cdots & a_{n,n-1} & a_{nn} \end{vmatrix}=(-1)^{\frac{n(n-1)}{2}}a_{1n}a_{2,n-1}\cdots a_{n1}$.

证明 行列式的第一行除a_{1n}以外都为零，所以由行列式的展开定理，得

$$D=a_{1n}A_{1n}=a_{1n}(-1)^{1+n}\begin{vmatrix} 0 & \cdots & 0 & a_{2,n-1} \\ 0 & \cdots & a_{3,n-2} & a_{3,n-1} \\ \vdots & & \vdots & \vdots \\ a_{n1} & \cdots & a_{n,n-2} & a_{n,n-1} \end{vmatrix}$$

$$=(-1)^{1+n}a_{1n}\cdot(-1)^{1+(n-1)}a_{2,n-1}\begin{vmatrix} 0 & \cdots & 0 & a_{3,n-2} \\ 0 & \cdots & a_{4,n-3} & a_{4,n-2} \\ \vdots & & \vdots & \vdots \\ a_{n,1} & \cdots & a_{n,n-3} & a_{n,n-2} \end{vmatrix}$$

$$=\cdots=(-1)^{1+n}\cdot(-1)^{1+(n-1)}\cdots(-1)^{1+2}a_{1n}a_{2,n-1}\cdots a_{n1}$$

$$=(-1)^{\frac{(n+4)(n-1)}{2}}a_{1n}a_{2,n-1}\cdots a_{n1}=(-1)^{\frac{n(n-1)}{2}}a_{1n}a_{2,n-1}\cdots a_{n1}$$

特别地，副对角线行列式

$$\begin{vmatrix} & & & \lambda_1 \\ & & \lambda_2 & \\ & \iddots & & \\ \lambda_n & & & \end{vmatrix}=(-1)^{\frac{n(n-1)}{2}}\lambda_1\lambda_2\cdots\lambda_n$$

例 3 计算行列式 $D=\begin{vmatrix}1&2&3\\3&1&2\\2&3&1\end{vmatrix}$.

解 对于此三阶行列式，可以利用行列式的性质将其化为三角形行列式后，再进行计算.

$$D\xlongequal{r_2-3r_1}\begin{vmatrix}1&2&3\\0&-5&-7\\2&3&1\end{vmatrix}\xlongequal{r_3-2r_1}\begin{vmatrix}1&2&3\\0&-5&-7\\0&-1&-5\end{vmatrix}$$

$$\xlongequal{r_2\leftrightarrow r_3}-\begin{vmatrix}1&2&3\\0&-1&-5\\0&-5&-7\end{vmatrix}\xlongequal{r_3-5r_2}-\begin{vmatrix}1&2&3\\0&-1&-5\\0&0&18\end{vmatrix}=18$$

例 4 计算行列式 $D=\begin{vmatrix}1&-1&2&-3\\-3&3&-7&9\\2&0&4&-2\\3&-5&7&-14\end{vmatrix}$.

解 这是一个阶数不高的数值行列式，利用行列式的性质将其化为三角形行列式来计算.

$$D\xlongequal[r_4-3r_1]{\substack{r_2+3r_1\\r_3-2r_1}}\begin{vmatrix}1&-1&2&-3\\0&0&-1&0\\0&2&0&4\\0&-2&1&-5\end{vmatrix}\xlongequal{r_2\leftrightarrow r_3}-\begin{vmatrix}1&-1&2&-3\\0&2&0&4\\0&0&-1&0\\0&-2&1&-5\end{vmatrix}$$

$$\xlongequal{r_4+r_2}-\begin{vmatrix}1&-1&2&-3\\0&2&0&4\\0&0&-1&0\\0&0&1&-1\end{vmatrix}\xlongequal{r_4+r_3}-\begin{vmatrix}1&-1&2&-3\\0&2&0&4\\0&0&-1&0\\0&0&0&-1\end{vmatrix}$$

$$=-1\cdot2(-1)(-1)=-2$$

例 5 计算行列式 $D=\begin{vmatrix}0&0&1&0\\-1&2&-1&6\\1&1&2&3\\2&-1&1&0\end{vmatrix}$.

解 这是一个四阶行列式，由于其中某行（列）里面元素 0 很多，因此可以考虑按行（列）展开，以达到降阶简化计算的目的.

$$D=\begin{vmatrix}0&0&1&0\\-1&2&-1&6\\1&1&2&3\\2&-1&1&0\end{vmatrix}\xlongequal{\text{按第一行展开}}(-1)^{1+3}\begin{vmatrix}-1&2&6\\1&1&3\\2&-1&0\end{vmatrix}\xlongequal{r_1-2r_2}\begin{vmatrix}-3&0&0\\1&1&3\\2&-1&0\end{vmatrix}$$

$$\xlongequal{\text{按第一行展开}}(-3)\times(-1)^{1+1}\begin{vmatrix}1 & 3\\ -1 & 0\end{vmatrix}=-3\times 3=-9\,.$$

例 6 计算行列式 $D=\begin{vmatrix}3 & 1 & -1 & 2\\ -5 & 1 & 3 & -4\\ 2 & 0 & 1 & -1\\ 1 & -5 & 3 & -3\end{vmatrix}$.

解 保留 a_{33}，把第三行其余元素变为 0，然后按第三行展开：

$$\begin{vmatrix}3 & 1 & -1 & 2\\ -5 & 1 & 3 & -4\\ 2 & 0 & 1 & -1\\ 1 & -5 & 3 & -3\end{vmatrix}\xlongequal[c_4+c_3]{c_1-2c_3}\begin{vmatrix}5 & 1 & -1 & 1\\ -11 & 1 & 3 & -1\\ 0 & 0 & 1 & 0\\ -5 & -5 & 3 & 0\end{vmatrix}=(-1)^{3+3}\begin{vmatrix}5 & 1 & 1\\ -11 & 1 & -1\\ -5 & -5 & 0\end{vmatrix}$$

$$\xlongequal{r_2+r_1}\begin{vmatrix}5 & 1 & 1\\ -6 & 2 & 0\\ -5 & -5 & 0\end{vmatrix}=(-1)^{1+3}\begin{vmatrix}-6 & 2\\ -5 & -5\end{vmatrix}$$

$$\xlongequal{c_1-c_2}\begin{vmatrix}-8 & 2\\ 0 & -5\end{vmatrix}=40$$

例 7 设 $D=\begin{vmatrix}3 & -5 & 2 & 1\\ 1 & 1 & 0 & -5\\ -1 & 3 & 1 & 3\\ 2 & -4 & -1 & -3\end{vmatrix}$，求 $A_{11}+A_{12}+A_{13}+A_{14}$ 及 $M_{11}+M_{21}+M_{31}+M_{41}$ 的值.

分析 A_{1j} 是第一行元素 $a_{1j}\,(j=1,2,3,4)$ 的代数余子式，其值仅与第二，三，四行元素有关，而与第一行元素无关.

解 $A_{11}+A_{12}+A_{13}+A_{14}=1\times A_{11}+1\times A_{12}+1\times A_{13}+1\times A_{14}$

$$=\begin{vmatrix}1 & 1 & 1 & 1\\ 1 & 1 & 0 & -5\\ -1 & 3 & 1 & 3\\ 2 & -4 & -1 & -3\end{vmatrix}\xlongequal[r_3-r_1]{r_4+r_3}\begin{vmatrix}1 & 1 & 1 & 1\\ 1 & 1 & 0 & -5\\ -2 & 2 & 0 & 2\\ 1 & -1 & 0 & 0\end{vmatrix}$$

$$\xlongequal{\text{展开}c_3}\begin{vmatrix}1 & 1 & -5\\ -2 & 2 & 2\\ 1 & -1 & 0\end{vmatrix}\xlongequal{c_2+c_1}\begin{vmatrix}1 & 2 & -5\\ -2 & 0 & 2\\ 1 & 0 & 0\end{vmatrix}$$

$$=\begin{vmatrix}2 & -5\\ 0 & 2\end{vmatrix}=4$$

$$M_{11}+M_{21}+M_{31}+M_{41} = A_{11}-A_{21}+A_{31}-A_{41}$$

$$=\begin{vmatrix}1&-5&2&1\\-1&1&0&-5\\1&3&1&3\\-1&-4&-1&-3\end{vmatrix}\xlongequal{r_4+r_3}\begin{vmatrix}1&-5&2&1\\-1&1&0&-5\\1&3&1&3\\0&-1&0&0\end{vmatrix}$$

$$=(-1)\begin{vmatrix}1&2&1\\-1&0&-5\\1&1&3\end{vmatrix}\xlongequal{r_1-2r_3}\begin{vmatrix}-1&0&-5\\-1&0&-5\\1&1&3\end{vmatrix}=0$$

例 8 计算行列式 $D=\begin{vmatrix}3&1&1&1\\1&3&1&1\\1&1&3&1\\1&1&1&3\end{vmatrix}$.

解 观察该行列式，各行（列）4 个数之和相等.

此类行列式在计算中占据重要地位，其显著特征是各行（列）元素之和相等. 一种常见的处理方法是，将所有行（列）的元素加至第一行（列），随后提取公因式. 接着，通过从各行（列）中减去第一行（列）的元素，可以有效地在行列式中引入大量零元素，从而简化计算过程.

把第二、三、四列同时加到第一列，提出公因子 6，然后各行减去第一行：

$$D\xlongequal{c_1+c_2+c_3+c_4}\begin{vmatrix}6&1&1&1\\6&3&1&1\\6&1&3&1\\6&1&1&3\end{vmatrix}=6\begin{vmatrix}1&1&1&1\\1&3&1&1\\1&1&3&1\\1&1&1&3\end{vmatrix}$$

$$\xlongequal{r_i-r_1(i=2,3,4)}6\begin{vmatrix}1&1&1&1\\0&2&0&0\\0&0&2&0\\0&0&0&2\end{vmatrix}=48$$

例 9 证明范德蒙德行列式 $D_n=\begin{vmatrix}1&1&\cdots&1\\x_1&x_2&\cdots&x_n\\x_1^2&x_2^2&\cdots&x_n^2\\\vdots&\vdots&&\vdots\\x_1^{n-1}&x_2^{n-1}&\cdots&x_n^{n-1}\end{vmatrix}=\prod\limits_{n\geqslant i\geqslant j\geqslant 1}(x_i-x_j)$. 其中记号“$\prod$”表示全体同类因子的乘积.

注： 范德蒙行列式是由法国数学家范德蒙德（A.T. Vander Meulen）于 18 世纪提出的一种定义，它是表示几何体空间构造的一种形式，广泛应用于数学的各个领域，特别是几何学。范德蒙行列式最初是用来定义多边形的，比如三角形、正方形、五边形等，通过计算每

一边的长度、角度、夹角等，可以精确地定义出每个几何体的形状和特征. 它也可以用于更复杂的几何体，比如曲面、曲线、椭圆等. 范德蒙德行列式的应用不仅限于数学领域，还在工程技术等实际领域中发挥着重要作用.

范德蒙德行列式的结构特点如下：

（1）第一行（或列）所有元素均为 1；

（2）后一行（或列）与前一行（或列）的比为 x；

（3）x 的指标数从 0 逐行（或列）递增至 $n-1$.

在证明范德蒙德行列式时，一种常见的方法是递推法. 另外，也可以利用行列式的性质，通过一系列变换将其化为三角形行列式，从而简化计算过程.

证明 运用数学归纳法. 因为

$$D_2 = \begin{vmatrix} 1 & 1 \\ x_1 & x_2 \end{vmatrix} = x_2 - x_1 = \prod_{2 \geqslant i > j \geqslant 1} (x_i - x_j)$$

所以当 $n=2$ 时，行列式成立.

假设当行列式为 $n-1$ 阶时范德蒙德行列式成立，证明对于 n 阶范德蒙德行列式也成立.

为此，设法把 D_n 降阶：从第 n 行开始，后行减去前行的 x_1 倍，有

$$D_n = \begin{vmatrix} 1 & 1 & 1 & \cdots & 1 \\ 0 & x_2 - x_1 & x_3 - x_1 & \cdots & x_n - x_1 \\ 0 & x_2(x_2 - x_1) & x_3(x_3 - x_1) & \cdots & x_n(x_n - x_1) \\ \vdots & \vdots & \vdots & & \vdots \\ 0 & x_2^{n-2}(x_2 - x_1) & x_3^{n-2}(x_3 - x_1) & \cdots & x_n^{n-2}(x_n - x_1) \end{vmatrix}$$

按第一列展开，并把每列的公因子 $x_i - x_1\ (i = 2,3,\cdots,n)$ 提出，就有

$$D_n = (x_2 - x_1)(x_3 - x_1)\cdots(x_n - x_1)\begin{vmatrix} 1 & 1 & \cdots & 1 \\ x_2 & x_3 & \cdots & x_n \\ \vdots & \vdots & & \vdots \\ x_2^{n-2} & x_3^{n-2} & \cdots & x_n^{n-2} \end{vmatrix} \tag{1-4}$$

式（1-4）右端的行列式是 $n-1$ 阶范德蒙德行列式，按归纳法假设，它等于所有 $x_i - x_j$ 因子的乘积，其中 $n \geqslant i > j \geqslant 2$. 故

$$D_n = (x_2 - x_1)(x_3 - x_1)\cdots(x_n - x_1)\prod_{n \geqslant i > j \geqslant 2}(x_i - x_j) = \prod_{n \geqslant i > j \geqslant 1}(x_i - x_j)$$

例 10 计算行列式 $D=\begin{vmatrix}1&1&1&1&1\\1&2&3&4&5\\1&2^2&3^2&4^2&5^2\\1&2^3&3^3&4^3&5^3\\1&2^4&3^4&4^4&5^4\end{vmatrix}$.

解 由题易知，该行列式为范德蒙德行列式，应用例 9 结论，则

$$D=(2-1)(3-1)(4-1)(5-1)(3-2)(4-2)(5-2)(4-3)(5-3)(5-4)=288$$

例 11 计算行列式 $D=\begin{vmatrix}1&1&1&1\\1&2&0&0\\1&0&3&0\\1&0&0&4\end{vmatrix}$.

解 此类行列式的**显著特征**是，除了第一行、第一列及主对角线元素外，其余元素均为零，这种行列式通常被称为**箭型（或爪型）行列式**. 对于这类行列式，可以利用行列式的性质，通过一系列变换将其化为三角形行列式，从而简化计算过程.

第一列依次减去第二列的 $\frac{1}{2}$，第三列的 $\frac{1}{3}$，第四列的 $\frac{1}{4}$，得

$$D=\begin{vmatrix}1-\frac{1}{2}-\frac{1}{3}-\frac{1}{4}&1&1&1\\0&2&0&0\\0&0&3&0\\0&0&0&4\end{vmatrix}$$

$$=-\frac{1}{12}\times2\times3\times4=-2$$

例 12 设 $D=\begin{vmatrix}a_{11}&a_{12}&0&0&0\\a_{21}&a_{22}&0&0&0\\c_{11}&c_{12}&b_{11}&b_{12}&b_{13}\\c_{21}&c_{22}&b_{21}&b_{22}&b_{23}\\c_{31}&c_{32}&b_{31}&b_{32}&b_{33}\end{vmatrix}$，$D_1=\begin{vmatrix}a_{11}&a_{12}\\a_{21}&a_{22}\end{vmatrix}$，$D_2=\begin{vmatrix}b_{11}&b_{12}&b_{13}\\b_{21}&b_{22}&b_{23}\\b_{31}&b_{32}&b_{33}\end{vmatrix}$，证明 $D=D_1D_2$.

证明 由行列式定义得

$$D=a_{11}A_{11}+a_{12}A_{12}$$

$$=a_{11}\begin{vmatrix}a_{22}&0&0&0\\c_{12}&b_{11}&b_{12}&b_{13}\\c_{22}&b_{21}&b_{22}&b_{23}\\c_{32}&b_{31}&b_{32}&b_{33}\end{vmatrix}+(-1)^{1+2}a_{12}\begin{vmatrix}a_{21}&0&0&0\\c_{11}&b_{11}&b_{12}&b_{13}\\c_{21}&b_{21}&b_{22}&b_{23}\\c_{31}&b_{31}&b_{32}&b_{33}\end{vmatrix}$$

$$=\left(a_{11}a_{22}-a_{12}a_{21}\right)\begin{vmatrix}b_{11}&b_{12}&b_{13}\\b_{21}&b_{22}&b_{23}\\b_{31}&b_{32}&b_{33}\end{vmatrix}$$

$$=\begin{vmatrix} a_{11} & a_{12} \\ a_{21} & a_{22} \end{vmatrix}\begin{vmatrix} b_{11} & b_{12} & b_{13} \\ b_{21} & b_{22} & b_{23} \\ b_{31} & b_{32} & b_{33} \end{vmatrix}=D_1D_2$$

类推可得

$$D=\begin{vmatrix} a_{11} & \cdots & a_{1k} & & & \\ \vdots & & \vdots & & 0 & \\ a_{k1} & \cdots & a_{kk} & & & \\ c_{11} & \cdots & c_{1k} & b_{11} & \cdots & b_{1n} \\ \vdots & & \vdots & \vdots & & \vdots \\ c_{n1} & \cdots & c_{nk} & b_{n1} & \cdots & b_{nn} \end{vmatrix}=\begin{vmatrix} a_{11} & \cdots & a_{1k} \\ \vdots & & \vdots \\ a_{k1} & \cdots & a_{kk} \end{vmatrix}\begin{vmatrix} b_{11} & \cdots & b_{1n} \\ \vdots & & \vdots \\ b_{n1} & \cdots & b_{nn} \end{vmatrix}$$

习题 1.3

【基础训练】

1. [目标 1.1]计算下列行列式.

（1）$D=\begin{vmatrix} 2 & -5 & 1 & 2 \\ -3 & 7 & -1 & 4 \\ 5 & -9 & 2 & 7 \\ 4 & -6 & 1 & 2 \end{vmatrix}$；（2）$D=\begin{vmatrix} 4 & 0 & 6 & -3 \\ 7 & 0 & 9 & 1 \\ -8 & -2 & 7 & 10 \\ 5 & 0 & 5 & 5 \end{vmatrix}$；

（3）$D=\begin{vmatrix} 1 & 1 & 1 & 1 \\ 1 & 2 & 3 & 4 \\ 1 & 2^2 & 3^2 & 4^2 \\ 1 & 2^3 & 3^3 & 4^3 \end{vmatrix}$；（4）$D=\begin{vmatrix} 2 & 1 & 1 & 1 \\ 1 & 2 & 1 & 1 \\ 1 & 1 & 2 & 1 \\ 1 & 1 & 1 & 2 \end{vmatrix}$.

2. [目标 1.1]计算下列行列式.

（1）$\begin{vmatrix} 1 & 1 & 1 \\ 1 & 2 & 0 \\ 1 & 0 & 3 \end{vmatrix}$；（2）$\begin{vmatrix} 1 & 0 & 1 \\ 1 & 2 & 4 \\ 1 & 0 & 3 \end{vmatrix}$.

3. [目标 1.1]设行列式$\begin{vmatrix} a & b & c \\ b & a & c \\ d & b & c \end{vmatrix}$，求 $A_{11}+A_{21}+A_{31}$.

【能力提升】

1. [目标 1.2]计算下列行列式

（1）$D=\begin{vmatrix} 2 & 1 & -3 & -1 \\ 3 & 1 & 0 & 7 \\ -1 & 2 & 4 & -2 \\ 1 & 0 & -1 & 5 \end{vmatrix}$；（2）$D=\begin{vmatrix} 2 & 0 & -3 & -1 \\ 3 & 0 & 1 & 7 \\ -1 & 2 & 4 & -2 \\ 1 & 0 & -1 & 5 \end{vmatrix}$；（3）$D=\begin{vmatrix} 8 & 27 & 64 & 125 \\ 4 & 9 & 16 & 25 \\ 2 & 3 & 4 & 5 \\ 1 & 1 & 1 & 1 \end{vmatrix}$

2. [目标 1.2]计算行列式 $D_{n+1}=\begin{vmatrix} a_0 & 1 & 1 & \dots & 1 \\ 1 & a_1 & 0 & \dots & 0 \\ 1 & 0 & a_2 & \dots & 0 \\ \vdots & 0 & 0 & \ddots & \vdots \\ 1 & 0 & 0 & \dots & a_n \end{vmatrix}$，其中 $a_0a_1\cdots a_n\neq 0$.

3. [目标 1.2]计算行列式 $D_n=\begin{vmatrix} 3 & 2 & 2 & \cdots & 2 \\ 2 & 3 & 2 & \cdots & 2 \\ 2 & 2 & 3 & \cdots & 2 \\ \vdots & \vdots & \vdots & \ddots & \vdots \\ 2 & 2 & 2 & \cdots & 3 \end{vmatrix}$.

4. [目标 1.1、2.1]设 $D=\begin{vmatrix} -1 & 5 & 7 & -8 \\ 1 & 1 & 1 & 1 \\ 2 & 0 & -9 & 6 \\ -3 & 4 & 3 & 7 \end{vmatrix}$，计算 $A_{41}+A_{42}+A_{43}+A_{44}$.

5. [目标 1.2、2.1]设行列式 $D=\begin{vmatrix} 1 & 2 & 3 & 4 & 5 \\ 1 & 1 & 1 & 2 & 2 \\ 3 & 2 & 1 & 4 & 6 \\ 2 & 2 & 2 & 1 & 1 \\ 4 & 3 & 2 & 1 & 0 \end{vmatrix}$，不计算 A_{ij}，直接求 $M_{51}+M_{52}+M_{53}+M_{54}+M_{55}$.

【直击考研】

1. [目标 1.1]（2014-5）计算行列式 $\begin{vmatrix} 0 & a & b & 0 \\ a & 0 & 0 & b \\ 0 & c & d & 0 \\ c & 0 & 0 & d \end{vmatrix}$.

1.4 克莱姆法则

克莱姆法则（Cramer's Rule），是线性代数中一个关于求解线性方程组的定理。它适用于变量和方程数目相等的线性方程组，由瑞士数学家克莱姆（1704—1752）于 1750 年在他的《线性代数分析导言》中发表。克莱姆法则的基本思想是通过计算系数行列式及其代数余子式来求解线性方程组。

含有 **n 个未知数** $x_1,x_2,\cdots,x_n$ 的 **n 元线性方程组**

$$\begin{cases} a_{11}x_1+a_{12}x_2+\cdots+a_{1n}x_n=b_1 \\ a_{21}x_1+a_{22}x_2+\cdots+a_{2n}x_n=b_2 \\ \cdots\cdots \\ a_{n1}x_1+a_{n2}x_2+\cdots+a_{nn}x_n=b_n \end{cases} \tag{1-5}$$

其解可以用 n 阶行列式表示，即有

克莱姆法则 如果线性方程组（1-5）的系数行列式不等于零，即

$$D=\begin{vmatrix} a_{11} & \cdots & a_{1n} \\ \vdots & & \vdots \\ a_{n1} & \cdots & a_{nn} \end{vmatrix} \neq 0$$

那么，方程组（1-5）有唯一解

$$x_1=\frac{D_1}{D}, x_2=\frac{D_2}{D}, \cdots, x_n=\frac{D_n}{D}$$

其中，$D_j(j=1,2,\cdots,n)$ 是把系数行列式 D 中第 j 列的元素用方程组右端的常数项代替后所得到的 n 阶行列式，即

$$D_j=\begin{vmatrix} a_{11} & \cdots & a_{1,j-1} & b_1 & a_{1,j+1} & \cdots & a_{1n} \\ \vdots & & \vdots & \vdots & \vdots & & \vdots \\ a_{n1} & \cdots & a_{n,j-1} & b_n & a_{n,j+1} & \cdots & a_{nn} \end{vmatrix}$$

例 1 解线性方程组 $\begin{cases} 2x_1+x_2-5x_3+x_4=8 \\ x_1-3x_2-6x_4=9 \\ 2x_2-x_3+2x_4=-5 \\ x_1+4x_2-7x_3+6x_4=0 \end{cases}$.

解

$$D=\begin{vmatrix} 2 & 1 & -5 & 1 \\ 1 & -3 & 0 & -6 \\ 0 & 2 & -1 & 2 \\ 1 & 4 & -7 & 6 \end{vmatrix} \xlongequal[r_4-r_2]{r_1-2r_2} \begin{vmatrix} 0 & 7 & -5 & 13 \\ 1 & -3 & 0 & -6 \\ 0 & 2 & -1 & 2 \\ 0 & 7 & -7 & 12 \end{vmatrix}$$

$$=-\begin{vmatrix} 7 & -5 & 13 \\ 2 & -1 & 2 \\ 7 & -7 & 12 \end{vmatrix} \xlongequal[c_3+2c_2]{c_1+2c_2} -\begin{vmatrix} -3 & -5 & 3 \\ 0 & -1 & 0 \\ -7 & -7 & -2 \end{vmatrix}$$

$$=\begin{vmatrix} -3 & 3 \\ -7 & -2 \end{vmatrix}=27$$

$$D_1=\begin{vmatrix} 8 & 1 & -5 & 1 \\ 9 & -3 & 0 & -6 \\ -5 & 2 & -1 & 2 \\ 0 & 4 & -7 & 6 \end{vmatrix}=81, \qquad D_2=\begin{vmatrix} 2 & 8 & -5 & 1 \\ 1 & 9 & 0 & -6 \\ 0 & -5 & -1 & 2 \\ 1 & 0 & -7 & 6 \end{vmatrix}=-108,$$

$$D_3=\begin{vmatrix} 2 & 1 & 8 & 1 \\ 1 & -3 & 9 & -6 \\ 0 & 2 & -5 & 2 \\ 1 & 4 & 0 & 6 \end{vmatrix}=-27, \qquad D_4=\begin{vmatrix} 2 & 1 & -5 & 8 \\ 1 & -3 & 0 & 9 \\ 0 & 2 & -1 & -5 \\ 1 & 4 & -7 & 0 \end{vmatrix}=27$$

于是 $x_1 = 3,\quad x_2 = -4,\quad x_3 = -1,\quad x_4 = 1$.

克莱姆法则有重大的理论价值，可叙述为下面的重要定理.

定理 1.3 如果线性方程组（1-5）的系数行列式 $D \neq 0$，则线性方程组（1-5）一定有解,且解是唯一的.

定理 1.3 的逆否命题可表述为：

定理 1.3′ 如果线性方程组（1-5）无解或至少存在两个不同的解，则它的系数行列式必为零.

当线性方程组（1-5）右端的常数项 $b_1, b_2, \cdots, b_n$ 不全为零时，线性方程组（1-5）叫作非齐次方程组；当 $b_1, b_2, \cdots, b_n$ 全为零时，线性方程组（1-5）叫作齐次方程组.

对于齐次线性方程组

$$\begin{cases} a_{11}x_1 + a_{12}x_2 + \cdots + a_{1n}x_n = 0 \\ a_{21}x_1 + a_{22}x_2 + \cdots + a_{2n}x_n = 0 \\ \cdots\cdots \\ a_{n1}x_1 + a_{n2}x_2 + \cdots + a_{nn}x_n = 0 \end{cases} \tag{1-6}$$

$x_1 = x_2 = \cdots = x_n = 0$ 一定是它的解，这个解叫作齐次方程组（1-6）的零解. 如果一组不全为零的数是齐次方程组（1-6）的解，则它叫作齐次方程组（1-6）的非零解. 齐次方程组（1-6）一定有零解，但不一定有非零解.

把定理 1.3 应用于齐次方程组（1-6），可得如下定理.

定理 1.4 如果齐次方程组（1-6）的系数行列式 $D \neq 0$，则齐次方程组（1-6）没有非零解.

定理 1.4′ 如果齐次方程组（1-6）有非零解，则它的系数行列式必为零.

例 2 问 λ 取何值时，齐次方程组

$$\begin{cases} (5-\lambda)x + 2y + 2z = 0 \\ 2x + (6-\lambda)y = 0 \\ 2x + (4-\lambda)z = 0 \end{cases} \tag{1-7}$$

有非零解？

解 由定理 1.4′可知，若齐次方程组（1-7）有非零解，则齐次方程组（1-7）的系数行列式 $D = 0$. 而

$$D = \begin{vmatrix} 5-\lambda & 2 & 2 \\ 2 & 6-\lambda & 0 \\ 2 & 0 & 4-\lambda \end{vmatrix}$$

$$= (5-\lambda)(6-\lambda)(4-\lambda) - 4(4-\lambda) - 4(6-\lambda)$$

$$= (5-\lambda)(2-\lambda)(8-\lambda)$$

由 $D=0$，得 $\lambda=2$，$\lambda=5$ 或 $\lambda=8$.

不难验证，当 $\lambda=2$，5 或 8 时，齐次方程组（1-7）确有非零解.

需要注意的是，本节的定理与推论仅仅适用于未知数的个数与方程个数相等的情况. 若其不等，会用到第 2 章矩阵的相关知识进行解决.

不难发现克莱姆法则在计算效率上并非总是尽如人意。对于多于 2 个或 3 个方程的系统，克莱姆法则的计算复杂度较高，这使得它在处理大规模方程组时并不实用.

尽管克莱姆法则在直接求解线性方程组时可能并不常用，但它在线性代数理论中具有重要地位，并且可以用于证明其他定理和方法. 同时，克莱姆法则也被广泛应用于其他领域，如决策分析和资源分配等，帮助人们在面对不同选择时做出明智的决策.

总之，克莱姆法则是线性代数中的一个重要定理，尽管在计算上可能存在限制，但在理论和实际应用中仍具有广泛的价值.

习题 1.4

【基础训练】

1. [目标 1.1、2.1]用克莱姆法则解方程组 $\begin{cases} x_1+x_2+x_3+x_4=5 \\ x_1+2x_2-x_3+4x_4=-2 \\ 2x_1-3x_2-x_3-5x_4=-2 \\ 3x_1+x_2+2x_3+11x_4=0 \end{cases}$.

2. [目标 1.1、2.1]问 λ 取何值时，齐次线性方程组 $\begin{cases} (1-\lambda)x_1-2x_2+4x_3=0 \\ 2x_1+(3-\lambda)x_2+x_3=0 \\ x_1+x_2+(1-\lambda)x_3=0 \end{cases}$ 有非零解？

3. [目标 1.1、2.1]若齐次线性方程组 $\begin{cases} ax_1+x_2+x_3=0 \\ x_1+bx_2+x_3=0 \\ x_1+2bx_2+x_3=0 \end{cases}$ 只有零解，则 a,b 应取何值？

【能力提升】

1. [目标 1.2、2.1]用克莱姆法则解方程组 $\begin{cases} x_1+x_2+x_3+x_4=1 \\ 2x_1+3x_2+4x_3+5x_4=1 \\ 4x_1+9x_2+16x_3+25x_4=1 \\ 8x_1+27x_2+64x_3+125x_4=1 \end{cases}$.

2. [目标 1.2]问 λ 取何值时，齐次线性方程组 $\begin{cases} (5-\lambda)x_1+2x_2+2x_3=0 \\ 2x_1+(6-\lambda)x_2=0 \\ 2x_1+(4-\lambda)x_3=0 \end{cases}$ 有非零解？

3. [目标 1.1、2.1]若齐次线性方程组 $\begin{cases} \lambda x_1+3x_2+4x_3=0 \\ -x_1+\lambda x_2=0 \\ \lambda x_2+x_3=0 \end{cases}$ 只有零解，则 λ 应取何值？

1.5 行列式的应用

1.5.1 证明微分中值定理

微分中值定理作为微分学中的核心组成部分，涵盖了罗尔中值定理、拉格朗日中值定理以及柯西中值定理等重要内容. 在证明这些定理时，通常采用构造辅助函数的方法，然而，直接构造出合适的辅助函数往往是一项具有挑战性的任务. 为了简化证明过程并增强其明晰性，本文将利用行列式来构造辅助函数，并在罗尔中值定理的基础上，对拉格朗日中值定理和柯西中值定理进行证明. 这种方法不仅更为简洁，而且能够使证明过程更加直观易懂.

罗尔中值定理 设函数 $f(x)$ 在 $[a,b]$ 上连续，(a,b) 内可导，且 $f(a)=f(b)$，则至少存在一点 $\xi\in(a,b)$，使得 $f'(\xi)=0$.

在利用行列式理论对拉格朗日中值定理和柯西中值定理进行证明的过程中，通常需要借助引理 1.1 以辅助相关计算. 这一引理对于确保证明的严谨性和准确性至关重要.

引理 1.1 设函数 $f_1(x)$，$f_2(x)$，$f_3(x)$，$g_1(x)$，$g_2(x)$，$g_3(x)$，$h_1(x)$，$h_2(x)$，$h_3(x)$ 在 (a,b) 内可导，设

$$F(x)=\begin{vmatrix} f_1(x) & g_1(x) & h_1(x) \\ f_2(x) & g_2(x) & h_2(x) \\ f_3(x) & g_3(x) & h_3(x) \end{vmatrix}$$

则

$$F'(x)=\begin{vmatrix} f_1'(x) & g_1'(x) & h_1'(x) \\ f_2(x) & g_2(x) & h_2(x) \\ f_3(x) & g_3(x) & h_3(x) \end{vmatrix}+\begin{vmatrix} f_1(x) & g_1(x) & h_1(x) \\ f_2'(x) & g_2'(x) & h_2'(x) \\ f_3(x) & g_3(x) & h_3(x) \end{vmatrix}+\begin{vmatrix} f_1(x) & g_1(x) & h_1(x) \\ f_2(x) & g_2(x) & h_2(x) \\ f_3'(x) & g_3'(x) & h_3'(x) \end{vmatrix}$$

接下来，将利用前述的罗尔中值定理与行列式构造的辅助函数法，对拉格朗日中值定理和柯西中值定理进行严谨的证明.

拉格朗日中值定理 设函数 $f(x)$ 在 $[a,b]$ 上连续，在 (a,b) 内可导，则至少存在一点 $\xi\in(a,b)$，使得 $f(b)-f(a)=f'(\xi)(b-a)$.

证明：构造辅助函数 $F(x)=\begin{vmatrix} a & f(a) & 1 \\ b & f(b) & 1 \\ x & f(x) & 1 \end{vmatrix}$

由于 $f(x)$ 在 $[a, b]$ 上连续，在 (a, b) 内可导，所以 $F(x)$ 在 $[a, b]$ 上连续，在 (a, b) 内可导，且 $F(a)=F(b)=0$. 故由罗尔中值定理知，至少存在一点 $\xi\in(a,b)$，使得

$$F'(\xi)=\begin{vmatrix} a & f(a) & 1 \\ b & f(b) & 1 \\ 1 & f'(\xi) & 0 \end{vmatrix}=\begin{vmatrix} a & f(a) & 1 \\ b-a & f(b)-f(a) & 0 \\ 1 & f'(\xi) & 0 \end{vmatrix}=0$$

所以 $f'(\xi)=\dfrac{f(b)-f(a)}{b-a}$，即 $f(b)-f(a)=f'(\xi)(b-a)$.

柯西中值定理 设函数 $f(x)$，$g(x)$ 满足以下条件：

（1）$f(x)$，$g(x)$ 在 $[a, b]$ 上连续；

（2）$f(x)$，$g(x)$ 在 (a, b) 内可导，且对任意 $x\in(a,b)$，$g'(x)\neq 0$.

则至少存在一点 $\xi\in(a,b)$，使得 $\dfrac{f(b)-f(a)}{g(b)-g(a)}=\dfrac{f'(\xi)}{g'(\xi)}$.

证明：构造辅助函数 $F(x)=\begin{vmatrix} g(x) & f(x) & 1 \\ g(a) & f(a) & 1 \\ g(b) & f(b) & 1 \end{vmatrix}$

由于 $F(x)$ 是 $f(x)$，$g(x)$ 的多项式函数，从而在 $[a, b]$ 上连续，在 (a, b) 内可导，利用行列式性质可知 $F(a)=F(b)=0$. 故由罗尔中值定理知，至少存在一点 $\xi\in(a,b)$，使得

$$F'(\xi)=\begin{vmatrix} g'(\xi) & f'(\xi) & 0 \\ g(a) & f(a) & 1 \\ g(b) & f(b) & 1 \end{vmatrix}=\begin{vmatrix} g'(\xi) & f'(\xi) & 0 \\ g(a)-g(b) & f(a)-f(b) & 0 \\ g(b) & f(b) & 1 \end{vmatrix}=0$$

所以 $\dfrac{f'(\xi)}{g'(\xi)}=\dfrac{f(b)-f(a)}{g(b)-g(a)}$.

1.5.2 因式分解

在线性代数中，行列式是一个很好的工具，可以巧妙地利用行列式的相关性质对多项式进行因式分解. 已知二阶行列式

$$\begin{vmatrix} a_{11} & a_{12} \\ a_{21} & a_{22} \end{vmatrix}=a_{11}a_{22}-a_{12}a_{21}$$

由此启发，一个多项式 D 可以表示为其他两个多项式的差，其中的两个多项式又能写成另外两个多项式的乘积，即 $D=MN-PQ$（M、N、P、Q 为多项式），于是 $D=\begin{vmatrix} M & P \\ Q & N \end{vmatrix}$.

特别地，如果 $M=Q$ 或 $P=N$ 时，那么 $D=M(N-P)$ 或 $D=N(M-Q)$.

如果 M，N，P，Q 互不相等时，由行列式的性质可知，

$$D=\begin{vmatrix} M & P\pm KM \\ Q & N\pm KQ \end{vmatrix} \text{或} D=\begin{vmatrix} M & P \\ Q\pm KM & N\pm KQ \end{vmatrix} \text{或} D=\begin{vmatrix} M\pm KP & P \\ Q\pm KN & N \end{vmatrix} \text{或} D=\begin{vmatrix} M\pm KQ & P\pm KN \\ Q & N \end{vmatrix}$$

其中 K 为多项式. 此时，只要某一行（列）的所有元素有公因式，D 就可以分解因式.

例 1 对 x^5+x+1 进行因式分解.

解 $x^5+x+1=x^2x^3-(-1)(x+1)=\begin{vmatrix} x^2 & x+1 \\ -1 & x^3 \end{vmatrix}\overset{c_2+c_1}{=}\begin{vmatrix} x^2 & x^2+x+1 \\ -1 & x^3-1 \end{vmatrix}=\begin{vmatrix} x^2 & x^2+x+1 \\ -1 & (x-1)(x^2+x+1) \end{vmatrix}$

$=(x^2+x+1)(x^3-x^2+1)$

1.5.3 解析几何

1750 年，瑞士杰出数学家克莱姆（G. Cramer，1704—1752）于其论文中明确指出，行列式在解析几何领域具有显著的应用价值. 通过几何学的视角，能够直观地领悟二阶行列式与三阶行列式所蕴含的几何意义，进而深化对行列式概念的理解与运用.

二阶行列式的几何意义是平行四边形的（代数）面积. 如图 1.3 所示，下面计算平行四边的面积.

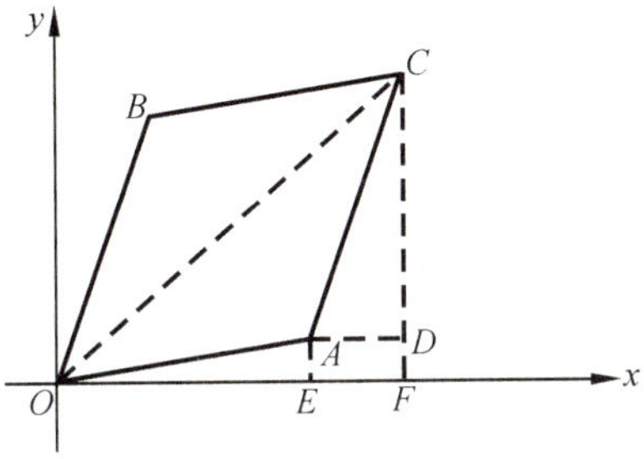

图 1.3

记平行四边形的 2 个邻边分别为 $\overrightarrow{OA}=(x_1,y_1)$，$\overrightarrow{OB}=(x_2,y_2)$，则 $\overrightarrow{OC}=(x_1+x_2,y_1+y_2)$.

$$\begin{aligned}S_{\square OACB}&=2S_{\Delta OAC}=2\left(S_{\Delta OFC}-S_{\Delta OEA}-S_{\Delta ADC}-S_{EFDA}\right)\\&=2\left[\frac{1}{2}(x_1+x_2)(y_1+y_2)-\frac{1}{2}x_1y_1-\frac{1}{2}(x_1+x_2-x_1)(y_1+y_2-y_1)-(x_1+x_2-x_1)y_1\right]\\&=x_1y_1+x_1y_2+x_2y_1+x_2y_2-x_1y_1-x_2y_2-2x_2y_1\\&=x_1y_2-x_2y_1=\begin{vmatrix}x_1&y_1\\x_2&y_2\end{vmatrix}\end{aligned}$$

由此可知，由 2 个二维向量所构成的二阶行列式的值等于这 2 个向量（起点在坐标原点）为邻边的平行四边形（代数）面积. 这里所说的代数面积是指面积可正可负的，按右手法则从 $\overrightarrow{OA}$ 转到 $\overrightarrow{OB}$ 时，面积为正；从 $\overrightarrow{OB}$ 转到 $\overrightarrow{OA}$，面积为负.

三阶行列式的几何意义是平行六面体的（代数）体积. 如图 1.4 所示，下面计算平行六面体的体积.

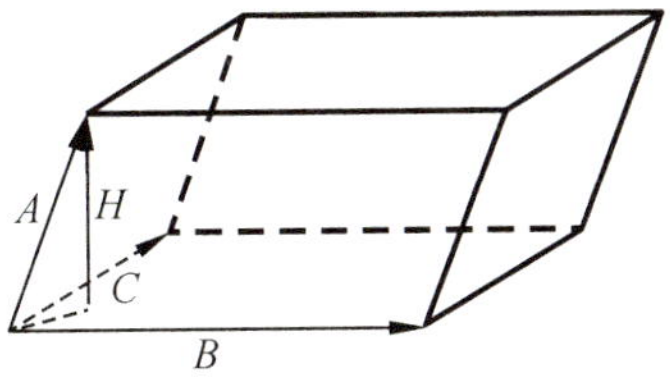

图 1.4

记平行六面体的 3 个邻边分别为 $\boldsymbol{A}=(x_1,\ y_1,\ z_1)$，$\boldsymbol{B}=(x_2,\ y_2,\ z_2)$，$\boldsymbol{C}=(x_3,\ y_3,\ z_3)$. 按照右手法则，$\boldsymbol{B}\times\boldsymbol{C}=\boldsymbol{H}$，$\boldsymbol{H}$ 垂直于 $\boldsymbol{B}$ 和 $\boldsymbol{C}$ 所在的平面，方向朝上，$\boldsymbol{H}$ 的量值大小为平行四边形的底面积；注意 $\boldsymbol{A}\cdot\boldsymbol{H}=\|\boldsymbol{A}\|\cdot\|\boldsymbol{H}\|\cdot\cos\langle\boldsymbol{A},\ \boldsymbol{H}\rangle$，所以 $\boldsymbol{A}\cdot\boldsymbol{H}$ 就是平行六面体的体积. 于是有

$$V = \boldsymbol{A}\cdot \boldsymbol{H} = \boldsymbol{A}\cdot(\boldsymbol{B}\times \boldsymbol{C}) = (x_1\boldsymbol{i}+x_2\boldsymbol{j}+x_3\boldsymbol{k})\cdot\begin{vmatrix} \boldsymbol{i} & \boldsymbol{j} & \boldsymbol{k} \\ y_1 & y_2 & y_3 \\ z_1 & z_2 & z_3 \end{vmatrix}$$

$$= x_1\begin{vmatrix} y_2 & y_3 \\ z_2 & z_3 \end{vmatrix} - x_2\begin{vmatrix} y_1 & y_3 \\ z_1 & z_3 \end{vmatrix} + x_3\begin{vmatrix} y_1 & y_2 \\ z_1 & z_2 \end{vmatrix} = \begin{vmatrix} x_1 & x_2 & x_3 \\ y_1 & y_2 & y_3 \\ z_1 & z_2 & z_3 \end{vmatrix} = \det\,(\boldsymbol{A},\boldsymbol{B},\boldsymbol{C})$$

由此可知，由 3 个三维向量所构成的三阶行列式的值等于这 3 个向量为棱边的平行六面体的（代数）体积. 当行列式的值 $\det(\boldsymbol{A},\boldsymbol{B},\boldsymbol{C})>0$ 时，向量 $\boldsymbol{A}$，$\boldsymbol{B}$，$\boldsymbol{C}$ 满足右手系；当行列式的值 $\det(\boldsymbol{A},\boldsymbol{B},\boldsymbol{C})<0$ 时，向量 $\boldsymbol{A}$，$\boldsymbol{B}$，$\boldsymbol{C}$ 满足左手系；当行列式的值 $\det(\boldsymbol{A},\boldsymbol{B},\boldsymbol{C})=0$ 时，向量 $\boldsymbol{A}$，$\boldsymbol{B}$，$\boldsymbol{C}$ 共面.

此外，对于二维向量是否共线或三维向量是否共面的问题，可以采用判断平行四边形面积或平行六面体体积是否为 0 的方法来描述. 具体而言，这可以通过判断由这些向量所构成的方阵的行列式是否为 0 来实现，从而为解决这类问题提供了一种有效的数学手段.

下面将详细解释当向量积采用三阶行列式表示时，关于向量积的模长 $\|\boldsymbol{a}\times\boldsymbol{b}\|$ 的问题. 为了简化观察过程，将图 1.3 中二维坐标系中的原平行四边形 $OACB$ 置于三维坐标系的 xOy 平面内，形成新的平行四边形. 在此过程中，新、老平行四边形的形状和面积均保持不变. 通过这样的变换，可以更直观地理解和计算向量积的模长. 记新的平行四边形的邻边为 $\boldsymbol{a}'=(x_1',y_1',0)$ 和 $\boldsymbol{b}'=(x_2',y_2',0)$，显然

$$\boldsymbol{a}'\times\boldsymbol{b}' = \begin{vmatrix} \boldsymbol{i} & \boldsymbol{j} & \boldsymbol{k} \\ x_1' & x_2' & 0 \\ y_1' & y_2' & 0 \end{vmatrix} = \begin{vmatrix} x_1' & x_2' \\ y_1' & y_2' \end{vmatrix}\boldsymbol{k}$$

此为向量，其方向与大小都是明确的. 取“模”即为对其系数取绝对值，以表示向量的长度或大小，

$$\|\boldsymbol{a}'\times\boldsymbol{b}'\| = \underbrace{\left\|\begin{vmatrix} x_1' & x_2' \\ y_1' & y_2' \end{vmatrix}\boldsymbol{k}\right\|}_{\text{向量模}} = \underbrace{\left|\left(\begin{vmatrix} x_1' & x_2' \\ y_1' & y_2' \end{vmatrix}\right)\right|}_{\text{绝对值}}$$

所以，**向量积的量值 $\|\boldsymbol{a}\times\boldsymbol{b}\|$ 大小是平行四边形（代数）面积.**

例 2 已知三角形顶点 $\boldsymbol{A}=(-1,\ 2,\ 3)$，$\boldsymbol{B}=(1,\ 1,\ 1)$，$\boldsymbol{C}=(0,\ 0,\ 5)$，求 $S_{\Delta ABC}$.

解 由向量积的模的几何含义可知，$S_{\triangle ABC}=\dfrac{1}{2}\|\overrightarrow{AB}\times\overrightarrow{AC}\|$.

由于 $\overrightarrow{AB}=(2,-1,-2)$，$\overrightarrow{AC}=(1,-2,2)$

$$\overrightarrow{AB}\times\overrightarrow{AC} = \begin{vmatrix} \boldsymbol{i} & \boldsymbol{j} & \boldsymbol{k} \\ 2 & -1 & -2 \\ 1 & -2 & 2 \end{vmatrix} = -6\boldsymbol{i}-6\boldsymbol{j}-3\boldsymbol{k}$$

所以，$S_{\Delta ABC}=\dfrac{1}{2}\|\overrightarrow{AB}\times\overrightarrow{AC}\|=\dfrac{1}{2}\sqrt{(-6)^2+(-6)^2+(-3)^2}=\dfrac{9}{2}$.

1.5.4 营养调配

假设你现在为成都市某医院的营养师，负责为一位病人精心配制一份菜肴. 根据医生的专业建议，这份菜肴需囊括蔬菜、鱼和肉松 3 种食材，并应满足特定的营养要求：热量达到 1 200 cal，蛋白质含量为 30 g，以及维生素 C 含量达到 300 mg. 为达成此目标，你可以参考表 1.1 中列出的 3 种食材每 100 g 所含的相关营养成分数据.

表 1.1 3 种食材及其营养成分

营养成分	蔬菜	鱼	肉松
热量/cal①	60	300	600
蛋白质/g	3	9	6
维生素 C/mg	90	60	30

为确定此次菜肴配制中每种食物所需的数量，需求建立了一个线性方程组. 设 x_1,x_2,x_3 分别为蔬菜、鱼、肉松的数量（单位：100 g）. 根据表 1.1 中提供的数据，得到如下线性方程组：

$$\begin{cases}60x_1+300x_2+600x_3=1\,200\\3x_1+9x_2+6x_3=30\\90x_1+60x_2+30x_3=300\end{cases}$$

化简得

$$\begin{cases}x_1+5x_2+10x_3=20\\x_1+3x_2+2x_3=10\\3x_1+2x_2+x_3=10\end{cases}$$

下面利用克莱姆法则求解上述方程组的解.

$$D=\begin{vmatrix}1&5&10\\1&3&2\\3&2&1\end{vmatrix}=-46,\qquad D_1=\begin{vmatrix}20&5&10\\10&3&2\\10&2&1\end{vmatrix}=-70$$

$$D_2=\begin{vmatrix}1&20&10\\1&10&2\\3&10&1\end{vmatrix}=-110,\qquad D_3=\begin{vmatrix}1&5&20\\1&3&10\\3&2&10\end{vmatrix}=-30$$

所以

$$x_1=\frac{D_1}{D}=\frac{35}{23},\quad x_2=\frac{D_2}{D}=\frac{55}{23},\quad x_3=\frac{D_3}{D}=\frac{15}{23}$$

故蔬菜、鱼、肉松分别需要 $\frac{3\,500}{23}$ g，$\frac{5\,500}{23}$ g，$\frac{1\,500}{23}$ g.

注：① 1cal=4.18J. 卡[路里]为非法定计量单位，在肠内肠外营养学保留.——编者

习题 1.5

【基础训练】

1. [目标 1.2、3.2、4.1]在 Q 上对 4 次多项式 $x^4+6x^3+x^2-24x-20$ 因式分解.

2. [目标 1.3、2.1、3.1]设空间四点 $A(1,2,3), B(2,3,4), C(3,4,5), D(4,5,6)$，求由其构成的四面体的体积.

3. [目标 1.3、2.1、3.1]设四面体 $O\text{-}ABC$ 的 6 条棱长分别为 $OA=1$，$OB=2$，$OC=3$，$BC=4$，$CA=5$，$AB=6$，求四面体的体积的平方.

4.[目标 1.3、2.1、3.2]在大学生的日常饮食中，为确保营养均衡，每日需摄入适量的蛋白质、脂肪和碳水化合物.表 1.2 详细列出了这 3 种食物的营养成分以及大学生日常所需的营养量（它们的质量以适当的单位计量）. 通过参照此表，大学生可合理安排每餐的食物搭配，以满足身体对各类营养的基本需求.

表 1.2　营养成分及大学生日常所需营养

营养/g	学校食物所含的营养			所需营养
	食物 1	食物 2	食物 3	
蛋白质	36	51	13	33
脂肪	0	7	1	3
碳水化合物	52	34	74	45

试根据这个问题建立一个线性方程组，并通过求解方程组来确定每天需要摄入的上述 3 种食物的量.

知识结构网络图

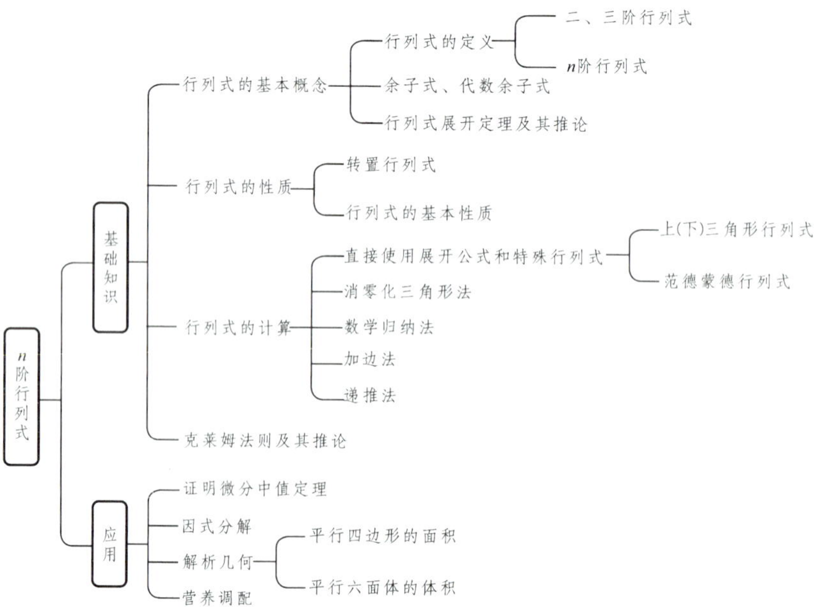

OBE 理念下教学目标

知识目标	1. 基础概念掌握	深入理解二阶、三阶行列式的概念及其几何意义
		熟练掌握二阶行列式的计算法则（对角线法则）
		熟练掌握三阶行列式的计算法则（对角线法则、沙路法等）
	2. 理论知识广度和深度	深刻理解 n 阶行列式的定义及其与矩阵的关系
		全面理解行列式的 5 大性质及其推导过程，并能灵活应用
		掌握克莱姆法则的适用条件及其在线性方程组求解中的应用
	3. 数学方法和技巧应用	熟练掌握利用行列式性质计算行列式
		能够灵活运用不同方法计算高阶行列式
		能够计算特殊行列式，如范德蒙德行列式、箭型行列式
能力目标	1 .问题解决能力	能够熟练运用克莱姆法则求解 n 元 n 个方程的线性方程组
		能够理解并应用行列式在微分中值定理证明、因式分解、营养调配等领域中的实际应用
	2. 抽象思维和逻辑推理	熟练掌握余子式、代数余子式的定义及其与行列式的关系
		能够运用行列式的性质进行逻辑推理，解决复杂数学问题
	4. 数据分析与解释能力	能够利用行列式工具分析解析几何中的相关问题，并给出合理解释
素质目标	1. 创新意识	鼓励学生在理解行列式基本概念和性质的基础上，探索新的应用方法和领域
	2. 跨学科思维	培养学生将行列式知识与其他学科（如微分、因式分解、解析几何、营养学等）相结合，形成跨学科的综合分析能力
思政目标	1. 创新精神	强调在行列式的学习和应用中培养学生的创新精神，鼓励他们在解决问题时提出新颖的思路和方法

章节测验

1. 单项选择题

（1）[目标 1.1]排列 12 345 678 的逆序数为（　　）.

A. 3　　B. 2　　C. 1　　D. 0

（2）[目标 1.1]五阶行列式的展开式共有（　　）项.

A. 5　　B. 25　　C. 120　　D. 15

（3）[目标 1.1]行列式$\begin{vmatrix} 0 & 0 & 0 & 1 \\ 0 & 0 & 2 & 0 \\ 0 & 3 & 0 & 0 \\ 4 & 0 & 0 & 0 \end{vmatrix}$的值为（　　）.

A. -24　　B. 24　　C. 12　　D. -12

（4）[目标 1.1]如果 $D=\begin{vmatrix} a_{11} & a_{12} & a_{13} \\ a_{21} & a_{22} & a_{23} \\ a_{31} & a_{32} & a_{33} \end{vmatrix}=M\neq 0$，则 $D_1=\begin{vmatrix} 2a_{11} & 2a_{12} & 2a_{13} \\ 2a_{21} & 2a_{22} & 2a_{23} \\ 2a_{31} & 2a_{32} & 2a_{33} \end{vmatrix}=$（　　）.

A. $2M$　　B. $-2M$　　C. $8M$　　D. $-8M$

（5）[目标 1.1]行列式$\begin{vmatrix} a & b & c \\ d & e & f \\ g & h & k \end{vmatrix}$中元素 f 的余子式是（　　）.

A. $\begin{vmatrix} d & e \\ g & h \end{vmatrix}$　　B. $-\begin{vmatrix} a & b \\ g & h \end{vmatrix}$　　C. $\begin{vmatrix} a & b \\ g & h \end{vmatrix}$　　D. $-\begin{vmatrix} d & e \\ g & h \end{vmatrix}$

（6）[目标 1.1]已知四阶行列式 D 中第二列元素依次为 -1，2，0，1，它们的代数余子式依次分别为 5，3，-7，4，则 $D=$（　　）.

A. -15　　B. 15　　C. -5　　D. 5

（7）[目标 1.1、2.1]如果$\begin{vmatrix} a_{11} & a_{12} \\ a_{21} & a_{22} \end{vmatrix}=1$，则方程组$\begin{cases} a_{11}x_1-a_{12}x_2+b_1=0 \\ a_{21}x_1-a_{22}x_2+b_2=0 \end{cases}$的解是（　　）.

A. $x_1=\begin{vmatrix} b_1 & a_{12} \\ b_2 & a_{22} \end{vmatrix},x_2=\begin{vmatrix} a_{11} & b_1 \\ a_{21} & b_2 \end{vmatrix}$　　B. $x_1=-\begin{vmatrix} b_1 & a_{12} \\ b_2 & a_{22} \end{vmatrix},x_2=\begin{vmatrix} a_{11} & b_1 \\ a_{21} & b_2 \end{vmatrix}$

C. $x_1=-\begin{vmatrix} b_1 & a_{12} \\ b_2 & a_{22} \end{vmatrix},x_2=-\begin{vmatrix} a_{11} & b_1 \\ a_{21} & b_2 \end{vmatrix}$　　D. $x_1=\begin{vmatrix} b_1 & a_{12} \\ b_2 & a_{22} \end{vmatrix},x_2=-\begin{vmatrix} a_{11} & b_1 \\ a_{21} & b_2 \end{vmatrix}$

2. 填空题

（1）[目标 1.1]行列式$\begin{vmatrix}1&0&0&0\\1&2&0&0\\2&4&3&0\\5&9&0&4\end{vmatrix}=$____________.

（2）[目标 1.1]行列式某一列的元素乘以同一数后加到另一列的对应元素上，行列式________.

（3）[目标 1.1]利用行列式的性质计算三阶行列式$\begin{vmatrix}21&13&55\\5&-7&23\\42&26&110\end{vmatrix}=$__________.

（4）[目标 1.1、2.1]设$D=\begin{vmatrix}3&-1&2\\-2&-3&1\\0&1&-4\end{vmatrix}$，则$2A_{11}+A_{21}-4A_{31}=$______，$A_{32}-4A_{33}=$_______.

（5）[目标 1.1]齐次线性方程组$\begin{cases}a_{11}x_1+a_{12}x_2+\cdots a_{1n}x_n=0\\a_{21}x_1+a_{22}x_2+\cdots a_{2n}x_n=0\\\cdots\cdots\\a_{n1}x_1+a_{n2}x_2+\cdots a_{nn}x_n=0\end{cases}$的系数行列式为$D$，那么$D=0$是该行列式有非零解的__________条件.

3. 计算题

（1）[目标 1.1]用对角线法则计算三阶行列式$D=\begin{vmatrix}1&2&3\\2&3&0\\3&4&5\end{vmatrix}$.

（2）[目标 1.1]计算行列式$D=\begin{vmatrix}1+x&1&1&1\\1&1-x&1&1\\1&1&1+y&1\\1&1&1&1-y\end{vmatrix}$.

（3）[目标 1.1、2.1]利用行列式的性质，证明$\begin{vmatrix}a^2&ab&b^2\\2a&a+b&2b\\1&1&1\end{vmatrix}=(a-b)^3$.

（4）[目标 1.2]计算下列行列式

① $D=\begin{vmatrix}1&1&1&1&1\\1&2&0&0&0\\1&0&3&0&0\\1&0&0&4&0\\1&0&0&0&5\end{vmatrix}$；② $D=\begin{vmatrix}4&1&1&1\\1&4&1&1\\1&1&4&1\\1&1&1&4\end{vmatrix}$；③ $D=\begin{vmatrix}1&1&1&1\\2&3&4&5\\4&9&16&25\\8&27&64&125\end{vmatrix}$.

（5）[目标 1.2、2.1]已知四阶行列式 $D=\begin{vmatrix}1 & 2 & 3 & 4\\ 2 & 1 & 0 & 0\\ 3 & 0 & 1 & 0\\ 4 & 0 & 0 & 1\end{vmatrix}$，$A_{ij}$ 表示 a_{ij} 的代数余子式，M_{ij} 表示 a_{ij} 的余子式，求 $2A_{11}+3M_{12}+2M_{13}-A_{14}$.

（6）[目标 1.1、2.1]问 λ,μ 取何值时，齐次线性方程组 $\begin{cases}\lambda x_1+x_2+x_3=0\\ x_1+\mu x_2+x_3=0\\ x_1+2\mu x_2+x_3=0\end{cases}$ 有非零解？

（7）[目标 1.2、2.1]用克莱姆法则解方程组 $\begin{cases}5x_1+6x_2=1\\ x_1+5x_2+6x_3=0\\ x_2+5x_3+6x_4=0\\ x_3+5x_4+6x_5=0\\ x_4+5x_5=1\end{cases}$.

第 2 章
矩　阵

AI 图像合成技术

在人工智能蓬勃发展的黄金时期，图像合成技术正以前所未有的速度迅猛崛起. 从最初的简单图像编辑功能，到如今能够构建复杂场景的能力，人工智能已经打破了传统软件的局限，引领着创意与视觉表达进入了一个崭新的时代. AI 图像合成技术的演进历程可谓波澜壮阔，它起始于基础的图像处理算法，这些算法虽然简单，却为后续的复杂技术奠定了坚实的基础. 随着时间的推移，这些算法逐步进化为今日高度复杂且功能强大的深度学习模型. 这些模型不仅能够深刻理解和模拟复杂的视觉现象，还能根据用户的需求和意图，创造出前所未有的图像内容.

2024 年 3 月 5 日，Stability AI 发布了一篇具有里程碑意义的研究论文，深入剖析了 Stable Diffusion 3 的底层技术. Stable Diffusion 3 通过改进噪声模式及优化网络结构，显著提升了图像的清晰度和生成速度，使得图像合成技术达到了一个新的高度. 该技术报告的发布不仅揭示了 Stable Diffusion 3 的内在运作机制，更展示了其在图像质量、生成效率及创意表达上的显著提升. Sora 构架在 Stable Diffusion 3 中的应用，更是为 AI 图像合成技术带来了新的突破. 这一构架不仅加强了生成图像的稳定性与一致性，还使得高分辨率图像的处理成为可能，为实现更为逼真与详尽的视觉内容提供了强有力的支持.

在 Stability AI 公布的详尽技术报告《Scaling Rectified Flow Transformers》中，一种新型网络架构——Rectified Flow Transformers（RFTs）得以引入. RFTs 巧妙地将变换器架构与流模型相结合，专为处理大规模、高复杂度图像数据而设计. 通过优化数据流与增强模型学习能力，RFTs 显著提升了图像合成的质量与效率，使得图像合成技术更加成熟和完善. 其独特架构使 RFTs 能够更精准地捕捉与重建图像中的细微差异，从而在保障性能的同时，实现高质量的图像合成.

RFTs 技术的应用前景极为广阔，不仅可应用于艺术创作与娱乐产业，为艺术家与设计师提供强大的创作工具，更可在医疗成像、卫星图像分析及自动驾驶车辆视觉系统中发挥关键作用. 此外，RFT 技术的进步也为深度学习与人工智能的其他领域提供新的研究方向与应用可能性，为整个行业带来了革命性的变革.

Stable Diffusion 3 的涌现，无疑昭示着 AI 图像合成技术的新纪元已经到来. 而 RFTs 的提出，则进一步拓宽了这一领域的研究视野. 将 Stable Diffusion 3 的扩散模型与 RFTs 的流变压器结构相融合，可实现更高效、更精细控制的图像生成过程. 这一融合有望解决高分辨率图像合成中的细节丢失问题，并提升模型对复杂场景的理解能力，使得 AI 图像合成技术更加完善和精准.

展望未来，随着技术的不断进步和创新，AI 图像合成技术必将朝着更高图像质量、更快生成速度及更强创造力方向不断演进. 我们有理由相信，在不远的将来，AI 图像合成技术将成为推动创意产业发展和视觉表达革新的重要力量.

图像合成技术，作为计算机图形学中的关键研究领域，专注于将多种不同来源的图像信息巧妙融合，从而生成一幅完整的图像. 这一融合过程，需依托深厚的数学与计算机科学理论基础. 在图像合成中，核心处理对象即为图像信息，这些信息可转化为矩阵形式，矩阵内的元素则精准地反映了图像的灰度或色彩细节. 矩阵的行数精准体现了图像的高度，而列数则准确反映了其宽度.

矩阵运算在图像合成中发挥着至关重要的作用，它能够实现图像的旋转、平移、缩放等多种变换. 例如，在背光条件下拍摄的图像，常因曝光不足导致拍摄主体模糊不清. 此时，通过矩阵运算中的数乘运算，按一定比例调整原始图像的亮度，即可使拍摄主体更为清晰. 然而，这种简单处理方法有时也会导致部分细节的损失.

此外，图像的旋转涉及矩阵的转置与线性变换，图像复原则需要运用矩阵的逆运算，图像压缩则依赖于矩阵分块技术，而图像分割则涉及到矩阵子块的提取. 由此可见，矩阵运算在图像处理中扮演着举足轻重的角色，具有广泛的应用价值.

矩阵作为线性代数的基石之一，其相关理论构成了线性代数学科体系的基本骨架. 在自然科学、工程技术和国民经济等众多领域中，矩阵被广泛应用于实际问题的分析与解决.

首先，将深入探讨矩阵的概念，包括其定义、性质及表示方法. 矩阵作为一种特殊的数学工具，能够方便地表示和处理多维数据，具有广泛的应用前景. 接下来，将介绍矩阵的运算，包括加法、数乘、乘法等基本运算，并讨论这些运算的性质和规律. 这些运算规则是矩阵理论的基础，也是解决实际问题的关键.

其次，可逆矩阵是矩阵理论中的重要概念. 第 3 节将详细解释可逆矩阵的定义、性质及判定方法，并探讨其在实际问题中的应用. 可逆矩阵的存在为许多问题的解决提供了便利，尤其在线性方程组求解、矩阵分解等方面发挥着重要作用.

同时，本章还将介绍矩阵的初等变换与初等矩阵. 初等变换是矩阵理论中的基本工具，通过初等变换可以对矩阵进行化简和求解. 而初等矩阵则是与初等变换密切相关的概念，它们具有特殊的性质和用途. 后续将详细阐述初等变换和初等矩阵的定义、性质及应用，帮助读者更好地掌握这一重要工具.

此外，矩阵的秩和分块矩阵也是本章的重要内容. 矩阵的秩是反映矩阵性质的重要指标，它能够揭示矩阵的结构和特性. 分块矩阵则是将矩阵按照一定规则进行划分得到的子矩阵集合，它有助于简化复杂矩阵的运算和处理. 后续将深入探讨矩阵的秩和分块矩阵的概念、性质及应用，使读者对矩阵理论有更全面的认识.

综上所述，本章将全面介绍矩阵的基本概念、运算规则、可逆性、初等变换与初等矩阵、秩以及分块矩阵等内容. 通过学习和掌握这些知识，读者将能够更好地应用矩阵理论解决实际问题，推动相关领域的发展和创新.

2.1 矩阵的概念

在应对生活中的众多实际问题时，时常需要处理一些数据表格，这些表格中蕴含丰富的信息和数据. 为了更有效地处理这些数据，数学家们从中抽象出一个重要的数学概念——矩阵. 矩阵作为一种特殊的数学工具，能够以简洁高效的方式表示和处理这些数表中的数据，从而帮助我们更好地理解和解决实际问题. 因此，矩阵在处理数表时扮演了至关重要的角色，它不仅是数学领域的一个重要概念，更是解决实际问题时不可或缺的工具.

2.1.1 矩阵的定义

定义 2.1 由 $m\times n$ 个数 $a_{ij}(i=1,2,\cdots,m;j=1,2,\cdots,n)$ 排成的 m 行 n 列的数表

$$\begin{matrix} a_{11} & a_{12} & \cdots & a_{1n} \\ a_{21} & a_{22} & \cdots & a_{2n} \\ \vdots & \vdots & & \vdots \\ a_{m1} & a_{m2} & \cdots & a_{mn} \end{matrix}$$

称为 m 行 n 列的矩阵，简称 $m\times n$ 矩阵. 为表示它是一个整体，总是加一个小括号或者中括号，并用大写黑体字母 $\boldsymbol{A},\boldsymbol{B},\boldsymbol{C},\cdots$ 或 $\boldsymbol{A}_{m\times n},\boldsymbol{B}_{m\times n},\boldsymbol{C}_{m\times n},\cdots$ 表示，记作

$$\boldsymbol{A}=\begin{pmatrix} a_{11} & a_{12} & \cdots & a_{1n} \\ a_{21} & a_{22} & \cdots & a_{2n} \\ \vdots & \vdots & & \vdots \\ a_{m1} & a_{m2} & \cdots & a_{mn} \end{pmatrix} \quad 或 \quad \boldsymbol{A}=\begin{bmatrix} a_{11} & a_{12} & \cdots & a_{1n} \\ a_{21} & a_{22} & \cdots & a_{2n} \\ \vdots & \vdots & & \vdots \\ a_{m1} & a_{m2} & \cdots & a_{mn} \end{bmatrix}$$

这 $m\times n$ 个数称为矩阵 $\boldsymbol{A}$ 的元素，简称元，其中 a_{ij} 是 $\boldsymbol{A}$ 的第 i 行第 j 列元素. $m\times n$ 矩阵也简记为 $[a_{ij}]$ 或 $[a_{ij}]_{m\times n}$.

例如，$\begin{bmatrix} 2 & 3 & 1 & 4 \\ 3 & 2 & 2 & 1 \end{bmatrix}$ 行数为 2，列数为 4，矩阵元素为实数，则称其为一个 2×4 实矩阵；$\begin{bmatrix} 1 & 1 & 1+i \\ 2 & 2+3i & 3 \\ i & 1 & 2 \end{bmatrix}$ 则是一个行数为 3 列数为 3 的 3×3 复矩阵.

下面看几个用矩阵表示的实例.

引例 1 （**指派问题**）某高校教师计划举办一场国际性学术会议，并招募了 4 名同学负责后勤服务工作. 这些工作包括会议论文集的制作、与会人员的联络、会议材料的准备以及会

议注册报名. 为了确保工作的高效完成,教师需对 4 名同学的任务进行合理分配. 通过对 4 位同学的能力和时间需求的深入了解，已知他们各自完成不同任务所需的时间，如表 2.1 所示. 为达到整体时间最短的目标，需要进行细致的分析和合理的任务分配.

表 2.1　4 位同学完成任务所需时间

志愿者	完成各项任务所需时间/h			
	论文集制作	与会者联系	材料准备	注册报名
小李	35	38	41	44
小王	39	43	42	38
小张	46	37	36	39
小孙	39	41	43	37

在运筹学的范畴内，将上述问题界定为指派问题. 在现实生活中，“知人善用”是一门至关重要的学问. 每个团队成员都有其独特的专长与短板，如何精准地将合适的工作或任务分配给适合的人员，是管理者时常需要面对的难题. 恰当的安排不仅能够提升团队的整体工作效率，还能有效节约成本. 因此，管理者需深思熟虑，以确保资源的合理配置和团队的高效运作.

表 2.1 的数据称为该指派问题的效率矩阵，可表示为

$$\boldsymbol{C}=\begin{bmatrix}35 & 38 & 41 & 44\\39 & 43 & 42 & 38\\46 & 37 & 36 & 39\\39 & 41 & 43 & 37\end{bmatrix}$$

指派问题可以用匈牙利法进行求解，其最优解也可以用一个矩阵表示：

$$\boldsymbol{X}^{*}=\begin{bmatrix}1 & 0 & 0 & 0\\0 & 0 & 0 & 1\\0 & 0 & 1 & 0\\0 & 1 & 0 & 0\end{bmatrix}$$

经过对矩阵的解析，得出了以下两种最优的指派方案：

方案一：小李被指派负责论文集的制作工作，小王负责注册报名的相关事宜，小张则负责材料的准备任务，而小孙则负责与会者的联络工作.

方案二：小李负责与会者的联络，小王负责论文集的制作，小张依然负责材料的准备，而小孙则承担注册报名的职责.

在两种方案中，总体的消耗时间均为 150/h，显示出这两种方案在效率上的优越性. 管理者可根据团队成员的具体情况和实际工作需要，灵活选择其中一种方案进行实施.

引例 2　表 2.2 展示了某个班级 3 位同学在 4 门科目上的考试成绩.

表 2.2　3 位同学的考试成绩

科目	考试成绩/分		
	大壮	小美	小帅
语文	85	76	90
数学	80	78	85
英语	75	90	85
物理	60	20	80

根据表中的数据，可以将成绩整理成一个矩形数表：

$$\begin{bmatrix} 85 & 76 & 90 \\ 80 & 78 & 85 \\ 75 & 90 & 85 \\ 60 & 20 & 80 \end{bmatrix}$$

这个矩形数表清晰地反映了每位同学在各科目上的具体成绩，便于进行进一步的数据分析和比较.

引例 3（电商平台的个性化推荐）某知名电商平台，为了提升用户体验和增加销售额，引入了个性化推荐系统. 该系统通过分析用户的购买历史、浏览记录以及搜索行为等数据，构建了一个用户对商品的兴趣偏好表. 表中的每一个数字代表用户对某一商品的兴趣程度，这些兴趣程度通过一系列复杂的算法计算得出，考虑了用户的点击、购买、浏览时长等多种因素.

假设有 3 位用户（A，B，C）和 4 种商品（商品 1、商品 2、商品 3、商品 4）. 用户-商品兴趣偏好如表 2.3 所示.

表 2.3　用户-商品兴趣偏好

	商品 1	商品 2	商品 3	商品 4
用户 A	0.85	0.30	0.75	0.20
用户 B	0.40	0.90	0.15	0.65
用户 C	0.55	0.25	0.85	0.45

表 2.3 中的数据可以构成一个矩形数表：

$$\begin{bmatrix} 0.85 & 0.30 & 0.75 & 0.20 \\ 0.40 & 0.90 & 0.15 & 0.65 \\ 0.55 & 0.25 & 0.85 & 0.45 \end{bmatrix}$$

通常称之为用户-商品兴趣矩阵，在这个矩阵中，数字表示用户对商品的兴趣程度，范围通常在 0 到 1 之间，数值越大表示用户对该商品的兴趣越高. 例如：

用户 A 对商品 1 的兴趣最高（0.85），对商品 4 的兴趣最低（0.20）.

基于上述兴趣矩阵，个性化推荐系统可以为用户推荐他们可能感兴趣的商品. 例如：

对于用户 C，商品 3 将是首要的推荐选择，因为用户 C 对它有很高的兴趣. 同时，商品 1 和商品 4 也可以作为备选推荐.

通过个性化推荐系统，电商平台能够更精准地满足用户的需求，提高用户的购物体验和满意度，从而增加销售额和用户黏性.

由上述 3 个引例可见，矩阵可被视作一个矩形的“数表”. 在后续的讨论中，将专注于元素为实数的矩阵，以便深入探索其性质与应用.

2.1.2 常见的特殊矩阵

1. 方 阵

行数与列数都等于 n 的矩阵称为 n 阶矩阵或 n 阶方阵，记作 $\boldsymbol{A}_n$，即

$$\boldsymbol{A}_n=\begin{bmatrix} a_{11} & a_{12} & \cdots & a_{1n} \\ a_{21} & a_{22} & \cdots & a_{2n} \\ \vdots & \vdots & & \vdots \\ a_{n1} & a_{n2} & \cdots & a_{nn} \end{bmatrix}$$

其中，从左上角到右下角的对角线上的元素 $a_{11},a_{22},\cdots,a_{nn}$ 称为主对角线元素.

2. 三角矩阵

如果方阵 $\boldsymbol{A}=[a_{ij}]_{n\times n}$ 主对角线以下的元素全为零，即满足 $a_{ij}=0\ (i>j;i=1,2,\cdots,n;j=1,2,\cdots,n)$，则称矩阵 $\boldsymbol{A}$ 为上三角矩阵，即

$$\boldsymbol{A}=\begin{bmatrix} a_{11} & a_{12} & \cdots & a_{1n} \\ 0 & a_{22} & \cdots & a_{2n} \\ \vdots & \vdots & & \vdots \\ 0 & 0 & \cdots & a_{nn} \end{bmatrix}$$

如果方阵 $\boldsymbol{A}=[a_{ij}]_{n\times n}$ 主对角线以上的元素全为零，即满足 $a_{ij}=0\ (i<j;i=1,2,\cdots,n;j=1,2,\cdots,n)$，则称矩阵 $\boldsymbol{A}$ 为下三角矩阵，即

$$\boldsymbol{A}=\begin{bmatrix} a_{11} & 0 & \cdots & 0 \\ a_{21} & a_{22} & \cdots & 0 \\ \vdots & \vdots & & \vdots \\ a_{n1} & a_{n2} & \cdots & a_{nn} \end{bmatrix}$$

例如，$\boldsymbol{A}=\begin{bmatrix} 1 & 0 & \cdots & 0 \\ 2 & 2 & \cdots & 0 \\ \vdots & \vdots & & \vdots \\ n & n & \cdots & n \end{bmatrix}$是一个下三角矩阵.

3. 对角矩阵

如果方阵 $\boldsymbol{A}$ 主对角线以外的元素都为零，即 $a_{ij}=0\ (i\neq j;i=1,2,\cdots,n;j=1,2,\cdots,n)$，则这个方阵 $\boldsymbol{A}$ 称为对角矩阵，即

$$\boldsymbol{A}=\begin{bmatrix} a_{11} & 0 & \cdots & 0 \\ 0 & a_{22} & \cdots & 0 \\ \vdots & \vdots & & \vdots \\ 0 & 0 & \cdots & a_{nn} \end{bmatrix}$$

对角矩阵也记为 $\boldsymbol{A}=\mathrm{diag}(a_{11},a_{22},\cdots,a_{nn})$.

例如，$\boldsymbol{A}=\begin{bmatrix} 1 & 0 & \cdots & 0 \\ 0 & 2 & \cdots & 0 \\ \vdots & \vdots & & \vdots \\ 0 & 0 & \cdots & n \end{bmatrix}=\mathrm{diag}(1,2,\cdots,n)$ 是一个对角矩阵.

4. 数量矩阵

对角矩阵 $\boldsymbol{A}$ 中，当 $a_{11}=a_{22}=\cdots=a_{nn}=a(a\neq 0)$ 时，则称 $\boldsymbol{A}$ 为数量矩阵（也称为纯量矩阵），即

$$\boldsymbol{A}=\begin{bmatrix} a & 0 & \cdots & 0 \\ 0 & a & \cdots & 0 \\ \vdots & \vdots & & \vdots \\ 0 & 0 & \cdots & a \end{bmatrix}$$

例如，$\boldsymbol{A}=\begin{bmatrix} 5 & 0 & 0 \\ 0 & 5 & 0 \\ 0 & 0 & 5 \end{bmatrix}$ 为三阶数量矩阵.

5. 单位矩阵

对于数量矩阵，当 $a=1$ 时，称为单位矩阵，记为 $\boldsymbol{E}_n$ 或 $\boldsymbol{E}$（有的书籍和文章也记为 $\boldsymbol{I}$），即

$$\boldsymbol{E}=\begin{bmatrix} 1 & 0 & \cdots & 0 \\ 0 & 1 & \cdots & 0 \\ \vdots & \vdots & & \vdots \\ 0 & 0 & \cdots & 1 \end{bmatrix}$$

例如，$\boldsymbol{E}=\begin{bmatrix} 1 & 0 & 0 \\ 0 & 1 & 0 \\ 0 & 0 & 1 \end{bmatrix}$ 为三阶单位矩阵.

6. 对称矩阵

如果方阵 $\boldsymbol{A}=[a_{ij}]_{n\times n}$ 中的元素满足 $a_{ij}=a_{ji}\ (i=1,2,\cdots,n;j=1,2,\cdots,n)$，则称矩阵 $\boldsymbol{A}$ 为对称矩阵，即

$$\boldsymbol{A}=\begin{bmatrix} a_{11} & a_{12} & \cdots & a_{1n} \\ a_{12} & a_{22} & \cdots & a_{2n} \\ \vdots & \vdots & & \vdots \\ a_{1n} & a_{2n} & \cdots & a_{nn} \end{bmatrix}$$

例如，$\begin{bmatrix} 3 & 1 \\ 1 & -5 \end{bmatrix}$为二阶对称矩阵，$\begin{bmatrix} 1 & -5 & 0 \\ -5 & 2 & 4 \\ 0 & 4 & 3 \end{bmatrix}$为三阶对称矩阵.

7. 反对称矩阵

如果方阵 $\boldsymbol{A}=[a_{ij}]_{n\times n}$ 中的元素满足 $a_{ij}=-a_{ji}\ (i=1,2,\cdots,n;j=1,2,\cdots,n)$，则称矩阵 $\boldsymbol{A}$ 为反对称矩阵. 对于反对称矩阵 $\boldsymbol{A}$，有 $a_{ii}=-a_{ii}$，即 $a_{ii}=0(i=1,2,\cdots,n)$，因此反对称矩阵的主对角线元素全为零，即

$$\boldsymbol{A}=\begin{bmatrix} 0 & a_{12} & \cdots & a_{1n} \\ -a_{12} & 0 & \cdots & a_{2n} \\ \vdots & \vdots & & \vdots \\ -a_{1n} & -a_{2n} & \cdots & 0 \end{bmatrix}$$

例如，$\begin{bmatrix} 0 & -1 \\ 1 & 0 \end{bmatrix}$为二阶反对称矩阵，$\begin{bmatrix} 0 & -1 & -2 \\ 1 & 0 & -3 \\ 2 & 3 & 0 \end{bmatrix}$为三阶反对称矩阵.

8. 零矩阵

元素都是零的矩阵称为零矩阵，记为 $\boldsymbol{O}$ 或 $\boldsymbol{O}_{m\times n}$.

例如，$\begin{bmatrix} 0 & 0 & 0 \\ 0 & 0 & 0 \\ 0 & 0 & 0 \end{bmatrix}$，$\begin{bmatrix} 0 & 0 & 0 \\ 0 & 0 & 0 \end{bmatrix}$都是零矩阵.

9. 行矩阵与列矩阵

只有一行的矩阵

$$[a_1 \quad a_2 \quad \cdots \quad a_n]$$

称为行矩阵或 $\boldsymbol{n}$ 维行向量. 为避免元素间的混淆，行矩阵也记作

$$[a_1,\quad a_2,\quad \cdots,\quad a_n]$$

只有一列的矩阵

$$\begin{bmatrix} b_1 \\ b_2 \\ \vdots \\ b_m \end{bmatrix}$$

称为列矩阵或 m 维列向量. 在本书中,采用特定的符号来表示列向量,即使用黑体小写字母,如 $\boldsymbol{a}$, $\boldsymbol{b}$, $\boldsymbol{\alpha}$, $\boldsymbol{\beta}$ 等. 当后续章节讨论向量时, **若未明确指出是行向量还是列向量, 则默认将其视为列向量.**

若干个 m 维的列向量（或 n 维的行向量）所组成的集合叫作向量组. 例如,

$$\boldsymbol{\alpha}_1=[4\quad 1\quad 0],\ \boldsymbol{\alpha}_2=[-1\quad 1\quad 3],\ \boldsymbol{\alpha}_3=[2\quad 0\quad 1],\ \boldsymbol{\alpha}_4=[1\quad 3\quad 4]$$

是由 4 个 3 维行向量所构成的行向量组;

$$\boldsymbol{\beta}_1=\begin{bmatrix} 4 \\ -1 \\ 2 \\ 1 \end{bmatrix},\ \boldsymbol{\beta}_2=\begin{bmatrix} 1 \\ 1 \\ 0 \\ 3 \end{bmatrix},\ \boldsymbol{\beta}_3=\begin{bmatrix} 0 \\ 3 \\ 1 \\ 4 \end{bmatrix}$$

为由 3 个 4 维列向量所构成的列向量组.

故矩阵

$$\boldsymbol{A}=\begin{bmatrix} 4 & 1 & 0 \\ -1 & 1 & 3 \\ 2 & 0 & 1 \\ 1 & 3 & 4 \end{bmatrix}=\begin{bmatrix} \boldsymbol{\alpha}_1 \\ \boldsymbol{\alpha}_2 \\ \boldsymbol{\alpha}_3 \\ \boldsymbol{\alpha}_4 \end{bmatrix}=[\boldsymbol{\beta}_1\quad \boldsymbol{\beta}_2\quad \boldsymbol{\beta}_3]$$

既可以视作由 4 个三维行向量所组成的行向量组 $\{\boldsymbol{\alpha}_1,\boldsymbol{\alpha}_2,\boldsymbol{\alpha}_3,\boldsymbol{\alpha}_4\}$ 构成的矩阵, 也可视为由 3 个四维列向量所组成的列向量组 $\{\boldsymbol{\beta}_1,\boldsymbol{\beta}_2,\boldsymbol{\beta}_3\}$ 构成的矩阵. 因此,矩阵本质上是由行向量组或列向量组所构成的.

习题 2.1

【基础训练】

1. [目标 1.1]以下矩阵分别属于什么类型?

（1）$\boldsymbol{A}=\begin{bmatrix} 1 & 0 & 3 \\ 0 & 1 & 2 \\ 0 & 0 & 2 \end{bmatrix}$;（2）$\boldsymbol{B}=\begin{bmatrix} 2 & 1 & x & 3 \\ 1 & 1 & 2 & -5 \\ x & 2 & 3 & 7 \\ 3 & -5 & 7 & 4 \end{bmatrix}$;（3）$\boldsymbol{C}=\begin{bmatrix} a & 0 & 0 & 0 \\ 0 & 1 & 0 & 0 \\ 0 & 0 & 5 & 0 \\ 0 & 0 & 0 & b \end{bmatrix}$.

2. [目标 1.1]已知矩阵 $\boldsymbol{A}=\begin{bmatrix}1 & 0 & a\\ 0 & 1 & 2\\ 0 & b & 2\end{bmatrix}$是对称矩阵，求 a 和 b.

3. [目标 1.1]已知矩阵 $\boldsymbol{A}=\begin{bmatrix}0 & 0 & a\\ 0 & c & 2\\ 1 & b & 0\end{bmatrix}$是反对称矩阵，求 a，b，c.

4. [目标 1.1]写出矩阵 $\boldsymbol{A}=\begin{bmatrix}1 & 0 & 3\\ 0 & 1 & 2\\ 0 & 0 & 2\end{bmatrix}$的行向量组和列向量组.

2.2 矩阵的运算

矩阵作为数学领域中的一项重要工具，其作用远不止于将一组数简单地排列成矩形数表. 矩阵的真正价值在于它定义了一系列具有深刻理论内涵和广泛实际应用的运算. 这些运算不仅丰富了数学理论体系，更为实际问题的解决提供了有力的支持.

具体来说，矩阵的加法运算能够方便地对两个或多个矩阵进行合并与比较，从而得出它们之间的相似性和差异性. 矩阵与数的乘法运算则能够调整矩阵中元素的数值大小，从而满足特定的需求. 而矩阵之间的乘法运算更是构建复杂数学模型的基础，它允许将多个矩阵组合起来，形成更为复杂的运算关系.

此外，矩阵的转置运算也是一项重要的操作，它能够改变矩阵行与列的位置，使得矩阵在某些特定情境下具有更好的表达效果. 这种运算在统计学、物理学以及计算机科学等多个领域都有广泛的应用.

综上所述，矩阵作为理论研究和解决实际问题的重要工具，其定义的运算不仅具有深刻的理论意义，更在实际应用中发挥着不可替代的作用. 本节将详细介绍矩阵的加法、矩阵与数的乘法、矩阵的乘法以及矩阵的转置运算，以便读者能够全面理解和掌握这些运算的基本规则和方法.

两个矩阵的行数相等、列数也相等时，就称它们是同型矩阵. 如果 $\boldsymbol{A}=[a_{ij}]$ 与 $\boldsymbol{B}=[b_{ij}]$ 是同型矩阵，并且它们的对应元素相等，即

$$a_{ij}=b_{ij}\quad (i=1,2,\cdots,m;\ j=1,2,\cdots,n)$$

则称矩阵 $\boldsymbol{A}$ 与矩阵 $\boldsymbol{B}$ 相等，记作 $\boldsymbol{A}=\boldsymbol{B}$.

注意：不同型的零矩阵是不相等的.

例 1　设矩阵 $\boldsymbol{A}=\begin{bmatrix}1 & 2 & 3\\ 3 & 1 & 2\end{bmatrix}$，$\boldsymbol{B}=\begin{bmatrix}1 & x & 3\\ y & 1 & z\end{bmatrix}$，且 $A=B$，试求 x,y,z .

解 由 $A=B$，矩阵对应位置的元素相同，可得 $2=x$，$3=y$，$2=z$.

例 2 设矩阵 $A=\begin{bmatrix}1 & 1-a\\ b-2 & -2\end{bmatrix}$，$B=\begin{bmatrix}c-1 & 2\\ 0 & -2\end{bmatrix}$，且 $A=B$，试求 a，b，c.

解 由 $A=B$，有 $1=c-1$，$1-a=2$，$b-2=0$，
解得

$$a=-1,\quad b=2,\quad c=2$$

2.2.1 矩阵的加法

定义 2.2 设有两个 $m\times n$ 矩阵 $A=[a_{ij}]$ 和 $B=[b_{ij}]$，将矩阵 A，B 对应位置的元素相加得到 $m\times n$ 矩阵 $[a_{ij}+b_{ij}]$，称为矩阵 A 与矩阵 B 的**和**，记作 $A+B$，即

$$A+B=\begin{bmatrix}a_{11}+b_{11} & a_{12}+b_{12} & \cdots & a_{1n}+b_{1n}\\ a_{21}+b_{21} & a_{22}+b_{22} & \cdots & a_{2n}+b_{2n}\\ \vdots & \vdots & & \vdots\\ a_{m1}+b_{m1} & a_{m2}+b_{m2} & \cdots & a_{mn}+b_{mn}\end{bmatrix}$$

应该注意，**只有当两个矩阵是同型矩阵时才能相加**.

由于矩阵的加法可以归结为它们元素的加法，也就是数的加法，所以不难验证有以下**运算规律**（设矩阵 A，B，C，O 都是 $m\times n$ 矩阵）：

（1）交换律：$A+B=B+A$；

（2）结合律：$(A+B)+C=A+(B+C)$；

（3）$A+O=O+A=A$；

（4）设矩阵 $A=[a_{ij}]$，称矩阵 $[-a_{ij}]$ 为矩阵 A 的**负矩阵**，记作 $-A=[-a_{ij}]$. 显然有

$$A+(-A)=O$$

由此规定矩阵的减法为

$$A-B=A+(-B)$$

例 3 设矩阵 $A=\begin{bmatrix}-1 & 2 & 3\\ 0 & 3 & -2\end{bmatrix}$，$B=\begin{bmatrix}4 & 3 & 2\\ 5 & -3 & 0\end{bmatrix}$，求 $A+B$，$A-B$.

解

$$A+B=\begin{bmatrix}-1+4 & 2+3 & 3+2\\ 0+5 & 3+(-3) & -2+0\end{bmatrix}=\begin{bmatrix}3 & 5 & 5\\ 5 & 0 & -2\end{bmatrix},$$

$$A-B=\begin{bmatrix}-1-4 & 2-3 & 3-2\\ 0-5 & 3-(-3) & -2-0\end{bmatrix}=\begin{bmatrix}-5 & -1 & 1\\ -5 & 6 & -2\end{bmatrix}$$

2.2.2 数与矩阵相乘

定义 2.3 以数λ乘以矩阵 $\boldsymbol{A}$ 中的每一个元素所得到的矩阵，称为数λ与矩阵 $\boldsymbol{A}$ 的数量乘积，简称矩阵的数乘，记作 $\lambda\boldsymbol{A}$ 或 $\boldsymbol{A}\lambda$，即

$$\lambda\boldsymbol{A}=\boldsymbol{A}\lambda=\begin{bmatrix}\lambda a_{11} & \lambda a_{12} & \cdots & \lambda a_{1n}\\ \lambda a_{21} & \lambda a_{22} & \cdots & \lambda a_{2n}\\ \vdots & \vdots & & \vdots\\ \lambda a_{m1} & \lambda a_{m2} & \cdots & \lambda a_{mn}\end{bmatrix}$$

例 4 某工厂生产甲、乙、丙 3 种类型的产品. 现需将这 3 种产品运往 A 市，且每种类型的产品均运送λ件，假设每种产品的单位运费（单位：元）和单位利润（单位：元）如表 2.4 所示. 试求各种产品的总运费和总利润.

表 2.4 产品的单位运费和单位利润 单位：元

产品	单位运费	单位利润
甲	a_{11}	a_{12}
乙	a_{21}	a_{22}
丙	a_{31}	a_{32}

解 依题意，甲、乙、丙 3 种产品的总运费和总利润如表 2.5 所示.

表 2.5 产品的总运费和总利润 单位：元

产品	总运费	总利润
甲	λa_{11}	λa_{12}
乙	λa_{21}	λa_{22}
丙	λa_{31}	λa_{32}

表 2.4、表 2.5 中的数据分别用矩阵 $\boldsymbol{A}$，$\boldsymbol{B}$ 来表示，即

$$\boldsymbol{A}=\begin{bmatrix}a_{11} & a_{12}\\ a_{21} & a_{22}\\ a_{31} & a_{32}\end{bmatrix},\quad \boldsymbol{B}=\begin{bmatrix}\lambda a_{11} & \lambda a_{12}\\ \lambda a_{21} & \lambda a_{22}\\ \lambda a_{31} & \lambda a_{32}\end{bmatrix}\triangleq\lambda\boldsymbol{A}$$

注意：数和行列式相乘与数和矩阵相乘的区别. 数 λ 乘以行列式 D，是将数 λ 乘以行列式 D 的某一行（列）中的所有元素；而数 λ 乘以矩阵 $\boldsymbol{A}$，则是将数 λ 乘以矩阵 $\boldsymbol{A}$ 中的每一个元素.

设 $\boldsymbol{A}$，$\boldsymbol{B}$ 都是 $m\times n$ 矩阵，k，h 为任意实数. 由数与矩阵乘法的定义，容易验证数乘具有下列运算规律：

（1）$k(\boldsymbol{A}+\boldsymbol{B})=k\boldsymbol{A}+k\boldsymbol{B}$；

（2）$(k+h)\boldsymbol{A}=k\boldsymbol{A}+h\boldsymbol{A}$；

（3）$(kh)\boldsymbol{A}=k(h\boldsymbol{A})$；

（4）$1\boldsymbol{A}=\boldsymbol{A}$，$0\boldsymbol{A}=0$.

例 5 设矩阵 $\boldsymbol{A}=\begin{bmatrix}1&2&3\\3&1&2\end{bmatrix}$，$\boldsymbol{B}=\begin{bmatrix}1&0&3\\2&1&0\end{bmatrix}$，求 $2\boldsymbol{A}-\boldsymbol{B}$.

解 $2\boldsymbol{A}-\boldsymbol{B}=2\begin{bmatrix}1&2&3\\3&1&2\end{bmatrix}-\begin{bmatrix}1&0&3\\2&1&0\end{bmatrix}=\begin{bmatrix}2&4&6\\6&2&4\end{bmatrix}-\begin{bmatrix}1&0&3\\2&1&0\end{bmatrix}=\begin{bmatrix}1&4&3\\4&1&4\end{bmatrix}$.

矩阵相加与数乘矩阵结合起来，统称为**矩阵的线性运算**.

具体来说，当将两个或多个同型矩阵相加，或者将一个矩阵与某个数进行相乘时，所得到的结果仍然是一个矩阵，且这种运算满足交换律、结合律以及分配律等基本性质. 因此，矩阵的相加与数乘矩阵结合起来，便统称为矩阵的线性运算.

举例来说，假设有一组同型矩阵 $\boldsymbol{A}_1,\boldsymbol{A}_2,\cdots,\boldsymbol{A}_m$ 以及一组实数 λ_1，$\lambda_2,\cdots$，λ_m. 先将这组实数分别与各矩阵进行数乘运算；随后，再将经过数乘运算后的矩阵进行加法运算. 这种运算流程正是线性运算的一个典型应用，其最终得到的表达式 $\lambda_1\boldsymbol{A}_1+\lambda_2\boldsymbol{A}_2+\cdots+\lambda_m\boldsymbol{A}_m$ 依然保持矩阵的形式.

特别地，当将矩阵视为向量（无论是行矩阵还是列矩阵）时，向量的加法和数乘运算同样遵循线性运算的规则. 向量的加法是指对应分量相加，而数乘则是指向量中的每个分量都与该数相乘. 这两种运算的结合，便构成了向量的线性运算.

向量的线性运算在数学、物理、工程等领域中具有广泛的应用. 例如，在物理学中，力、速度、加速度等物理量都可以表示为向量，而这些物理量的合成与分解就涉及到了向量的线性运算. 同样，在机器学习和数据分析中，向量的线性运算也是处理高维数据的重要工具.

因此，深入理解和掌握矩阵与向量的线性运算，对于提升数学素养和解决实际问题都具有重要的意义.

给定向量组 $\boldsymbol{A}:\boldsymbol{\alpha}_1,\boldsymbol{\alpha}_2,\cdots,\boldsymbol{\alpha}_m$，对于任何一组实数 $k_1,k_2,\cdots,k_m$，表达式

$$k_1\boldsymbol{\alpha}_1+k_2\boldsymbol{\alpha}_2+\cdots+k_m\boldsymbol{\alpha}_m$$

称为向量组 $\boldsymbol{A}$ 的一个线性组合.

若 n 维向量 $\boldsymbol{\beta}$ 与向量组 $\boldsymbol{A}:\boldsymbol{\alpha}_1,\boldsymbol{\alpha}_2,\cdots,\boldsymbol{\alpha}_m$ 之间存在关系，即

$$\boldsymbol{\beta}=k_1\boldsymbol{\alpha}_1+k_2\boldsymbol{\alpha}_2+\cdots+k_m\boldsymbol{\alpha}_m$$

则称向量 $\boldsymbol{\beta}$ 是向量组 $\boldsymbol{A}:\boldsymbol{\alpha}_1,\boldsymbol{\alpha}_2,\cdots,\boldsymbol{\alpha}_m$ 的线性组合，并称向量 $\boldsymbol{\beta}$ 可由向量组 $\boldsymbol{A}:\boldsymbol{\alpha}_1,\boldsymbol{\alpha}_2,\cdots,\boldsymbol{\alpha}_m$ 线性

表示（或线性表出）.

例如，对于向量 $\boldsymbol{\alpha}_1=\begin{bmatrix}1\\2\\3\end{bmatrix}$，$\boldsymbol{\alpha}_2=\begin{bmatrix}2\\3\\4\end{bmatrix}$，$\boldsymbol{\beta}=\begin{bmatrix}5\\8\\11\end{bmatrix}$ 组成的向量组，因为 $\boldsymbol{\beta}=\boldsymbol{\alpha}_1+2\boldsymbol{\alpha}_2$，所以称向量 $\boldsymbol{\beta}$ 是向量组 $\boldsymbol{\alpha}_1$，$\boldsymbol{\alpha}_2$ 的线性组合，或称向量 $\boldsymbol{\beta}$ 可由向量组 $\boldsymbol{\alpha}_1$，$\boldsymbol{\alpha}_2$ 线性表示.

2.2.3 矩阵与矩阵相乘

例 6 某企业有两个工厂Ⅰ和Ⅱ，生产甲、乙、丙 3 种类型的产品. 生产每种类型产品的数量如表 2.6 所示，生产每种产品的单位价格（单位：元）和单位利润（单位：元）如表 2.7 所示. 试求各工厂的总收入和总利润.

表 2.6 工厂生产产品的数量　　单位：个

工厂	产品数量		
	甲	乙	丙
Ⅰ	a_{11}	a_{12}	a_{13}
Ⅱ	a_{21}	a_{22}	a_{23}

表 2.7 产品的单位价格和单位利润　　单位：元

产品	单位价格	单位利润
甲	b_{11}	b_{12}
乙	b_{21}	b_{22}
丙	b_{31}	b_{32}

解 依题意，两工厂的总收入和总利润如表 2.8 所示.

表 2.8 两工厂的总收入和总利润　　单位：元

工厂	总收入	总利润
Ⅰ	$a_{11}b_{11}+a_{12}b_{21}+a_{13}b_{31}$	$a_{11}b_{12}+a_{12}b_{22}+a_{13}b_{32}$
Ⅱ	$a_{21}b_{11}+a_{22}b_{21}+a_{23}b_{31}$	$a_{21}b_{12}+a_{22}b_{22}+a_{23}b_{32}$

表 2.6 ~ 表 2.8 中的数据分别用矩阵 $\boldsymbol{A}$，$\boldsymbol{B}$，$\boldsymbol{C}$ 来表示，即

$$\boldsymbol{A}=\begin{bmatrix}a_{11}&a_{12}&a_{13}\\a_{21}&a_{22}&a_{23}\end{bmatrix},\quad \boldsymbol{B}=\begin{bmatrix}b_{11}&b_{12}\\b_{21}&b_{22}\\b_{31}&b_{32}\end{bmatrix},$$

$$C=\begin{bmatrix} a_{11}b_{11}+a_{12}b_{21}+a_{13}b_{31} & a_{11}b_{12}+a_{12}b_{22}+a_{13}b_{32} \\ a_{21}b_{11}+a_{22}b_{21}+a_{23}b_{31} & a_{21}b_{12}+a_{22}b_{22}+a_{23}b_{32} \end{bmatrix}$$

若记 $C=\begin{bmatrix} c_{11} & c_{12} \\ c_{21} & c_{22} \end{bmatrix}$，其中 $c_{ij}=a_{i1}b_{1j}+a_{i2}b_{2j}+a_{i3}b_{3j}\ (i=1,2;\ \ j=1,2)$，则矩阵 $\boldsymbol{A}$，$\boldsymbol{B}$，$\boldsymbol{C}$ 之间的关系为：矩阵 $\boldsymbol{C}$ 由矩阵 $\boldsymbol{A}$，$\boldsymbol{B}$ 确定，即矩阵 $\boldsymbol{C}$ 中的第 i 行、第 j 列的元素是由 $\boldsymbol{A}$ 中第 i 行与 $\boldsymbol{B}$ 中第 j 列对应元素相乘再相加后得到的.

把上述这种由矩阵 $\boldsymbol{A}$ 和矩阵 $\boldsymbol{B}$ 确定的矩阵 $\boldsymbol{C}$ 的运算称为矩阵的乘积.

定义 2.4 设矩阵 $\boldsymbol{A}=[a_{ij}]_{m\times s}$，$\boldsymbol{B}=[b_{ij}]_{s\times n}$，规定 **$\boldsymbol{A}$ 与 $\boldsymbol{B}$ 的乘积**为一个 $m\times n$ 的矩阵 $\boldsymbol{C}=[c_{ij}]_{m\times n}$，其中

$$c_{ij}=a_{i1}b_{1j}+a_{i2}b_{2j}+\cdots+a_{is}b_{sj}=\sum_{k=1}^{s}a_{ik}b_{kj}\ (i=1,2,\cdots,m;\ \ j=1,2,\cdots,n)$$

并将此乘积记作 $\boldsymbol{C}=\boldsymbol{AB}$，称 $\boldsymbol{A}$ 左乘矩阵 $\boldsymbol{B}$，或 $\boldsymbol{B}$ 右乘矩阵 $\boldsymbol{A}$.

注意：（1）**左乘矩阵 $\boldsymbol{A}$ 的列数要等于右乘矩阵 $\boldsymbol{B}$ 的行数**，乘法 $\boldsymbol{AB}$ 才有意义.

（2）矩阵 $\boldsymbol{C}$ 的行数等于左乘矩阵 $\boldsymbol{A}$ 的行数，$\boldsymbol{C}$ 的列数等于右乘矩阵 $\boldsymbol{B}$ 的列数.

（3）乘积矩阵的元素 c_{ij} 等于左乘矩阵的第 i 行和右乘矩阵的第 j 列的对应元素的乘积之和.

例 7 已知 $\boldsymbol{A}=\begin{bmatrix} 2 & 3 \\ 1 & -2 \\ 3 & 1 \end{bmatrix}$，$\boldsymbol{B}=\begin{bmatrix} 1 & -2 & -3 \\ 2 & 3 & 0 \end{bmatrix}$，$\boldsymbol{C}=\begin{bmatrix} 2 & 1 & 3 \end{bmatrix}$，$\boldsymbol{D}=\begin{bmatrix} 1 \\ 2 \\ 3 \end{bmatrix}$，求 $\boldsymbol{AB}$，$\boldsymbol{BA}$，$\boldsymbol{AC}$，$\boldsymbol{CA}$，$\boldsymbol{CD}$，$\boldsymbol{DC}$.

解

$$\begin{aligned} \boldsymbol{AB}&=\begin{bmatrix} 2 & 3 \\ 1 & -2 \\ 3 & 1 \end{bmatrix}\begin{bmatrix} 1 & -2 & -3 \\ 2 & 3 & 0 \end{bmatrix} \\ &=\begin{bmatrix} 2\times1+3\times2 & 2\times(-2)+3\times3 & 2\times(-3)+3\times0 \\ 1\times1+(-2)\times2 & 1\times(-2)+(-2)\times3 & 1\times(-3)+(-2)\times0 \\ 3\times1+1\times2 & 3\times(-2)+1\times3 & 3\times(-3)+1\times0 \end{bmatrix} \\ &=\begin{bmatrix} 8 & 5 & -6 \\ -3 & -8 & -3 \\ 5 & -3 & -9 \end{bmatrix}; \end{aligned}$$

$$\boldsymbol{BA}=\begin{bmatrix} 1 & -2 & -3 \\ 2 & 3 & 0 \end{bmatrix}\begin{bmatrix} 2 & 3 \\ 1 & -2 \\ 3 & 1 \end{bmatrix}=\begin{bmatrix} -9 & 4 \\ 7 & 0 \end{bmatrix};$$

$\boldsymbol{AC}$ 无定义；

$$\boldsymbol{CA}=\begin{bmatrix} 2 & 1 & 3 \end{bmatrix}\begin{bmatrix} 2 & 3 \\ 1 & -2 \\ 3 & 1 \end{bmatrix}=\begin{bmatrix} 14 & 7 \end{bmatrix};$$

$$CD=[2\quad 1\quad 3]\begin{bmatrix}1\\2\\3\end{bmatrix}=[13]=13;$$

$$DC=\begin{bmatrix}1\\2\\3\end{bmatrix}[2\quad 1\quad 3]=\begin{bmatrix}2&1&3\\4&2&6\\6&3&9\end{bmatrix}$$

例 8 设 $\boldsymbol{A}=\begin{bmatrix}-2&4\\1&-2\end{bmatrix}$，$\boldsymbol{B}=\begin{bmatrix}2&4\\-3&-6\end{bmatrix}$，$\boldsymbol{C}=\begin{bmatrix}8&8\\0&-4\end{bmatrix}$，求 $\boldsymbol{AB}$，$\boldsymbol{BA}$，$\boldsymbol{AC}$.

解 由矩阵乘积的定义，得

$$\boldsymbol{AB}=\begin{bmatrix}-2&4\\1&-2\end{bmatrix}\begin{bmatrix}2&4\\-3&-6\end{bmatrix}=\begin{bmatrix}-16&-32\\8&16\end{bmatrix},$$

$$\boldsymbol{BA}=\begin{bmatrix}2&4\\-3&-6\end{bmatrix}\begin{bmatrix}-2&4\\1&-2\end{bmatrix}=\begin{bmatrix}0&0\\0&0\end{bmatrix}\neq\boldsymbol{AB},$$

$$\boldsymbol{AC}=\begin{bmatrix}-2&4\\1&-2\end{bmatrix}\begin{bmatrix}8&8\\0&-4\end{bmatrix}=\begin{bmatrix}-16&-32\\8&16\end{bmatrix}=\boldsymbol{AB}$$

由例 8 可以看出，矩阵乘法的两个重要特点是：

（1）矩阵乘法不满足交换律，即一般情况下，$\boldsymbol{AB}\neq\boldsymbol{BA}$.

（2）矩阵乘法不满足消去律，即由 $\boldsymbol{A}\neq\boldsymbol{O}$ 和 $\boldsymbol{AB}=\boldsymbol{AC}$ 不能推出 $\boldsymbol{B}=\boldsymbol{C}$. 特别地，当 $\boldsymbol{BA}=\boldsymbol{O}$ 时，不能得出 $\boldsymbol{A}=\boldsymbol{O}$ 或 $\boldsymbol{B}=\boldsymbol{O}$.

由矩阵乘积的定义，容易验证矩阵的乘积与数和矩阵的乘法满足下列运算规律（设运算可以进行，λ 为常数）：

（1）$(\boldsymbol{AB})\boldsymbol{C}=\boldsymbol{A}(\boldsymbol{BC})$；

（2）$\boldsymbol{A}(\boldsymbol{B}+\boldsymbol{C})=\boldsymbol{AB}+\boldsymbol{AC}$，$(\boldsymbol{B}+\boldsymbol{C})\boldsymbol{A}=\boldsymbol{BA}+\boldsymbol{CA}$；

（3）$\lambda(\boldsymbol{AB})=(\lambda\boldsymbol{A})\boldsymbol{B}=\boldsymbol{A}(\lambda\boldsymbol{B})$；

（4）$\boldsymbol{A}_{m\times n}\boldsymbol{E}_n=\boldsymbol{E}_m\boldsymbol{A}_{m\times n}=\boldsymbol{A}_{m\times n}$，简写成 $\boldsymbol{AE}=\boldsymbol{EA}=\boldsymbol{A}$.

可见，单位矩阵 $\boldsymbol{E}$ 在矩阵乘法中的作用类似于数 1.

尽管矩阵乘法在一般情况下并不满足交换律，然而，某些特殊矩阵在特定条件下确实能够满足交换律的要求.

定义 2.5 如果两个 n 阶方阵 $\boldsymbol{A}$，$\boldsymbol{B}$ 满足 $\boldsymbol{AB}=\boldsymbol{BA}$，则称方阵 $\boldsymbol{A}$ 与 $\boldsymbol{B}$ 是可交换的.

例如，数量矩阵 $\lambda\boldsymbol{E}=\begin{bmatrix}\lambda&0&\cdots&0\\0&\lambda&\cdots&0\\\vdots&\vdots&&\vdots\\0&0&\cdots&\lambda\end{bmatrix}$，当 $\boldsymbol{A}$ 为 n 阶方阵时，有

$$(\lambda\boldsymbol{E}_n)\boldsymbol{A}_n=\lambda\boldsymbol{A}_n=\boldsymbol{A}_n(\lambda\boldsymbol{E}_n)$$

这表明数量矩阵λE与任何同阶方阵都是可交换的.

例 9 设$A=\begin{bmatrix}1&0\\2&1\end{bmatrix}$，试求出所有与$A$可交换的矩阵.

解 假设矩阵B与A可交换，则B为二阶矩阵. 可令$B=\begin{bmatrix}a&b\\c&d\end{bmatrix}$，于是由$AB=BA$，即

$$\begin{bmatrix}1&0\\2&1\end{bmatrix}\begin{bmatrix}a&b\\c&d\end{bmatrix}=\begin{bmatrix}a&b\\c&d\end{bmatrix}\begin{bmatrix}1&0\\2&1\end{bmatrix}$$

得

$$\begin{bmatrix}a&b\\2a+c&2b+d\end{bmatrix}=\begin{bmatrix}a+2b&b\\c+2d&d\end{bmatrix}$$

由矩阵相等的定义，知

$$\begin{cases}a=a+2b\\b=b\\2a+c=c+2d\\2b+d=d\end{cases}$$

所以$\begin{cases}a=d\\b=0\end{cases}$，即$B=\begin{bmatrix}a&0\\c&a\end{bmatrix}$，其中$a$，$c$为任意实数.

2.2.4 方阵的幂

定义 2.6 设A是n阶方阵，k是正整数，k个A连乘称为A的k次幂，记作A^k，即

$$A^k=\underbrace{A\cdot A\cdots\cdots A}_{k个}$$

由于该矩阵乘法适合结合律，所以矩阵的幂满足以下运算规律：

$$A^k\cdot A^l=A^{k+l},\ (A^k)^l=A^{kl}$$

其中，k，l为正整数.

又因为矩阵乘法一般不满足交换律，所以对于两个n阶方阵A,B，一般说来$(AB)^k\neq A^kB^k$，只有当A,B可交换时，才有$(AB)^k=A^kB^k$.

类似可知，$(A+B)^2=A^2+2AB+B^2$，$(A+B)(A-B)=A^2-B^2$等关系式，也只有当A，B可交换时才成立.

例 10 设$A=\begin{bmatrix}1&0&1\\0&2&0\\1&0&1\end{bmatrix}$，试验证$A^n=2^{n-1}A(n\geqslant 2)$.

证明 运用数学归纳法加以证明. 依据方阵的幂的概念可知，当$n=2$时，

$$A^2=\begin{bmatrix}1&0&1\\0&2&0\\1&0&1\end{bmatrix}\begin{bmatrix}1&0&1\\0&2&0\\1&0&1\end{bmatrix}=\begin{bmatrix}2&0&2\\0&4&0\\2&0&2\end{bmatrix}=2A$$

结论成立；

假设当$n=k$时结论成立，即$A^k=2^{k-1}A$.

下面验证当$n=k+1$时，结论也成立，即

$$A^{k+1}=A^k\cdot A=2^{k-1}A\cdot A=2^{k-1}A^2=2^{k-1}\cdot 2A=2^kA$$

综上可知$A^n=2^{n-1}A$.

2.2.5 矩阵的转置

定义 2.7 将一个$m\times n$矩阵

$$A=\begin{bmatrix}a_{11}&a_{12}&\cdots&a_{1n}\\a_{21}&a_{22}&\cdots&a_{2n}\\\vdots&\vdots&&\vdots\\a_{m1}&a_{m2}&\cdots&a_{mn}\end{bmatrix}$$

的行和列互换（行变成列，列变成行），得到一个$n\times m$矩阵

$$\begin{bmatrix}a_{11}&a_{21}&\cdots&a_{m1}\\a_{12}&a_{22}&\cdots&a_{m2}\\\vdots&\vdots&&\vdots\\a_{1n}&a_{2n}&\cdots&a_{mn}\end{bmatrix}$$

此矩阵称为矩阵A的转置矩阵，记为A^{T}.

特别地，列向量的转置是行向量，行向量的转置是列向量.

例如，$\alpha=\begin{bmatrix}1\\2\\3\\4\end{bmatrix}=[1\quad 2\quad 3\quad 4]^{\mathrm{T}}$.

容易验证，矩阵的转置满足如下运算规律：

（1）$(A^{\mathrm{T}})^{\mathrm{T}}=A$；

（2）$(A+B)^{\mathrm{T}}=A^{\mathrm{T}}+B^{\mathrm{T}}$；

（3）$(kA)^{\mathrm{T}}=kA^{\mathrm{T}}$（$k$是一个常数）；

（4）$(AB)^{\mathrm{T}}=B^{\mathrm{T}}A^{\mathrm{T}}$.

转置矩阵的性质可以推广到多个矩阵的情况，即

$$(A_1+A_2+\cdots+A_n)^{\mathrm{T}}=A_1^{\mathrm{T}}+A_2^{\mathrm{T}}+\cdots+A_n^{\mathrm{T}}；$$

$$(A_1A_2\cdots A_n)^{\mathrm{T}}=A_n^{\mathrm{T}}\cdots A_2^{\mathrm{T}}A_1^{\mathrm{T}}$$

利用转置矩阵和对称矩阵的定义，容易证明以下两个性质：

（1）n 阶方阵 $\boldsymbol{A}$ 是对称矩阵的充要条件是 $\boldsymbol{A}^{\mathrm{T}}=\boldsymbol{A}$.

（2）n 阶方阵 $\boldsymbol{A}$ 是反对称矩阵的充要条件是 $\boldsymbol{A}^{\mathrm{T}}=-\boldsymbol{A}$.

例 11 设 $\boldsymbol{A}=\begin{bmatrix}2 & 4\\ -3 & 1\end{bmatrix}$，$\boldsymbol{B}=\begin{bmatrix}-2 & 4\\ 1 & -2\end{bmatrix}$，计算 $(\boldsymbol{AB})^{\mathrm{T}}$，$\boldsymbol{B}^{\mathrm{T}}\boldsymbol{A}^{\mathrm{T}}$ 和 $\boldsymbol{A}^{\mathrm{T}}\boldsymbol{B}^{\mathrm{T}}$.

解

$$\boldsymbol{AB}=\begin{bmatrix}2 & 4\\ -3 & 1\end{bmatrix}\begin{bmatrix}-2 & 4\\ 1 & -2\end{bmatrix}=\begin{bmatrix}0 & 0\\ 7 & -14\end{bmatrix},$$

$$(\boldsymbol{AB})^{\mathrm{T}}=\begin{bmatrix}0 & 7\\ 0 & -14\end{bmatrix},$$

$$\boldsymbol{B}^{\mathrm{T}}\boldsymbol{A}^{\mathrm{T}}=\begin{bmatrix}-2 & 1\\ 4 & -2\end{bmatrix}\begin{bmatrix}2 & -3\\ 4 & 1\end{bmatrix}=\begin{bmatrix}0 & 7\\ 0 & -14\end{bmatrix}=(\boldsymbol{AB})^{\mathrm{T}},$$

$$\boldsymbol{A}^{\mathrm{T}}\boldsymbol{B}^{\mathrm{T}}=\begin{bmatrix}2 & -3\\ 4 & 1\end{bmatrix}\begin{bmatrix}-2 & 1\\ 4 & -2\end{bmatrix}=\begin{bmatrix}-16 & 8\\ -4 & 2\end{bmatrix}$$

例 12 现有三个工厂Ⅰ，Ⅱ和Ⅲ，生产 A，B，C 和 D 四种类型的产品. 其单位成本（单位：百元）如表 2.9 所示. 如果生产 A，B，C 和 D 四种产品的数量分别为 200，300，400 和 500 件，问哪个工厂生产的成本最低？

表 2.9 工厂生产产品的单位成本　　单位：百元

单位成本	A	B	C	D
Ⅰ	3.5	4.2	2.9	3.3
Ⅱ	3.4	4.3	3.1	3.0
Ⅲ	3.6	4.1	3.0	3.2

解 设矩阵 $\boldsymbol{X}$ 表示各工厂生产 4 种产品的单位成本，矩阵 $\boldsymbol{Y}$ 表示生产 4 种产品的数量，则有

$$\boldsymbol{X}=\begin{bmatrix}3.5 & 4.2 & 2.9 & 3.3\\ 3.4 & 4.3 & 3.1 & 3.0\\ 3.6 & 4.1 & 3.0 & 3.2\end{bmatrix},\quad \boldsymbol{Y}=\begin{bmatrix}200\\ 300\\ 400\\ 500\end{bmatrix}$$

各工厂生产 4 种产品的总成本为

$$\boldsymbol{XY}=\begin{bmatrix}3.5 & 4.2 & 2.9 & 3.3\\ 3.4 & 4.3 & 3.1 & 3.0\\ 3.6 & 4.1 & 3.0 & 3.2\end{bmatrix}\begin{bmatrix}200\\ 300\\ 400\\ 500\end{bmatrix}=\begin{bmatrix}4\,770\\ 4\,710\\ 4\,750\end{bmatrix}=[4\,770\quad 4\,710\quad 4\,750]^{\mathrm{T}}$$

所以由工厂Ⅱ生产所需的成本最低，最低成本为 471 000（百元）.

显然，若列向量用黑体小写字母 $\boldsymbol{a}$，$\boldsymbol{b}$，$\boldsymbol{\alpha}$，$\boldsymbol{\beta}$ 等表示，则行向量可用 $\boldsymbol{a}^{\mathrm{T}}$，$\boldsymbol{b}^{\mathrm{T}}$，$\boldsymbol{\alpha}^{\mathrm{T}}$，$\boldsymbol{\beta}^{\mathrm{T}}$ 等表示.

例 13 设 $\boldsymbol{\alpha}=\begin{bmatrix}1\\2\\4\end{bmatrix}$，$\boldsymbol{\beta}=\begin{bmatrix}2\\1\\3\end{bmatrix}$，若记 $\boldsymbol{A}=\boldsymbol{\alpha\beta}$，试求 $\boldsymbol{A}^{20}$.

解 依据矩阵的乘法的概念可知，

$$\boldsymbol{A}=\boldsymbol{\alpha\beta}^{\mathrm{T}}=\begin{bmatrix}1\\2\\4\end{bmatrix}\begin{bmatrix}2&1&3\end{bmatrix}=\begin{bmatrix}2&1&3\\4&2&6\\8&4&12\end{bmatrix}$$

为了求出 $\boldsymbol{A}^{20}$，不妨先求 $\boldsymbol{A}^2$，观察是否存在什么规律，由 $\boldsymbol{A}^2=\left(\boldsymbol{\alpha\beta}^{\mathrm{T}}\right)\left(\boldsymbol{\alpha\beta}^{\mathrm{T}}\right)$，结合矩阵乘法的运算规律，可得 $\boldsymbol{A}^2=\left(\boldsymbol{\alpha\beta}^{\mathrm{T}}\right)\left(\boldsymbol{\alpha\beta}^{\mathrm{T}}\right)=\boldsymbol{\alpha}\left(\boldsymbol{\beta}^{\mathrm{T}}\boldsymbol{\alpha}\right)\boldsymbol{\beta}^{\mathrm{T}}$.

又由于

$$\boldsymbol{\beta}^{\mathrm{T}}\boldsymbol{\alpha}=\begin{bmatrix}2&1&3\end{bmatrix}\begin{bmatrix}1\\2\\4\end{bmatrix}=16$$

再结合数与矩阵乘法的运算规律，可得

$$\boldsymbol{A}^2=\boldsymbol{\alpha}\left(\boldsymbol{\beta}^{\mathrm{T}}\boldsymbol{\alpha}\right)\boldsymbol{\beta}^{\mathrm{T}}=\boldsymbol{\alpha}\times16\times\boldsymbol{\beta}^{\mathrm{T}}=16\boldsymbol{\alpha\beta}^{\mathrm{T}}=16\boldsymbol{A}$$

进一步可求得

$$\boldsymbol{A}^3=\boldsymbol{A}^2\times\boldsymbol{A}=(16\boldsymbol{A})\times\boldsymbol{A}=16\boldsymbol{A}^2=16\times16\boldsymbol{A}=16^2\boldsymbol{A},$$

$$\boldsymbol{A}^4=\boldsymbol{A}^3\times\boldsymbol{A}=\left(16^2\boldsymbol{A}\right)\times\boldsymbol{A}=16^2\boldsymbol{A}^2=16^2\times16\boldsymbol{A}=16^3\boldsymbol{A},$$

……

$$\boldsymbol{A}^{20}=16^{19}\boldsymbol{A}=16^{19}\begin{bmatrix}2&1&3\\4&2&6\\8&4&12\end{bmatrix}$$

由例 13 可以得出以下一般性结论：

假设 $\boldsymbol{\alpha}$，$\boldsymbol{\beta}$ 均是 n 为列向量（$n\times1$ 矩阵），根据矩阵乘法定义可知，$\boldsymbol{\alpha\beta}^{\mathrm{T}}$ 与 $\boldsymbol{\beta\alpha}^{\mathrm{T}}$ 为 $n\times n$ 矩阵，而 $\boldsymbol{\alpha}^{\mathrm{T}}\boldsymbol{\beta}$ 与 $\boldsymbol{\beta}^{\mathrm{T}}\boldsymbol{\alpha}$ 则为实数. 尽管这两者形式相近，但在本质上却存在显著差别，因此在使用时需特别留意，避免混淆. 此外，还可以得到如下 3 个常用结论：

（1）$\boldsymbol{\alpha}^{\mathrm{T}}\boldsymbol{\beta}$（或 $\boldsymbol{\beta}^{\mathrm{T}}\boldsymbol{\alpha}$）的值即为 $\boldsymbol{\beta\alpha}^{\mathrm{T}}$（或 $\boldsymbol{\alpha\beta}^{\mathrm{T}}$）主对角线元素的和.

（2）若一个矩阵的各行及各列元素对应成比例，则该矩阵可表示为一个列向量与一个行向量的乘积. 反之，若一个矩阵可分解为 $\boldsymbol{A}=\boldsymbol{\alpha\beta}^{\mathrm{T}}$ 这种形式，则其各行及各列元素必然对应成比例.

（3）当矩阵 $\boldsymbol{A}$ 的各行以及各列元素对应成比例时，$\boldsymbol{A}^n=M^{n-1}\boldsymbol{A}$，其中 M 为矩阵 $\boldsymbol{A}$ 的主对角线元素之和.

2.2.6 方阵的行列式

定义 2.8 对于 n 阶方阵

$$A=[a_{ij}]_{n\times n}=\begin{bmatrix} a_{11} & a_{12} & \cdots & a_{1n} \\ a_{21} & a_{22} & \cdots & a_{2n} \\ \vdots & \vdots & & \vdots \\ a_{n1} & a_{n2} & \cdots & a_{nn} \end{bmatrix}$$

由它的元素按原有排列形式构成的行列式称为方阵 A 的行列式. 记为

$$|A| \quad 或 \quad \det A=\begin{vmatrix} a_{11} & a_{12} & \cdots & a_{1n} \\ a_{21} & a_{22} & \cdots & a_{2n} \\ \vdots & \vdots & & \vdots \\ a_{n1} & a_{n2} & \cdots & a_{nn} \end{vmatrix}$$

方阵的行列式满足如下的运算规律：

（1）$|A^{\mathrm{T}}|=|A|$.

（2）$|\lambda A|=\lambda^n|A|$.

（3）$|AB|=|A||B|$.

其中 A，B 均为 n 阶方阵，λ 是一个常数.

例 14 设 $A=\begin{bmatrix} 1 & 0 \\ -1 & 2 \end{bmatrix}$，$B=\begin{bmatrix} 3 & 1 \\ 1 & 0 \end{bmatrix}$，验证 $|A||B|=|AB|=|BA|$.

证明 因为

$$|A|=\begin{vmatrix} 1 & 0 \\ -1 & 2 \end{vmatrix}=2\text{，}\quad |B|=\begin{vmatrix} 3 & 1 \\ 1 & 0 \end{vmatrix}=-1$$

所以

$$|A||B|=-2$$

又因为

$$AB=\begin{bmatrix} 1 & 0 \\ -1 & 2 \end{bmatrix}\begin{bmatrix} 3 & 1 \\ 1 & 0 \end{bmatrix}=\begin{bmatrix} 3 & 1 \\ -1 & -1 \end{bmatrix}\text{，}\quad |AB|=\begin{vmatrix} 3 & 1 \\ -1 & -1 \end{vmatrix}=-2$$

而

$$BA=\begin{bmatrix} 3 & 1 \\ 1 & 0 \end{bmatrix}\begin{bmatrix} 1 & 0 \\ -1 & 2 \end{bmatrix}=\begin{bmatrix} 2 & 2 \\ 1 & 0 \end{bmatrix}\text{，}\quad |BA|=\begin{vmatrix} 2 & 2 \\ 1 & 0 \end{vmatrix}=-2$$

所以

$$|A||B|=|AB|=|BA|$$

例 15 设 $A=\begin{bmatrix} 1 & -2 \\ -1 & 5 \end{bmatrix}$，$B=\begin{bmatrix} 3 & -1 \\ 1 & 2 \end{bmatrix}$，求 $||A|B|$.

解 因为

$$|A|=\begin{vmatrix}1&-2\\-1&5\end{vmatrix}=3,\quad |B|=\begin{vmatrix}3&-1\\1&2\end{vmatrix}=7$$

所以由方阵的行列式的性质知

$$\left||A|B\right|=|3B|=3^2|B|=63$$

2.2.7 矩阵的分块

矩阵的分块运算法则，乃是以华罗庚等中国代数学家为代表的科研团队在探索数学领域时的重要研究工具. 此法在多个数学分支中均显示出其不可或缺的价值，如逆矩阵的求解、初等变换与矩阵乘法的转化、矩阵秩的不等式证明以及行列式的计算等.

在矩阵的探讨及运算过程中，为了简化结构、增强清晰性，常需将复杂矩阵分解为若干子块，即子矩阵. 这种分块处理有助于我们更直观、更系统地理解和操作矩阵.

在具体实践中，根据研究或计算的需求，可以灵活地将给定矩阵表达为不同的分块矩阵形式. 在进行分块矩阵的运算时，应将子块视作基本元素，并严格遵循矩阵运算的基本规则. 特别地，矩阵的加法与乘法运算在分块处理时须遵循不同的分块原则，以确保运算的正确性和有效性.

总之，矩阵的分块运算法则为我们在矩阵领域的研究和计算提供了有力的工具，使我们能够更加高效、精确地解决相关问题.

1. 加法运算里的分块原则

相加矩阵的行、列的分块方式要一致，即行块列块数对应相等、对应位置上的子块的行列数对应相等.

例 16 $A=\begin{bmatrix}1&0&1&3\\0&1&2&4\\0&0&-1&0\\0&0&0&-1\end{bmatrix}$，$B=\begin{bmatrix}1&2&0&0\\2&0&0&0\\6&-2&1&0\\0&3&0&1\end{bmatrix}$，用矩阵的分块计算 $A+B$.

解

$$A+B=\left[\begin{array}{cc:cc}1&0&1&3\\0&1&2&4\\\hdashline 0&0&-1&0\\0&0&0&-1\end{array}\right]+\left[\begin{array}{cc:cc}1&2&0&0\\2&0&0&0\\\hdashline 6&-2&1&0\\0&3&0&1\end{array}\right]$$

$$=\begin{bmatrix}E&A_1\\O&-E\end{bmatrix}+\begin{bmatrix}B_1&O\\B_2&E\end{bmatrix}=\begin{bmatrix}E+B_1&A_1\\B_2&-E+E\end{bmatrix}$$

$$=\begin{bmatrix}E+B_1&A_1\\B_2&O\end{bmatrix}=\begin{bmatrix}2&2&1&3\\2&1&2&4\\6&-2&0&0\\0&3&0&0\end{bmatrix}$$

2. 乘法运算里的分块原则

利用分块矩阵计算矩阵 $A_{m \times n}$ 与 $B_{n \times s}$ 的乘积 AB 时，要使<u>左乘矩阵 A 的列的分块与右乘矩阵 B 的行的分块一致</u>，即 A 的列块数与 B 的行块数对应相等、A 某列块的列数与 B 的对应行块的行数相等. 并且要注意，子块相乘时 A 的各子块始终左乘 B 的对应子块.

例 17 已知 $A = \begin{bmatrix} 1 & 0 & -2 & 0 \\ 0 & 1 & 0 & -2 \\ 0 & 0 & 5 & 3 \end{bmatrix}$，$B = \begin{bmatrix} 3 & 0 & -2 \\ 1 & 2 & 0 \\ 0 & 1 & 0 \\ 0 & 0 & 1 \end{bmatrix}$，用分块矩阵计算 AB.

解法一
$$AB = \left[\begin{array}{cc:cc} 1 & 0 & -2 & 0 \\ 0 & 1 & 0 & -2 \\ \hdashline 0 & 0 & 5 & 3 \end{array}\right] + \left[\begin{array}{cc:c} 3 & 0 & -2 \\ 1 & 2 & 0 \\ \hdashline 0 & 1 & 0 \\ 0 & 0 & 1 \end{array}\right]$$

$$= \begin{bmatrix} E & -2E \\ O & A_1 \end{bmatrix} \begin{bmatrix} B_1 & B_2 \\ B_3 & B_4 \end{bmatrix} = \begin{bmatrix} B_1 - 2B_3 & B_2 - 2B_4 \\ A_1 B_3 & A_1 B_4 \end{bmatrix}$$

$$B_1 - 2B_3 = \begin{bmatrix} 3 & 0 \\ 1 & 2 \end{bmatrix} - 2\begin{bmatrix} 0 & 1 \\ 0 & 0 \end{bmatrix} = \begin{bmatrix} 3 & -2 \\ 1 & 2 \end{bmatrix}, \quad B_2 - 2B_4 = \begin{bmatrix} -2 \\ 0 \end{bmatrix} - 2\begin{bmatrix} 0 \\ 1 \end{bmatrix} = \begin{bmatrix} -2 \\ -2 \end{bmatrix},$$

$$A_1 B_3 = \begin{bmatrix} 5 & 3 \end{bmatrix} \begin{bmatrix} 0 & 1 \\ 0 & 0 \end{bmatrix} = \begin{bmatrix} 0 & 5 \end{bmatrix}, \quad A_1 B_4 = \begin{bmatrix} 5 & 3 \end{bmatrix} \begin{bmatrix} 0 \\ 1 \end{bmatrix} = \begin{bmatrix} 3 \end{bmatrix}$$

所以
$$AB = \begin{bmatrix} 3 & -2 & -2 \\ 1 & 2 & -2 \\ 0 & 5 & 3 \end{bmatrix}$$

解法二
$$AB = \left[\begin{array}{cc:cc} 1 & 0 & -2 & 0 \\ 0 & 1 & 0 & -2 \\ \hdashline 0 & 0 & 5 & 3 \end{array}\right] + \left[\begin{array}{c:cc} 3 & 0 & -2 \\ 1 & 2 & 0 \\ \hdashline 0 & 1 & 0 \\ 0 & 0 & 1 \end{array}\right]$$

$$= \begin{bmatrix} E & -2E \\ O & A_1 \end{bmatrix} \begin{bmatrix} B_1 & B_2 \\ O & E \end{bmatrix} = \begin{bmatrix} B_1 & B_2 - 2E \\ O & A_1 \end{bmatrix}$$

故
$$AB = \begin{bmatrix} 3 & -2 & -2 \\ 1 & 2 & -2 \\ 0 & 5 & 3 \end{bmatrix}$$

从例 17 中可以明显观察到，采用不同的分块方法会直接影响求解过程的复杂程度. 一般而言，为了简化计算和提高效率，应尽可能地将特殊的零子块和单位子块单独划分出来. 这样做能够极大地简化子块的求解过程，使得整个运算更为简洁明了. 因此，在运用矩阵的分块运算法则时，需要根据矩阵的具体结构和特点，选择合适的分块方法，以便达到最佳的求解效果.

形如 $\boldsymbol{A}=\begin{bmatrix}\boldsymbol{A}_1 & 0 & \cdots & 0\\ 0 & \boldsymbol{A}_2 & \cdots & 0\\ \vdots & \vdots & & \vdots\\ 0 & 0 & \cdots & \boldsymbol{A}_s\end{bmatrix}$ 的分块矩阵[其中 $\boldsymbol{A}_i(i=1,2,\cdots,s)$ 均为方阵，可以不同型]，称 $\boldsymbol{A}$ 为分块对角矩阵.

分块对角矩阵具有如下性质：$|\boldsymbol{A}|=|\boldsymbol{A}_1||\boldsymbol{A}_2|\cdots|\boldsymbol{A}_s|$.

回顾第 1 章 1.3 节例 12，其结论具有广泛的适用性，可以进一步推广到更一般的情形. 这种推广后的结论，通常称之为拉普拉斯展开式：

$$\begin{vmatrix}\boldsymbol{A}_{m\times m} & \boldsymbol{O}\\ \boldsymbol{O} & \boldsymbol{B}_{n\times n}\end{vmatrix}=\begin{vmatrix}\boldsymbol{A} & \boldsymbol{O}\\ \boldsymbol{C} & \boldsymbol{B}\end{vmatrix}=\begin{vmatrix}\boldsymbol{A} & \boldsymbol{C}\\ \boldsymbol{O} & \boldsymbol{B}\end{vmatrix}=|\boldsymbol{A}||\boldsymbol{B}|,$$

$$\begin{vmatrix}\boldsymbol{O} & \boldsymbol{A}_{m\times m}\\ \boldsymbol{B}_{n\times n} & \boldsymbol{O}\end{vmatrix}=\begin{vmatrix}\boldsymbol{O} & \boldsymbol{A}\\ \boldsymbol{B} & \boldsymbol{C}\end{vmatrix}=\begin{vmatrix}\boldsymbol{C} & \boldsymbol{A}\\ \boldsymbol{B} & \boldsymbol{O}\end{vmatrix}=(-1)^{mn}|\boldsymbol{A}||\boldsymbol{B}|$$

拉普拉斯展开式不仅深化了我们对矩阵运算的理解，也为我们提供了更为灵活和高效的矩阵计算工具. 在实际应用中，拉普拉斯展开式能够帮助我们处理更为复杂的矩阵问题，提高计算的准确性和效率. 因此，熟练掌握和应用拉普拉斯展开式，对于我们在矩阵领域的研究和计算具有重要意义.

习题 2.2

【基础训练】

1. [目标 1.1]矩阵 $\boldsymbol{A}=\begin{bmatrix}-1 & a+b & 3\\ 0 & 2 & c\end{bmatrix}$，$\boldsymbol{B}=\begin{bmatrix}-1 & 0 & a\\ 0 & 2 & 1\end{bmatrix}$，$\boldsymbol{A}=\boldsymbol{B}$，求 a，b，c.

2. [目标 1.1]矩阵 $\boldsymbol{A}=\begin{bmatrix}-1 & 2 & 3\\ 0 & 2 & 0\end{bmatrix}$，$\boldsymbol{B}=\begin{bmatrix}4 & 2 & 3\\ 5 & 2 & 0\end{bmatrix}$，求 $\boldsymbol{A}+\boldsymbol{B}$，$\boldsymbol{A}-2\boldsymbol{B}$.

3. [目标 1.1]计算：

（1）$\begin{bmatrix}-1 & 2 & 3\\ 0 & 1 & 0\end{bmatrix}\begin{bmatrix}1 & 0\\ 1 & 2\\ 0 & 1\end{bmatrix}$；（2）$\begin{bmatrix}1\\ -1\\ -1\end{bmatrix}\begin{bmatrix}2 & 3 & -1\end{bmatrix}$.

4. [目标 1.1]设 $\boldsymbol{A}=\begin{bmatrix}a & a\\ -a & -a\end{bmatrix}$，$\boldsymbol{B}=\begin{bmatrix}b & -b\\ -b & b\end{bmatrix}$，求 $\boldsymbol{AB}$.

5. [目标 1.1]设 $\boldsymbol{A}=\begin{bmatrix}1 & 0\\ 1 & 1\end{bmatrix}$，求所有与 $\boldsymbol{A}$ 可交换（即 $\boldsymbol{AX}=\boldsymbol{XA}$）的二阶方阵.

6. [目标 1.2]计算 $\boldsymbol{A}^n=\begin{bmatrix}1 & 0\\ \lambda & 1\end{bmatrix}^n$.

7. [目标 1.1]已知矩阵 $\boldsymbol{A}=\begin{bmatrix}1&1&1\\2&-1&0\\1&0&1\end{bmatrix}$，$\boldsymbol{B}=\begin{bmatrix}1&0&0\\2&1&0\\0&2&1\end{bmatrix}$，求 $\boldsymbol{A}^{\mathrm{T}}\boldsymbol{B}$，$|\boldsymbol{A}^{\mathrm{T}}\boldsymbol{B}|$，$|\boldsymbol{A}-\boldsymbol{B}|$.

【能力提升】

1. [目标 1.1、2.1]设 $\boldsymbol{A}=\begin{bmatrix}1&-1\\2&3\end{bmatrix}$，$f(x)=x^2-3x$，求 $f(\boldsymbol{A})$.

2. [目标 1.1]设

（1）$\boldsymbol{A}=\begin{bmatrix}3&1&1\\2&1&2\\1&2&3\end{bmatrix}$，$\boldsymbol{B}=\begin{bmatrix}1&1&-1\\2&-1&0\\1&0&1\end{bmatrix}$；

（2）$\boldsymbol{A}=\begin{bmatrix}a&b&c\\c&b&a\\1&1&1\end{bmatrix}$，$\boldsymbol{B}=\begin{bmatrix}1&a&c\\1&b&b\\1&c&a\end{bmatrix}$.

求 $\boldsymbol{AB}$，$\boldsymbol{AB}-\boldsymbol{BA}$.

3. [目标 1.2]已知 $\boldsymbol{A}=\begin{bmatrix}1&0&0\\0&1&2\\0&1&2\end{bmatrix}$，求 $\boldsymbol{A}$ 的所有可交换矩阵.

4. [目标 1.2]设 $\boldsymbol{A}$ 是 2 阶矩阵，

（1）命题“$\boldsymbol{A}^2=\boldsymbol{O}$，则 $\boldsymbol{A}=\boldsymbol{O}$”是否正确．若正确，证明之；若不正确，举例说明.

（2）求满足 $\boldsymbol{A}^2=\boldsymbol{O}$ 的所有的 $\boldsymbol{A}$.

（3）若 $\boldsymbol{A}^2=\boldsymbol{O}$ 且 $\boldsymbol{A}^{\mathrm{T}}=\boldsymbol{A}$，证明：$\boldsymbol{A}=\boldsymbol{O}$.

5. [目标 1.1]计算：

（1）$\begin{bmatrix}2&1&1\\3&1&0\\0&1&2\end{bmatrix}^2$；（2）$\begin{bmatrix}1&1\\0&1\end{bmatrix}^n$.

6. [目标 1.2]设 $\boldsymbol{A}=\begin{bmatrix}3&4&0&0\\4&-3&0&0\\0&0&2&0\\0&0&2&2\end{bmatrix}$，求 $|\boldsymbol{A}^8|$ 及 $\boldsymbol{A}^2$.

7. [目标 1.2]设 $\boldsymbol{A},\boldsymbol{B}$ 为 n 阶对称矩阵，证明：

（1）$\boldsymbol{A}+\boldsymbol{B}$ 是对称矩阵；

（2）$\boldsymbol{AB}$ 是对称阵的充分必要条件是 $\boldsymbol{AB}=\boldsymbol{BA}$.

8. [目标 1.2]设 $\boldsymbol{A}$ 是任意 n 阶方矩阵，证明：

（1）$\boldsymbol{A}+\boldsymbol{A}^{\mathrm{T}}$ 是对称阵，$\boldsymbol{A}-\boldsymbol{A}^{\mathrm{T}}$ 是反对称矩阵；

（2）任何 n 阶方阵都可表示成一个对称矩阵和一个反对称矩阵的和.

2.3 可逆矩阵

前面的章节已对矩阵的加法和乘法进行了详尽且精确的定义，并依据加法运算推导出了其逆运算——减法. 接下来，需进一步探讨矩阵乘法是否拥有与之对应的逆运算. 对此，首先需要明确一点：并非所有的矩阵乘法都具备逆运算，这是矩阵运算的一个基本特性，这与实数或复数领域的除法运算存在显著差异. 然而，若某一矩阵确实存在乘法逆运算，即除法，那么这一逆运算必须满足特定的条件.

逆矩阵在线性代数、微分方程、优化问题等多个领域都有广泛的应用. 它允许我们解决线性方程组、计算矩阵的幂以及进行矩阵的除法运算等. 通过逆矩阵，可以更方便地处理与矩阵相关的计算问题，并揭示矩阵背后的线性变换性质.

2.3.1 逆矩阵的概念

定义 2.9 对于 n 阶矩阵 $\boldsymbol{A}$，若存在一个同阶矩阵 $\boldsymbol{B}$，使得

$$\boldsymbol{AB}=\boldsymbol{BA}=\boldsymbol{E}$$

那么称矩阵 $\boldsymbol{A}$ 可逆，矩阵 $\boldsymbol{B}$ 为矩阵 $\boldsymbol{A}$ 的逆矩阵，简称逆阵. 将 $\boldsymbol{A}$ 的逆矩阵记为 $\boldsymbol{A}^{-1}$.

由可逆的定义可知：

(1)在定义 2.9 中 $\boldsymbol{A},\boldsymbol{B}$ 的地位是对等的，因此矩阵 $\boldsymbol{B}$ 也可逆，且 $\boldsymbol{B}^{-1}=\boldsymbol{A}$(就是 $(\boldsymbol{A}^{-1})^{-1}=\boldsymbol{A}$)，也就是说 $\boldsymbol{A}$ 与 $\boldsymbol{B}$ 互为逆矩阵.

定理 2.1 若矩阵 $\boldsymbol{A}$ 可逆，则 $\boldsymbol{A}$ 的逆矩阵是唯一的.

假设 $\boldsymbol{B}_1$，$\boldsymbol{B}_2$ 均为可逆矩阵 $\boldsymbol{A}$ 的逆矩阵，由定义 2.9 有

$$\boldsymbol{AB}_1=\boldsymbol{B}_1\boldsymbol{A}=\boldsymbol{E}\text{，}\quad \boldsymbol{AB}_2=\boldsymbol{B}_2\boldsymbol{A}=\boldsymbol{E}\text{，}$$

则

$$\boldsymbol{B}_1=\boldsymbol{B}_1\boldsymbol{E}=\boldsymbol{B}_1(\boldsymbol{AB}_2)=(\boldsymbol{B}_1\boldsymbol{A})\boldsymbol{B}_2=\boldsymbol{EB}_2=\boldsymbol{B}_2$$

所以，一个矩阵如果可逆，那么它的逆矩阵是唯一的.

(2)若矩阵 $\boldsymbol{A}$ 可逆，则存在 $\boldsymbol{A}^{-1}$，使 $\boldsymbol{AA}^{-1}=\boldsymbol{A}^{-1}\boldsymbol{A}=\boldsymbol{E}$ 成立.

对于较为简单的矩阵，可以利用定义 $\boldsymbol{AB}=\boldsymbol{E}$ 去求它的逆矩阵，这种方法称为待定系数法.

例 1 设 $\boldsymbol{A}=\begin{bmatrix}2&1\\-1&0\end{bmatrix}$，求 $\boldsymbol{A}$ 的逆矩阵.

解（待定系数法）设 $\boldsymbol{A}$ 的逆矩阵 $\boldsymbol{B}=\begin{bmatrix}a&b\\c&d\end{bmatrix}$，则由 $\boldsymbol{AB}=\boldsymbol{E}$ 可得

$$\begin{bmatrix}2&1\\-1&0\end{bmatrix}\begin{bmatrix}a&b\\c&d\end{bmatrix}=\begin{bmatrix}1&0\\0&1\end{bmatrix}\Rightarrow\begin{bmatrix}2a+c&2b+d\\-a&-b\end{bmatrix}=\begin{bmatrix}1&0\\0&1\end{bmatrix}$$

$$\Rightarrow\begin{cases}2a+c=1\\2b+d=0\\-a=0\\-b=1\end{cases}\Rightarrow\begin{cases}a=0\\b=-1\\c=1\\d=2\end{cases}$$

因为

$$BA=\begin{bmatrix}0 & -1\\1 & 2\end{bmatrix}\begin{bmatrix}2 & 1\\-1 & 0\end{bmatrix}=\begin{bmatrix}1 & 0\\0 & 1\end{bmatrix}=AB$$

所以

$$A^{-1}=B=\begin{bmatrix}0 & -1\\1 & 2\end{bmatrix}$$

2.3.2 矩阵可逆的条件

对于一个方阵，其可逆性并非固有属性，而是取决于矩阵自身的特性. 那么，如何判断一个矩阵是否可逆呢？又如果确认了一个矩阵的可逆性，如何求得它的逆矩阵？为了解答这些问题，首先需要引入伴随矩阵这一概念. 伴随矩阵作为矩阵理论中的重要组成部分，将有助于我们深入理解和分析矩阵的可逆性以及逆矩阵的求解方法.

定义 2.10 n 阶方阵 $A=[a_{ij}]_{n\times n}$ 的行列式 $|A|=\begin{vmatrix}a_{11} & \cdots & a_{1n}\\ \vdots & & \vdots\\ a_{n1} & \cdots & a_{nn}\end{vmatrix}$ 的元素 a_{ij} 的代数余子式 A_{ij} $(i,j=1,2,\cdots,n)$构成矩阵

$$A^{*}=[A_{ij}]_{n\times n}^{\mathrm{T}}=\begin{bmatrix}A_{11} & A_{21} & \cdots & A_{n1}\\A_{12} & A_{22} & \cdots & A_{n2}\\ \vdots & \vdots & & \vdots\\A_{1n} & A_{2n} & \cdots & A_{nn}\end{bmatrix}$$

称 A^{*} 为方阵 A 的伴随矩阵.

由行列式按行（列）展开的性质，可得

（1）$AA^{*}=A^{*}A=|A|E$；

（2）当$|A|\neq 0$时,$|A^{*}|=|A|^{n-1}$.

证明 （1）$b_{ij}=a_{i1}A_{j1}+a_{i2}A_{j2}+\cdots+a_{in}A_{jn}=\begin{cases}|A|, & i=j\\0, & i\neq j\end{cases}$ $(i=1,2,\cdots,n;\ j=1,2,\cdots,n)$. 所以

$$AA^{*}=\begin{bmatrix}|A| & \cdots & 0\\ \vdots & & \vdots\\0 & \cdots & |A|\end{bmatrix}=|A|E$$

类似可以证得 $A^{*}A=|A|E$. 故 $AA^{*}=A^{*}A=|A|E$.

（2）由（1）的结论和矩阵乘积的行列式定理，得

$$|AA^{*}|=\big||A|E\big|=|A|^{n}|E|=|A|^{n}，\quad |AA^{*}|=|A||A^{*}|$$

所以$|A|\left|A^*\right|=|A|^n$，又$|A|\neq 0$，故$\left|A^*\right|=|A|^{n-1}$.

定理 2.2　n阶方阵A可逆的充分必要条件为$|A|\neq 0$，且

$$A^{-1}=\frac{1}{|A|}A^*$$

其中A^*为A的伴随矩阵.

注　在实际应用时，也常使用以下形式：$A^*=|A|A^{-1}$.

证明　（充分性）设A可逆，即有A^{-1}，使$AA^{-1}=E$，两边取行列式，有

$$\left|AA^{-1}\right|=|A|\left|A^{-1}\right|=|E|=1$$

从而得$|A|\neq 0$.当$|A|\neq 0$时，称A是非奇异的.

（必要性）设A非奇异，即$|A|\neq 0$，由性质$AA^*=A^*A=|A|E$得

$$A\left(\frac{1}{|A|}A^*\right)=\left(\frac{1}{|A|}A^*\right)A=E$$

由可逆矩阵的定义可知A可逆，且$A^{-1}=\frac{1}{|A|}A^*$.

该定理不仅明确了判断矩阵是否可逆的充分必要条件，还提供了求逆矩阵的具体方法，即伴随矩阵求逆法. 以此为基础，可以进一步推导出一些普遍适用的关于求逆矩阵的有益结论.

例 2　求方阵$A=\begin{bmatrix}3&7&-3\\-2&-5&2\\-4&-10&3\end{bmatrix}$的逆矩阵.

解　$|A|=\begin{vmatrix}3&7&-3\\-2&-5&2\\-4&-10&3\end{vmatrix}=1\neq 0$，所以$A$可逆$A^{-1}=\frac{1}{|A|}A^*$.

其中

$$A^*=\begin{bmatrix}A_{11}&A_{21}&A_{31}\\A_{12}&A_{22}&A_{32}\\A_{13}&A_{23}&A_{33}\end{bmatrix}$$

可得$A_{11}=(-1)^{1+1}\begin{vmatrix}-5&2\\-10&3\end{vmatrix}=5$，类似可得

$$\begin{matrix}A_{11}=5, & A_{12}=-2, & A_{13}=0,\\ A_{21}=9, & A_{22}=-3, & A_{23}=2,\\ A_{31}=-1, & A_{32}=0, & A_{33}=-1\end{matrix}$$

所以

$$A^{-1}=\begin{bmatrix}5&9&-1\\-2&-3&0\\0&2&-1\end{bmatrix}$$

例 3 已知二阶矩阵 $A=\begin{bmatrix}a&b\\c&d\end{bmatrix}, ad-bc\neq 0$，求 A^{-1}.

解 $|A|=\begin{vmatrix}a&b\\c&d\end{vmatrix}=ad-bc\neq 0$，所以 A 可逆．又因为 $A^*=\begin{bmatrix}d&-b\\-c&a\end{bmatrix}$，所以

$$A^{-1}=\frac{1}{|A|}A^*=\frac{1}{ad-bc}\begin{bmatrix}d&-b\\-c&a\end{bmatrix}\text{（其中 }ad-bc\neq 0\text{）}$$

（当二阶矩阵可逆时，利用伴随矩阵法得出的结论中应注意 A^* 与 A 的元素的关系，就可直接写出 A^*.）

例 4 已知 n 阶矩阵 $B=\begin{bmatrix}a_1&0&0&0&0\\0&a_2&0&0&0\\\vdots&\vdots&&\vdots&\vdots\\0&0&\cdots&0&a_n\end{bmatrix}$，且 $a_1a_2\cdots a_n\neq 0$．求 B^{-1}.

对角阵是一种特殊的矩阵，它的非主对角线上的元素都是 0，而主对角线上的元素可以是任意数．当表示一个对角阵时，为了简化表示并突出其主要特性，通常会省略主对角以外的 0 不写.

解 $|B|=\begin{vmatrix}a_1&0&\cdots&0&0\\0&a_2&\cdots&0&0\\\vdots&\vdots&&\vdots&\vdots\\0&0&\cdots&0&a_n\end{vmatrix}=a_1a_2\cdots a_n\neq 0$，所以 B 可逆．又因为

$$B^*=\begin{bmatrix}a_2a_3\cdots a_n&0&\cdots&0&0\\0&a_1a_3\cdots a_n&\cdots&0&0\\\vdots&\vdots&&\vdots&\vdots\\0&0&\cdots&0&a_1a_2\cdots a_{n-1}\end{bmatrix}$$

所以 $B^{-1}=\frac{1}{|B|}B^*=\frac{1}{a_1a_2\cdots a_n}\begin{bmatrix}a_2a_3\cdots a_n&&&\\&a_1a_3\cdots a_n&&\\&&\ddots&\\&&&a_1a_2\cdots a_{n-1}\end{bmatrix}=\begin{bmatrix}1/a_1&&&\\&1/a_2&&\\&&\ddots&\\&&&1/a_n\end{bmatrix}$，

所以

对角阵的逆

$$\begin{bmatrix}a_1&0&\cdots&0\\0&a_2&\cdots&\vdots\\\vdots&&&0\\0&\cdots&0&a_n\end{bmatrix}^{-1}=\begin{bmatrix}a_1^{-1}&0&\cdots&0\\0&a_2^{-1}&\cdots&\vdots\\\vdots&&&0\\0&\cdots&0&a_n^{-1}\end{bmatrix}$$

推论 若 A，B 为同阶方阵，且 $AB=E$，则 A，B 都可逆，且 $A^{-1}=B$，$B^{-1}=A$.

证明 由于 A, B 是同阶方阵，且 $AB=E$，据方阵乘积的行列式的运算规律有 $|AB|=|A||A||B|=|E|=1\neq 0$，于是 $|A|\neq 0$ 且 $|B|\neq 0$，所以 A 与 B 均可逆.

将 $AB=E$ 两边同时左乘 A^{-1} 得 $B=A^{-1}$，同时右乘 B^{-1} 得 $A=B^{-1}$，即 A 与 B 互为逆矩阵.

有了此推论，判断方阵 B 是否为方阵 A 的逆矩阵时，只需验证 A, B 是否满足 $AB=E$ 即可.

例 5 设三阶矩阵 A 满足 $A^2+A=E$.

（1）证明 A 可逆，并求 A^{-1}；

（2）求 $(A+3E)^{-1}$.

解 （1）由 $A^2+A=E$ 可得，

$$A(A+E)=E$$

由上述定理 2.2 的推论可知，A 可逆，且

$$A^{-1}=A+E$$

（2）等式 $A^2+A=E$ 两边同时减去 $6E$，得

$$A^2+A-6E=-5E$$

因式分解得

$$(A+3E)(A-2E)=-5E$$

也即

$$(A+3E)\left(\frac{A-2E}{-5}\right)=(A+3E)\left(\frac{2E-A}{5}\right)=E$$

由推论可知

$$(A+3E)^{-1}=\frac{2E-A}{5}$$

在解决涉及矩阵等式并需要计算某一矩阵逆矩阵的问题时，通常采用一种系统性的方法. 这种方法主要依赖于矩阵的运算法则，通过对等式进行变形和因式分解，以凑出逆矩阵的定义形式. 具体来说，需要构造出该矩阵与另一矩阵乘积为单位矩阵 E 的形式.

在实际操作中，一个常见的策略是先将乘积凑成 kE 的形式，其中 k 是一个非零常数. 这样做的好处是，可以通过简单的矩阵运算，即除以系数 k，来得到所需的逆矩阵形式. 这种方法不仅逻辑清晰，而且在实际计算中也非常有效.

2.3.3 可逆矩阵的运算性质

可逆矩阵有以下性质：

（1）若方阵 A 可逆，则 A^{-1} 也可逆，且 $(A^{-1})^{-1}=A$.

（2）若方阵 $\boldsymbol{A}$ 可逆，则 $\left|\boldsymbol{A}^{-1}\right|=\left|\boldsymbol{A}\right|^{-1}=\dfrac{1}{\left|\boldsymbol{A}\right|}$.

（3）若方阵 $\boldsymbol{A}$ 可逆，数 $\lambda\neq 0$，则 $\lambda\boldsymbol{A}$ 可逆且 $(\lambda\boldsymbol{A})^{-1}=\dfrac{1}{\lambda}\boldsymbol{A}^{-1}$.

（4）若方阵 $\boldsymbol{A}$ 可逆，则 $\boldsymbol{A}^{\mathrm{T}}$ 也可逆且 $(\boldsymbol{A}^{\mathrm{T}})^{-1}=(\boldsymbol{A}^{-1})^{\mathrm{T}}$.

（5）若方阵 $\boldsymbol{A}$ 可逆，且 $\boldsymbol{AB}=\boldsymbol{AC}$，则 $\boldsymbol{B}=\boldsymbol{C}$（注意与本章第 2 节“矩阵乘法不满足消去律”区别开）.

（6）若 $\boldsymbol{A}$，$\boldsymbol{B}$ 为同阶方阵且均可逆，则 $\boldsymbol{AB}$ 也可逆且 $(\boldsymbol{AB})^{-1}=\boldsymbol{B}^{-1}\boldsymbol{A}^{-1}$.

证明 （1）若方阵 $\boldsymbol{A}$ 可逆，则 $\boldsymbol{AA}^{-1}=\boldsymbol{E}$，由定理 2.2 的推论，即有 $\left(\boldsymbol{A}^{-1}\right)^{-1}=\boldsymbol{A}$.

（2）若方阵 $\boldsymbol{A}$ 可逆，则 $\boldsymbol{AA}^{-1}=\boldsymbol{E}$，所以 $\left|\boldsymbol{AA}^{-1}\right|=|\boldsymbol{A}|\left|\boldsymbol{A}^{-1}\right|=|\boldsymbol{E}|=1$，即

$$\left|\boldsymbol{A}^{-1}\right|=\frac{1}{|\boldsymbol{A}|}$$

（3）若 n 阶方阵 $\boldsymbol{A}$ 可逆，则 $|\boldsymbol{A}|\neq 0$；又因为数 $\lambda\neq 0$，所以 $|\lambda\boldsymbol{A}|=\lambda^{n}|\boldsymbol{A}|\neq 0$，则 $(\lambda\boldsymbol{A})$ 可逆，有 $(\lambda A)\left(\dfrac{1}{\lambda}\boldsymbol{A}^{-1}\right)=\lambda\times\dfrac{1}{\lambda}\boldsymbol{AA}^{-1}=E$，$\left(\dfrac{1}{\lambda}\boldsymbol{A}^{-1}\right)(\lambda\boldsymbol{A})=\dfrac{1}{\lambda}\times\lambda\boldsymbol{AA}^{-1}=\boldsymbol{E}$.

根据逆矩阵的定义有

$$(\lambda\boldsymbol{A})^{-1}=\frac{1}{\lambda}\boldsymbol{A}^{-1}$$

（4）因为 $\boldsymbol{A}^{\mathrm{T}}(\boldsymbol{A}^{-1})^{\mathrm{T}}=(\boldsymbol{A}^{-1}\boldsymbol{A})^{\mathrm{T}}=\boldsymbol{E}$，$(\boldsymbol{A}^{-1})^{\mathrm{T}}\boldsymbol{A}^{\mathrm{T}}=(\boldsymbol{AA}^{-1})=\boldsymbol{E}$，所以

$$(\boldsymbol{A}^{\mathrm{T}})^{-1}=(\boldsymbol{A}^{-1})^{\mathrm{T}}$$

（5）若方阵 $\boldsymbol{A}$ 可逆，可将 $\boldsymbol{AB}=\boldsymbol{AC}$ 两端同时左乘 $\boldsymbol{A}^{-1}$，得 $(\boldsymbol{A}^{-1}\boldsymbol{A})\boldsymbol{B}=(\boldsymbol{A}^{-1}\boldsymbol{A})\boldsymbol{C}$，即 $\boldsymbol{B}=\boldsymbol{C}$.

（6）若 $\boldsymbol{A}$ 与 $\boldsymbol{B}$ 为同阶可逆阵，则有 $(\boldsymbol{AB})(\boldsymbol{B}^{-1}\boldsymbol{A}^{-1})=\boldsymbol{A}(\boldsymbol{BB}^{-1})\boldsymbol{A}^{-1}=\boldsymbol{AA}^{-1}=\boldsymbol{E}$，而 $\boldsymbol{AB}$，$\boldsymbol{B}^{-1}\boldsymbol{A}^{-1}$ 均为与 $\boldsymbol{A}$ 同阶的方阵，故 $(\boldsymbol{AB})^{-1}=\boldsymbol{B}^{-1}\boldsymbol{A}^{-1}$.

例 6 设 $\boldsymbol{A}$ 为四阶矩阵，$|\boldsymbol{A}|=2$，求 $\left|(3A)^{-1}-2A^{*}\right|$ 的值.

解 因为 $\boldsymbol{A}$ 为四阶矩阵，$|\boldsymbol{A}|=2$，所以

$$\left|(3A)^{-1}-2A^{*}\right|=\left|\frac{1}{3}A^{-1}-4\times\frac{1}{|A|}A^{*}\right|=\left|\frac{1}{3}A^{-1}-4A^{-1}\right|=\left|-\frac{11}{3}A^{-1}\right|$$

$$=\left(-\frac{11}{3}\right)^{4}\left|A^{-1}\right|=\left(\frac{11}{3}\right)^{4}\times\frac{1}{2}=\frac{11^{4}}{162}$$

例 7 设 A 为三阶矩阵，$|A|=\dfrac{1}{2}$，求 $\left|(2A)^{-1}-5A^{*}\right|$.

解法一 $A^{*}=|A|A^{-1}$，代入计算.

$$\left|(2A)^{-1}-5A^{*}\right|=\left|(2A)^{-1}-5|A|A^{-1}\right|=\left|\frac{1}{2}A^{-1}-\frac{5}{2}A^{-1}\right|$$

$$=\left|-2A^{-1}\right|=(-2)^{3}\left|A^{-1}\right|=(-2)^{3}\frac{1}{|A|}$$

$$=(-2)^{3}\times 2=-16$$

解法二 因

$$\left|(2A)^{-1}-5A^*\right||A|=\left|\left(\frac{1}{2}A^{-1}-5A^*\right)A\right|=\left|\frac{1}{2}E-5|A|E\right|$$
$$=\left|\frac{1}{2}E-\frac{5}{2}E\right|=|-2E|=(-2)^3$$

故

$$\left|(2A)^{-1}-5A^*\right|=\frac{(-2)^3}{|A|}=(-2)^3\times 2=-16$$

例 8 设 A 与 B 均为 n 阶可逆矩阵，证明：

（1）$(AB)^*=B^*A^*$； （2）$(A^*)^*=|A|^{n-2}A$.

证明 （1）因为 A 与 B 均为 n 阶可逆矩阵，所以

$$(AB)^{-1}=B^{-1}A^{-1}$$

又因为

$$(AB)^{-1}=\frac{1}{|AB|}(AB)^*=\frac{1}{|A||B|}(AB)^*,\quad B^{-1}A^{-1}=\frac{1}{|B|}B^*\frac{1}{|A|}A^*=\frac{1}{|A||B|}B^*A^*$$

所以

$$\frac{1}{|A||B|}(AB)^*=\frac{1}{|A||B|}B^*A^*$$

两边同时乘以 $|A||B|$，得

$$(AB)^*=B^*A^*$$

（2）因为 A 为 n 阶可逆矩阵，所以

$$A^*=|A|A^{-1},\quad |A^*|=\left||A|A^{-1}\right|=|A|^n\left|A^{-1}\right|=|A|^n\frac{1}{|A|}=|A|^{n-1}\neq 0$$

因此 A^* 可逆，且

$$(A^*)^{-1}=(|A|A^{-1})^{-1}=\frac{1}{|A|}(A^{-1})^{-1}=\frac{1}{|A|}A$$

由伴随矩阵求逆法，可得

$$(A^*)^{-1}=\frac{1}{|A^*|}(A^*)^*$$

所以

$$\frac{1}{|A^*|}(A^*)^*=\frac{1}{|A|}A,\quad (A^*)^*=|A^*|\frac{1}{|A|}A=|A|^{n-1}\frac{1}{|A|}A=|A|^{n-2}A$$

即

$$(A^*)^* = |A|^{n-2} A$$

可逆矩阵在线性代数中是很重要的——主要用在代数计算和公式推导中. 如求解矩阵方程.

例 9 设 $A=\begin{bmatrix}1&2&3\\2&2&1\\3&4&3\end{bmatrix}$，$B=\begin{bmatrix}2&1\\5&3\end{bmatrix}$，$C=\begin{bmatrix}1&3\\2&0\\3&1\end{bmatrix}$，求矩阵 X，使其满足 $AXB=C$.

解 若 A^{-1}，B^{-1}存在，则用 A^{-1}左乘上式、B^{-1}右乘上式，有

$$A^{-1}AXBB^{-1}=A^{-1}CB^{-1}$$

即

$$X=A^{-1}CB^{-1}$$

又因为 $|A|=2\neq 0$，$|B|=1\neq 0$，则 A，B 都可逆，且由伴随矩阵求逆法可得

$$A^{-1}=\begin{bmatrix}1&3&-2\\-\frac{3}{2}&-3&\frac{5}{2}\\1&1&-1\end{bmatrix},\quad B^{-1}=\begin{bmatrix}3&-1\\-5&2\end{bmatrix}$$

于是

$$X=A^{-1}CB^{-1}=\begin{bmatrix}1&3&-2\\-\frac{3}{2}&-3&\frac{5}{2}\\1&1&-1\end{bmatrix}\begin{bmatrix}1&3\\2&0\\3&1\end{bmatrix}\begin{bmatrix}3&-1\\-5&2\end{bmatrix}$$

$$=\begin{bmatrix}1&1\\0&-2\\0&2\end{bmatrix}\begin{bmatrix}3&-1\\-5&2\end{bmatrix}=\begin{bmatrix}-2&1\\10&-4\\10&4\end{bmatrix}$$

矩阵的分块运算在计算逆矩阵时确实扮演着至关重要的角色. 特别地，对于分块对角矩阵，可以利用其特殊的结构来简化逆矩阵的计算过程，从而得到更高效的算法.

形如 $A=\begin{bmatrix}A_1&0&\cdots&0\\0&A_2&\cdots&0\\\vdots&\vdots&&\vdots\\0&0&\cdots&A_s\end{bmatrix}$ 的分块对角矩阵[其中 $A_i(i=1,2,\cdots,s)$ 均为方阵，可以不同型]，若 $|A_i|\neq 0(i=1,2,\cdots,s)$，则 A 可逆，且

$$A^{-1}=\begin{bmatrix}A_1^{-1}&0&\cdots&0\\0&A_2^{-1}&\cdots&0\\\vdots&\vdots&&\vdots\\0&0&\cdots&A_s^{-1}\end{bmatrix}$$

分块对角矩阵是一种特殊的矩阵形式，其主对角线上的子块是方阵，而其他位置的子块为零矩阵. 这种结构使得我们可以独立地处理每一个对角线上的子块，从而大大简化了计算. 这种算法的优势在于，它避免了对整个大矩阵进行复杂的逆运算，而是将问题分解为对多个较小矩阵的逆运算. 这不仅可以减少计算量，提高计算效率，还可以降低计算过程中的误差积累.

需要注意的是，虽然分块对角矩阵的逆运算相对简单，但并非所有矩阵都可以转换为分块对角矩阵的形式. 因此，在实际应用中，需要根据矩阵的具体结构和特点来选择合适的算法和工具进行计算.

例 10 求矩阵 $\boldsymbol{A}=\begin{bmatrix}5&2&0&0\\2&1&0&0\\0&0&8&3\\0&0&5&2\end{bmatrix}$ 的逆矩阵.

解 将 $\boldsymbol{A}$ 分块如下：

$$\boldsymbol{A}=\begin{bmatrix}\boldsymbol{B}&\boldsymbol{O}\\\boldsymbol{O}&\boldsymbol{C}\end{bmatrix}$$

其中

$$\boldsymbol{B}=\begin{bmatrix}5&2\\2&1\end{bmatrix},\quad \boldsymbol{C}=\begin{bmatrix}8&3\\5&2\end{bmatrix},\quad \boldsymbol{O}=\begin{bmatrix}0&0\\0&0\end{bmatrix}$$

则 $|\boldsymbol{B}|=\begin{vmatrix}5&2\\2&1\end{vmatrix}=1\neq 0$，$|\boldsymbol{C}|=\begin{vmatrix}8&3\\5&2\end{vmatrix}=1\neq 0$，$|\boldsymbol{A}|=|\boldsymbol{B}||\boldsymbol{C}|=1\neq 0$，故 $\boldsymbol{A}$，$\boldsymbol{B}$，$\boldsymbol{C}$ 均可逆，且

$$\boldsymbol{A}^{-1}=\begin{bmatrix}\boldsymbol{B}^{-1}&\boldsymbol{O}\\\boldsymbol{O}&\boldsymbol{C}^{-1}\end{bmatrix}\text{（读者可自行证明）}$$

又

$$\boldsymbol{B}^{-1}=\begin{bmatrix}1&-2\\-2&5\end{bmatrix},\quad \boldsymbol{C}^{-1}=\begin{bmatrix}2&-3\\-5&8\end{bmatrix}$$

故

$$\boldsymbol{A}^{-1}=\begin{bmatrix}\boldsymbol{B}^{-1}&\boldsymbol{O}\\\boldsymbol{O}&\boldsymbol{C}^{-1}\end{bmatrix}=\begin{bmatrix}1&-2&0&0\\-2&5&0&0\\0&0&2&-3\\0&0&-5&8\end{bmatrix}$$

习题 2.3

【基础训练】

1. [目标 1.1]若 $\boldsymbol{A}$，$\boldsymbol{B}$ 可逆，则 $\boldsymbol{A}+\boldsymbol{B}$ 一定可逆吗，$\boldsymbol{AB}$ 呢？为什么？

2. [目标 1.1]求 A^{-1}.

（1）$A=\begin{bmatrix} a & b \\ c & d \end{bmatrix}$，$ad-bc=1$；（2）$A=\begin{bmatrix} 1 & 1 & -1 \\ 2 & 1 & 0 \\ 1 & -1 & 0 \end{bmatrix}$；

（3）$A=\begin{bmatrix} 2 & 2 & 3 \\ -1 & 2 & 1 \\ 1 & -1 & 0 \end{bmatrix}$.

3. [目标 1.1]设二阶可逆矩阵 A 的逆矩阵 $A^{-1}=\begin{bmatrix} 1 & 2 \\ 3 & 4 \end{bmatrix}$，求矩阵 A.

4. [目标 1.1]若 $A=\begin{bmatrix} 1 & 0 & 0 \\ 2 & 3 & 0 \\ 4 & 5 & 6 \end{bmatrix}$，求 A 的伴随矩阵和逆.

5. [目标 1.2]设矩阵 A 为三阶方阵，且 $|A|=4$，求 $|A^{-1}|$，$|(4A)^{-1}|$，$\left|\frac{1}{3}A^*-4A^{-1}\right|$，$|(A^*)^{\mathrm{T}}|$.

6. [目标 1.1]利用分块矩阵求 A^{-1}.

（1）$A=\begin{bmatrix} 5 & 2 & 0 & 0 \\ 2 & 1 & 0 & 0 \\ 0 & 0 & 1 & -2 \\ 0 & 0 & 1 & 1 \end{bmatrix}$；（2）$A=\begin{bmatrix} 0 & 0 & 5 & 2 \\ 0 & 0 & 2 & 1 \\ 1 & -2 & 0 & 0 \\ 1 & 1 & 0 & 0 \end{bmatrix}$.

7. [目标 1.1]设 $A=\begin{bmatrix} 1 & 1 & -1 \\ 0 & 1 & 1 \\ 0 & 0 & -1 \end{bmatrix}$ 且 $AX-A^2=E$，求矩阵 X.

【能力提升】

1. [目标 1.1、2.1]设三阶方阵 A，B 满足 $A^2B-A-B=E$，其中 E 是三阶单位矩阵，若 $A=\begin{bmatrix} 1 & 0 & 1 \\ 0 & 2 & 0 \\ -2 & 0 & 1 \end{bmatrix}$，求 $|B|$.

2. [目标 1.1、2.1]已知 $A=\begin{bmatrix} 1 & 1 & -1 \\ -1 & 1 & 1 \\ 1 & -1 & 1 \end{bmatrix}$，矩阵 X 满足 $A^*X=A^{-1}+2X$，其中 A^* 是 A 的伴随矩阵，求矩阵 X.

3. [目标 1.2]已知矩阵 A 满足关系式 $A^2+2A-3E=O$，求 $(A+4E)^{-1}$.

4. [目标 1.2]设 $X=\begin{bmatrix} O & A \\ C & O \end{bmatrix}$，已知 A^{-1}，C^{-1} 存在，求 X^{-1}.

5. [目标 1.1、2.1]设方阵 $\boldsymbol{A}$ 满足 $\boldsymbol{A}^2-\boldsymbol{A}-2\boldsymbol{E}=\boldsymbol{O}$，证明：$\boldsymbol{A}$ 及 $\boldsymbol{A}+2\boldsymbol{E}$ 都可逆，并求其逆矩阵.

6. [目标 1.3、2.2]设矩阵 $\boldsymbol{A}$ 可逆，证明其伴随矩阵 $\boldsymbol{A}^*$ 也可逆，且 $(\boldsymbol{A}^*)^{-1}=(\boldsymbol{A}^{-1})^*=\dfrac{1}{|\boldsymbol{A}|}\boldsymbol{A}$.

【直击考研】

1.[目标 1.2、2.1](2023.数二)设 $\boldsymbol{A}$ 为三阶矩阵，$\boldsymbol{P}=\begin{bmatrix}1&0&0\\0&1&0\\0&0&1\end{bmatrix}$，若 $\boldsymbol{P}^{\mathrm{T}}\boldsymbol{A}\boldsymbol{P}^2=\begin{bmatrix}a+2c&0&c\\0&b&0\\2c&0&c\end{bmatrix}$，则 $\boldsymbol{A}$= (　　).

A. $\begin{bmatrix}c&0&0\\0&a&0\\0&0&b\end{bmatrix}$　　B. $\begin{bmatrix}b&0&0\\0&c&0\\0&0&a\end{bmatrix}$　　C. $\begin{bmatrix}a&0&0\\0&b&0\\0&0&c\end{bmatrix}$　　D. $\begin{bmatrix}c&0&0\\0&b&0\\0&0&a\end{bmatrix}$

2.4　矩阵的初等变换与初等矩阵

在科学技术领域，初等变换具有广泛的应用. 例如，在物理学中，初等变换可以用来描述力学定律、热力学定律等；在生物学中，初等变换可以用来描述生物过程中的增长、分裂等；在金融学中，初等变换可以用来描述金融市场中的波动、风险等. 同时，在计算机算法中，如排序、搜索、图形处理等，初等变换也发挥着重要作用. 在人工智能领域，如机器学习、深度学习、计算机视觉等，初等变换同样具有核心的应用价值.

在矩阵运算中，初等变换是一种重要的工具. 通过初等变换，可以对矩阵进行行变换或列变换，以达到特定的目的，如求解线性方程组、化简矩阵等.

综上所述，初等变换是一种重要的数学工具，具有广泛的应用价值.

2.4.1　初等变换

引例 1

求解的方程组：　　　　对应的系数矩阵的变化：

$$\begin{cases}x_1+x_2=2\\2x_1-3x_2=-1\end{cases}\qquad\qquad\begin{bmatrix}1&1&2\\2&-3&-1\end{bmatrix}$$

消元法消去第二个方程的 x_1，得

$$\begin{cases}x_1+x_2=2\\-5x_2=-5\end{cases}\qquad\qquad\begin{bmatrix}1&1&2\\0&-5&-5\end{bmatrix}$$

第二个方程 x_2 的系数化为 1，得

$$\begin{cases} x_1 + x_2 = 2 \\ \qquad x_2 = 1 \end{cases} \qquad \begin{bmatrix} 1 & 1 & 2 \\ 0 & 1 & 1 \end{bmatrix}$$

消元法消去第一个方程的 x_2，得

$$\begin{cases} x_1 \qquad = 1 \\ \qquad x_2 = 1 \end{cases} \qquad \begin{bmatrix} 1 & 0 & 1 \\ 0 & 1 & 1 \end{bmatrix}$$

消元法求解方程组的过程，对应于未知数各个系数组成的矩阵的初等变换，有以下 3 种变换：

（1）某一行减去另外一行的 k 倍；

（2）某一行乘以一个非零常数；

（3）交换两行的位置.

定义 2.11 设矩阵 $\boldsymbol{A}=[a_{ij}]_{m\times n}$，则有以下三种行（列）的变换：

（1）$\boldsymbol{A}$ 的某两行（列）元素对换（对调 i,j 两行，记作 $r_i \leftrightarrow r_j$）.

$$\begin{bmatrix} a_{11} & a_{12} & \cdots & a_{1n} \\ \vdots & \vdots & & \vdots \\ a_{i1} & a_{i2} & \cdots & a_{in} \\ \vdots & \vdots & & \vdots \\ a_{j1} & a_{j2} & \cdots & a_{jn} \\ \vdots & \vdots & & \vdots \\ a_{m1} & a_{m2} & \cdots & a_{mn} \end{bmatrix} \begin{matrix} \\ \\ i\text{行} \\ \\ j\text{行} \\ \\ \\ \end{matrix} \xrightarrow{r_i \leftrightarrow r_j} \begin{bmatrix} a_{11} & a_{12} & \cdots & a_{1n} \\ \vdots & \vdots & & \vdots \\ a_{i1} & a_{i2} & \cdots & a_{in} \\ \vdots & \vdots & & \vdots \\ a_{j1} & a_{j2} & \cdots & a_{jn} \\ \vdots & \vdots & & \vdots \\ a_{m1} & a_{m2} & \cdots & a_{mn} \end{bmatrix} \begin{matrix} \\ \\ i\text{行} \\ \\ j\text{行} \\ \\ \\ \end{matrix}$$

$$\left(\text{或} \begin{bmatrix} a_{11} & \cdots & a_{1i} & \cdots & a_{1j} & \cdots & a_{1n} \\ a_{21} & \cdots & a_{2i} & \cdots & a_{2j} & \cdots & a_{2n} \\ \vdots & & \vdots & & \vdots & & \vdots \\ a_{m1} & \cdots & a_{mi} & \cdots & a_{mj} & \cdots & a_{mn} \end{bmatrix} \xrightarrow{c_i \leftrightarrow c_j} \begin{bmatrix} a_{11} & \cdots & a_{1i} & \cdots & a_{1j} & \cdots & a_{1n} \\ a_{21} & \cdots & a_{2i} & \cdots & a_{2j} & \cdots & a_{2n} \\ \vdots & & \vdots & & \vdots & & \vdots \\ a_{m1} & \cdots & a_{mi} & \cdots & a_{mj} & \cdots & a_{mn} \end{bmatrix} \right)$$

（i列 j列 $\quad$ i列 j列）

（2）用一个非零数 k 乘以 $\boldsymbol{A}$ 的某一行（列）的元素（第 i 行乘 k，记作 $r_i \times k$）.

（3）$\boldsymbol{A}$ 的某行（列）元素的 k 倍对应加到另一行（第 j 行的 k 倍加到第 i 行上，记作 $r_i + kr_j$），称为**矩阵的初等行（列）变换**. 一般地，将矩阵的初等行、列的变换统称为矩阵的**初等变换**.

2.4.2 初等矩阵

定义 2.12 由 n 阶单位矩阵 $\boldsymbol{E}_n$ 经过一次初等行（或列）变换得到的矩阵称为**初等矩阵**.

对应于 3 种初等变换，可以得到 **3 种初等矩阵**.

（1）对换单位矩阵的 i，j 两行（或两列）而得到的初等矩阵记为 $\boldsymbol{E}_n(i,j)$，也常简记为 $\boldsymbol{E}(i,j)$. 这种矩阵形如

$$E(2,3)=\begin{bmatrix}1&0&0&0\\0&0&1&0\\0&1&0&0\\0&0&0&1\end{bmatrix}\begin{matrix}\\ \cdots\cdots 2\text{行}\\ \cdots\cdots 3\text{行}\\ \\ \end{matrix}$$

（2）用一个非零实数 k 乘以 $\boldsymbol{A}$ 的第 i 行（或第 i 列）的元素得到的初等矩阵记为 $\boldsymbol{E}(i(k))$．这种矩阵形如

$$E(2(5))=\begin{bmatrix}1&0&0&0\\0&5&0&0\\0&0&1&0\\0&0&0&1\end{bmatrix}\begin{matrix}\\ \cdots\cdots 2\text{行}\\ \\ \\ \end{matrix}$$

（3）将矩阵 $\boldsymbol{A}$ 的第 i 行（或第 j 列）元素的 k 倍对应加到第 j 行（或第 i 列）去，得到的初等矩阵记为 $\boldsymbol{E}(j,i(k))$．这种矩阵形如

$$E(2,3(5))=\begin{bmatrix}1&0&0&0\\0&1&5&0\\0&0&1&0\\0&0&0&1\end{bmatrix}\begin{matrix}\\ \cdots\cdots 2\text{行}\\ \cdots\cdots 3\text{行}\\ \\ \end{matrix}$$

因为初等矩阵都是由单位矩阵经过一次初等变换得到的，依据行列式的性质可知初等矩阵的行列式值不为零，故它们都可逆．初等矩阵的逆矩阵也是初等矩阵．

容易验证，它们的逆矩阵为

$$\boldsymbol{E}(i,j)^{-1}=\boldsymbol{E}(i,j)\text{；}\quad \boldsymbol{E}(i(k))^{-1}=\boldsymbol{E}\left(i\left(\frac{1}{k}\right)\right)\text{；}\quad \boldsymbol{E}(j,i(k))^{-1}=\boldsymbol{E}(j,i(-k))$$

2.4.3　初等变换与初等矩阵的关系

定理 2.3　设 $\boldsymbol{A}=[a_{ij}]_{m\times n}$，则对 $\boldsymbol{A}$ 施行一次初等行变换，相当于用一个 m 阶的同类型初等矩阵（单位矩阵经相同初等变换而得到的初等矩阵）左乘矩阵 $\boldsymbol{A}$；对 $\boldsymbol{A}$ 施行一次初等列变换，相当于用一个 n 阶的同类型初等矩阵右乘矩阵 $\boldsymbol{A}$．

反之，对矩阵 $\boldsymbol{A}$ 左乘一个初等矩阵，等于对 $\boldsymbol{A}$ 做相应的行变换；对矩阵 $\boldsymbol{A}$ 右乘一个初等矩阵，等于对 $\boldsymbol{A}$ 做相应的列变换．简记为“左行右列”．

例如，（1）$\boldsymbol{A}_{m\times n}\xrightarrow{r_i\leftrightarrow r_j}\boldsymbol{E}_m(i,j)\boldsymbol{A}_{m\times n}$．

$$\boldsymbol{A}=\begin{bmatrix}1&2&3\\2&3&4\\3&4&5\end{bmatrix}\xrightarrow{r_2\leftrightarrow r_3}\begin{bmatrix}1&2&3\\2&3&4\\3&4&5\end{bmatrix}=\begin{bmatrix}1&0&0\\0&0&1\\0&1&0\end{bmatrix}\begin{bmatrix}1&2&3\\3&4&5\\2&3&4\end{bmatrix}=\boldsymbol{E}(2,3)\boldsymbol{A}$$

（2）$A_{m\times n}\xrightarrow{kr_i}E_m(j(k))A_{m\times n}$.

$$A=\begin{bmatrix}1&2&3\\2&3&4\\3&4&5\end{bmatrix}\xrightarrow{-1\times r_2}\begin{bmatrix}1&2&3\\2&3&4\\3&4&5\end{bmatrix}=\begin{bmatrix}1&0&0\\0&-1&0\\0&0&1\end{bmatrix}\begin{bmatrix}1&2&3\\-2&-3&-4\\3&4&5\end{bmatrix}=E(2(-1))A$$

（3）$A_{m\times n}\xrightarrow{r_j+kr_i}E_m(j,i(k))A_{m\times n}$.

$$A=\begin{bmatrix}1&2&3\\2&3&4\\3&4&5\end{bmatrix}\xrightarrow{r_1+(-1)\times r_2}\begin{bmatrix}-1&-1&-1\\2&3&4\\3&4&5\end{bmatrix}=\begin{bmatrix}1&-1&0\\0&1&0\\0&0&1\end{bmatrix}\begin{bmatrix}1&2&3\\2&3&4\\3&4&5\end{bmatrix}=E(1,2(-1))A$$

例 1 设 A 是三阶方阵，将 A 的第 1 列与第 2 列交换得到 B，再交换 B 的第 2 行与第 3 行得到矩阵 $C=\begin{bmatrix}0&1&0\\-1&1&1\\-1&0&-1\end{bmatrix}$，试求出 A.

解 由题意，结合定理 2.3 可知，

$$AE(2,1(1))=B,\quad E(2,3)B=C$$

即

$$E(2,3)AE(2,1(1))=C$$

解矩阵方程，并利用初等矩阵的逆可知

$$A=\left(E(2,3)\right)^{-1}C\left(E(2,1(1))\right)^{-1}=E(2,3)CE(2,1(-1))$$

$$=\begin{bmatrix}1&0&0\\0&0&1\\0&1&0\end{bmatrix}\begin{bmatrix}0&1&0\\-1&1&1\\-1&0&-1\end{bmatrix}\begin{bmatrix}1&0&0\\-1&1&0\\0&0&1\end{bmatrix}\text{（交换}C\text{的2、3两行）}$$

$$=\begin{bmatrix}0&1&0\\-1&0&-1\\-1&1&1\end{bmatrix}\begin{bmatrix}1&0&0\\-1&1&0\\0&0&1\end{bmatrix}\triangleq C_1E(2,1(-1))\text{（}C_1\text{的第2列乘以}-1\text{加到第1列上）}$$

$$=\begin{bmatrix}-1&1&0\\-1&0&-1\\-2&1&1\end{bmatrix}$$

2.4.4　等价矩阵

定义 2.13　如果矩阵 $\boldsymbol{A}$ 经过有限次初等变换变成矩阵 $\boldsymbol{B}$，就称矩阵 $\boldsymbol{A}$ 与 $\boldsymbol{B}$ **等价**，记作 $\boldsymbol{A}\sim\boldsymbol{B}$.

例如，$\boldsymbol{B}=\begin{pmatrix}2&-1&-1&1&2\\1&1&-2&1&-4\\4&-6&2&-2&4\\3&6&-9&7&9\end{pmatrix}\xrightarrow[r_3\div 2]{r_1\leftrightarrow r_2}\begin{pmatrix}1&1&-2&1&4\\2&-1&-1&1&2\\2&-3&1&-1&2\\3&6&-9&7&9\end{pmatrix}=\boldsymbol{B}_1$.

习题 2.4

【基础训练】

1. [目标 1.1]求矩阵 $\boldsymbol{X}$，设

（1）$\begin{bmatrix}2&5\\1&3\end{bmatrix}\boldsymbol{X}=\begin{bmatrix}4\\2\end{bmatrix}$；（2）$\begin{bmatrix}1&1&-1\\0&2&2\\1&-1&0\end{bmatrix}\boldsymbol{X}=\begin{bmatrix}1\\1\\2\end{bmatrix}$；

（3）$\boldsymbol{X}\begin{bmatrix}1&1&-1\\0&2&2\\1&-1&0\end{bmatrix}=\begin{bmatrix}1\\1\\2\end{bmatrix}$.

2. [目标 1.1]判断以下矩阵是否为初等矩阵：

（1）$\begin{bmatrix}1&0&0\\0&1&2\\0&1&2\end{bmatrix}$；　　（2）$\begin{bmatrix}0&0&1\\0&1&0\\1&0&0\end{bmatrix}$；

（3）$\begin{bmatrix}3&1&2\\1&2&3\\2&3&1\end{bmatrix}$；　　（4）$\begin{bmatrix}1&0&0\\0&0&0\\0&0&1\end{bmatrix}$.

3. [目标 1.1、2.1]设 $\boldsymbol{A}=\begin{bmatrix}a_{11}&a_{12}&a_{13}\\a_{21}&a_{22}&a_{23}\\a_{31}&a_{32}&a_{33}\end{bmatrix}$，$\boldsymbol{B}=\begin{bmatrix}a_{13}&-a_{11}+a_{12}&a_{11}\\a_{23}&-a_{21}+a_{22}&a_{21}\\a_{33}&-a_{31}+a_{32}&a_{31}\end{bmatrix}$，$\boldsymbol{P}_1=\begin{bmatrix}0&0&1\\0&1&0\\1&0&0\end{bmatrix}$，$\boldsymbol{P}_2=\begin{bmatrix}1&1&0\\0&1&0\\1&0&1\end{bmatrix}$，$\boldsymbol{P}_3=\begin{bmatrix}1&-1&0\\0&1&0\\0&0&1\end{bmatrix}$. 其中 $\boldsymbol{A}$ 可逆，请尝试用 $\boldsymbol{A}$ 和 $\boldsymbol{P}_k(k=1,2,3)$ 来表示 $\boldsymbol{B}^{-1}$.

4. [目标 1.1、2.1]设 $\boldsymbol{A}=\begin{bmatrix}1&3&3\\1&4&3\\1&3&4\end{bmatrix}$，试将 $\boldsymbol{A}$ 表示为初等矩阵的乘积.

5. [目标 1.1]利用初等变换求解矩阵方程 $\begin{bmatrix}2&5\\1&3\end{bmatrix}\boldsymbol{X}=\begin{bmatrix}4&-6\\2&1\end{bmatrix}$.

【能力提升】

1. [目标 1.1、2.1]用两种方法求 $\boldsymbol{A}=\begin{bmatrix}1&1&1&1\\1&-1&1&-1\\1&1&-1&-1\\1&-1&-1&1\end{bmatrix}$ 的逆矩阵：

（1）初等变换；

（2）将 $\boldsymbol{A}$ 分成二阶子矩阵的分块形式，利用分块乘法的初等变换.

2. [目标 1.2]求矩阵 $\boldsymbol{X}$，使 $\boldsymbol{AX}=\boldsymbol{B}$. 其中 $\boldsymbol{A}=\begin{bmatrix}1&1&1&\cdots&1&1\\0&1&1&\cdots&1&1\\0&0&1&\cdots&1&1\\\vdots&\vdots&\vdots&&\vdots&\vdots\\0&0&0&\cdots&0&1\end{bmatrix}$，$\boldsymbol{B}=\begin{bmatrix}2&1&0&\cdots&0&0\\1&2&1&\cdots&0&0\\0&1&2&\cdots&0&0\\\vdots&\vdots&\vdots&&\vdots&\vdots\\0&0&0&\cdots&0&2\end{bmatrix}$.

3. [目标 1.1、2.1]把 $\begin{bmatrix}a&0\\0&a^{-1}\end{bmatrix}$ 表示成形式为 $\begin{bmatrix}1&x\\0&1\end{bmatrix}$ 与 $\begin{bmatrix}1&0\\x&1\end{bmatrix}$ 的乘积的矩阵. 其中 x 为含 a 的表达式.

4. [目标 1.1、2.1]证明：

（1）如果矩阵 $\boldsymbol{A}$ 可逆对称，则 $\boldsymbol{A}^{-1}$ 也对称；如果矩阵 $\boldsymbol{A}$ 可逆反对称，则 $\boldsymbol{A}^{-1}$ 也反对称.

（2）不存在奇数级的可逆反对称矩阵.

2.5 矩阵的秩

矩阵的秩是线性代数中的一个重要概念，它描述的是矩阵中非零行或列的最大数量. 可以理解为，如果把矩阵看成一个个行向量或者列向量，秩就是这些行向量或者列向量的秩，也就是极大无关组（详见第 3 章）中所含向量的个数.

求矩阵的秩有多种方法，其中一种是利用矩阵秩的定义，找到一个 k 阶子式不为 0，而所有 $k+1$ 阶子式全为 0，则秩等于 k. 另一种方法是使用初等行变换或列变换将矩阵化为阶梯形，然后数一下非零行的行数或非零列的列数，即为矩阵的秩.

在实际应用中，矩阵的秩具有广泛的应用. 例如，在解线性方程组时，矩阵的秩可以帮助同学们判断方程组是否有解、解的数量以及解的结构. 此外，矩阵的秩还在其他数学领域以及物理学、工程学、计算机科学等领域中发挥着重要作用.

2.5.1 行阶梯形矩阵

一般地，形如

$$\begin{bmatrix} c_{11} & c_{12} & \cdots & c_{1r} & c_{1,r+1} & \cdots & c_{1n} \\ 0 & c_{22} & \cdots & c_{2r} & c_{2,r+1} & \cdots & c_{2n} \\ \vdots & \vdots & & \vdots & \vdots & & \vdots \\ 0 & 0 & \cdots & c_{rr} & c_{r,r+1} & \cdots & c_{rn} \\ 0 & 0 & \cdots & 0 & 0 & \cdots & 0 \\ 0 & 0 & \cdots & 0 & 0 & \cdots & 0 \end{bmatrix}$$

的矩阵，称为行阶梯形矩阵. 其特点为：每个阶梯只有一行；元素不为零的行（非零行）的第一个非零元素（主元）的列标随着行标的增大而严格增大（列标一定小于行标）；元素全为零的行（如果有的话）必在矩阵的非零行的下面几行.

例如

$$\boldsymbol{A}=\begin{bmatrix} 1 & 2 & 3 & 4 & 5 \\ 0 & 2 & 3 & 4 & 5 \\ 0 & 0 & 3 & 4 & 5 \\ 0 & 0 & 0 & 0 & 0 \end{bmatrix}, \quad \boldsymbol{B}=\begin{bmatrix} 0 & 2 & 3 & 4 & 5 \\ 0 & 0 & 3 & 4 & 5 \\ 0 & 0 & 0 & 0 & 5 \end{bmatrix}, \quad \boldsymbol{C}=\begin{bmatrix} 1 & 2 & 3 & 4 & 5 \\ 0 & 0 & 3 & 4 & 5 \\ 0 & 0 & 0 & 4 & 5 \\ 0 & 0 & 0 & 0 & 0 \end{bmatrix}$$

均为阶梯形矩阵.

在阶梯形矩阵中，若非零行的第一个非零元素全为 1，且非零行的第一个元素 1 所在的列的其余元素全为零，如

$$\begin{bmatrix} 1 & 0 & \cdots & 0 & b_{1,r+1} & \cdots & b_{1n} \\ 0 & 1 & \cdots & 0 & b_{2,r+1} & \cdots & b_{2n} \\ \vdots & \vdots & & \vdots & \vdots & & \vdots \\ 0 & 0 & \cdots & 1 & b_{r,r+1} & \cdots & b_{rn} \\ 0 & 0 & \cdots & 0 & 0 & \cdots & 0 \\ 0 & 0 & \cdots & 0 & 0 & \cdots & 0 \end{bmatrix}$$

则称该矩阵为行最简形矩阵.

例 1 判断下列矩阵是否为阶梯形.

$$\boldsymbol{A}=\begin{bmatrix} 1 & 2 & 3 & 4 & 5 \\ 0 & 2 & 3 & 4 & 5 \\ 0 & 0 & 3 & 4 & 5 \\ 0 & 0 & 0 & 0 & 0 \end{bmatrix}, \quad \boldsymbol{B}=\begin{bmatrix} 0 & 2 & 3 & 4 & 5 \\ 0 & 0 & 3 & 4 & 5 \\ 0 & 0 & 0 & 0 & 5 \end{bmatrix}, \quad \boldsymbol{C}=\begin{bmatrix} 1 & 2 & 3 & 4 & 5 \\ 0 & 0 & 3 & 4 & 5 \\ 0 & 0 & 0 & 4 & 5 \\ 0 & 0 & 0 & 0 & 0 \end{bmatrix},$$

$$D=\begin{bmatrix}1&2&2&4&1\\0&2&2&0&1\\0&0&2&1&1\\1&0&0&0&0\end{bmatrix},\quad E=\begin{bmatrix}1&0&0&0&0\\1&2&0&0&0\\1&1&3&0&0\\1&1&1&1&0\end{bmatrix},\quad F=\begin{bmatrix}0&0&0&0&5\\0&0&0&3&5\\0&0&3&4&5\\1&2&3&4&5\end{bmatrix}$$

解 $\boldsymbol{A}$，$\boldsymbol{B}$，$\boldsymbol{C}$ 为阶梯形矩阵.

2.5.2 矩阵秩的定义

定义 2.14 设在 $m\times n$ 矩阵 $\boldsymbol{A}$ 中，任取 k 行 k 列（$k\leqslant m, k\leqslant n$），位于这些行列交叉点处的 k^2 个元素，不改变它们在 $\boldsymbol{A}$ 中所处的位置次序而得到的 k 阶行列式，称为矩阵 $\boldsymbol{A}$ 的 k 阶子式.

定义 2.15 设在矩阵 $\boldsymbol{A}$ 中不为零的子式最高阶为 r，即存在 r 阶子式不为零，而任何 $r+1$ 阶子式皆为零，则称 r 为矩阵 $\boldsymbol{A}$ 的秩，记作 $r(\boldsymbol{A})$ 或 $R(\boldsymbol{A})$.

对于 $m\times n$ 矩阵，显然 $0\leqslant R(\boldsymbol{A})\leqslant \min\{m,n\}$. 零矩阵的秩等于零.

由于行列式与其转置行列式相等，因此 $\boldsymbol{A}^{\mathrm{T}}$ 的子式和 $\boldsymbol{A}$ 的子式对应相等，从而 $R(\boldsymbol{A}^{\mathrm{T}})=R(\boldsymbol{A})$.

如果一个矩阵的秩等于其行数，则称该矩阵为行满秩矩阵. 同样地，如果矩阵的秩等于其列数，则称该矩阵为列满秩矩阵. 对于方阵（即行数和列数相等的矩阵）来说，行满秩和列满秩是等价的. 这是因为方阵的行数等于列数，所以其行秩必然等于列秩.

特别地，如果一个 n 阶方阵的秩等于 n，则称该矩阵为非奇异矩阵或满秩矩阵. 这样的矩阵是可逆的. 相反，如果矩阵的秩小于 n，则称该矩阵为奇异矩阵或降秩矩阵.

结论： 若 $\boldsymbol{A}$ 为 n 阶方阵，则 $\boldsymbol{A}$ 满秩 $\Leftrightarrow$ $\boldsymbol{A}$ 可逆 $\Leftrightarrow$ $|\boldsymbol{A}|\neq 0 \Leftrightarrow R(\boldsymbol{A})=n$
$\Leftrightarrow$ 齐次线性方程组 $\boldsymbol{Ax}=\boldsymbol{0}$ 只有零解
$\Leftrightarrow$ 非齐次线性方程组 $\boldsymbol{Ax}=\boldsymbol{b}$ 有唯一解.

例 2 求矩阵 $\boldsymbol{A}=\begin{bmatrix}1&-2&2\\2&-4&8\\-2&4&-2\end{bmatrix}$ 的秩.

解 在 $\boldsymbol{A}$ 中容易看出一个二阶子式 $\begin{vmatrix}-2&2\\-4&8\end{vmatrix}\neq 0$，$\boldsymbol{A}$ 的三阶子式只有 1 个，即为 $|\boldsymbol{A}|$，经计算可知 $|\boldsymbol{A}|=0$，故 $R(\boldsymbol{A})=2$.

在计算矩阵的秩时，直接按定义来求可能会变得复杂，尤其是当矩阵的行数和列数较高时. 然而，对于行阶梯形矩阵，容易看出其秩等于非零行的行数，这一结论大大简化了求秩的过程，使得计算更为高效. 鉴于此，一个很自然的猜想是：是否可以通过将矩阵转化为行阶梯形矩阵的形式，来简化求秩的步骤，从而更加便捷地确定矩阵的秩？

2.5.3 利用初等变换求矩阵的秩

定理 2.4 等价矩阵的秩相同，即若 $\boldsymbol{A}\sim\boldsymbol{B}$，则 $R(\boldsymbol{A})=R(\boldsymbol{B})$.

证明略.

由于初等行变换不改变矩阵的秩（交换两行不改变秩，将某一行乘以非零常数不改变非零行的数量,将某一行加上另一行的若干倍不会引入新的非零行也不会消除已有的非零行），因此，如果两个矩阵是等价的，那么它们必然具有相同的秩.

换句话说，如果矩阵 $\boldsymbol{A}$ 可以通过一系列初等行变换得到矩阵 $\boldsymbol{B}$，那么矩阵 $\boldsymbol{A}$ 和 $\boldsymbol{B}$ 的秩是相同的. 这一性质在线性代数中具有重要的应用，它允许我们通过简化矩阵的形式来更容易地确定其秩，进而分析矩阵的其他性质.

推论 一个矩阵总可通过有限次初等变换把它变为行阶梯形矩阵，其非零行的行数即为矩阵 $\boldsymbol{A}$ 的秩.

例 3 求矩阵 $\boldsymbol{A}=\begin{bmatrix}1&1&1&1&1\\3&2&1&1&-3\\0&1&3&2&5\\5&4&3&3&-1\end{bmatrix}$ 的秩.

解 $\begin{bmatrix}1&1&1&1&1\\3&2&1&1&-3\\0&1&3&2&5\\5&4&3&3&-1\end{bmatrix}\xrightarrow[r_4+(-5)\times r_1]{r_2+(-3)\times r_1}\begin{bmatrix}1&1&1&1&1\\0&-1&-2&-2&-6\\0&1&3&2&5\\0&-1&-2&-2&-6\end{bmatrix}$

$$\xrightarrow[r_3+r_2]{r_4+(-1)\times r_2}\begin{bmatrix}1&1&1&1&1\\0&-1&-2&-2&-6\\0&0&1&0&-1\\0&0&0&0&0\end{bmatrix} \tag{2-1}$$

这就是阶梯形矩阵，易知 $R(\boldsymbol{A})=3$.

如果对行阶梯形矩阵（2-1）再施以初等行变换，可将其化为行最简形：

$$\begin{bmatrix}1&1&1&1&1\\0&-1&-2&-2&-6\\0&0&1&0&-1\\0&0&0&0&0\end{bmatrix}\xrightarrow{r_1+r_2}\begin{bmatrix}1&0&-1&-1&-5\\0&-1&-2&-2&-6\\0&0&1&0&-1\\0&0&0&0&0\end{bmatrix}\xrightarrow[r_2+2\times r_3]{r_1+r_3}$$

$$\begin{bmatrix}1&0&0&-1&-6\\0&-1&0&-2&-8\\0&0&1&0&-1\\0&0&0&0&0\end{bmatrix}\xrightarrow{-1\times c_2}\begin{bmatrix}1&0&0&-1&-6\\0&1&0&-2&-8\\0&0&1&0&-1\\0&0&0&0&0\end{bmatrix} \tag{2-2}$$

用归纳法不难证明：任何非零矩阵都可以通过有限次初等行变换化为行阶梯形矩阵，而行阶梯形矩阵可继续进行初等行变换，将其化为行最简形.

（证明略）.

初等变换是一种很重要的运算. 通过不同的方法可将矩阵化为不同的阶梯形矩阵，然而一个矩阵只能化为唯一的行最简形矩阵.

对行最简形矩阵（2-2）再施以初等列变换，可变成一种形状更简单的矩阵：

$$\begin{bmatrix} 1 & 0 & 0 & -1 & -6 \\ 0 & -1 & 0 & -2 & -8 \\ 0 & 0 & 1 & 0 & -1 \\ 0 & 0 & 0 & 0 & 0 \end{bmatrix} \xrightarrow[c_4+c_1]{c_4+2c_2} \begin{bmatrix} 1 & 0 & 0 & -1 & -6 \\ 0 & 1 & 0 & -2 & -8 \\ 0 & 0 & 1 & 0 & -1 \\ 0 & 0 & 0 & 0 & 0 \end{bmatrix}$$

$$\xrightarrow[c_5+6\times c_1]{c_5+8\times c_2} \begin{bmatrix} 1 & 0 & 0 & 0 & 0 \\ 0 & 1 & 0 & 0 & 0 \\ 0 & 0 & 1 & 0 & -1 \\ 0 & 0 & 0 & 0 & 0 \end{bmatrix} \xrightarrow{c_5+c_3} \begin{bmatrix} 1 & 0 & 0 & 0 & 0 \\ 0 & 1 & 0 & 0 & 0 \\ 0 & 0 & 1 & 0 & 0 \\ 0 & 0 & 0 & 0 & 0 \end{bmatrix}$$

一般说来，有如下定理及推论：

定理 2.5 任意一个秩为 r 的矩阵 $\boldsymbol{A}$，经过若干次初等变换（行变换和列变换），可化为最简形

$$\boldsymbol{F} = \begin{bmatrix} \boldsymbol{E}_r & \boldsymbol{O} \\ \boldsymbol{O} & \boldsymbol{O} \end{bmatrix}$$

其中，对角线上 1 的个数恰为 r 个. 这种矩阵称为标准型矩阵.

例 4 用初等变换把 $\boldsymbol{A} = \begin{bmatrix} 1 & 2 & 3 \\ 1 & -2 & 0 \\ -1 & 2 & 1 \end{bmatrix}$ 化成标准型矩阵.

解 对矩阵 $\boldsymbol{A}$ 进行初等变换：

$$\boldsymbol{A} = \begin{bmatrix} 1 & 2 & 3 \\ 1 & -2 & 0 \\ -1 & 2 & 1 \end{bmatrix} \xrightarrow[r_3+r_1]{r_2-r_1} \begin{bmatrix} 1 & 2 & 3 \\ 0 & -4 & -3 \\ 0 & 4 & 4 \end{bmatrix} \xrightarrow{r_3+r_2} \begin{bmatrix} 1 & 2 & 3 \\ 0 & -4 & -3 \\ 0 & 0 & 1 \end{bmatrix}$$

$$\xrightarrow[r_2+3r_3]{r_1-3r_3} \begin{bmatrix} 1 & 2 & 0 \\ 0 & -4 & 0 \\ 0 & 0 & 1 \end{bmatrix} \xrightarrow{r_2=(-4)} \begin{bmatrix} 1 & 2 & 0 \\ 0 & 1 & 0 \\ 0 & 0 & 1 \end{bmatrix} \xrightarrow{r_1-2r_2} \begin{bmatrix} 1 & 0 & 0 \\ 0 & 1 & 0 \\ 0 & 0 & 1 \end{bmatrix}$$

所以矩阵的秩为 $R(\boldsymbol{A}) = 3$，其标准型为单位矩阵.

推论 对满秩矩阵，可以经过若干次初等变换将它简化成单位矩阵.

例 5 求矩阵 $\boldsymbol{B} = \begin{bmatrix} 2 & -1 & 0 & 3 & -2 \\ 0 & 3 & 1 & -2 & 5 \\ 0 & 0 & 0 & 4 & -3 \\ 0 & 0 & 0 & 0 & 0 \end{bmatrix}$ 的秩.

解 由于第四行元素全为 0，$\boldsymbol{B}$ 的所有四阶子式都为 0. 又因为$\begin{vmatrix}2 & -1 & 3\\0 & 3 & -2\\0 & 0 & 4\end{vmatrix}\neq 0$，所以 $R(\boldsymbol{B})=3$.

例 6 设矩阵 $\boldsymbol{A}=\begin{bmatrix}k & 1 & 1 & 1\\1 & k & 1 & 1\\1 & 1 & k & 1\\1 & 1 & 1 & k\end{bmatrix}$，且秩 $R(\boldsymbol{A})=3$，求 k 的值.

解 由于

$$\boldsymbol{A}\xrightarrow{r_i-r_1(i=2,3,4)}\begin{bmatrix}k & 1 & 1 & 1\\1-k & k-1 & 0 & 0\\1-k & 0 & k-1 & 0\\1-k & 0 & 0 & k-1\end{bmatrix}$$

$$\xrightarrow{c_1+(c_2+c_3+c_4)}\begin{bmatrix}k+3 & 1 & 1 & 1\\0 & k-1 & 0 & 0\\0 & 0 & k-1 & 0\\0 & 0 & 0 & k-1\end{bmatrix}=\boldsymbol{B}$$

则 $\boldsymbol{A}\sim\boldsymbol{B}$，$R(\boldsymbol{A})=R(\boldsymbol{B})=3$.

当 $k=1$ 时，$R(\boldsymbol{B})=1$，则 $R(\boldsymbol{A})=1$；

当 $k=3$ 时，$R(\boldsymbol{B})=3$，则 $R(\boldsymbol{A})=3$；

当 $k\neq 1$ 且 $k\neq 3$ 时，$R(\boldsymbol{B})=4$，则 $R(\boldsymbol{A})=4$.

综上，$k=3$.

下面讨论矩阵的秩的性质：

（1）$0\leqslant R(\boldsymbol{A}_{m\times n})\leqslant\min\{m,n\}$.

（2）$R(\boldsymbol{A}^{\mathrm{T}})=R(\boldsymbol{A})$.

（3）若 $\boldsymbol{A}\sim\boldsymbol{B}$，则 $R(\boldsymbol{A})=R(\boldsymbol{B})$.

（4）$\max\{R(\boldsymbol{A}),R(\boldsymbol{B})\}\leqslant R(\boldsymbol{A},\boldsymbol{B})\leqslant R(\boldsymbol{A})+R(\boldsymbol{B})$.

（5）$R(\boldsymbol{A}+\boldsymbol{B})\leqslant R(\boldsymbol{A})+R(\boldsymbol{B})$.

（6）$R(\boldsymbol{AB})\leqslant\min\{R(\boldsymbol{A}),R(\boldsymbol{B})\}$.

（7）若 $\boldsymbol{A}_{m\times n}\boldsymbol{B}_{n\times l}=\boldsymbol{O}$，则 $R(\boldsymbol{A}+\boldsymbol{B})\leqslant n$.

（8）$R(\boldsymbol{A}^*)=\begin{cases}n, & R(\boldsymbol{A})=n\\1, & R(\boldsymbol{A})=n-1\\0, & R(\boldsymbol{A})<n-1\end{cases}$（其中 $\boldsymbol{A}$ 为 n 阶方阵）.

（证明略.）

例 7 设矩阵 $A=\begin{bmatrix} a & b & b \\ b & a & b \\ b & b & a \end{bmatrix}$，$R(A)+R(A^*)=3$，求 a，b 满足的条件.

解 由上述性质（8），可知 $R(A)=2$，$R(A^*)=1$.

$$A\to\begin{bmatrix} a+2b & 0 & 0 \\ 0 & a-b & 0 \\ 0 & 0 & a-b \end{bmatrix}=B$$

则 $R(B)=R(A)=2$.

故 a，b 应满足：$a+2b=0$ 且 $a\neq b$.

2.5.4 利用初等变换求矩阵的逆

定理 2.6 一个 n 阶方阵 A 可逆的充分必要条件是它的等价标准型为单位矩阵，且 A 可以表示成一系列初等矩阵的乘积.

证明 由初等变换与初等矩阵的关系可知，存在一系列初等矩阵 $Q_1,Q_2,\cdots,Q_s$；$R_1,R_2,\cdots,R_t$，（s,t 均为正自然数）使得

$$Q_1Q_2\cdots Q_s A R_1R_2\cdots R_t=\begin{bmatrix} E_r & O \\ O & O \end{bmatrix}$$

所以

$$A=Q_s^{-1}Q_{s-1}^{-1}\cdots Q_1^{-1}\begin{bmatrix} E_r & O \\ O & O \end{bmatrix}R_t^{-1}R_{t-1}^{-1}\cdots R_1^{-1}$$

又 A 可逆的充分必要条件是 $|A|\neq 0$，于是

$$|A|=\left|Q_s^{-1}Q_{s-1}^{-1}\cdots Q_1^{-1}\begin{bmatrix} E_r & O \\ O & O \end{bmatrix}R_t^{-1}R_{t-1}^{-1}\cdots R_1^{-1}\right|$$

$$=|Q_s^{-1}||Q_{s-1}^{-1}|\cdots|Q_1^{-1}|\begin{vmatrix} E_r & O \\ O & O \end{vmatrix}|R_t^{-1}||R_{t-1}^{-1}|\cdots|R_1^{-1}|\neq 0$$

所以 $\begin{vmatrix} E_r & O \\ O & O \end{vmatrix}\neq 0$，则 $r=n$，即 $\begin{bmatrix} E_r & O \\ O & O \end{bmatrix}=E_n$.

故

$$A=Q_s^{-1}Q_{s-1}^{-1}\cdots Q_1^{-1}R_t^{-1}R_{t-1}^{-1}\cdots R_1^{-1}$$

因为初等矩阵的乘积也是初等矩阵，故此定理得证.

由该定理可以得到以下结论：

（1）该定理揭示了可逆矩阵的本质，即所有可逆矩阵都是单位矩阵经过有限次初等变换

之后得到的.

（2）对一个矩阵左乘（右乘）可逆矩阵等价于对该矩阵作一系列的初等行变换（列变换）.

（3）矩阵 $\boldsymbol{A}$ 与矩阵 $\boldsymbol{B}$ 等价当且仅当存在可逆矩阵 $\boldsymbol{P}$，$\boldsymbol{Q}$ 使得 $\boldsymbol{PAQ}=\boldsymbol{B}$.

（4）该定理还可以得到求逆矩阵的基本思路.

若 $\boldsymbol{A}$ 为 n 阶可逆矩阵，则 $\boldsymbol{A}^{-1}$ 也可逆. 由定理 2.6 的结论知，存在一系列初等矩阵 $\boldsymbol{G}_1,\boldsymbol{G}_2,\cdots,\boldsymbol{G}_k$ 使得

$$\boldsymbol{A}^{-1}=\boldsymbol{G}_1\boldsymbol{G}_2\cdots\boldsymbol{G}_k$$

于是

$$\boldsymbol{A}^{-1}\boldsymbol{A}=\boldsymbol{G}_1\boldsymbol{G}_2\cdots\boldsymbol{G}_k\boldsymbol{A}=\boldsymbol{E}$$

又 $\boldsymbol{G}_1\boldsymbol{G}_2\cdots\boldsymbol{G}_k\boldsymbol{E}=\boldsymbol{G}_1\boldsymbol{G}_2\cdots\boldsymbol{G}_k=\boldsymbol{A}^{-1}$，由初等矩阵与初等变换的关系有

$$[\boldsymbol{A},\boldsymbol{E}]\rightarrow\overset{\text{初等行变换}}{\cdots\cdots}\rightarrow[\boldsymbol{E},\boldsymbol{A}^{-1}]$$

这揭示出求逆矩阵的又一种通用方法——初等变换求逆法. 该方法是用 n 阶方阵 $\boldsymbol{A}$ 和一个同阶单位阵构造出一个 $n\times 2n$ 的矩阵 $[\boldsymbol{A},\ \boldsymbol{E}]$，然后将矩阵 $[\boldsymbol{A},\ \boldsymbol{E}]$ 一直进行初等行变换，直到子块 $\boldsymbol{A}$ 变换为单位矩阵时，则子块 $\boldsymbol{E}$ 就变换为 $\boldsymbol{A}$ 的逆矩阵 $\boldsymbol{A}^{-1}$；否则，若变换到某步骤时左边子块出现了一行元素全为零，则可判断矩阵 $\boldsymbol{A}$ 不可逆.

例 8　已知 $\boldsymbol{A}=\begin{bmatrix}2&-4&1\\1&-5&2\\1&-1&1\end{bmatrix}$，$\boldsymbol{B}=\begin{bmatrix}1&2&3\\2&4&6\\2&1&3\end{bmatrix}$，求 $\boldsymbol{A}^{-1}$，$\boldsymbol{B}^{-1}$.

解　$[\boldsymbol{A},\ \boldsymbol{E}]=\left[\begin{array}{ccc:ccc}2&-4&1&1&0&0\\1&-5&2&0&1&0\\1&-1&1&0&0&1\end{array}\right]\xrightarrow{r_1\leftrightarrow r_3}\left[\begin{array}{ccc:ccc}1&-1&1&0&0&1\\1&-5&2&0&1&0\\2&-4&1&1&0&0\end{array}\right]$

$$\xrightarrow[r_3-2r_1]{r_2-r_1}\left[\begin{array}{ccc:ccc}1&-1&1&0&0&1\\0&-4&1&0&1&-1\\0&-2&-1&1&0&-2\end{array}\right]\xrightarrow{r_2\leftrightarrow r_3}\left[\begin{array}{ccc:ccc}1&-1&1&0&0&1\\0&-2&-1&1&0&-2\\0&-4&1&0&1&-1\end{array}\right]$$

$$\xrightarrow{r_3-2r_2}\left[\begin{array}{ccc:ccc}1&-1&1&0&0&1\\0&-2&-1&1&0&-2\\0&0&3&-2&1&3\end{array}\right]\xrightarrow[\substack{r_2+r_3\\r_1-r_3}]{r_3\div 3}\left[\begin{array}{ccc:ccc}1&-1&0&\frac{2}{3}&-\frac{1}{3}&0\\0&-2&0&\frac{1}{3}&\frac{1}{3}&-1\\0&0&1&-\frac{2}{3}&\frac{1}{3}&1\end{array}\right]$$

$$\xrightarrow[r_1+r_2]{r_2\div(-2)}\left[\begin{array}{ccc:ccc}1&0&0&\frac{1}{2}&-\frac{1}{2}&\frac{1}{2}\\0&1&0&-\frac{1}{6}&\frac{1}{6}&\frac{1}{2}\\0&0&1&-\frac{2}{3}&\frac{1}{3}&1\end{array}\right]$$

所以

$$A^{-1}=\begin{bmatrix}\frac{1}{2} & -\frac{1}{2} & \frac{1}{2}\\ -\frac{1}{6} & -\frac{1}{6} & \frac{1}{2}\\ -\frac{2}{3} & \frac{1}{3} & 1\end{bmatrix}$$

$$[B,\ E]=\left[\begin{array}{ccc:ccc}1 & 2 & 3 & 1 & 0 & 0\\ 2 & 4 & 6 & 0 & 1 & 0\\ 2 & 1 & -3 & 0 & 0 & 1\end{array}\right]\xrightarrow{r_2-2r_1}\left[\begin{array}{ccc:ccc}1 & 2 & 3 & 1 & 0 & 0\\ 0 & 0 & 0 & -2 & 1 & 0\\ 2 & 1 & 3 & 0 & 0 & 1\end{array}\right]$$

故 B 不可逆，即 B^{-1}不存在.

初等变换求逆矩阵，也可将 n 阶方阵 A 和一个同阶单位阵构造成 $2n\times n$ 的矩阵$\begin{bmatrix}A\\ E\end{bmatrix}$. 当然，根据初等变换与初等矩阵的关系可推知，上述这种形式的矩阵只能进行列变换，即

$$\begin{bmatrix}A\\ E\end{bmatrix}\rightarrow\overset{\text{初等列变换}}{\cdots\cdots}\rightarrow\begin{bmatrix}E\\ A^{-1}\end{bmatrix}$$

在处理本章第 1 节所描述的特定形式的矩阵，尤其当其阶数较大时，采用伴随矩阵求逆法往往会导致计算过程烦琐且易出错. 因此，在这种情况下，选择利用初等变换求逆法成为了一种更为有效且可行的解决方案. 这种方法的逻辑性和可操作性较强，能够有效应对复杂矩阵的求逆问题，从而提高了计算的准确性和效率.

例 9 解矩阵方程 $AX=B$，其中 $A=\begin{bmatrix}-2 & 1 & 0\\ 1 & -2 & 1\\ 0 & 1 & -2\end{bmatrix}$，$B=\begin{bmatrix}5 & -1\\ -2 & 3\\ 1 & 4\end{bmatrix}$.

分析 设可逆矩阵 P 使 $PA=F$ 为行最简形矩阵，则

$$P(A,B)=(PA,PB)=(F,PB)$$

因此，对矩阵 (A,B) 作初等行变换把 A 变为 F，同时把 B 变为 PB. 若 $F=E$，则 A 可逆，且 $P=A^{-1}$，这时所给方程组有唯一解 $X=PB=A^{-1}B$.

解

$$[A,B]=\begin{bmatrix}-2 & 1 & 0 & 5 & -1\\ 1 & -2 & 1 & -2 & 3\\ 0 & 1 & -2 & 1 & 4\end{bmatrix}\xrightarrow{r_2\leftrightarrow r_1}\begin{bmatrix}1 & -2 & 1 & -2 & 3\\ -2 & 1 & 0 & 5 & -1\\ 0 & 1 & -2 & 1 & 4\end{bmatrix}$$

$$\xrightarrow{r_2+2r_1}\begin{bmatrix}1 & -2 & 1 & -2 & 3\\ 0 & -3 & 2 & 1 & 5\\ 0 & 1 & -2 & 1 & 4\end{bmatrix}\xrightarrow[r_2+3r_3]{r_1+2r_3}\begin{bmatrix}1 & 0 & -3 & 0 & 11\\ 0 & 0 & -4 & 4 & 17\\ 0 & 1 & -2 & 1 & 4\end{bmatrix}$$

$$\xrightarrow[r_2 \leftrightarrow r_3]{r_2+(-4)} \begin{bmatrix} 1 & 0 & -3 & 0 & 11 \\ 0 & 1 & -2 & 1 & 4 \\ 0 & 0 & 1 & -1 & -\frac{17}{4} \end{bmatrix} \xrightarrow[r_1+3r_3]{r_2+2r_3} \begin{bmatrix} 1 & 0 & 0 & -3 & -\frac{7}{4} \\ 0 & 1 & 0 & -1 & -\frac{9}{2} \\ 0 & 0 & 1 & -1 & -\frac{17}{4} \end{bmatrix}$$

所以

$$\boldsymbol{X} = \boldsymbol{A}^{-1}\boldsymbol{B} = \begin{bmatrix} -3 & -\frac{7}{4} \\ -1 & -\frac{9}{2} \\ -1 & -\frac{17}{4} \end{bmatrix}$$

例 8 和例 9 是一种用初等变换求 $\boldsymbol{A}^{-1}$或 $\boldsymbol{A}^{-1}\boldsymbol{B}$的方法.

当 $\boldsymbol{A}$ 为三阶或更高阶的矩阵时，通常采用用初等变换求 $\boldsymbol{A}^{-1}$或 $\boldsymbol{A}^{-1}\boldsymbol{B}$的方法. 这是当 $\boldsymbol{A}$ 为**可逆**矩阵时，求解方程 $\boldsymbol{AX}=\boldsymbol{B}$ 的方法（求 $\boldsymbol{A}^{-1}$也就是求 $\boldsymbol{AX}=\boldsymbol{E}$ 的解）. 此方法就是把方程 $\boldsymbol{AX}=\boldsymbol{B}$ 的增广矩阵 $(\boldsymbol{A}, \boldsymbol{B})$ 化为行最简形,从而求得方程的解. 特别地，求解线性方程组 $\boldsymbol{AX}=\boldsymbol{b}$（$\boldsymbol{A}$ 为可逆矩阵）时把增广矩阵 $(\boldsymbol{A}, \boldsymbol{B})$ 化为行最简形，其最后一列就是解向量，从而得到一个求解线性方程组的新途径.

例 10 用逆矩阵或初等变换解下列矩阵方程.

（1）$\boldsymbol{AX}=\boldsymbol{A}+2\boldsymbol{X}$，其中 $\boldsymbol{A}=\begin{bmatrix} 4 & 2 & 3 \\ 1 & 1 & 0 \\ -1 & 2 & 3 \end{bmatrix}$.

（2）$\begin{bmatrix} 2 & 5 \\ 1 & 3 \end{bmatrix}\boldsymbol{X}\begin{bmatrix} 1 & 0 & 0 \\ 0 & 2 & 1 \\ 3 & 0 & 1 \end{bmatrix}=\begin{bmatrix} -1 & 1 & 2 \\ 2 & 0 & 1 \end{bmatrix}$.

解 （1）由 $\boldsymbol{AX}=\boldsymbol{A}+2\boldsymbol{X}$，得

$$[\boldsymbol{A}-2\boldsymbol{E}]\boldsymbol{X}=\boldsymbol{A}$$

而

$$[\boldsymbol{A}-2\boldsymbol{E}]=\begin{bmatrix} 4 & 2 & 3 \\ 1 & 1 & 0 \\ -1 & 2 & 3 \end{bmatrix}-2\begin{bmatrix} 1 & & \\ & 1 & \\ & & 1 \end{bmatrix}=\begin{bmatrix} 2 & 2 & 3 \\ 1 & -1 & 0 \\ -1 & 2 & 1 \end{bmatrix}$$

又

$$|A-2E|=\begin{vmatrix}2&2&3\\1&-1&0\\-1&2&1\end{vmatrix}=-1\neq 0$$

故 $A-2E$ 可逆，从而 $X=(A-2E)^{-1}A$.

因为

$$[A-2E,A]=\begin{bmatrix}2&2&3&4&2&3\\1&-1&0&1&1&0\\-1&2&1&-1&2&3\end{bmatrix}\xrightarrow{r_2\leftrightarrow r_1}\begin{bmatrix}1&-1&0&1&1&0\\2&2&3&4&2&3\\-1&2&1&-1&2&3\end{bmatrix}$$

$$\xrightarrow[r_3+r_1]{r_2-2r_1}\begin{bmatrix}1&-1&0&1&1&0\\0&4&3&2&0&3\\0&1&1&0&3&3\end{bmatrix}\xrightarrow{r_2-3r_3}\begin{bmatrix}1&-1&0&1&1&0\\0&1&0&2&-9&-6\\0&1&1&0&3&3\end{bmatrix}$$

$$\xrightarrow[r_1+r_2]{r_3-r_2}\begin{bmatrix}1&0&0&3&-8&-6\\0&1&0&2&-9&-6\\0&0&1&-2&12&9\end{bmatrix}$$

所以

$$X=(A-2E)^{-1}A=\begin{bmatrix}3&-8&-6\\2&-9&-6\\-2&12&9\end{bmatrix}$$

（2）因为

$$\begin{bmatrix}1&0&0\\0&2&1\\3&0&1\\-1&1&2\\2&0&1\end{bmatrix}\xrightarrow[c_3-c_2]{c_2+2}\begin{bmatrix}1&0&0\\0&1&0\\3&0&1\\-1&\frac{1}{2}&\frac{3}{2}\\2&0&1\end{bmatrix}\xrightarrow{c_1-3c_3}\begin{bmatrix}1&0&0\\0&1&0\\0&0&1\\-\frac{11}{2}&\frac{1}{2}&\frac{3}{2}\\-1&0&1\end{bmatrix}$$

所以

$$\begin{bmatrix}2&5\\1&3\end{bmatrix}X=\begin{bmatrix}-1&1&2\\2&0&1\end{bmatrix}\begin{bmatrix}1&0&0\\0&2&1\\3&0&1\end{bmatrix}^{-1}=\begin{bmatrix}-\frac{11}{2}&\frac{1}{2}&\frac{3}{2}\\-1&0&1\end{bmatrix}$$

又由二阶矩阵的逆可得

$$\begin{bmatrix}2&5\\1&3\end{bmatrix}^{-1}=\begin{bmatrix}3&-5\\-1&2\end{bmatrix}$$

所以

$$X=\begin{bmatrix}2&5\\1&3\end{bmatrix}^{-1}\begin{bmatrix}-\frac{11}{2}&\frac{1}{2}&\frac{3}{2}\\-1&0&1\end{bmatrix}=\begin{bmatrix}3&-5\\-1&2\end{bmatrix}\begin{bmatrix}-\frac{11}{2}&\frac{1}{2}&\frac{3}{2}\\-1&0&1\end{bmatrix}$$

$$=\begin{bmatrix}-\frac{23}{2}&\frac{3}{2}&-\frac{1}{2}\\\frac{7}{2}&-\frac{1}{2}&\frac{1}{2}\end{bmatrix}$$

习题 2.5

【基础训练】

1.[目标 1.1]判断下列矩阵是否为行阶梯形矩阵，若是，是否为行最简形矩阵？

（1）$\begin{bmatrix}1&2&-2&1\\0&0&0&0\end{bmatrix}$；（2）$\begin{bmatrix}1&-2&0&0\\0&0&0&0\\0&2&1&1\end{bmatrix}$；（3）$\begin{bmatrix}1&0&2&0\\0&1&3&0\\0&0&0&1\end{bmatrix}$

（4）$\begin{bmatrix}1&-1&0\\0&1&0\\0&0&1\end{bmatrix}$；（5）$\begin{bmatrix}1&1&0&3\\0&0&1&5\\0&0&0&1\\0&0&0&0\end{bmatrix}$；（6）$\begin{bmatrix}1&0&0&1&2\\0&1&0&-1&3\\0&0&1&2&3\\0&0&0&0&0\end{bmatrix}$.

2. [目标 1.1]求矩阵 A 的秩.

（1）$A=\begin{bmatrix}1&0&-1&0\\0&-2&3&4\\0&0&0&5\end{bmatrix}$；（2）$A=\begin{bmatrix}1&1&0&3\\0&0&1&5\\0&0&0&1\\0&0&0&0\end{bmatrix}$；

（3）$A=\begin{bmatrix}1&1&3&3\\0&3&-1&2\\0&6&-2&4\\0&0&1&1\end{bmatrix}$；（4）$A=\begin{bmatrix}1&0&0&0\\0&1&0&0\\0&0&1&0\end{bmatrix}$.

3. [目标 1.1]设矩阵 $A=\begin{bmatrix}1&1&1\\1&2&1\\2&3&\lambda+1\end{bmatrix}$的秩为 2，求$\lambda$.

4. [目标 1.1]设矩阵 $A=\begin{bmatrix}1&2&a&1\\2&-3&1&0\\4&1&a&b\end{bmatrix}$的秩为 2，求 a，b.

5. [目标 1.1]设 A 为 3×4 矩阵，若矩阵 A 的秩为 2，则矩阵 $2A^{\mathrm{T}}$ 的秩为？

6. [目标 1.1]用初等行变换把下列矩阵化为行最简形.

（1）$\boldsymbol{A}=\begin{bmatrix}1&-1&2&-1\\2&-2&3&1\\3&-3&4&-3\end{bmatrix}$；（2）$\boldsymbol{B}=\begin{bmatrix}1&-1&3&-4&3\\3&-3&5&-4&1\\2&-2&3&-2&0\\3&-3&4&-2&-1\end{bmatrix}$.

7. [目标 1.1]求下列矩阵的秩：

（1）$\boldsymbol{A}=\begin{bmatrix}3&1&0&2\\1&-1&2&-1\\1&3&-4&4\end{bmatrix}$；（2）$\boldsymbol{B}=\begin{bmatrix}1&-2&2&-1&1\\2&-4&8&0&2\\-2&4&-2&3&3\\3&-6&0&-6&4\end{bmatrix}$

8. [目标 1.1]利用初等变换求下列方阵的逆矩阵.

（1）$\begin{bmatrix}1&1&-1\\2&1&0\\1&-1&0\end{bmatrix}$；（2）$\begin{bmatrix}1&1&1&1\\1&1&-1&-1\\1&-1&1&-1\\1&-1&-1&1\end{bmatrix}$；

（3）$\begin{bmatrix}1&3&-5&7\\0&1&2&-3\\0&0&1&2\\0&0&0&1\end{bmatrix}$；（4）$\begin{bmatrix}2&1&0&0\\3&2&0&0\\5&7&1&8\\-1&-3&-1&-6\end{bmatrix}$.

【能力提升】

1. [目标 1.2] $\boldsymbol{A}=\begin{bmatrix}1&-1&1&2\\2&3&3&2\\1&1&2&1\end{bmatrix}$，求 $R(\boldsymbol{A})$.

2. [目标 1.2]已知矩阵 $\boldsymbol{A}=\begin{bmatrix}1&1&2&a&3\\2&2&3&1&4\\1&0&1&1&5\\2&3&5&5&4\end{bmatrix}$的秩为 3，求$a$.

3. [目标 1.2、2.1] $\boldsymbol{A}=\begin{bmatrix}a_1b_1&a_1b_2&\cdots&a_1b_n\\a_2b_1&a_2b_2&\cdots&a_2b_n\\\vdots&\vdots&&\vdots\\a_nb_1&a_nb_2&\cdots&a_nb_n\end{bmatrix}$，其中 $a_ib_i\neq 0,i=1,2,\cdots,n$，求 $R(\boldsymbol{A})$.

4. [目标 1.1、2.1]证明：$R(\boldsymbol{A}+\boldsymbol{B})\leqslant R(\boldsymbol{A})+R(\boldsymbol{B})$.

5. [目标 1.1、2.1]设 $\boldsymbol{A}=\begin{bmatrix}1&-2&3k\\-1&2k&-3\\k&-2&3\end{bmatrix}$，问 k 为何值时（1）$R(\boldsymbol{A})=1$；（2）$R(\boldsymbol{A})=2$；（3）$R(\boldsymbol{A})=3$.

6. [目标 1.2]设 $A=\begin{bmatrix}0 & a_1 & 0 & \cdots & 0 & 0\\ 0 & 0 & a_2 & \cdots & 0 & 0\\ \vdots & \vdots & \vdots & & \vdots & \vdots\\ 0 & 0 & 0 & \cdots & 0 & a_{n-1}\\ 0 & 0 & 0 & \cdots & 0 & 0\end{bmatrix}$，其中 $a_i \neq 0,(i=1,2,\cdots,n)$，求 A^{-1}.

【直击考研】

1. [目标 1.1、2.1]（2021.数一）设 A，B 为 n 阶实矩阵，下列不成立的是（　　）.

A. $r\left(\begin{bmatrix}A & O\\ O & A^{\mathrm{T}}A\end{bmatrix}\right)=2r(A)$　　B. $r\left(\begin{bmatrix}A & AB\\ O & A^{\mathrm{T}}\end{bmatrix}\right)=2r(A)$

C. $r\left(\begin{bmatrix}A & BA\\ O & AA^{\mathrm{T}}\end{bmatrix}\right)=2r(A)$　　D. $r\left(\begin{bmatrix}A & O\\ BA & A^{\mathrm{T}}\end{bmatrix}\right)=2r(A)$

2. [目标 1.2、2.1]（2023.数二）设 A 为四阶矩阵，A^* 为 A 的伴随矩阵. 若 $A(A-A^*)=0$，且 $A\neq A^*$，则 $R(A)$的取值为（　　）.

A. 0 或 1　　B. 1 或 3　　C. 2 或 3　　D. 1 或 2

2.6　矩阵的应用

近几十年来，随着科学技术，尤其是计算机技术的迅猛发展，线性代数的应用领域发生了深刻变革. 其应用范围已不仅仅局限于传统的物理领域，如力学、电子学科以及土木、机电等工程技术领域，而是迅速拓展至非物理领域，涵盖了人口、经济、金融、生物、医学等多个方面. 线性代数在推动高科技发展、提升生产力水平以及实现现代化管理等方面所发挥的作用日益凸显. 因此，亟须掌握将实际问题通过深入分析和简化转化为数学问题的方法，进而运用恰当的数学手段加以解决，以适应这一领域不断扩大的需求.

2.6.1　生产总值问题

例 1　一个城市内设有 3 个核心企业：煤矿、发电厂和地方铁路. 这三者之间以及它们与外界的交互关系构成了复杂的经济循环. 首先，煤矿在开采煤的过程中，需要支付电力和运输费用. 具体来说，每开采 1 元钱的煤，煤矿需支付 0.25 元的电力费用和运输费用. 其次，发电厂在生产电力的过程中，既需要煤矿提供的煤作为燃料，又需要支付自身的电费和运输费用. 详细来说，每生产 1 元钱的电力，发电厂需支付 0.65 元的煤费、0.05 元的电费以及 0.05 元的运输费. 最后，地方铁路在提供运输服务时，同样需要煤矿的煤和发电厂的电力作为运营成本. 具体而言，每提供 1 元钱的运输服务，铁路需支付 0.55 元的煤费和 0.10 元的电费.

在某周内，煤矿接到了 50 000 元煤的外部订单，发电厂接到 25 000 元电力的外部订单，而地方铁路则没有外部订单需求. 为了精确满足这些内外需求，需要计算这 3 个企业在该周内的生产总值. 这涉及复杂的经济循环和交互计算，需要确保每个企业的产出既能满足自身的运营需求，又能满足外界的订单需求. 请给出这 3 个企业在该周内的生产总值，以确保整个经济循环的顺畅进行.

解 设在一周的周期内，一个城市中的 3 个核心企业：煤矿、发电厂和地方铁路需要满足各自的运营需求以及外界的订单需求.

首先，需要明确每个企业的成本结构和运营模式：

煤矿每开采 1 元钱的煤，需要支付 0.25 元的电力和运输费用. 发电厂每生产 1 元钱的电力，需要支付 0.65 元的煤作为燃料，同时支付 0.05 元的电费用于驱动辅助设备，以及 0.05 元的运输费用. 地方铁路每提供 1 元钱的运输服务，需要支付 0.55 元的煤作为燃料以及 0.10 元的电费驱动其辅助设备.

接下来，需要考虑该周期内外界的订单需求：

煤矿接到了 50 000 元煤的外部订单. 发电厂接到了 25 000 元电力的外部订单. 地方铁路在该周期内没有外界订单需求.

为了精确满足这些需求，需要通过逻辑和数学计算来确定 3 个企业在该周期内的生产总值. 这涉及到复杂的经济循环和交互计算,因为每个企业的产出都是其他企业输入的来源. 例如，煤矿的产出是发电厂的输入，发电厂的产出又是煤矿和铁路的输入，而铁路的运输服务又支持了煤矿和发电厂的运营.

因此，需要建立数学模型，通过迭代或方程组求解的方式，确定每个企业在满足内外需求的同时，达到的总产值. 这样的计算过程需要确保每个环节的输入和输出达到平衡，以维持整个经济循环的稳定运行.

通过这种逻辑严密和数学精确的方法，可以得出这 3 个企业在该周期内的生产总值，从而确保它们能够精确地满足自身运营和外界订单的需求.

设 x_1 表示煤矿的总产值，x_2 表示电厂的总产值，x_3 表示铁路的总产值. 根据题意，有

$$\begin{cases} x_1-(0\cdot x_1+0.65x_2+0.55x_3)=50\,000 \\ x_2-(0.25x_1+0.05x_2+0.10x_3)=25\,000 \\ x_3-(0.25x_1+0.05x_2+0\cdot x_3)=0 \end{cases}$$

写成矩阵形式为

$$\begin{bmatrix} x_1 \\ x_2 \\ x_3 \end{bmatrix}-\begin{bmatrix} 0 & 0.65 & 0.55 \\ 0.25 & 0.05 & 0.10 \\ 0.25 & 0.05 & 0 \end{bmatrix}\begin{bmatrix} x_1 \\ x_2 \\ x_3 \end{bmatrix}=\begin{bmatrix} 50\,000 \\ 25\,000 \\ 0 \end{bmatrix}$$

记

$$\boldsymbol{X}=\begin{bmatrix} x_1 \\ x_2 \\ x_3 \end{bmatrix},\boldsymbol{C}=\begin{bmatrix} 0 & 0.65 & 0.55 \\ 0.25 & 0.05 & 0.10 \\ 0.25 & 0.05 & 0 \end{bmatrix},\boldsymbol{d}=\begin{bmatrix} 50\,000 \\ 25\,000 \\ 0 \end{bmatrix}$$

则可写成

$$X-CX=d\text{，即}(I-C)X=d$$

因为系数行列式满足

$$|I-C|=0.628\ 75\neq 0$$

根据克莱姆法则，此方程组有唯一解，其解为

$$X=(I-C)^{-1}d=\frac{1}{503}\begin{bmatrix}756 & 542 & 470\\220 & 690 & 190\\200 & 170 & 630\end{bmatrix}\begin{bmatrix}50\ 000\\25\ 000\\0\end{bmatrix}=\begin{bmatrix}102\ 087\\56\ 163\\28\ 330\end{bmatrix}$$

故煤矿总产值为 102 087 元，发电厂总产值为 56 163 元，铁路总产值为 28 330 元.

2.6.2　城乡人口流动问题

例 2　某省为探究城乡人口流动情况进行了年度调查，结果显示，每年有 20%的农村居民选择迁入城镇，同时也有 10%的城镇居民选择流向农村. 在假设城乡总人口恒定且这一人口流动趋势持续不变的前提下，进一步探讨该省城镇与农村人口分布是否最终会达到一个相对稳定的状态？

解　设该省人口总数为 m，令调查时城镇人口为 x_0，农村人口为 y_0. 一年后，有城镇人口：$x_1=90\%x_0+20\%y_0$ 农村人口：$y_1=10\%x_0+80\%y_0$.

写成矩阵形式为

$$\begin{bmatrix}x_1\\y_1\end{bmatrix}=\begin{bmatrix}0.9 & 0.2\\0.1 & 0.8\end{bmatrix}\begin{bmatrix}x_0\\y_0\end{bmatrix}$$

两年以后，有

$$\begin{bmatrix}x_2\\y_2\end{bmatrix}=\begin{bmatrix}0.9 & 0.2\\0.1 & 0.8\end{bmatrix}^2\begin{bmatrix}x_0\\y_0\end{bmatrix}$$

n 年以后，有

$$\begin{bmatrix}x_n\\y_n\end{bmatrix}=\begin{bmatrix}0.9 & 0.2\\0.1 & 0.8\end{bmatrix}^n\begin{bmatrix}x_0\\y_0\end{bmatrix}=\begin{bmatrix}\dfrac{2}{3}m+\dfrac{1}{3}(x_0-2y_0)(0.7)^n\\\dfrac{1}{3}m-\dfrac{1}{3}(x_0-2y_0)(0.7)^n\end{bmatrix}$$

容易得出，经过很长的时间后，这个方程组的解会达到极限

$$\begin{cases}\lim\limits_{n\to\infty}x_n=\dfrac{2}{3}m\\\lim\limits_{n\to\infty}y_n=\dfrac{1}{3}m\end{cases}$$

这表明在城乡总人口保持不变的情况下，最后该省的城镇人口与农村人口的分布会趋于一个“稳定状态”.

2.6.3 应用矩阵编制 Hill 密码

希尔（Hill）加密算法的基本思想是基于矩阵理论对传输信息进行加密处理. 它利用线性变换将明文中的字母转换成密文，这个过程可以通过将明文字母视为数字（例如，将每个字母当作 26 进制数字，$A=0$，$B=1$，$C=2$，以此类推），并将这些数字组成 n 维向量. 接着，用一个 $n\times n$ 的矩阵与这个向量相乘，再将得出的结果取模 26，从而得到加密后的密文.

解密过程则是加密的逆操作，需要先计算出密钥矩阵的逆矩阵（在模 26 意义下的逆矩阵），然后根据加密过程进行逆运算，从而得到原始的明文.

希尔加密算法在密码学史上具有重要地位，它提供了一种高效且安全的信息加密方式，对于经济和军事领域的信息安全起到了重要作用. 尤其是在现代社会，随着人们对信用卡、计算机等技术的依赖性增强，密码学的重要性也愈发凸显. 希尔加密算法作为其中的一种，其思想和方法对于现代密码学的发展和应用都有着深远的影响.

假设需传递信息“attack”，首先需将字母映射为对应数值. 具体来说，需要将字母 a 至 z 依次映射为数字 1 至 26，即 a 对应 1，b 对应 2，以此类推，直至 z 对应 26. 同时，可以设定 0 代表空格，27 代表句号等标点符号. 按照此规则，信息“attack”可以表示为以下数集：

$$\{1,\ 20,\ 20,\ 1,\ 3,\ 11\}$$

这样，便完成了信息的数字化处理，为后续加密或传输奠定了基础. 把这个消息按列写成矩阵的形式：

$$\boldsymbol{M}=\begin{pmatrix}1 & 1\\ 20 & 3\\ 20 & 11\end{pmatrix}$$

第一步：“加密”. 现在任选一个三阶的可逆矩阵，例如

$$\boldsymbol{A}=\begin{pmatrix}1 & 2 & 3\\ 1 & 1 & 2\\ 0 & 1 & 2\end{pmatrix}\quad \boldsymbol{AM}=\begin{pmatrix}1 & 2 & 3\\ 1 & 1 & 2\\ 0 & 1 & 2\end{pmatrix}\begin{pmatrix}1 & 1\\ 20 & 3\\ 20 & 11\end{pmatrix}=\begin{pmatrix}101 & 40\\ 61 & 26\\ 60 & 25\end{pmatrix}=\boldsymbol{B}$$

于是可以把将要发出的消息或者矩阵经过乘以 $\boldsymbol{A}$ 变成“密码”（$\boldsymbol{B}$）后发出.

第二步：“解密”. 解密是加密的逆过程. 这里要用到矩阵 $\boldsymbol{A}$ 的逆矩阵 $\boldsymbol{A}^{-1}$，这个可逆矩阵称为解密的钥匙，或称为“密钥”. 当然矩阵 $\boldsymbol{A}$ 是通信双方都知道的，即用

$$\boldsymbol{A}^{-1}=\begin{pmatrix}0 & 1 & -1\\ 2 & -2 & -1\\ -1 & 1 & 1\end{pmatrix}$$

从密码中解出明码：

$$A^{-1}B=\begin{pmatrix}0 & 1 & -1\\ 2 & -2 & -1\\ -1 & 1 & 1\end{pmatrix}\begin{pmatrix}101 & 40\\ 61 & 26\\ 60 & 25\end{pmatrix}=\begin{pmatrix}1 & 1\\ 20 & 3\\ 20 & 11\end{pmatrix}=M$$

通过反查字母与数字的映射，即可得到消息“attack”.

在实际应用中，为确保信息传递的秘密性，可采取多种加密与解密方式. 这包括但不限于选择不同的可逆矩阵、设定各异的映射关系，以及对字母对应的数字进行多样化的排列以形成不同的矩阵. 上述例子充分展示了矩阵乘法与逆矩阵在密码学中的实际应用，凸显了线性代数与密码学之间的紧密联系. 通过运用数学知识破译密码，并将其应用于军事等领域，我们深刻认识到矩阵在保障信息安全方面所发挥的重要作用.

2.6.4　矩阵在图和网络中的应用

图（Graph）是最常见和最强大的描绘客观世界的工具之一. 这里的图不是指图片，也不是指函数曲线图，而是由节点（node）和边（edge）构成的，有时候也把它叫作网络（Network）. 数学中有个分支叫作组合学（计算机科学中的离散数学），这门学科有个重要的部分叫作图论，图论就是研究和图相关问题的. 以图 2.1 为例，下图是 4 个城市间的航班信息图，城市间的连线和箭头表示城市之间航线的路线和方向.

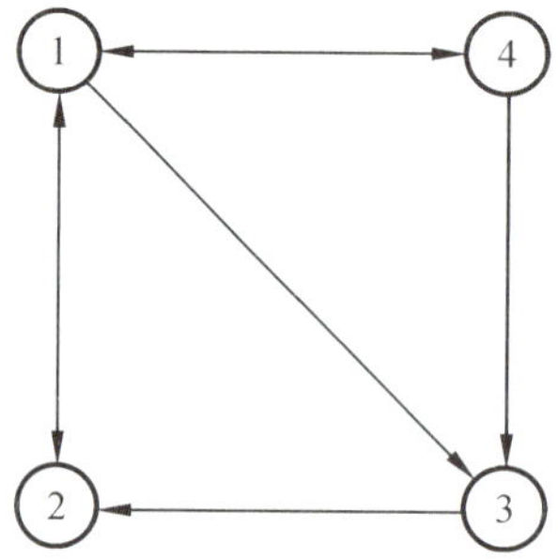

图 2.1

为了方便观察，可将航班图表示为数表 2.10.

表 2.10　航班图数表

行标表示发站	列标表示到站			
	1	2	3	4
1		√	√	√
2	√			
3		√		
4	√		√	

若令 $a_{ij}=\begin{cases}1, & \text{从}\,i\,\text{市到}\,j\,\text{市有一条单向航线}\\0, & \text{从}\,i\,\text{市到}\,j\,\text{市没有单向航线}\end{cases}$，因此，这 4 个城市之间的航班信息可用矩阵表示为

$$A=[a_{ij}]=\begin{bmatrix}0&1&1&1\\1&0&0&0\\0&1&0&0\\1&0&1&0\end{bmatrix}$$

一般地，若干个点之间的单向通道都可用这样的矩阵表示.

经过一次转机（也就是坐两次航班）能到达的城市可用矩阵的平方 $A^2=[b_{ij}]$ 表示：

$$A^2=\begin{bmatrix}2&1&1&0\\0&1&1&1\\1&0&0&0\\0&2&1&1\end{bmatrix}$$

则 b_{ij} 为从 i 市经一次中转到 j 市的单向航线条数.

例如，$b_{23}=1$，显示从②市经一次中转到③市的单向航线有 1 条（观察图 2.1 可以知道从②市经一次中转到③市对应的路线为：②→①→③）；

$b_{11}=2$，显示过①市的双向航线有 2 条（①→②→①，①→④→①）；

$b_{32}=0$，显示从③市经一次中转到②市没有单向航线.

2.6.5 投入产出模型

设经济体系由 3 个部门组成：制造业、农业和服务业，如图 2.2 所示. 单位消费的向量矩阵，如表 2.11 所示.

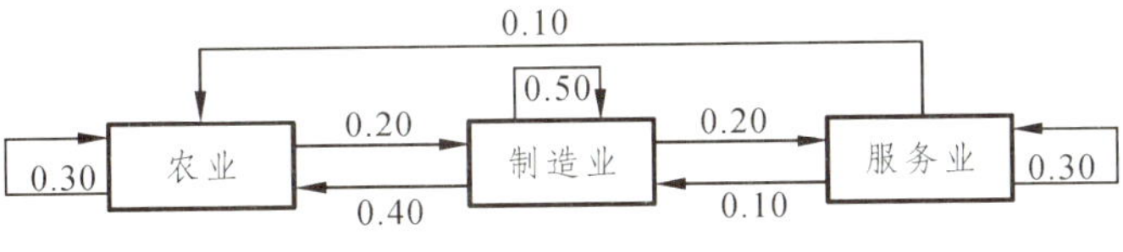

图 2.2

表 2.11　部门的单位消费

购买自	制造业	农业	服务业
制造业	0.50	0.40	0.20
农业	0.20	0.30	0.10
服务业	0.10	0.10	0.30

记 $C_1=\begin{bmatrix}0.50\\0.20\\0.10\end{bmatrix}$，$C_2=\begin{bmatrix}0.40\\0.30\\0.10\end{bmatrix}$，$C_3=\begin{bmatrix}0.20\\0.10\\0.30\end{bmatrix}$，若制造业决定生产 100 单位产品，它将消费

多少？

$100\boldsymbol{C}_1=100\begin{bmatrix}0.50\\0.20\\0.10\end{bmatrix}=\begin{bmatrix}50\\20\\10\end{bmatrix}$，也就表明，为生产 100 单位产品，制造业需要消费制造业其他部门的 50 单位产品，20 单位农业产品，10 单位服务业产品.

若制造业决定生产 x_1 单位产出，则在生产过程中消费掉的中间需求是 $x_1\boldsymbol{C}_1$. 类似地，若 x_2，x_3 表示农业和服务业的计划产出，则 $x_2\boldsymbol{C}_2$，$x_3\boldsymbol{C}_3$ 为他们的对应中间需求，3 个部门的总中间需求为

$$x_1\boldsymbol{C}_1+x_2\boldsymbol{C}_2+x_3\boldsymbol{C}_3=[\boldsymbol{C}_1,\boldsymbol{C}_2,\boldsymbol{C}_3]\begin{bmatrix}x_1\\x_2\\x_3\end{bmatrix}$$

规定 $\boldsymbol{C}=[\boldsymbol{C}_1,\boldsymbol{C}_2,\boldsymbol{C}_3]=\begin{bmatrix}0.50&0.40&0.20\\0.20&0.30&0.10\\0.10&0.10&0.30\end{bmatrix}$，矩阵 $\boldsymbol{C}$ 称为消费矩阵.

著名的列昂惕夫投入产出模型为

$$\underset{\text{总产出}}{\boldsymbol{x}}=\underset{\text{中间需求}}{\boldsymbol{Cx}}+\underset{\text{最终需求}}{\boldsymbol{d}}$$

其中 $\boldsymbol{x}=\begin{bmatrix}x_1\\x_2\\x_3\end{bmatrix}$.

例 3 在上述经济体系中，若最终需求为制造业 50 单位，农业 30 单位，服务业为 20 单位，求生产水平 $\boldsymbol{x}$.

解 $\boldsymbol{x}=\boldsymbol{Cx}+\boldsymbol{d}$，所以 $\boldsymbol{x}-\boldsymbol{Cx}=\boldsymbol{d}$，即 $(\boldsymbol{E}-\boldsymbol{C})\boldsymbol{x}=\boldsymbol{d}$.

$$\boldsymbol{E}-\boldsymbol{C}=\begin{bmatrix}1&0&0\\0&1&0\\0&0&1\end{bmatrix}-\begin{bmatrix}0.50&0.40&0.20\\0.20&0.30&0.10\\0.10&0.10&0.30\end{bmatrix}=\begin{bmatrix}0.50&-0.40&-0.20\\-0.20&0.70&-0.10\\-0.10&-0.10&0.70\end{bmatrix},\quad \boldsymbol{d}=\begin{bmatrix}50\\30\\20\end{bmatrix}$$

所以 $\boldsymbol{x}=(\boldsymbol{E}-\boldsymbol{C})^{-1}\boldsymbol{d}\approx\begin{bmatrix}226\\119\\78\end{bmatrix}$，即需要制造业约 226 单位，农业 119 单位，服务业 78 单位.

2.6.6 人口迁徙模型

在生态学、经济学和工程学等许多领域中，经常需要对随时间变化的动态系统进行数学建模，此类系统中的某些量常按离散时间间隔来测量，这样就产生了与时间间隔相应的向量序列 $x_0,x_1,x_2,\cdots,x_n$ 其中 x_n 表示第 n 次测量时系统状态的有关信息，而 x_0 常被称为初始向量.

如果存在矩阵 $\boldsymbol{A}$，并给定初始向量 x_0，使得 $x_1 = \boldsymbol{A}x_0$，$x_2 = \boldsymbol{A}x_1,\cdots$ 即

$$x_{n+1} = \boldsymbol{A}x_n (n = 0,1,2,\cdots)$$

则上述方程称为线性差分方程.

例 4 假设某城市 2020 年的城市人口为 5 000 000 人，农村人口为 7 800 000 人. 假设每年大约有 5%的城市人口迁移到农村（95%仍然留在城市），12%的农村人口迁移到城市（88%仍然留在农村），如图 2.3 所示，忽略其他因素对人口规模的影响，计算 2022 年的人口.

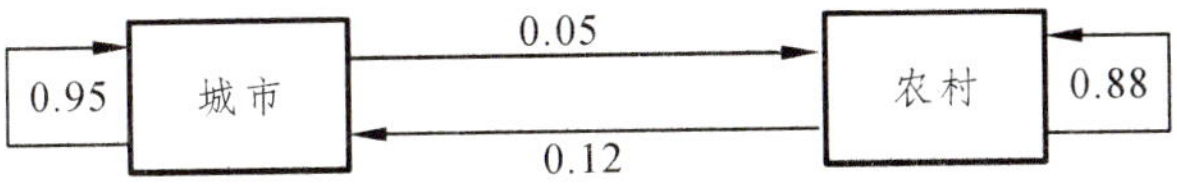

图 2.3

解 由题意规定矩阵

$$M = \begin{bmatrix} 0.95 & 0.12 \\ 0.05 & 0.88 \end{bmatrix}$$

设 2020 年的初始人口为 x_0，2021 年和 2022 年的人口分别为 x_1, x_2，则

$$x_1 = M x_0 = \begin{bmatrix} 0.95 & 0.12 \\ 0.05 & 0.88 \end{bmatrix} \begin{bmatrix} 5\ 000\ 000 \\ 7\ 800\ 000 \end{bmatrix} = \begin{bmatrix} 5\ 686\ 000 \\ 7\ 114\ 000 \end{bmatrix}$$

$$x_2 = M x_1 = \begin{bmatrix} 0.95 & 0.12 \\ 0.05 & 0.88 \end{bmatrix} \begin{bmatrix} 5\ 686\ 000 \\ 7\ 114\ 000 \end{bmatrix} = \begin{bmatrix} 6\ 255\ 380 \\ 6\ 544\ 620 \end{bmatrix}$$

即 2022 年的人口分布情况是：城市人口为 6 255 380，农村人口为 6 544 620.

2.6.7 生物遗传

遗传病乃是由父母或家族遗传基因所引发的疾病. 在常染色体遗传病的背景下，基因将人群划分为 3 类：AA 型代表健康个体，Aa 型为隐性患者，而 aa 型则为显性患者. 鉴于后代从父体或母体的基因对中随机获取一个基因以构成自身的基因对，因此，父母代基因对与子代基因之间的转移概率可参见下表 2.12. 此表详细列出了不同基因组合下，子代可能出现的基因型及其概率，有助于更深入地理解遗传病的遗传规律.

表 2.12 父母代基因对与子代基因之间的转移概率

子代概率	父体-母体基因型					
	AA-AA	AA-Aa	AA-aa	Aa-Aa	Aa-aa	aa-aa
AA	1	1/2	0	1/4	0	0
Aa	0	1/2	1	1/2	1/2	0
Aa	0	0	0	1/4	1/2	1

设这些患者在第 n 代人口中所占的比例分别为 $x_1^{(n)}$，$x_2^{(n)}$，$x_3^{(n)}$，在控制结合的情况下，当前社会中没有显性患者，只有正常人和隐性患者，且他们分别占总人数的 85%和 15%. 考虑

下列两种结合方式对后代遗传基因型分布的影响.

（1）同类基因型结合；

（2）显性患者不允许生育，隐性患者必须与正常人结合.

已知第 n 代的分布为 $x_1^{(n)}$，$x_2^{(n)}$，$x_3^{(n)}$，令

$$\boldsymbol{A}=\begin{bmatrix}1 & 1/2 & 0\\0 & 1/2 & 0\\0 & 1/4 & 1\end{bmatrix},\quad \boldsymbol{B}=\begin{bmatrix}1 & 1/2 & 0\\0 & 1/2 & 0\\0 & 0 & 0\end{bmatrix},\quad \boldsymbol{X}^{(n)}=\begin{bmatrix}x_1^{(n)}\\x_2^{(n)}\\x_3^{(n)}\end{bmatrix},\quad \boldsymbol{X}^{(1)}=\begin{bmatrix}85\%\\15\%\\0\end{bmatrix}$$

则 $\boldsymbol{X}^{(n)}=\boldsymbol{A}^{n-1}\boldsymbol{X}^{(1)}$，$\boldsymbol{X}^{(n)}=\boldsymbol{B}^{n-1}\boldsymbol{X}^{(1)}$.

借助 Python 计算模拟 20 代以后两种方式对该遗传病基因型的分布：

（1）$\boldsymbol{X}^{(20)}=\begin{bmatrix}0.924\,999\,928\,474\,43\\0.000\,000\,143\,051\,15\\0.074\,999\,928\,474\,43\end{bmatrix}$，继续输入命令，可得到此种方式下在 51 代的时候该疾病基因型分布趋于稳定，将出现 7.5%的稳定显性患者，而隐性患者消失.

（2）$\boldsymbol{X}^{(20)}=\begin{bmatrix}1\\0\\0\end{bmatrix}$，可得在第二种方式下，在很多代后，不但不会出现显性患者，更值得高兴的是，连隐性患者也趋于消失. 所以为了避免某些遗传病的发生，最好采用一些有效控制结合的手段.

2.6.8 调配问题

假设你是一名调酒师，现有三种酒甲、乙、丙，它们各含 3 种主要成分 A，B，C 的含量如表 2.13 所示：

表 2.13 酒的 A、B、C 含量

	A	B	C
甲酒	0.7	0.2	0.1
乙酒	0.6	0.2	0.2
丙酒	0.65	0.15	0.2

现要用这 3 种酒配置另一种酒，使其对 A，B，C 含量分别是：66.5%，18.5%，15%，问能否配出合乎要求的酒？比例分配如何？当甲酒缺货时，能否用含 3 种主要成分为 [0.8, 0.12, 0.08] 的丁酒替代？比例分配又如何？

解 设甲，乙，丙三种酒的比例分配分别为 x_1,x_2,x_3，根据题意可得矩阵方程

$$[x_1,x_2,x_3]\begin{bmatrix}0.7 & 0.2 & 0.1\\ 0.6 & 0.2 & 0.2\\ 0.65 & 0.15 & 0.2\end{bmatrix}=[0.665,\ 0.185,\ 0.15]$$

其正数解即为所求.

通过计算可以得出

$$\begin{bmatrix}0.7 & 0.2 & 0.1\\ 0.6 & 0.2 & 0.2\\ 0.65 & 0.15 & 0.2\end{bmatrix}^{-1}=\begin{bmatrix}2 & -5 & 4\\ 2 & 15 & -16\\ -8 & 5 & 4\end{bmatrix}$$

所以

$$[x_1,x_2,x_3]=[0.665,0.185,0.15]\begin{bmatrix}0.7 & 0.2 & 0.1\\ 0.6 & 0.2 & 0.2\\ 0.65 & 0.15 & 0.2\end{bmatrix}^{-1}$$

$$=[0.665,\ 0.185,\ 0.15]\begin{bmatrix}2 & -5 & 4\\ 2 & 15 & -16\\ -8 & 5 & 4\end{bmatrix}=[0.5,0.2,0.3]$$

即能用甲、乙、丙三种酒调配出合乎要求的酒，其比例分配为甲酒 50%，乙酒 20%，丙酒 30%.
若用丁酒来替换甲酒，则有矩阵方程：

$$[x_1,x_2,x_3]\begin{bmatrix}0.8 & 0.12 & 0.08\\ 0.6 & 0.2 & 0.2\\ 0.65 & 0.15 & 0.2\end{bmatrix}=[0.665,\ 0.185,\ 0.15]$$

计算可得

$$\begin{bmatrix}0.8 & 0.12 & 0.08\\ 0.6 & 0.2 & 0.2\\ 0.65 & 0.15 & 0.2\end{bmatrix}^{-1}=\begin{bmatrix}5/3 & -2 & 4/3\\ 5/3 & 18 & -56/3\\ -20/3 & -7 & 44/3\end{bmatrix}$$

于是

$$[x_1,x_2,x_3]=[0.665,0.185,0.15]\begin{bmatrix}5/3 & -2 & 4/3\\ 5/3 & 18 & -56/3\\ -20/3 & -7 & 44/3\end{bmatrix}$$

$$=[0.4167,0.95,-0.3666]$$

有负数解，说明不能用丁酒来替代甲酒.

习题 2.6

【基础训练】

1.[目标 1.3、2.1]某航空公司在 A、B、C、D 4 个城市开辟了若干条航线，图 2.4 是 4 个

城市 A、B、C、D 间的航班信息图，若从 A 到 B 有航班，则用带箭头的线连接 A 和 B. 利用构建数表矩阵的方法，求经过 3 次航班 C 可以到达哪些终点位置.

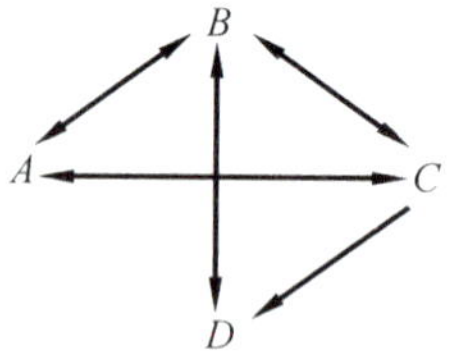

图 2.4

2. [目标 1.3、2.1]某企业某年出口到三个国家的两种货物的数量及 2 种货物的单位价格、重量、体积如表 2.14 及表 2.15 所示. 利用矩阵乘法计算该企业出口到 3 个国家的货物总价值、总重量、总体积.

表 2.14 出口货物量

货物	数量		
	美国	德国	日本
A	3 000	1 500	2 000
B	1 400	1 300	800

表 2.15 出口的单位价格、单位重量和单位体积

货物	单位价格/万元	单位重量/t	单位体积/m^3
A	0.5	0.04	0.2
B	0.4	0.06	0.4

3. [目标 1.3、2.1]在一个原始部落中，农田耕作记为 F，农具及工具的制作记为 M，织物的编织记为 C. 人们之间的贸易是实物交易系统（见图 2.5）. 由图中可以看出，农夫将每年的收获留下 1/2，分别拿出 1/4 给工匠和织布者；工匠平均分配他们制作的用具给每：个组. 织布者则留下 1/4 的衣物为自己，1/4 给工匠，1/2 给农夫.

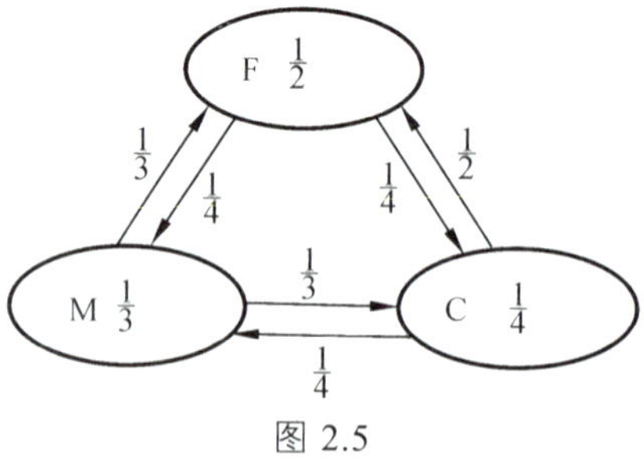

图 2.5

随着社会的发展，实物交易形式需要改为货币交易. 假设没有资本和负供，那么如何对每类产品定价才能公正地体现原有的实物交易系统？

4. [目标 1.3、2.1]甲、乙、丙、丁 4 人各从图书馆借来一本小说，他们约定读完后互相交换，这 4 本书的厚度以及他们 4 人的阅读速度差不多，因此，4 人总是同时交换书，经 3 次交换后，他们 4 人读完了这 4 本书，现已知：乙读的最后一本书是甲读的第二本书；丙读的第一本书是丁读的最后一本书. 问 4 人的阅读顺序是怎样的?

2.7 数学实验与数学模型举例

2.7.1 数学实验

实验目的：会用 Python 语言完成矩阵的创建（见表 2.16）、会进行矩阵运算.

1. 矩阵的创建

表 2.16 会用 Python 语言完成矩阵的创建

目的	方法	格式
创建矩阵	通过嵌套列表直接输入	A=[[a11，a12 a13]，[a21，a22 a23]，[a31，a32 a33]]
	使用 NumPy 库 注意：在使用前须输入以下指令： import numpy as np #导入 NumPy 库并为其指定一个别名“np”	A=np.array([[a11，a12 a13]，[a21，a22 a23]，[a31，a32 a33]])
		A = np.zeros((m，n)) #创建一个 mxn 的零阵
		A=np.ones((m，n)) #创建一个 mxn 的全 1 矩阵
		A = np.random.rand(m，n) #创建一个 mxn 的随机矩阵
		A=np.random.normal(size=(m，n)) #创建一个 mxn 的正态随机矩阵
		A = len(c) #创建一个由数组 c 为对角线元素的矩阵
		A = np.eye(m) #创建一个 m 阶单位矩阵
		A=np.full((m，n)，k)#创建出一个元素都为 k 的 mxn 矩阵

例 1 输入数值矩阵 $\boldsymbol{A}$，$\boldsymbol{B}$，符号元素矩阵 $\boldsymbol{C}$，$\boldsymbol{D}$ 以及向量 $\boldsymbol{v}$：

$$\boldsymbol{A}=\begin{bmatrix}1&2&3\\4&5&6\\7&8&9\end{bmatrix},\quad \boldsymbol{B}=\begin{bmatrix}1&2&3&4&5\\6&7&8&9&0\\5&4&3&2&1\end{bmatrix},\quad \boldsymbol{C}=\begin{bmatrix}a&b&c\\d&e&f\\h&i&j\end{bmatrix}$$

$$\boldsymbol{D}=\begin{bmatrix}\cos x&\sin x\\ \mathrm{e}^x&x^2+1\end{bmatrix},\quad \boldsymbol{v}=\begin{bmatrix}1&2&3&4&5\end{bmatrix}$$

代码如下：

```
import numpy as np
import sympy as sp
from sympy import symbols, cos, sin, exp
a, b, c, d, e, f, h, i, j ,x= sp.symbols('a b c d e f h i j x')
# 定义矩阵 A 和 B
A = [[1, 2, 3], [4, 5, 6], [7, 8, 9]]
B = np.array([[1, 2, 3, 4, 5], [6, 7, 8, 9, 0], [5, 4, 3, 2, 1]])
# 定义符号矩阵 C
C = np.array([[a, b, c], [d, e, f], [h, i, j]])
# 定义符号矩阵 D
D = np.array([[cos(x), sin(x)], [exp(x), x**2 + 1]])
# 定义向量 v
v = np.array([1, 2, 3, 4, 5])
print('A=')
for row in A:
print(row) #用列表定义的矩阵默认为数组,输出时需要按行输出才能输出矩阵形式
print("B=",B) #用 NumPy 定义的矩阵可以直接利用 print 函数输出
print("C=",C)
print("D=",D)
print("v=",v)
```

执行后结果：

```
A=
[[1 2 3]
 [4 5 6]
 [7 8 9]]
B=
[[1 2 3 4 5]
 [6 7 8 9 0]
 [5 4 3 2 1]]
C=
[[a b c]
 [d e f]
 [h i j]]
D=
[[cos(x) sin(x)]
 [exp(x) x**2 + 1]]
v=
[1 2 3 4 5]
```

例 2　生成 3×4 阶零矩阵.

代码如下:

```
import numpy as np
A=np.zeros((3,4))
print('A='),print(A)
```

执行后结果:

```
A=
[[0. 0. 0. 0.]
 [0. 0. 0. 0.]
 [0. 0. 0. 0.]]
```

例 3　生成四阶全 1 矩阵.

代码如下:

```
import numpy as np
A=np.ones((4, 4))
print('A='),print(A)
```

执行后结果:

```
A=
[[1. 1. 1. 1.]
 [1. 1. 1. 1.]
 [1. 1. 1. 1.]
 [1. 1. 1. 1.]]
```

例 4　生成五阶随机方阵.

代码如下:

```
import numpy as np
A = np.random.rand(5,5)#没有指定取值范围的情形下,生成随机矩阵默认元素范围在 0
到 1 之间
print('A='),print(A)
```

执行后结果:

```
A=
[[0.22356376 0.69880292 0.80823275 0.72177986 0.87400518]
 [0.72794839 0.95426113 0.19528304 0.04983773 0.66124665]
 [0.43698059 0.20089602 0.19836859 0.90357397 0.43230507]
 [0.12477872 0.62318115 0.70753108 0.29312739 0.91271702]
 [0.15905613 0.57720056 0.84301416 0.2193593  0.09968117]]
```

例 5　构造随机五阶整数矩阵.

代码如下:

```
import numpy as np
```

```
# 生成一个 4*5 的随机整型矩阵
matrix = np.random.randint(0, 9, (4, 5))
# 输出矩阵
print("matrix="), print(matrix)
```

执行后结果：

```
matrix=
[[3 4 9 9 2]
 [0 0 8 0 9]
 [5 6 9 0 0]
 [2 5 3 6 9]]
```

例 6　构造 4×3 正态随机矩阵（即元素均为正态分布的）.

代码如下：

```
import numpy as np
A=np.random.normal(size=(4,3))
print('A='),print(A)
```

执行后结果：

```
A=
[[-0.23701046  0.48622908 -0.23868748]
 [-1.06868709 -0.0619007   0.24213837]
 [-1.38515911  0.51428799 -1.1162233 ]
[-0.59583186 -1.17795651  1.95185416]]
```

例 7　生成均值为 0.6、方差为 0.1 的四阶矩阵.

代码如下：

```
import numpy as np
# 生成一个 4*4 的矩阵,元素取值范围在 0 到 1 之间
matrix = np.random.rand(4, 4)
# 利用 NumPy 库中的 mean 函数,计算矩阵的均值并调整矩阵元素,使得均值为 0.6
matrix = matrix * 0.6 / np.mean(matrix)
# 输出矩阵
print(matrix)
```

执行后结果：

```
x =
    16.9908    11.3862    12.5428    13.4998
    18.9090    11.4929    18.1428    11.9660
    19.5929    12.5751    12.4352    12.5108
```

15.4722　　18.4072　　19.2926　　16.1604

例 8　生成一个 2×3 的矩阵，其元素都符合均值为 0.5，标准差为 0.2 的正态分布.

代码如下：

```
import numpy as np
matrix = np.random.normal(size=(2, 3))
print(matrix)
```

执行后结果：

```
matrix=
[[0.47606405 0.45206682 0.48923783]
 [0.60024213 0.48521481 0.4963812 ]]
```

例 9　生成由数组 $c=(1\ 2\ 3\ 4)$ 构造的四阶对角阵.

代码如下：

```
import numpy as np
c = np.array([1, 2, 3, 4])
n = len(c)
# 创建一个 n x n 的零矩阵
matrix = np.zeros((n, n))
# 将对角线元素设置为 c 中的值
np.fill_diagonal(matrix, c)
print("matrix="),print(matrix)
```

执行后结果：

```
matrix =
[[1. 0. 0. 0.]
 [0. 2. 0. 0.]
 [0. 0. 3. 0.]
 [0. 0. 0. 4.]]
```

例 10　生成五阶单位矩阵.

代码如下：

```
import numpy as np
A = np.eye(4)
print('A='),print(A)
```

执行后结果：

```
A=
 [[1. 0. 0. 0.]
 [0. 1. 0. 0.]
```

```
[0. 0. 1. 0.]
[0. 0. 0. 1.]]
```

例 11 由数组 c=（2 3 4 5 6 7）构造六阶范德蒙德矩阵.

代码如下：

```
import numpy as np
# 给定的数组 c
c = np.array([2, 3, 4, 5, 6, 7])
# 计算范德蒙德矩阵的维度
n = len(c)
# 创建一个零矩阵来存储范德蒙德矩阵,dtype=int 表示矩阵的元素类型为整数
Vandermonde_matrix = np.zeros((n, n),dtype=int)
# 计算范德蒙德矩阵的元素
for i in range(n):
    for j in range(n):
        Vandermonde_matrix[i][j] = c[j] ** i
 # 打印范德蒙德矩阵
print("Vandermonde_matrix="), print(Vandermonde_matrix)
```

执行后结果：

```
Vandermonde_matrix=
[[    1     1     1     1     1     1]
 [    2     3     4     5     6     7]
 [    4     9    16    25    36    49]
 [    8    27    64   125   216   343]
 [   16    81   256   625  1296  2401]
 [   32   243  1024  3125  7776 16807]]
```

2. 矩阵的运算（见表 2.17）

表 2.17 用 Python 完成矩阵的结果

目的	代码格式	代码含义
矩阵的计算 注意：在使用前须输入以下指令： import numpy as np #导入 NumPy 库并为其指定一个别名“np”	np.transpose(A)	矩阵 $\boldsymbol{A}$ 的转置
	np.linalg.det(A)	方阵 $\boldsymbol{A}$ 的行列式
	np.linalg.inv(A)	矩阵 $\boldsymbol{A}$ 的逆
	np.linalg.matrix_rank(A)	矩阵 $\boldsymbol{A}$ 的秩
	A.shape	测矩阵 $\boldsymbol{A}$ 的行数及列数
	k*A 或 A*k	矩阵 $\boldsymbol{A}$ 与数 k 的积，即矩阵每个元素都乘以数 k

续表

目的	代码格式	代码含义
	A/k	矩阵 $\boldsymbol{A}$ 除以数 k，即矩阵的每个元素都除以数 k
	A+B	矩阵与矩阵的加法
	np.dot(A, B)	矩阵与矩阵的乘法
	np.linalg.matrix_power(A, k)	矩阵的 k 次幂
	np.linalg.solve(A, B)	$\boldsymbol{A}^{-1}\boldsymbol{B}$
	np.linalg.solve(B, A)	$\boldsymbol{A}\boldsymbol{B}^{-1}$

例 12 设 $\boldsymbol{A}=\begin{bmatrix}1 & 1 & 1\\ 1 & 1 & -1\\ 1 & -1 & 1\end{bmatrix}$，$\boldsymbol{B}=\begin{bmatrix}1 & 2 & 3\\ -1 & -2 & 4\\ 0 & 5 & 1\end{bmatrix}$，计算 $\boldsymbol{A}^{\mathrm{T}}$，$-2\boldsymbol{A}$，$\boldsymbol{A}+\boldsymbol{B}$，$\boldsymbol{AB}$，$\boldsymbol{B}^{-1}$.

代码如下：

```
import numpy as np
# 定义矩阵 A 和 B
A = np.array([[1, 1, 1], [1, 1, -1], [1, -1, 1]])
B = np.array([[1, 2, 3], [-1, -2, 4], [0, 5, 1]])
# 计算 C=A'
C = np.transpose(A)
# 计算 D=A*(-2)
D = A * -2
# 计算 E=A+B
E = A + B
# 计算 F=A*B
F = np.dot(A, B)   # 在 Python 中,使用 np.dot 函数来进行矩阵乘法
# 计算 G=inv(B)
# 注意：在 Python 中,你应该使用 np.linalg.inv 函数来计算矩阵的逆. 但是请注意，对于非方阵,该函数可能无法提供有意义的结果.
G = np.linalg.inv(B)
print('C='),print(C)
print("D=",D)
print("E=",E)
print("F=",F)
print("G=", G)s
```

执行后结果：

```
C=
[[ 1  1   1]
 [ 1  1  -1]
 [ 1 -1   1]]
D=
[[-2 -2 -2]
 [-2 -2  2]
 [-2  2 -2]]
E=
[[ 2  3   4]
 [ 0 -1   3]
 [ 1  4   2]]
F=
[[ 0  5  8]
 [ 0 -5  6]
 [ 2  9  0]]
G=
[[ 0.62857143  -0.37142857  -0.4        ]
 [-0.02857143  -0.02857143   0.2        ]
 [ 0.14285714   0.14285714   0          ]]
```

例 13　计算行列式 $\begin{vmatrix} 23 & 11 & 33 & 56 \\ 76 & 34 & 21 & 34 \\ 12 & 32 & 45 & 53 \\ 26 & 35 & 86 & 19 \end{vmatrix}$.

代码如下：

```
import numpy as np
# 定义矩阵 A
A = np.array([[23, 11, 33, 56],
              [76, 34, 21, 34],
              [12, 32, 45, 53],
              [26, 35, 86, 19]])
# 计算行列式 D
D = np.linalg.det(A)
# 打印结果
print("行列式 D =", D)
```

执行后结果：

```
D = -5578353.000000004
```

例 14　设 $\boldsymbol{A}=\begin{bmatrix}1 & 2 & -1\\ -2 & -4 & 2\\ 3 & 6 & -3\end{bmatrix}$，求 $\boldsymbol{A}^{10}$.

代码如下：

```
import numpy as np
# 定义矩阵 A
A = np.array([[1, 2, -1],
              [-2, -4, 2],
              [3, 6, -3]])
# 计算 B=A^10
B = np.linalg.matrix_power(A, 10)
# 打印结果
print("B = \n", B)
```

执行后结果：

```
B =
[[-10077696   -20155392   10077696]
 [ 20155392   40310784   -20155392]
 [-30233088   -60466176   30233088]]
```

例 15　求解矩阵方程 $\begin{bmatrix}1 & 2 & 0\\ 1 & 3 & 0\\ 0 & 0 & 1\end{bmatrix}\boldsymbol{X}=\begin{bmatrix}1 & 2\\ 1 & 1\\ 0 & 0\end{bmatrix}$.

解　设 $\boldsymbol{A}=\begin{bmatrix}1 & 2 & 0\\ 1 & 3 & 0\\ 0 & 0 & 1\end{bmatrix}$，$\boldsymbol{B}=\begin{bmatrix}1 & 2\\ 1 & 1\\ 0 & 0\end{bmatrix}$，则 $\boldsymbol{X}=\boldsymbol{A}^{-1}\boldsymbol{B}$.

代码如下：

```
import numpy as np
# 定义矩阵 A 和 B
A = np.array([[1, 2, 0],
              [1, 3, 0],
              [0, 0, 1]])
B = np.array([[1, 2],
              [1, 1],
```

```
              [0, 0]])
# 使用 NumPy 的线性代数模块的 solve 函数来计算 X=A\B
X = np.linalg.solve(A, B)
# 打印结果
print("X = \n", X)
```

执行后结果：

```
X =
 [[ 1.   4.]
 [ 0.  -1.]
 [ 0.   0.]]
```

例 16 矩阵 $\boldsymbol{A}=\begin{bmatrix}0 & -1 & 0\\1 & 0 & 0\\0 & 0 & 1\end{bmatrix}$，$\boldsymbol{B}=\begin{bmatrix}-1 & -2 & 0\\2 & -1 & 0\\0 & 0 & 0\end{bmatrix}$，求矩阵 $\boldsymbol{X}$ 满足矩阵方程 $\boldsymbol{XA}-\boldsymbol{B}=2\boldsymbol{E}$.

解 由 $\boldsymbol{XA}-\boldsymbol{B}=2\boldsymbol{E}$，知 $\boldsymbol{X}=(\boldsymbol{B}+2\boldsymbol{E})\boldsymbol{A}^{-1}$.

代码如下：

```
import numpy as np
# 定义矩阵 A 和 B
A = np.array([[0, -1, 0],
              [1, 0, 0],
              [0, 0, 1]])
B = np.array([[-1, -2, 0],
              [2, -1, 0],
              [0, 0, 0]])
# 创建单位矩阵 E
E = np.eye(3)
# 计算 C=B+2*E
C = B + 2 * E
X = np.linalg.solve(A, C)
# 打印结果
print("A = \n", A)
print("B = \n", B)
print("E = \n", E)
print("C = \n", C)
print("X = \n", X)
```

执行后结果：

```
A =
 [[ 0 -1   0]
 [ 1   0   0]
 [ 0   0   1]]
B =
 [[-1  -2   0]
 [ 2   -1   0]
 [ 0   0   0]]
E =
 [[1. 0. 0.]
 [0. 1. 0.]
 [0. 0. 1.]]
C =
 [[ 1. -2.   0.]
 [ 2.    1.   0.]
 [ 0.    0.   2.]]
X =
 [[ 2.   1.   0.]
 [-1.   2.   -0.]
 [ 0.   0.   2.]]
```

例 17 求下列矩阵的秩.

（1）$\boldsymbol{A}=\begin{bmatrix}1 & -1 & 2\\ 3 & 2 & 1\\ 1 & -2 & 0\end{bmatrix}$；（2）$\boldsymbol{B}=\begin{bmatrix}2 & 3 & 1 & -3 & -7\\ 1 & 2 & 0 & -2 & -4\\ 3 & -2 & 8 & 3 & 0\\ 2 & -3 & 7 & 4 & 3\end{bmatrix}$.

代码如下：

```
import numpy as np
# 定义矩阵 A 和 B
A = np.array([[1, -1, 2],
              [3, 2, 1],
              [1, -2, 0]])
B = np.array([[2, 3, 1, -3, 7],
              [1, 2, 0, -2, -4],
              [3, -2, 8, 3, 0],
              [2, -3, 7, 4, 3]])
# A 的秩
r1 = np.linalg.matrix_rank(A)
```

```
# B 的秩
r2 = np.linalg.matrix_rank(B)
```

执行后结果：

```
r1 =
    3
r2 =
    3
```

2.7.2 数学模型举例

例 18 一个专注于橄榄球用品生产的工厂，其核心产品包括防护帽、垫肩和臀垫 3 种. 这些产品的制造过程依赖于硬塑料、泡沫塑料、尼龙线以及劳动力等原材料的投入. 为了有效监控生产过程，管理者对产品与原材料之间的消耗关系给予了高度关注. 具体的产品与原材料消耗关系详见表 2.18.

表 2.18 产品与原材料消耗关系

	防护帽	垫肩	臀垫
硬塑料	4	2	3
泡沫塑料	1	3	2
尼龙线	1	3	3
劳动力	3	2	2

目前，工厂已接收到四份订单，具体的产品数量详见表 2.19.

表 2.19 订单的产品数量

	防护帽	垫肩	臀垫
订单 1	35	10	20
订单 2	20	15	12
订单 3	60	50	45
订单 4	45	40	20

问：为了组织生产，管理者应该如何计算每份订单所需的原材料？

【模型假设】

（1）原材料供应充足：假设工厂有足够的原材料库存来满足所有订单的需求，或者有能力及时采购所需的原材料.

（2）生产效率恒定：假设生产过程中的效率是恒定的，即每种产品对原材料的消耗不会因为生产规模的变化而改变.

（3）无生产损耗：假设在生产过程中没有原材料损耗，即所有投入的原材料都能完全用于产品的制造.

（4）劳动力充足且效率一致：假设工厂有足够的劳动力来满足生产需求，且不同工人之间的生产效率是一致的.

【模型建立】为了计算每份订单所需的原材料，管理者需要首先确定每种产品对原材料的需求，然后根据订单中的产品数量来计算所需的原材料总量.

首先，根据表 2.18，可以得知每种产品对原材料的需求如下：

防护帽需要 4 单位硬塑料、1 单位泡沫塑料、1 单位尼龙线和 3 单位劳动力. 垫肩需要 2 单位硬塑料、3 单位泡沫塑料、3 单位尼龙线和 2 单位劳动力. 臂垫需要 3 单位硬塑料、2 单位泡沫塑料、3 单位尼龙线和 2 单位劳动力.

接下来，根据表 2.19 中的订单数据，计算每份订单所需的原材料总量.

对于订单 1：

防护帽 35 个，所需硬塑料为 35×4=140 单位，泡沫塑料为 35×1=35 单位，尼龙线为 35×1=35 单位，劳动力为 35×3=105 单位.

垫肩 10 个，所需硬塑料为 10×2=20 单位，泡沫塑料为 10×3=30 单位，尼龙线为 10×3=30 单位，劳动力为 10 × 2=20 单位.

臂垫 20 个，所需硬塑料为 20 × 3=60 单位，泡沫塑料为 20 × 2=40 单位，尼龙线为 20 × 3=60 单位，劳动力为 20 × 2=40 单位.

因此，订单 1 总共需要硬塑料 140+20+60=220 单位，泡沫塑料 35+30+40=105 单位，尼龙线 35+30+60=125 单位，劳动力 105+20+40=165 单位.

类似地，可以计算订单 2、订单 3 和订单 4 所需的原材料总量.

由矩阵乘法的定义，可以将代表产品与原材料消耗关系的表 2.18 视为一个矩阵 $\boldsymbol{A}$，而将代表每份订单中各类产品数量的表 2.19 视为另一个矩阵 $\boldsymbol{B}$. 矩阵 $\boldsymbol{A}$ 的每一列代表一种产品对各类原材料的消耗数量，而矩阵 $\boldsymbol{B}$ 的每一行则代表一份订单中各类产品的数量.

将表格写成矩阵的形式：

$$\boldsymbol{A}=\left[a_{ij}\right]_{4\times 3}=\begin{bmatrix}4&2&3\\1&3&2\\1&3&3\\3&2&2\end{bmatrix},\quad \boldsymbol{B}=\left[b_{ij}\right]_{4\times 3}=\begin{bmatrix}35&10&20\\20&15&12\\60&50&45\\45&40&20\end{bmatrix}$$

若将每份订单所需原材料记为矩阵 $\boldsymbol{C}$，则其元素是 $\boldsymbol{A}$ 的行与 $\boldsymbol{B}$ 的行对应元素相乘后求和的结果，即每份订单所需原材料 $\boldsymbol{C}=\boldsymbol{A}\boldsymbol{B}^{\mathrm{T}}$.

【模型求解】在 Python 中，可以使用 NumPy 库来进行矩阵运算，输入以下代码：

```
import numpy as np
# 定义矩阵 A 和 B
A = np.array([[4, 2, 3], [1, 3, 2], [1, 3, 4], [3, 2, 2]])
B = np.array([[35, 10, 20], [20, 15, 12], [60, 50, 45], [45, 40, 20]])
# 对 B 进行转置
B_transpose = B.T
# 使用 numpy 的 dot 函数进行矩阵乘法
C = np.dot(A, B_transpose)
```

```
# 打印结果
print("C=",C)
```

执行上述代码后，得

```
C= [[220   146   475   320]
 [105   89   300   205]
 [145   113   390   245]
 [165   114   370   255]]
```

将各订单对应的消耗量用表格表示出来，如表 2.20 所示.

表 2.20　订单消耗的原材料

消耗量	硬塑料	泡沫塑料	尼龙线	劳动力
订单 1	220	146	475	320
订单 2	105	89	300	205
订单 3	145	113	390	245
订单 4	165	114	370	255

【模型分析】使用矩阵进行建模在解决此类问题时具有显著的优势. 首先，矩阵能够以一种直观且简洁的方式表示复杂的数据关系，如本问题中的产品与原材料消耗关系以及订单数量. 通过将数据转化为矩阵形式，可以更容易地理解和分析这些关系.

其次，矩阵运算具有强大的计算能力，能够高效地处理大量数据. 在本问题中，通过矩阵乘法，可以一次性计算出每份订单所需的原材料总量，而无需逐个计算每种产品在每个订单中的原材料需求. 这不仅提高了计算效率，还减少了出错的可能性.

此外，使用矩阵建模还为后续进行更复杂的运算提供了方便. 例如，如果需要考虑生产过程中的其他因素（如生产线的配置、原材料的采购周期等），可以将这些因素也纳入矩阵模型中，通过扩展矩阵的维度或引入新的矩阵运算来进行分析. 这使得模型更加灵活和可扩展，能够适应更多种类的实际问题.

综上所述，使用矩阵进行建模在解决此类问题时具有直观简洁、计算高效以及方便后续扩展等优点. 因此，在实际应用中，可以优先考虑使用矩阵模型来处理类似的数据关系和计算问题.

习题 2.7

【基础训练】

1. [目标 1.1、2.3、4.1]已知矩阵 $\boldsymbol{A}=\begin{bmatrix}-1 & 2 & 3\\0 & 2 & 0\end{bmatrix}$，$\boldsymbol{B}=\begin{bmatrix}4 & 2 & 3\\5 & 2 & 0\end{bmatrix}$，运用 Python 软件求 $\boldsymbol{A}+\boldsymbol{B}$，$\boldsymbol{A}-2\boldsymbol{B}$.

2. [目标 1.1、2.3、4.1]已知矩阵 $\boldsymbol{A}=\begin{bmatrix}3&1&1\\2&1&2\\1&2&3\end{bmatrix}$，$\boldsymbol{B}=\begin{bmatrix}1&1&-1\\2&-1&0\\1&0&1\end{bmatrix}$，运用 Python 软件求 $-2\boldsymbol{A}$，$\boldsymbol{AB}$，$\boldsymbol{A}^{\mathrm{T}}\boldsymbol{B}$，$\boldsymbol{B}^{-1}$.

3. [目标 2.3]运用 Python 软件计算 $\boldsymbol{A}$ 的行列式，$\boldsymbol{A}=\begin{bmatrix}1&-1&1&2\\2&3&3&2\\1&1&2&1\end{bmatrix}$.

4. [目标 1.1、2.3、4.1]利用 Python 软件求解矩阵方程 $\begin{bmatrix}1&1&-1\\0&2&2\\1&-1&0\end{bmatrix}\boldsymbol{X}=\begin{bmatrix}1&-1&1\\1&1&0\\2&1&1\end{bmatrix}$.

5. [目标 1.1、2.1、2.3、4.1]设 $\boldsymbol{A}=\begin{bmatrix}1&1&-1\\0&1&1\\0&0&-1\end{bmatrix}$ 且 $\boldsymbol{AX}-\boldsymbol{A}^2=\boldsymbol{E}$，利用 Python 软件求矩阵 $\boldsymbol{X}$.

6. [目标 1.1、2.1、2.3、4.1]利用 Python 编写代码，将下列矩阵化为最简形矩阵，并求矩阵的秩.

（1）$\boldsymbol{A}=\begin{bmatrix}2&2&3\\-1&2&1\\1&-1&0\end{bmatrix}$；

（2）$\boldsymbol{B}=\begin{bmatrix}1&-1&3&-4&3\\3&-3&5&-4&1\\2&-2&3&-2&0\\3&-3&4&-2&-1\end{bmatrix}$.

知识结构网络图

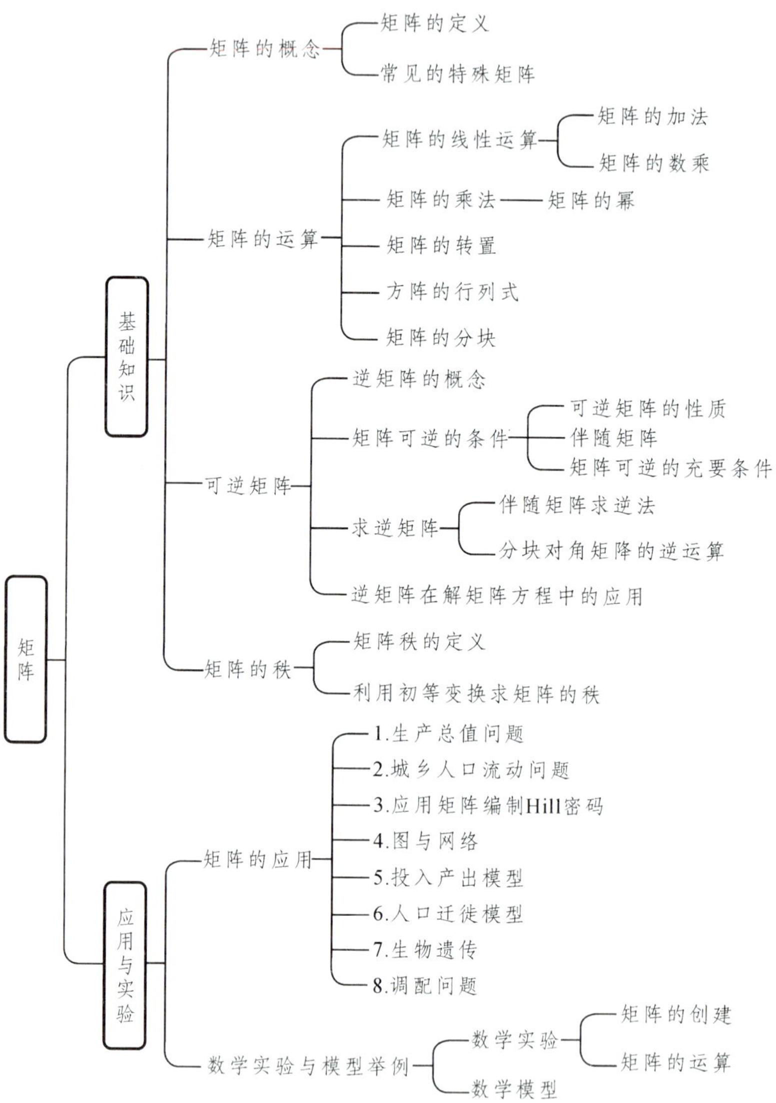
矩阵
基础知识
矩阵的概念
矩阵的定义
常见的特殊矩阵
矩阵的运算
矩阵的线性运算
矩阵的加法
矩阵的数乘
矩阵的乘法
矩阵的幂
矩阵的转置
方阵的行列式
矩阵的分块
可逆矩阵
逆矩阵的概念
矩阵可逆的条件
可逆矩阵的性质
伴随矩阵
矩阵可逆的充要条件
求逆矩阵
伴随矩阵求逆法
分块对角矩阵的逆运算
逆矩阵在解矩阵方程中的应用
矩阵的秩
矩阵秩的定义
利用初等变换求矩阵的秩
应用与实验
矩阵的应用
1.生产总值问题
2.城乡人口流动问题
3.应用矩阵编制Hill密码
4.图与网络
5.投入产出模型
6.人口迁徙模型
7.生物遗传
8.调配问题
数学实验与模型举例
数学实验
矩阵的创建
矩阵的运算
数学模型

OBE 理念下教学目标

知识目标	1. 基础概念掌握	深入了解矩阵的基本概念，能够清晰区分矩阵与行列式
		熟练掌握各种矩阵的类型，包括方阵、对角矩阵、单位矩阵、零矩阵等，并理解其特性
	2. 理论知识广度和深度	熟练掌握矩阵的线性运算及其性质
		熟练掌握矩阵的乘法运算及性质，深入理解方阵的幂、方阵行列式
		掌握矩阵的转置及其性质
		了解矩阵的分块及其运算
	3. 数学方法和技巧应用	了解初等变换与初等矩阵的概念及其相互关系
		能够识别行阶梯形矩阵、行最简形矩阵以及标准型矩阵
		熟练掌握矩阵秩的概念，并能利用初等变换求矩阵的秩
能力目标	1. 问题解决能力	理解矩阵在生产总值、城乡人口流动、编制 Hill 密码、图和网络、投入产出模型以及调配等领域中的应用
		能够利用公式法及初等变换法求解可逆矩阵
		能够利用初等变换方法求解矩阵方程
	2. 抽象思维和逻辑推理	深入理解逆矩阵、伴随矩阵的概念及其性质
	4. 数据分析与解释能力	能够分析矩阵在生产总值、城乡人口流动、编制 Hill 密码、图和网络、投入产出模型以及调配等实际应用中的数据，并给出合理解释.
思政目标	1. 创新精神	鼓励学生利用 Python 软件进行矩阵运算，探索新的计算方法和应用场景，培养创新精神和实践能力

章节测验

1. 单项选择题

（1）[目标 1.1]下列等式中，正确的是（　　）.

A. $\begin{bmatrix}2&0&0\\0&4&2\end{bmatrix}=2\begin{bmatrix}1&0&0\\0&2&1\end{bmatrix}$

B. $3\begin{bmatrix}1&2&3\\4&5&6\end{bmatrix}=\begin{bmatrix}3&6&9\\4&5&6\end{bmatrix}$

C. $5\begin{bmatrix}1&0\\0&2\end{bmatrix}=10$

D. $-\begin{bmatrix}1&2&0\\0&-3&-5\end{bmatrix}=\begin{bmatrix}-1&-2&0\\0&-3&5\end{bmatrix}$

（2）[目标 1.1]设有矩阵为 $\boldsymbol{A}_{3\times2}$， $\boldsymbol{B}_{2\times3}$ 及 $\boldsymbol{C}_{3\times3}$，下列运算有意义的是（　　）.

A. $\boldsymbol{AB}$　　B. $\boldsymbol{BC}$　　C. $\boldsymbol{ACB}$　　D. $\boldsymbol{AB}-\boldsymbol{BC}$

（3）[目标 1.1]设 $\boldsymbol{A}$ 为 2 阶矩阵，若 $|3\boldsymbol{A}|=3$，则 $|2\boldsymbol{A}|=$（　　）.

A. $\frac{1}{2}$　　B. 1　　C. $\frac{4}{3}$　　D. 2

（4）[目标 1.1、2.1]设 $\boldsymbol{A}$，$\boldsymbol{B}$ 为 n 阶矩阵，则正确的是（　　）.

A. $|\boldsymbol{AB}|=|\boldsymbol{BA}|$

B. $|\boldsymbol{A}+\boldsymbol{B}|=|\boldsymbol{A}|+|\boldsymbol{B}|$

C. $|\boldsymbol{A}-\boldsymbol{B}|=|\boldsymbol{A}|-|\boldsymbol{B}|$

D. $|\boldsymbol{AB}|=|\boldsymbol{A}||\boldsymbol{B}|$

（5）[目标 1.1、2.1]设 $\boldsymbol{A},\boldsymbol{B}$ 为 n 阶方阵，且 $\boldsymbol{A}(\boldsymbol{B}-\boldsymbol{E})=\boldsymbol{O}$，则正确的是（　　）.

A. $\boldsymbol{A}=\boldsymbol{O}$ 或 $\boldsymbol{B}=\boldsymbol{E}$

B. $|\boldsymbol{A}|=0$ 或 $|\boldsymbol{B}-\boldsymbol{E}|=0$

C. $|\boldsymbol{A}|=0$ 或 $|\boldsymbol{B}|=1$

D. $\boldsymbol{A}=\boldsymbol{BA}$

（6）[目标 1.2、2.1]设矩阵 $\boldsymbol{A}$，$\boldsymbol{B}$，$\boldsymbol{C}$，$\boldsymbol{X}$ 为同阶方阵，且 $\boldsymbol{A}$，$\boldsymbol{B}$ 可逆，$\boldsymbol{AXB}=\boldsymbol{C}$，则矩阵 $\boldsymbol{X}=$（　　）.

A. $\boldsymbol{A}^{-1}\boldsymbol{CB}^{-1}$

B. $\boldsymbol{CA}^{-1}\boldsymbol{B}^{-1}$

C. $\boldsymbol{B}^{-1}\boldsymbol{A}^{-1}\boldsymbol{C}$

D. $\boldsymbol{CB}^{-1}\boldsymbol{A}^{-1}$

（7）[目标 1.1、2.1]若 $\boldsymbol{A}^2=\boldsymbol{A}$，则下列一定正确的是（　　）.

A. $\boldsymbol{A}=\boldsymbol{O}$

B. $\boldsymbol{A}=\boldsymbol{E}$

C. $|\boldsymbol{A}|=0$

D. 以上均不成立

（8）[目标 1.1、2.1]设 $\boldsymbol{A}$ 为 n 阶反对称阵（即 $\boldsymbol{A}^{\mathrm{T}}=-\boldsymbol{A}$），且 $\boldsymbol{A}$ 可逆，则以下成立的是（　　）.

A. $\boldsymbol{A}^{\mathrm{T}}\boldsymbol{A}^{-1}=-\boldsymbol{E}$

B. $\boldsymbol{AA}^{\mathrm{T}}=-\boldsymbol{E}$

C. $\boldsymbol{A}^{-1}=-\boldsymbol{A}^{\mathrm{T}}$

D. $|\boldsymbol{A}^{\mathrm{T}}|=-|\boldsymbol{A}|$

（9）[目标 1.1]设 $\boldsymbol{A}$ 为三阶矩阵，$\boldsymbol{P}=\begin{bmatrix}1&0&0\\2&1&0\\0&0&1\end{bmatrix}$，则用 $\boldsymbol{P}$ 左乘 $\boldsymbol{A}$，相当于将矩阵 $\boldsymbol{A}$(　　).

A. 第 1 行的 2 倍加到第 2 行　　B. 第 1 列的 2 倍加到第 2 列

C. 第 2 行的 2 倍加到第 1 行　　D. 第 2 列的 2 倍加到第 1 列

(10) [目标 1.1、2.1]设矩阵 $A=\begin{bmatrix}1&2&3&-3&2\\3&5&a&-4&4\\4&5&0&3&7-a\end{bmatrix}$，以下结论正确的是(　　).

A. $a=5$时，$R(A)=2$　　B. $a=0$时，$R(A)=4$

C. $a=1$时，$R(A)=5$　　D. $a=2$时，$R(A)=1$

2. 填空题

(1) [目标 1.1]若二阶方阵 $A=\begin{bmatrix}1&2\\2&5\end{bmatrix}$，$B=\begin{bmatrix}2&1\\0&5\end{bmatrix}$，则 $A-B=$________.

(2) [目标 1.1]设矩阵 $A=\begin{bmatrix}1&-3\\-2&4\end{bmatrix}$，$P=\begin{bmatrix}1&1\\0&1\end{bmatrix}$，则 $AP^3=$________.

(3) [目标 1.1、2.1]若 $A=\begin{bmatrix}1&2&4\\2&\lambda&1\\1&1&0\end{bmatrix}$，为使矩阵 A 的秩有最小秩，则 λ应为________.

(4) [目标 1.1、2.1]设方阵 A 满足 $A^2-2A+E=O$，则 $(A^2-2E)^{-1}=$________.

(5) [目标 1.1]设矩阵 $A=\begin{bmatrix}2&1&0\\1&2&0\\0&0&1\end{bmatrix}$，矩阵 B 满足 $ABA^*=2BA^*+E$，其中 A^* 为 A 的伴随矩阵，E 是单位矩阵，则 $|B|=$________.

3. 判断题

(1) [目标 1.1] $AB=O\Rightarrow A=O$ 或 $B=O$.　(　　)

(2) [目标 1.1]初等矩阵的乘积仍是初等矩阵.　(　　)

(3) [目标 1.1]单位矩阵是初等矩阵.　(　　)

(4) [目标 1.1、2，1]若矩阵 A 存在一个行列式不为 0 的 r 阶子式，则 $R(A)\geqslant r$.　(　　)

(5) [目标 1.2]若 A 为 $m\times n$ 矩阵，$R(A)=r$，则 $r\leqslant\min\{m,n\}$.　(　　)

(6) [目标 1.1、2.1]若 $R(A)=r$，则 A 的所有 r 阶子式都不为 0.　(　　)

4. 解答题

(1) [目标 1.1、2.1]设 A 为三阶矩阵，且满足 $AA^{\mathrm{T}}=E$，若 $|A|<0$，求 $|E+A|$.

(2) [目标 1.1]设 $A=\begin{bmatrix}2&-3&1\\4&-5&2\\5&-7&3\end{bmatrix}$，判断 A 是否可逆，若可逆，求其逆矩阵 A^{-1}.

（3）[目标 1.1、2.1]已知矩阵 $\boldsymbol{A}=\begin{bmatrix}1&2&-1&1\\2&0&t&0\\1&-4&5&-2\end{bmatrix}$ 的秩为 2，求 t 的值.

（4）① [目标 1.1]求矩阵 $\boldsymbol{X}$，使 $\boldsymbol{AX}=\boldsymbol{B}$，其中 $\boldsymbol{A}=\begin{bmatrix}1&2&3\\2&2&1\\3&4&3\end{bmatrix}$，$\boldsymbol{B}=\begin{bmatrix}2&5\\3&1\\4&3\end{bmatrix}$.

② [目标 1.1、2.1]求解矩阵方程 $\boldsymbol{AX}=\boldsymbol{A}+\boldsymbol{X}$，其中 $\boldsymbol{A}=\begin{bmatrix}2&2&0\\2&1&3\\0&1&0\end{bmatrix}$.

（5）[目标 1.1、2.1]设 $(2\boldsymbol{E}-\boldsymbol{C}^{-1}\boldsymbol{B})\boldsymbol{A}^{\mathrm{T}}=\boldsymbol{C}^{-1}$，其中 $\boldsymbol{E}$ 是四阶单位矩阵，$\boldsymbol{A}^{\mathrm{T}}$ 是四阶矩阵 $\boldsymbol{A}$ 的转置矩阵，$\boldsymbol{B}=\begin{bmatrix}1&2&-3&-2\\0&1&2&-3\\0&0&1&2\\0&0&0&1\end{bmatrix}$，$\boldsymbol{C}=\begin{bmatrix}1&2&0&1\\0&1&2&0\\0&0&1&2\\0&0&0&1\end{bmatrix}$ 求 $\boldsymbol{A}$.

（6）[目标 1.1、2.1]设方阵 $\boldsymbol{A}$ 满足 $\boldsymbol{A}^2-\boldsymbol{A}-2\boldsymbol{E}=\boldsymbol{O}$，证明：$\boldsymbol{A}$ 及 $\boldsymbol{A}+2\boldsymbol{E}$ 都可逆，并求其逆矩阵.

第 3 章
线性方程组

华西里·列昂惕夫经济学中的线性模型

华西里·列昂惕夫，投入产出分析方法的奠基人，早在 1925 年柏林大学求学期间，即在德国知名期刊《世界经济》上发表了题为《俄国经济平衡——一个方法论的研究》的短文，初步阐释了其投入产出理念. 1936 年，他进一步发表了《美国经济体系中投入产出的数量关系》，详尽介绍了投入产出模型的理论框架、统计资料来源以及计算方法，此举逐渐引起了美国政府和经济学界的广泛关注.

第二次世界大战期间，由于战争需求，各国政府加强对经济的调控，急需一个科学且精确的计算工具. 在此背景下，美国劳工部为探究战后生产和就业问题，特聘请列昂惕夫指导编制 1939 年美国投入产出表. 经过 5 年的努力，该表于 1944 年完成，并立即被用于预测 1945 年 12 月美国的就业状况，以及对 1950 年美国充分就业下各经济部门的产出进行预估. 事实证明，该表的预测与实际经济发展情况高度吻合.

1949 年，美国空军与劳工部携手，组织了一支由 70 余人构成的编制组，投入 150 万美元经费，历经数年，终于在 1952 年秋完成了涵盖 200 个部门的 1947 年美国投入产出表. 自此，美国政府定期编制全国投入产出表，作为国民经济核算和经济政策制定的重要依据. 1973 年，鉴于列昂惕夫在投入产出分析方法领域的杰出贡献及其对经济领域的重大影响，他备受西方经济学界的赞誉，并荣获诺贝尔经济学奖.

投入产出分析的基本思路是：假定一个国家或区域的经济可以分解为 n 个部门，这些部门都有生产产品或服务的独立功能. 设单列 n 元向量 $\boldsymbol{x}$ 是这些 n 个部门的产出，组成在 $\mathbf{R}^n$ 空间的产出向量. 先假定该社会是自给自足的经济，这是一个最简单的情况. 因此各经济部门生产出的产品，完全被自己部门和其他部门所消费.

列昂惕夫的输入输出模型中的一个基本假定是：对于每个部门，存在着一个在 $\mathbf{R}^n$ 空间单位消耗列向量 $\boldsymbol{V}_i$，它表示第 i 个部门每产出一个单位（比如 100 万美金）产品，由本部门和其他各个部门消耗的百分比. 在自给自足的经济中，这些列向量中所有元素的总和应该为

1. 把这 n 个 V_i 并列起来，它可以构成一个 $n\times n$ 的系数矩阵，可称为内部需求矩阵 $\boldsymbol{V}$.

列昂惕夫提出的第一个问题是：各生产部门的实际产出的价格 p 应该是多少，才能使各部门的收入和消耗相等，以维持持续的生产. 由上述知，内部需求=实际产出，移项得：内部需求 − 实际产出 = $\mathbf{0}$，形成了齐次线性方程组，可求解得出实际产出的价格 p.

投入产出分析的特点和优点是能够用来研究实际经济问题. 它是从数量上系统地研究一个复杂经济实体的各不同部门之间相互关系的方法. 这个经济实体可以大到一个国家，甚至整个世界，小到一个省、市或企业部门的经济.

进行经济预测，是投入产出法最广泛的应用. 研究某项经济政策的实施将对社会经济产生什么影响，也是投入产出分析的重要应用. 投入产出分析还可用于一些专门的社会问题研究，如环境污染问题、人口问题、世界经济结构问题等.

线性代数作为一门基础学科，其核心研究内容之一便是线性方程组. 在之前的章节中，已深入探讨了在方程的个数与未知量个数相等时，线性方程组的求解策略与方法. 然而，实际生活中所遇到的线性方程组问题，往往并不满足这一特定条件. 因此，对于一般线性方程组解的讨论，显得尤为关键与必要.

在本章中，将进一步拓展研究视野，深入剖析一般线性方程组解的情况. 同时，还将介绍一系列更具普适性的求解线性方程组的方法，这些方法不仅适用于特定条件下的方程组，更能广泛应用于各类实际问题的求解中. 通过这些研究，将帮助学生更好地理解和掌握线性方程组的性质与规律，为实际问题的解决提供更为坚实的理论基础和有效的求解工具.

3.1 线性方程组解的讨论

线性方程组解的讨论是线性代数中的一个重要课题. 对于给定的线性方程组，需要判断其解的情况，并给出相应的求解方法. 通常先考虑齐次线性方程组. 对于非齐次线性方程组，由于其情况更为复杂. 为了确定非齐次线性方程组解的具体情况，需要进一步分析方程组的增广矩阵和秩的性质.

在实际求解过程中，通常会使用高斯消元法或矩阵的秩等方法来求解线性方程组. 高斯消元法是一种通过初等行变换将方程组转化为上三角矩阵或行最简形式，从而求得解的方法. 而矩阵的秩则可以帮助我们判断方程组解的存在性和唯一性.

综上所述，线性方程组解的讨论涉及多个方面，包括判断解的存在性、唯一性或多解性，以及选择适当的求解方法.

3.1.1 齐次线性方程组解的讨论

根据克莱姆法则，含 n 个未知数、n 个方程的齐次线性方程组拥有非零解的必要条件是系数行列式为零. 然而，这一条件是否足以确保方程组存在非零解，即是否为充分条件，尚待进一步探讨. 此外，当齐次线性方程组中方程的个数与未知数个数不一致时，如何判断方程组解的存在性及其性质，亦是接下来需要深入研究的课题.

首先，需要明确齐次线性方程组的一般形式，进而分析并讨论其有解所需满足的条件. 通过这一系列的探讨，期望能够更深入地理解齐次线性方程组的性质，并为其在实际问题中的应用提供坚实的理论基础.

设含有 n 个未知数、m 个方程的齐次线性方程组为

$$\begin{cases} a_{11}x_1+a_{12}x_2+\cdots+a_{1n}x_n=0 \\ a_{21}x_1+a_{22}x_2+\cdots+a_{2n}x_n=0 \\ \cdots\cdots \\ a_{m1}x_1+a_{m2}x_2+\cdots+a_{mn}x_n=0 \end{cases} \tag{3-1}$$

记矩阵

$$\boldsymbol{A}=\begin{bmatrix} a_{11} & a_{12} & \cdots & a_{1n} \\ a_{21} & a_{22} & \cdots & a_{2n} \\ \vdots & \vdots & & \vdots \\ a_{m1} & a_{m2} & \cdots & a_{mn} \end{bmatrix}, \quad X=\begin{bmatrix} x_1 \\ x_2 \\ \vdots \\ x_n \end{bmatrix}$$

则线性方程组（3-1）写成矩阵形式为

$$\boldsymbol{Ax}=\boldsymbol{O}$$

其中 $\boldsymbol{A}$ 称为线性方程组（3-1）的系数矩阵.

显然，齐次线性方程组必然存在零解. 因此，对于齐次线性方程组的研究，关键在于探究其在何种条件下会有非零解，并在确认存在非零解时，探索如何求得方程组的所有解. 接下来，将详细阐述齐次线性方程组解的判定方法.

定理 3.1 n 元齐次线性方程组 $\boldsymbol{Ax}=\boldsymbol{O}$ 存在非零解的充要条件是系数矩阵 $\boldsymbol{A}$ 的秩 $R(\boldsymbol{A})<n$，即 $\boldsymbol{Ax}=\boldsymbol{O}$ 只有零解的充要条件是 $R(\boldsymbol{A})=n$.

（证明略）.

例 1 判断齐次线性方程组 $\begin{cases} x_1+2x_2+3x_3=0 \\ 3x_1+2x_2+x_3=0 \\ 2x_1+3x_2+x_3=0 \end{cases}$ 解的情况.

解 对齐次线性方程组的系数矩阵 $\boldsymbol{A}$ 进行初等行变换：

$$\boldsymbol{A}=\begin{bmatrix} 1 & 2 & 3 \\ 3 & 2 & 1 \\ 2 & 3 & 1 \end{bmatrix} \xrightarrow[r_3-2r_1]{r_2-3r_1} \begin{bmatrix} 1 & 2 & 3 \\ 0 & -4 & -8 \\ 0 & -1 & -5 \end{bmatrix} \xrightarrow[r_3+(-2)]{r_2+(-4)} \begin{bmatrix} 1 & 2 & 3 \\ 0 & 1 & 2 \\ 0 & 1 & 5 \end{bmatrix} \xrightarrow{r_3-r_2} \begin{bmatrix} 1 & 2 & 3 \\ 0 & 1 & 2 \\ 0 & 0 & 3 \end{bmatrix}$$

可见，$R(\boldsymbol{A})=3=$ 未知量的个数，因此该齐次线性方程组只有零解.

本例也可以计算该方程组的系数行列式，根据系数行列式的值不等于零，得到该方程组只有零解的结论.

例 2 判断齐次线性方程组 $\begin{cases} x_1 \quad +2x_3-x_4=0 \\ -x_1+x_2-3x_3+2x_4=0 \\ 2x_1-x_2+5x_3-3x_4=0 \end{cases}$ 解的情况.

解法一 因为系数矩阵

$$A=\begin{bmatrix} 1 & 0 & 2 & -1 \\ -1 & 1 & -3 & 2 \\ 2 & -1 & 5 & -3 \end{bmatrix} \xrightarrow[r_3-2r_1]{r_2+r_1} \begin{bmatrix} 1 & 0 & 2 & -1 \\ 0 & 1 & -1 & 1 \\ 0 & -1 & 1 & -1 \end{bmatrix} \xrightarrow{r_3+r_2} \begin{bmatrix} 1 & 0 & 2 & -1 \\ 0 & 1 & -1 & 1 \\ 0 & 0 & 0 & 0 \end{bmatrix}$$

可见，$R(A)=2<4$，则方程组有非零解，且一般解为

$$\begin{cases} x_1=-2x_3+x_4 \\ x_2=x_3-x_4 \end{cases}$$

解法二 因为未知量的个数 $n=4$，系数矩阵 $\boldsymbol{A}$ 是 3×4 矩阵.

由矩阵秩的性质，知 $R(A)\leqslant \min\{3,4\}$，则 $R(A)\leqslant 3<n=4$，故方程组有非零解.

例 3 λ和μ 为何值时，齐次线性方程组 $\begin{cases} \lambda x_1+x_2+x_3=0 \\ x_1+\mu x_2+x_3=0 \\ x_1+2\mu x_2+x_3=0 \end{cases}$ 有非零解？

解 由于该方程组的系数矩阵为方阵，故考虑其方阵的行列式：

$$|A|=\begin{vmatrix} \lambda & 1 & 1 \\ 1 & \mu & 1 \\ 1 & 2\mu & 1 \end{vmatrix} \overset{r_1\leftrightarrow r_2}{=\!=\!=} -\begin{vmatrix} 1 & \mu & 1 \\ \lambda & 1 & 1 \\ 1 & 2\mu & 1 \end{vmatrix} \overset{\substack{r_2-\lambda r_1 \\ r_3-r_1}}{=\!=\!=} -\begin{vmatrix} 1 & \mu & 1 \\ 0 & 1-\lambda\mu & 1-\lambda \\ 0 & \mu & 0 \end{vmatrix} = \mu(1-\lambda)$$

当 $|A|=0$ 时，即 $\mu=0$ 或者 $\lambda=1$ 时齐次方程组有非零解.

3.1.2 非齐次线性方程组解的讨论

同样地，根据克莱姆法则，已知含 n 个未知数、n 个方程的非齐次线性方程组在无解或有无穷多解的情况下，其系数行列式必然等于零；而当该方程组有唯一解时，其系数行列式则不等于零. 那么，具体在什么条件下该方程组会无解或存在无穷多解呢？此外，当非齐次线性方程组中方程的个数与未知数个数不一致时，又该如何判断方程组解的情况呢？

为了深入探究这些问题，首先需要明确非齐次线性方程组的一般形式. 在此基础上，将进一步讨论其解的判定条件，以期能够更全面地理解非齐次线性方程组的解的性质与特点.

设含有 n 个未知数、m 个方程的非齐次线性方程组为

$$\begin{cases} a_{11}x_1+a_{12}x_2+\cdots+a_{1n}x_n=b_1 \\ a_{21}x_1+a_{22}x_2+\cdots+a_{2n}x_n=b_2 \\ \cdots\cdots \\ a_{m1}x_1+a_{m2}x_2+\cdots+a_{mn}x_n=b_m \end{cases} \tag{3-2}$$

记矩阵

$$\boldsymbol{A}=\begin{bmatrix} a_{11} & a_{12} & \cdots & a_{1n} \\ a_{21} & a_{22} & \cdots & a_{2n} \\ \vdots & \vdots & & \vdots \\ a_{m1} & a_{m2} & \cdots & a_{mn} \end{bmatrix},\quad x=\begin{bmatrix} x_1 \\ x_2 \\ \vdots \\ x_n \end{bmatrix},\boldsymbol{b}=\begin{bmatrix} b_1 \\ b_2 \\ \vdots \\ b_m \end{bmatrix}$$

则线性方程组（3-2）写成矩阵形式为

$$\boldsymbol{Ax}=\boldsymbol{b}$$

又记矩阵

$$\bar{\boldsymbol{A}}=\begin{bmatrix} a_{11} & a_{12} & \cdots & a_{1n} & b_1 \\ a_{21} & a_{22} & \cdots & a_{2n} & b_2 \\ \vdots & \vdots & & \vdots & \vdots \\ a_{m1} & a_{m2} & \cdots & a_{mn} & b_m \end{bmatrix}=[\boldsymbol{A},\boldsymbol{b}]$$

则 $\boldsymbol{A}$ 和 $\bar{\boldsymbol{A}}$ 分别称为线性方程组（3-2）的系数矩阵和增广矩阵.

如果线性方程组（3-2）中的 $x_1,x_2,\cdots,x_n$ 分别用数 $c_1,c_2,\cdots,c_n$ 代替后可使每个方程变成恒等式，则称有序数组 $c_1,c_2,\cdots,c_n$ 构成 $\boldsymbol{\eta}^*=\begin{pmatrix} c_1 \\ c_2 \\ \vdots \\ c_n \end{pmatrix}$ 方程组的一个解. 线性方程组所有解的集合称为该方程组的解集.

下面给出非齐次线性方程组解的判定.

定理 3.2 线性方程组（3-2）有解的充分必要条件是其系数矩阵与其增广矩阵具有相同的秩，即 $R(\boldsymbol{A})=R(\bar{\boldsymbol{A}})$.

（证明略）.

推论 对于有 n 个未知元的非齐次线性方程组 $\boldsymbol{Ax}=\boldsymbol{b}$:

（1）无解的充分必要条件是 $R(\boldsymbol{A})\neq R(\bar{\boldsymbol{A}})$；

（2）有唯一解的充分必要条件是 $R(\boldsymbol{A})=R(\bar{\boldsymbol{A}})=n$；

（3）有无穷多解的充分必要条件是 $R(\boldsymbol{A})=R(\bar{\boldsymbol{A}})<n$.

上述内容表明，非齐次线性方程组并非总是具备解. 因此，在着手求解非齐次线性方程组之前，必须首先判断其是否存在解. 只有在确认方程组有解的情况下，才能进行进一步的求解运算. 这一逻辑严谨的步骤是确保求解过程的有效性和结果准确性的重要前提.

例 4 判断非齐次线性方程组 $\begin{cases} x_1+x_2+x_3+x_4=1 \\ 3x_1+2x_2+x_3+x_4=-3 \\ x_2+3x_3+2x_4=5 \\ 5x_1+4x_2+3x_3+4x_4=0 \end{cases}$ 解的情况.

解 对方程组的增广矩阵 $\overline{A}$ 进行初等行变换：

$$\overline{\boldsymbol{A}}=[\boldsymbol{A},b]=\begin{bmatrix}1&1&1&1&1\\3&2&1&1&-3\\0&1&3&2&5\\5&4&3&4&0\end{bmatrix}\xrightarrow[(r_4-5r_1)\times(-1)]{(r_2-3r_1)\times(-1)}\begin{bmatrix}1&1&1&1&1\\0&1&2&2&6\\0&1&3&2&5\\0&1&2&1&5\end{bmatrix}$$

$$\xrightarrow[(r_4-r_2)\times(-1)]{r_3-r_2}\begin{bmatrix}1&1&1&1&1\\0&1&2&2&6\\0&0&1&0&-1\\0&0&0&1&1\end{bmatrix}$$

可见，$R(\boldsymbol{A})=R(\overline{\boldsymbol{A}})=4$，因此方程组有唯一解.

例 5 判断非齐次线性方程组 $\begin{cases}4x_1+2x_2-x_3=2\\3x_1-x_2+2x_3=10\\11x_1+3x_2=8\end{cases}$ 解的情况.

解 对方程组的增广矩阵 $\overline{A}$ 实行初等行变换：

$$\overline{\boldsymbol{A}}=[\boldsymbol{A},\boldsymbol{b}]=\begin{bmatrix}4&2&-1&2\\3&-1&2&10\\11&3&0&8\end{bmatrix}\xrightarrow{r_1-r_2}\begin{bmatrix}1&3&-3&-8\\3&-1&2&10\\11&3&0&8\end{bmatrix}$$

$$\xrightarrow[r_3-11r_1]{r_2-3r_1}\begin{bmatrix}1&3&-3&-8\\0&-10&11&34\\0&-30&33&96\end{bmatrix}\xrightarrow{r_1-r_2}\begin{bmatrix}1&3&-3&-8\\0&-10&11&34\\0&0&0&-6\end{bmatrix}$$

可见，$R(\boldsymbol{A})=2$，$R(\overline{\boldsymbol{A}})=3$，且 $R(\boldsymbol{A})\neq R(\overline{\boldsymbol{A}})$，所以方程组无解.

例 6 判断非齐次线性方程组 $\begin{cases}x_1+x_2-3x_3-x_4=1\\3x_1-x_2-3x_3+4x_4=4\\x_1+5x_2-9x_3-8x_4=0\end{cases}$ 解的情况.

解 对方程组的增广矩阵 $\overline{A}$ 进行初等行变换：

$$\overline{\boldsymbol{A}}=[\boldsymbol{A},\boldsymbol{b}]=\begin{bmatrix}1&1&-3&-1&1\\3&-1&-3&4&4\\1&5&-9&-8&0\end{bmatrix}\xrightarrow[r_3-r_1]{r_2-3r_1}\begin{bmatrix}1&1&-3&-1&1\\0&-4&6&7&1\\0&4&-6&-7&-1\end{bmatrix}$$

$$\xrightarrow{r_3+r_2}\begin{bmatrix}1&1&-3&-1&1\\0&-4&6&7&1\\0&0&0&0&0\end{bmatrix}\xrightarrow{r_2\div(-4)}\begin{bmatrix}1&1&-3&-1&1\\0&1&-\frac{3}{2}&-\frac{7}{4}&-\frac{1}{4}\\0&0&0&0&0\end{bmatrix}$$

$$\xrightarrow{r_1-r_2}\begin{bmatrix}1&0&-\frac{3}{2}&\frac{3}{4}&\frac{5}{4}\\0&1&-\frac{3}{2}&-\frac{7}{4}&-\frac{1}{4}\\0&0&0&0&0\end{bmatrix}$$

可见，$R(\boldsymbol{A})=R(\overline{\boldsymbol{A}})=2<4$，因此方程组有无穷解.

原方程组所对应的同解线性方程组为

$$\begin{cases} x_1=\dfrac{3}{2}x_3-\dfrac{3}{4}x_4+\dfrac{5}{4} \\ x_2=\dfrac{3}{2}x_3+\dfrac{7}{4}x_4-\dfrac{1}{4} \end{cases}$$

（具体解法见 3.3 节例 4）.

例 7 设非齐次线性方程组 $\begin{cases} \lambda x_1+x_2+x_3=1 \\ x_1+\lambda x_2+x_3=\lambda \\ x_1+x_2+\lambda x_3=\lambda^2 \end{cases}$，问 λ 取何值时，

（1）有唯一解；

（2）无解；

（3）有无穷多个解.

解法一 对方程组的增广矩阵进行初等行变换：

$$\overline{\boldsymbol{A}}=[\boldsymbol{A},\boldsymbol{b}]=\begin{bmatrix} \lambda & 1 & 1 & 1 \\ 1 & \lambda & 1 & \lambda \\ 1 & 1 & \lambda & \lambda^2 \end{bmatrix} \xrightarrow{r_1 \leftrightarrow r_3} \begin{bmatrix} 1 & 1 & \lambda & \lambda^2 \\ 1 & \lambda & 1 & \lambda \\ \lambda & 1 & 1 & 1 \end{bmatrix}$$

$$\xrightarrow[r_3-\lambda r_1]{r_2-r_1} \begin{bmatrix} 1 & 1 & \lambda & \lambda^2 \\ 0 & \lambda-1 & 1-\lambda & \lambda-\lambda^2 \\ 0 & 1-\lambda & 1-\lambda^2 & 1-\lambda^3 \end{bmatrix} \xrightarrow{r_3+r_2} \begin{bmatrix} 1 & 1 & \lambda & \lambda^2 \\ 0 & \lambda-1 & 1-\lambda & \lambda-\lambda^2 \\ 0 & 0 & 2-\lambda-\lambda^2 & 1-\lambda^3+\lambda-\lambda^2 \end{bmatrix}$$

（1）当 $R(\boldsymbol{A})=R(\overline{\boldsymbol{A}})=3$ 时，有

$$\begin{cases} \lambda-1\neq 0 \\ 2-\lambda-\lambda^2\neq 0 \end{cases}$$

即 $\lambda\neq-2,\ \lambda\neq 1$ 时，方程组有唯一解.

（2）当 $R(\boldsymbol{A})<R(\overline{\boldsymbol{A}})$ 时，有

$$\begin{cases} 2-\lambda-\lambda^2=0 \\ 1-\lambda^3+\lambda-\lambda^2\neq 0 \end{cases}$$

即 $\lambda=-2$ 时，方程组无解.

（3）当 $R(\boldsymbol{A})=R(\overline{\boldsymbol{A}})<3$ 时，有

$$\lambda-1=0 \quad 或 \quad \begin{cases} 2-\lambda-\lambda^2=0 \\ 1-\lambda^3+\lambda-\lambda^2=0 \end{cases}$$

即 $\lambda=1$ 时，方程组有无穷解.

解法二 由于该方程组的系数矩阵为方阵，故可以用克莱姆法则求解.

$$|\boldsymbol{A}|=\begin{vmatrix}\lambda & 1 & 1\\ 1 & \lambda & 1\\ 1 & 1 & \lambda\end{vmatrix}\xlongequal{c_1+c_2+c_3}\begin{vmatrix}\lambda+2 & 1 & 1\\ \lambda+2 & \lambda & 1\\ \lambda+2 & 1 & \lambda\end{vmatrix}=(\lambda+2)\begin{vmatrix}1 & 1 & 1\\ 1 & \lambda & 1\\ 1 & 1 & \lambda\end{vmatrix}$$

$$\xlongequal[r_3-r_1]{r_2-r_1}(\lambda+2)\begin{vmatrix}1 & 1 & 1\\ 0 & \lambda-1 & 0\\ 0 & 0 & \lambda-1\end{vmatrix}=(2+\lambda)(\lambda-1)^2$$

由克莱姆法则知，方程组的系数行列式 $|\boldsymbol{A}|\neq 0$，即 $\lambda\neq -2$ 且 $\lambda\neq 1$ 时有唯一解.

当 $\lambda=-2$ 时，

$$\bar{\boldsymbol{A}}=\begin{bmatrix}-2 & 1 & 1 & 1\\ 1 & -2 & 1 & -2\\ 1 & 1 & -2 & 4\end{bmatrix}\xrightarrow{r}\begin{bmatrix}1 & 1 & -2 & 4\\ 0 & -3 & 3 & -6\\ 0 & 0 & 0 & 3\end{bmatrix}$$

知 $R(\boldsymbol{A})=2$，$R(\bar{\boldsymbol{A}})=3$，故方程组无解.

当 $\lambda=1$ 时，

$$\bar{\boldsymbol{A}}=\begin{bmatrix}1 & 1 & 1 & 1\\ 1 & 1 & 1 & 1\\ 1 & 1 & 1 & 1\end{bmatrix}\xrightarrow{r}\begin{bmatrix}1 & 1 & 1 & 1\\ 0 & 0 & 0 & 0\\ 0 & 0 & 0 & 0\end{bmatrix}$$

知 $R(\boldsymbol{A})=R(\bar{\boldsymbol{A}})=1$，故方程组有无穷解.

那么，应当如何表达这些解呢？这便引出了下一节将要学习的内容——向量. 通过向量这一工具，将能够更加精确、高效地表示非齐次线性方程组的解.

习题 3.1

【基础训练】

1. [目标 1.1、1.3]判断非齐次线性方程组 $\begin{cases}x_1+x_2+x_3=2\\ 3x_1+3x_2+3x_3=6\\ 5x_1+5x_2+5x_3=0\end{cases}$ 解的情况.

2. [目标 1.2]判断非齐次线性方程组 $\begin{cases}x_1+x_2+x_3=2\\ 3x_1+3x_2+3x_3=6\\ 5x_1+5x_2+5x_3=10\end{cases}$ 解的情况.

3. [目标 1.1]判断齐次线性方程组 $\begin{cases}x_1+x_2+x_3=0\\ 2x_1-x_2+8x_3+3x_4=0\\ 2x_1+3x_2-x_4=0\end{cases}$ 解的情况.

4. [目标 1.1]判断齐次线性方程组 $\begin{cases} x_1+3x_2+2x_3=0 \\ x_1+5x_2+3x_3=0 \\ 3x_1+5x_2+8x_3=0 \end{cases}$ 解的情况.

5. [目标 1.3]当 λ 为何值时，齐次线性方程组 $\begin{cases} \lambda x+y+z=0 \\ x+\lambda y-z=0 \\ 2x-y+z=0 \end{cases}$ 有非零解？

6. [目标 1.1、4.2]当 a,b 为何值时，线性方程组 $\begin{cases} x_1+2x_2+ax_3=4 \\ x_1+bx_2+x_3=3 \\ x_1+2x_2+x_3=3 \end{cases}$ 有唯一解、无解，有无穷多解？

【能力提升】

1. [目标 1.3]设齐次线性方程组 $\begin{cases} x_1-3x_2+2x_3=0 \\ 2x_1-5x_2+3x_3=0 \\ 3x_1-8x_2+\lambda x_3=0 \end{cases}$，$\lambda$ 取何值时方程组有非零解？

2. [目标 1.3、2.2]设非齐次线性方程组 $\begin{cases} 2x_1-x_2+x_3=1 \\ -x_1-2x_2+x_3=-1 \\ x_1-3x_2+2x_3=c \end{cases}$，试问 c 为何值时，方程组有解？

3. [目标 1.2、4.2]设线性方程组 $\begin{cases} x_1+x_2+x_3+x_4=1 \\ x_2-x_3+2x_4=1 \\ 2x_1+3x_2+(m+2)x_3+4x_4=n+2 \\ 3x_1+5x_2+x_3+(m+8)x_4=5 \end{cases}$，讨论当 m,n 为何值时，方程组无解？有唯一解？有无穷多解？（不必求解）.

4. [目标 1.1、4.2]当 a,b 为何值时，线性方程组 $\begin{cases} x_1+x_2+x_3+x_4=0 \\ x_2+2x_3+2x_4=1 \\ -x_2+(a-3)x_3-2x_4=b \\ 3x_1+2x_2+x_3+ax_4=-1 \end{cases}$ 有唯一解、无解、有无穷多解？（不必求出解）.

5. [目标 1.2、4.2]已知线性方程组 $\begin{cases} -x_1+\lambda x_2+\lambda x_3=1 \\ \lambda x_1+x_2=\lambda^2 \\ 2x_2+\lambda x_3=2 \end{cases}$，讨论 λ 取何值时，方程组无解；有唯一解；有无穷多解（不必求解）.

【直击考研】

1. [目标 1.1、1.3]（2019-13）$A=\begin{bmatrix}1&0&-1\\1&1&-1\\0&1&a^2-1\end{bmatrix}$，$b=\begin{bmatrix}0\\1\\a\end{bmatrix}$，$Ax=b$ 有无穷多解，则 $a=$______.

2. [目标 1.2、1.3]（2015-5）设矩阵 $A=\begin{bmatrix}1&1&1\\1&2&a\\1&4&a^2\end{bmatrix}$，$b=\begin{bmatrix}1\\d\\d^2\end{bmatrix}$，若集合 $\Omega=\{1,2\}$，则线性方程组 $Ax=b$ 有无穷多解的充要条件为（　　）.

A. $a\notin\Omega,d\notin\Omega$　　B. $a\notin\Omega,d\in\Omega$　　C. $a\in\Omega,d\notin\Omega$　　D. $a\in\Omega,d\in\Omega$

3. [目标 1.2]（2012-20）设 $A=\begin{bmatrix}1&a&0&0\\0&1&a&0\\0&0&1&a\\a&0&0&1\end{bmatrix}$，$\beta=\begin{bmatrix}1\\-1\\0\\0\end{bmatrix}$.

（1）计算行列式 $|A|$；

（2）当实数 a 为何值时，方程组 $Ax=\beta$ 有无穷多解？

3.2　向量及相关概念

在第 2 章中，已经对向量的概念进行了详细的介绍，并且明确了本章所涉及的向量均默认为列向量. 列向量作为一种特殊的向量表示形式，在线性方程组的求解中发挥着重要的作用.

具体来说，当将线性方程组的系数和常数项按照一定规则排列成矩阵形式时，未知数的解便可以用列向量来表示. 这种表示方法不仅简化了方程组的形式，还便于利用矩阵运算来求解方程组.

因此，在本章中，将基于列向量的概念，进一步探讨线性方程组解的情况及其求解方法. 通过深入研究向量的性质和应用，以便能够更好地理解线性方程组解的结构和特性，为解决实际问题提供更加有效的数学工具.

3.2.1　向量组的概念

定义 3.1　若干个 n 维行向量（列向量）所组成的集合叫作 **n 维行（列）向量组**.

例如，将 4 个 3 维列向量：

$$\alpha_1=\begin{pmatrix}1\\2\\1\end{pmatrix},\quad \alpha_2=\begin{pmatrix}-3\\4\\7\end{pmatrix},\quad \alpha_3=\begin{pmatrix}2\\-1\\5\end{pmatrix},\quad \alpha_4=\begin{pmatrix}4\\6\\1\end{pmatrix}$$

称为 3 维列向量组.

3.2.2 向量组的线性表示

例 1 现平面上有 7 个二维向量分别为

$$\boldsymbol{\alpha}_1=\begin{pmatrix}2\\1\end{pmatrix},\ \boldsymbol{\alpha}_2=\begin{pmatrix}3\\3\end{pmatrix},\ \boldsymbol{\alpha}_3=\begin{pmatrix}1\\2\end{pmatrix},\ \boldsymbol{\alpha}_4=\begin{pmatrix}-1\\1\end{pmatrix},\ \boldsymbol{\alpha}_5=\begin{pmatrix}-2\\2\end{pmatrix},\ \boldsymbol{\alpha}_6=\begin{pmatrix}-3\\-1\end{pmatrix},\ \boldsymbol{\alpha}_7=\begin{pmatrix}2\\-2\end{pmatrix}$$

仔细观察图 3.1 所示图形，发现：

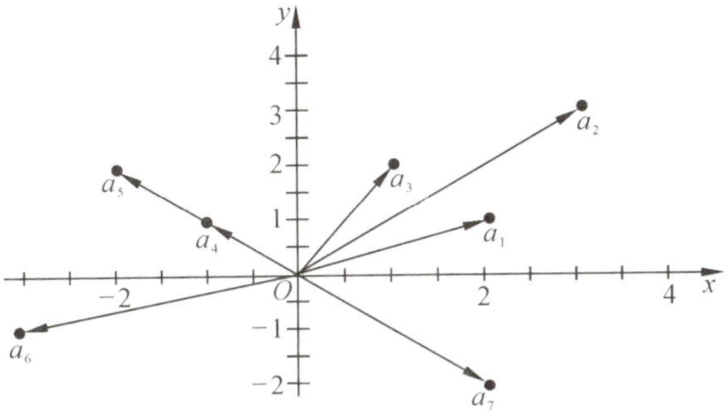

图 3.1

向量 $\boldsymbol{\alpha}_2$ 可以由 $\boldsymbol{\alpha}_1$ 和 $\boldsymbol{\alpha}_3$ 两个向量相加得到，即 $\boldsymbol{\alpha}_2=\boldsymbol{\alpha}_1+\boldsymbol{\alpha}_3$；

向量 $\boldsymbol{\alpha}_5$ 可以由 $\boldsymbol{\alpha}_4$ 乘以 2 得到，也可以由 $\boldsymbol{\alpha}_7$ 乘以 -1 得到，即 $\boldsymbol{\alpha}_5=2\boldsymbol{\alpha}_4$ 或 $\boldsymbol{\alpha}_5=-\boldsymbol{\alpha}_7$；

向量 $\boldsymbol{\alpha}_6$ 也可以由 $\boldsymbol{\alpha}_2$ 的数乘和 $\boldsymbol{\alpha}_7$ 的数乘之和得到，即 $\boldsymbol{\alpha}_6=-\dfrac{2}{3}\boldsymbol{\alpha}_2-\dfrac{1}{2}\boldsymbol{\alpha}_7$；

……

通过例 1 可以得到：一个向量可以由另一个或几个向量（向量组）用数乘之和的形式表示出来，由此给出线性表示和线性组合的概念.

定义 3.2 给定向量组 $\boldsymbol{A}:\boldsymbol{\alpha}_1,\boldsymbol{\alpha}_2,\cdots,\boldsymbol{\alpha}_r$，若存在一组数 $k_1,k_2,\cdots,k_r$，使

$$\boldsymbol{\beta}=k_1\boldsymbol{\alpha}_1+k_2\boldsymbol{\alpha}_2+\cdots+k_r\boldsymbol{\alpha}_r$$

成立，则称向量 $\boldsymbol{\beta}$ 可由向量组 $\boldsymbol{A}$ **线性表示**（或**线性表出**），并称向量 $\boldsymbol{\beta}$ 是向量组 $\boldsymbol{A}:\boldsymbol{\alpha}_1,\boldsymbol{\alpha}_2,\cdots,\boldsymbol{\alpha}_r$ 的**线性组合**.

根据例 1 可得，$\boldsymbol{\alpha}_2$ 可由 $\boldsymbol{\alpha}_1$ 和 $\boldsymbol{\alpha}_3$ 线性表出，即 $\boldsymbol{\alpha}_2$ 是 $\boldsymbol{\alpha}_1$ 和 $\boldsymbol{\alpha}_3$ 的线性组合；$\boldsymbol{\alpha}_5$ 可由 $\boldsymbol{\alpha}_4$ 线性表出，即 $\boldsymbol{\alpha}_5$ 是 $\boldsymbol{\alpha}_4$ 的线性组合；$\boldsymbol{\alpha}_5$ 也可由 $\boldsymbol{\alpha}_7$ 线性表出，即 $\boldsymbol{\alpha}_5$ 是 $\boldsymbol{\alpha}_7$ 的线性组合；$\boldsymbol{\alpha}_6$ 可由 $\boldsymbol{\alpha}_2$ 和 $\boldsymbol{\alpha}_7$ 线性表出，即 $\boldsymbol{\alpha}_6$ 是 $\boldsymbol{\alpha}_2$ 和 $\boldsymbol{\alpha}_7$ 的线性组合.

向量 $\boldsymbol{0}=\begin{pmatrix}0\\0\\0\\0\end{pmatrix}$ 与向量 $\boldsymbol{\alpha}_1=\begin{pmatrix}1\\2\\3\\4\end{pmatrix}$，$\boldsymbol{\alpha}_2=\begin{pmatrix}2\\4\\5\\8\end{pmatrix}$ 之间存在关系

$$\boldsymbol{0}=0\boldsymbol{\alpha}_1+0\boldsymbol{\alpha}_2$$

则称向量 $\boldsymbol{0}$ 是向量 $\boldsymbol{\alpha}_1,\boldsymbol{\alpha}_2$ 的线性组合.

注：（1）零向量可以由任何向量组 $\boldsymbol{\alpha}_1$，$\boldsymbol{\alpha}_2,\cdots$，$\boldsymbol{\alpha}_s$ 线性表出，这是因为

$$\mathbf{0}=0\boldsymbol{\alpha}_1+0\boldsymbol{\alpha}_2+\cdots+0\boldsymbol{\alpha}_s$$

（2）在定义 3.2 中，数 $k_1,k_2,\cdots,k_r$ 是没有加什么限制的：它们可以全不为零；可以一部分为零，一部分不为零（即不全为零）；也可以全为零.

（3）设有 n 个 n 维单位向量：

$$\boldsymbol{e}_1=\begin{bmatrix}1\\0\\\vdots\\0\end{bmatrix},\boldsymbol{e}_2=\begin{bmatrix}0\\1\\\vdots\\0\end{bmatrix},\cdots,\boldsymbol{e}_n=\begin{bmatrix}0\\0\\\vdots\\1\end{bmatrix}$$

由于任一个 n 维向量 $\boldsymbol{\alpha}=(a_1,a_2,\cdots,a_n)$ 都可以表示成

$$\boldsymbol{\alpha}=a_1\boldsymbol{e}_1+a_2\boldsymbol{e}_2+\cdots+a_n\boldsymbol{e}_n$$

所以 n 维向量 $\boldsymbol{\alpha}$ 是 $\boldsymbol{e}_1,\boldsymbol{e}_2,\cdots,\boldsymbol{e}_n$ 的线性组合，或者说任一个 n 维向量均可由 $\boldsymbol{e}_1,\boldsymbol{e}_2,\cdots,\boldsymbol{e}_n$ 线性表示.通常称 $\boldsymbol{e}_1,\boldsymbol{e}_2,\cdots,\boldsymbol{e}_n$ 为 $\boldsymbol{n}$ 维单位坐标向量组.

（4）$\boldsymbol{\alpha}_i\,(i=1,2,\cdots,m)$ 一定可以由向量组 $\boldsymbol{\alpha}_1,\boldsymbol{\alpha}_2,\cdots,\boldsymbol{\alpha}_m$ 线性表出，因为

$$\boldsymbol{\alpha}_i=0\boldsymbol{\alpha}_1+\cdots+0\boldsymbol{\alpha}_{i-1}+1\boldsymbol{\alpha}_i+0\boldsymbol{\alpha}_{i+1}+\cdots+0\boldsymbol{\alpha}_m$$

例 2 设有 5 个三维向量 $\boldsymbol{\beta}=\begin{pmatrix}1\\4\\0\end{pmatrix},\boldsymbol{\alpha}_1=\begin{pmatrix}1\\3\\1\end{pmatrix},\boldsymbol{\alpha}_2=\begin{pmatrix}1\\-1\\5\end{pmatrix},\boldsymbol{\alpha}_3=\begin{pmatrix}-3\\-3\\-9\end{pmatrix},\boldsymbol{\alpha}_4=\begin{pmatrix}-1\\4\\-8\end{pmatrix}$，判断向量 $\boldsymbol{\beta}$ 是否可由 $\boldsymbol{\alpha}_1,\boldsymbol{\alpha}_2,\boldsymbol{\alpha}_3,\boldsymbol{\alpha}_4$ 线性表示？

解 设存在一组数 k_1,k_2,k_3,k_4，使得关系式 $\boldsymbol{\beta}=k_1\boldsymbol{\alpha}_1+k_2\boldsymbol{\alpha}_2+k_3\boldsymbol{\alpha}_3+k_4\boldsymbol{\alpha}_4$ 成立，即有

$$\begin{pmatrix}1\\4\\0\end{pmatrix}=k_1\begin{pmatrix}1\\3\\1\end{pmatrix}+k_2\begin{pmatrix}1\\-1\\5\end{pmatrix}+k_3\begin{pmatrix}-3\\-3\\-9\end{pmatrix}+k_4\begin{pmatrix}-1\\4\\-8\end{pmatrix}$$

由向量运算和向量相等的定义，有关系式

$$\begin{cases}k_1+k_2-3k_3-k_4=1\\3k_1-k_2-3k_3+4k_4=4\\k_1+5k_2-9k_3-8k_4=0\end{cases}$$

此方程组的增广矩阵为

$$\overline{A}=\begin{bmatrix}1&1&-3&-1&1\\3&-1&-3&4&4\\1&5&-9&-8&0\end{bmatrix}\to\begin{bmatrix}1&0&-\dfrac{3}{2}&\dfrac{3}{4}&\dfrac{5}{4}\\0&1&-\dfrac{3}{2}&-\dfrac{7}{4}&-\dfrac{1}{4}\\0&0&0&0&0\end{bmatrix}$$

因此有 $R(\overline{\boldsymbol{A}})=R(\boldsymbol{A})$，即方程组有解. 其解为

$$\begin{cases} k_1=\dfrac{3}{2}k_3-\dfrac{3}{4}k_4+\dfrac{5}{4} \\ k_2=\dfrac{3}{2}k_3+\dfrac{7}{4}k_4-\dfrac{1}{4} \end{cases}$$

任取一组符合条件的 $k_1=\dfrac{5}{4},k_2=-\dfrac{1}{4},k_3=0,k_4=0$，则有 $\beta=\dfrac{5}{4}\alpha_1-\dfrac{1}{4}\alpha_2+0\alpha_3+0\alpha_4$，即向量 $\boldsymbol{\beta}$ 可由 $\boldsymbol{\alpha}_1,\boldsymbol{\alpha}_2,\boldsymbol{\alpha}_3,\boldsymbol{\alpha}_4$ 线性表示.

例 3 设有 5 个三维向量 $\boldsymbol{\beta}=\begin{pmatrix}1\\2\\3\end{pmatrix},\boldsymbol{\alpha}_1=\begin{pmatrix}1\\3\\2\end{pmatrix},\boldsymbol{\alpha}_2=\begin{pmatrix}-2\\-1\\1\end{pmatrix},\boldsymbol{\alpha}_3=\begin{pmatrix}3\\5\\2\end{pmatrix},\boldsymbol{\alpha}_4=\begin{pmatrix}-1\\-3\\-2\end{pmatrix}$，判断向量 $\boldsymbol{\beta}$ 是否可由 $\boldsymbol{\alpha}_1,\boldsymbol{\alpha}_2,\boldsymbol{\alpha}_3,\boldsymbol{\alpha}_4$ 线性表示？

解 设存在一组数 k_1,k_2,k_3,k_4，使得关系式 $\boldsymbol{\beta}=k_1\boldsymbol{\alpha}_1+k_2\boldsymbol{\alpha}_2+k_3\boldsymbol{\alpha}_3+k_4\boldsymbol{\alpha}_4$ 成立，即有

$$\begin{pmatrix}1\\2\\3\end{pmatrix}=k_1\begin{pmatrix}1\\3\\2\end{pmatrix}+k_2\begin{pmatrix}-2\\-1\\1\end{pmatrix}+k_3\begin{pmatrix}3\\5\\2\end{pmatrix}+k_4\begin{pmatrix}-1\\-3\\-2\end{pmatrix}$$

由向量运算和向量相等的定义，有关系式

$$\begin{cases} k_1-2k_2+3k_3-k_4=1 \\ 3k_1-k_2+5k_3-3k_4=2 \\ 2k_1+k_2+2k_3-2k_4=3 \end{cases}$$

此方程组的增广矩阵为

$$\overline{\boldsymbol{A}}=\begin{bmatrix}1&-2&3&-1&1\\3&-1&5&-3&2\\2&1&2&-2&3\end{bmatrix}\to\begin{bmatrix}1&-2&3&-1&1\\0&5&-4&0&-1\\0&0&0&0&2\end{bmatrix}$$

因此有 $R(\overline{\boldsymbol{A}})\neq R(\boldsymbol{A})$，即方程组无解.

所以向量 $\boldsymbol{\beta}$ 不能由 $\boldsymbol{\alpha}_1,\boldsymbol{\alpha}_2,\boldsymbol{\alpha}_3,\boldsymbol{\alpha}_4$ 线性表示.

3.2.3 线性相关与线性无关的概念

由例 1 可得：

（1）因为向量 $\boldsymbol{\alpha}_5=2\boldsymbol{\alpha}_4$，即有 $2\boldsymbol{\alpha}_4-\boldsymbol{\alpha}_5=\boldsymbol{0}$ 成立 $\Rightarrow$ 对于向量 $\boldsymbol{\alpha}_4$ 和 $\boldsymbol{\alpha}_5$ 存在两个不同时为 0 的数 2 和 -1，使上面关于 $\boldsymbol{\alpha}_4$，$\boldsymbol{\alpha}_5$ 的等式成立.

（2）由于 $\boldsymbol{\alpha}_1$ 与 $\boldsymbol{\alpha}_2$ 不共线（可推出 $\boldsymbol{\alpha}_1$ 与 $\boldsymbol{\alpha}_2$ 不能相互地线性表出），因此对于任何不全为零的两个数 k_1 和 k_2，总有

$$k_1\boldsymbol{\alpha}_1+k_2\boldsymbol{\alpha}_2\neq\boldsymbol{0}$$

将上面向量共线或不共线的关系推广到 m 个 n 维向量上，有下面的定义.

定义 3.3 设有 n 维向量组 $\boldsymbol{\alpha}_1,\boldsymbol{\alpha}_2,\cdots,\boldsymbol{\alpha}_m$，若存在不全为 $\mathbf{0}$ 的数 k_1，$k_2,\cdots$，k_m，使得

$$k_1\boldsymbol{\alpha}_1+k_2\boldsymbol{\alpha}_2+\cdots+k_m\boldsymbol{\alpha}_m=\mathbf{0}$$

则称向量组 $\boldsymbol{\alpha}_1,\boldsymbol{\alpha}_2,\cdots,\boldsymbol{\alpha}_m$ 线性相关，否则称它们线性无关. 换言之，向量组 $\boldsymbol{\alpha}_1,\boldsymbol{\alpha}_2,\cdots,\boldsymbol{\alpha}_m$ 线性无关是指只有当 $k_1=k_2=\cdots=k_m=0$，才有 $k_1\boldsymbol{\alpha}_1+k_2\boldsymbol{\alpha}_2+\cdots+k_m\boldsymbol{\alpha}_m=\mathbf{0}$ 成立.

由此可知，两组向量 $\boldsymbol{\alpha}_4$ 和 $\boldsymbol{\alpha}_5$ 线性相关，而向量组 $\boldsymbol{\alpha}_1$ 与 $\boldsymbol{\alpha}_2$ 则线性无关.

注：（1）一个向量组里，只要有一个向量可以由其他向量线性表出，就称这个向量组线性相关；反之，如果向量组里的任意一个向量都不能由其他向量线性表出，就称向量组线性无关.

（2）任何包含零向量的向量组一定线性相关.

（3）单个的非零向量一定线性无关.

（4）两个向量线性相关 $\Leftrightarrow$ 两个向量共线 $\Leftrightarrow$ 它们的对应分量成正比.

例 4 讨论三维向量组 $\boldsymbol{\alpha}_1=\begin{pmatrix}1\\2\\1\end{pmatrix},\boldsymbol{\alpha}_2=\begin{pmatrix}2\\1\\-1\end{pmatrix},\boldsymbol{\alpha}_3=\begin{pmatrix}2\\-2\\-4\end{pmatrix},\boldsymbol{\alpha}_4=\begin{pmatrix}1\\-2\\-3\end{pmatrix}$ 的线性相关性.

解 设存在一组数 k_1,k_2,k_3,k_4，使得关系式 $k_1\boldsymbol{\alpha}_1+k_2\boldsymbol{\alpha}_2+k_3\boldsymbol{\alpha}_3+k_4\boldsymbol{\alpha}_4=\mathbf{0}$ 成立，即有

$$k_1\begin{pmatrix}1\\2\\1\end{pmatrix}+k_2\begin{pmatrix}2\\1\\-1\end{pmatrix}+k_3\begin{pmatrix}2\\-2\\-4\end{pmatrix}+k_4\begin{pmatrix}1\\-2\\-3\end{pmatrix}=\begin{pmatrix}0\\0\\0\end{pmatrix}$$

由向量运算和向量相等的定义，有关系式

$$\begin{cases}k_1+2k_2+2k_3+k_4=0\\2k_1+k_2-2k_3-2k_4=0\\k_1-k_2-4k_3-3k_4=0\end{cases}$$

此方程组的系数矩阵

$$\boldsymbol{A}=\begin{bmatrix}1&2&2&1\\2&1&-2&-2\\1&-1&-4&-3\end{bmatrix}\longrightarrow\begin{bmatrix}1&0&-2&-\frac{5}{3}\\0&1&2&\frac{4}{3}\\0&0&0&0\end{bmatrix}$$

因此有 $R(\boldsymbol{A})=2<4$，即齐次线性方程组有非零解，且有

$$\begin{cases}\boldsymbol{k}_1=2k_3+\dfrac{5}{3}k_4\\\boldsymbol{k}_2=-2k_3-\dfrac{4}{3}k_4\end{cases}$$

任取一组符合条件的 $k_1=\dfrac{11}{3},k_2=-\dfrac{10}{3},k_3=1,k_4=1$，所以向量组 $\boldsymbol{\alpha}_1,\boldsymbol{\alpha}_2,\boldsymbol{\alpha}_3,\boldsymbol{\alpha}_4$ 线性相关.

例 5 讨论三维向量组 $\boldsymbol{\alpha}_1=\begin{pmatrix}1\\3\\2\end{pmatrix},\boldsymbol{\alpha}_2=\begin{pmatrix}2\\2\\3\end{pmatrix},\boldsymbol{\alpha}_3=\begin{pmatrix}3\\1\\1\end{pmatrix}$ 的线性相关性.

解 设存在一组数 k_1,k_2,k_3，使得关系式 $k_1\boldsymbol{\alpha}_1+k_2\boldsymbol{\alpha}_2+k_3\boldsymbol{\alpha}_3=\mathbf{0}$ 成立，即有

$$k_1\begin{pmatrix}1\\3\\2\end{pmatrix}+k_2\begin{pmatrix}2\\2\\3\end{pmatrix}+k_3\begin{pmatrix}3\\1\\1\end{pmatrix}=\begin{pmatrix}0\\0\\0\end{pmatrix}$$

由向量运算和向量相等的定义，有关系式

$$\begin{cases}k_1+2k_2+3k_3=0\\3k_1+2k_2+k_3=0\\2k_1+3k_2+k_3=0\end{cases}$$

此方程组的系数矩阵

$$\boldsymbol{A}=\begin{bmatrix}1&2&3\\3&2&1\\2&3&1\end{bmatrix}\sim\begin{bmatrix}1&2&3\\0&1&2\\0&0&3\end{bmatrix}$$

因此有 $R(\boldsymbol{A})=3$，即齐次线性方程组只有零解，所以向量组 $\boldsymbol{\alpha}_1$，$\boldsymbol{\alpha}_2$，$\boldsymbol{\alpha}_3$ 线性无关.

例 6 若向量组 $\boldsymbol{\alpha}_1,\boldsymbol{\alpha}_2,\boldsymbol{\alpha}_3$ 线性无关，$\boldsymbol{\beta}_1=2\boldsymbol{\alpha}_1+\boldsymbol{\alpha}_2,\boldsymbol{\beta}_2=\boldsymbol{\alpha}_2+5\boldsymbol{\alpha}_3,\boldsymbol{\beta}_3=3\boldsymbol{\alpha}_1+4\boldsymbol{\alpha}_3$，证明：$\boldsymbol{\beta}_1,\boldsymbol{\beta}_2,\boldsymbol{\beta}_3$ 也线性无关.

证明 设有数 k_1,k_2,k_3，使得 $k_1\boldsymbol{\beta}_1+k_2\boldsymbol{\beta}_2+k_3\boldsymbol{\beta}_3=\mathbf{0}$ 成立，即

$$k_1(2\boldsymbol{\alpha}_1+\boldsymbol{\alpha}_2)+k_2(\boldsymbol{\alpha}_2+5\boldsymbol{\alpha}_3)+k_3(3\boldsymbol{\alpha}_1+4\boldsymbol{\alpha}_3)=\mathbf{0}$$

合并同类项可得，$(2k_1+3k_3)\boldsymbol{\alpha}_1+(k_1+k_2)\boldsymbol{\alpha}_2+(5k_2+4k_3)\boldsymbol{\alpha}_3=\mathbf{0}$.

因为 $\boldsymbol{\alpha}_1,\boldsymbol{\alpha}_2,\boldsymbol{\alpha}_3$ 线性无关，则

$$\begin{cases}2k_1+3k_3=0\\k_1+k_2=0\\5k_2+4k_3=0\end{cases}$$

方程组的系数行列式为

$$\boldsymbol{D}=\begin{vmatrix}2&0&3\\1&1&0\\0&5&4\end{vmatrix}=23\neq0$$

因此，只有零解 $k_1 = k_2 = k_3 = 0$，故向量组 $\boldsymbol{\beta}_1, \boldsymbol{\beta}_2, \boldsymbol{\beta}_3$ 也线性无关.

由例 2 ~ 例 6 可以发现，线性方程组和向量是同一个问题的两个不同的侧面.

注：若一个向量 $\boldsymbol{\beta}$ 能由向量组 $\boldsymbol{\alpha}_1, \boldsymbol{\alpha}_2, \cdots, \boldsymbol{\alpha}_n$ 线性表示 ⇔ 其对应的非齐次线性方程组 $x_1\boldsymbol{\alpha}_1 + x_2\boldsymbol{\alpha}_2 + \cdots + x_n\boldsymbol{\alpha}_n = \boldsymbol{\beta}$ 有解.

若一个向量 $\boldsymbol{\beta}$ 不能由向量组 $\boldsymbol{\alpha}_1, \boldsymbol{\alpha}_2, \cdots, \boldsymbol{\alpha}_n$ 线性表示 ⇔ 其对应的非齐次线性方程组 $x_1\boldsymbol{\alpha}_1 + x_2\boldsymbol{\alpha}_2 + \cdots + x_n\boldsymbol{\alpha}_n = \boldsymbol{\beta}$ 无解.

若向量组 $\boldsymbol{\alpha}_1, \boldsymbol{\alpha}_2, \cdots, \boldsymbol{\alpha}_n$ 线性相关 ⇔ 其对应的齐次线性方程组 $x_1\boldsymbol{\alpha}_1 + x_2\boldsymbol{\alpha}_2 + \cdots + x_n\boldsymbol{\alpha}_n = \mathbf{0}$ 有非零解.

若向量组 $\boldsymbol{\alpha}_1, \boldsymbol{\alpha}_2, \cdots, \boldsymbol{\alpha}_n$ 线性无关 ⇔ 其对应的齐次线性方程组 $x_1\boldsymbol{\alpha}_1 + x_2\boldsymbol{\alpha}_2 + \cdots + x_n\boldsymbol{\alpha}_n = \mathbf{0}$ 只有零解.

线性相关性是向量组的一个重要性质，下面介绍一些与之有关的重要结论.

定理 3.3 （1）若向量组 $\boldsymbol{A}: \boldsymbol{\alpha}_1, \boldsymbol{\alpha}_2, \cdots, \boldsymbol{\alpha}_m$ 线性相关，则向量组 $\boldsymbol{B}: \boldsymbol{\alpha}_1, \boldsymbol{\alpha}_2, \cdots, \boldsymbol{\alpha}_m$, $\boldsymbol{\alpha}_{m+1}$ 也线性相关. 反之，若向量组 $\boldsymbol{B}$ 线性无关，则向量组 $\boldsymbol{A}$ 也线性无关.

（2）m 个 n 维向量组成的向量组，当维数 n 小于向量个数 m 时一定线性相关.特别地，n+1 个 n 维向量一定线性相关.

（3）设向量组 $\boldsymbol{A}: \boldsymbol{\alpha}_1, \boldsymbol{\alpha}_2, \cdots, \boldsymbol{\alpha}_m$ 线性无关，而向量组 $\boldsymbol{B}: \boldsymbol{\alpha}_1, \boldsymbol{\alpha}_2, \cdots, \boldsymbol{\alpha}_m, \boldsymbol{b}$ 线性相关，则向量 $\boldsymbol{b}$ 必能由向量组 $\boldsymbol{A}$ 线性表示，且表示式唯一.

证明略.

定理 3.3 的第一条结论可以概括为“部分相关⇒整体相关”，或等价地“整体无关⇒部分无关”.

3.2.4 向量组的等价

定义 3.4 设有两个 n 维向量组

$$\boldsymbol{A}:\ \boldsymbol{\alpha}_1, \boldsymbol{\alpha}_2, \cdots, \boldsymbol{\alpha}_r$$
$$\boldsymbol{B}:\ \boldsymbol{\beta}_1, \boldsymbol{\beta}_2, \cdots, \boldsymbol{\beta}_s$$

如果向量组 $\boldsymbol{A}$ 中的每一个向量都可由向量组 $\boldsymbol{B}$ 线性表示，则称向量组 $\boldsymbol{A}$ 能由向量组 $\boldsymbol{B}$ 线性表示. 如果向量组 $\boldsymbol{A}$ 能由向量组 $\boldsymbol{B}$ 线性表示，向量组 $\boldsymbol{B}$ 也能由向量组 $\boldsymbol{A}$ 线性表示，则称向量组 $\boldsymbol{A}$ 与向量组 $\boldsymbol{B}$ 等价.

设向量组 $\boldsymbol{A}$ 能由向量组 $\boldsymbol{B}$ 线性表示，则存在 r 组数 $k_{i1}, k_{i2}, \cdots, k_{is}$（$i = 1,2,\cdots,r$），使得关系式

$$\boldsymbol{\alpha}_i = k_{i1}\boldsymbol{\beta}_1 + k_{i2}\boldsymbol{\beta}_2 + \cdots + k_{is}\boldsymbol{\beta}_s$$

当向量组 $\boldsymbol{A}$，$\boldsymbol{B}$ 是行向量组时，令矩阵

$$A=\begin{bmatrix}\boldsymbol{\alpha}_1\\ \boldsymbol{\alpha}_2\\ \vdots\\ \boldsymbol{\alpha}_r\end{bmatrix},\quad B=\begin{bmatrix}\boldsymbol{\beta}_1\\ \boldsymbol{\beta}_2\\ \vdots\\ \boldsymbol{\beta}_s\end{bmatrix}$$

则存在 $r\times s$ 矩阵 $\boldsymbol{K}=(k_{ij})_{r\times s}$，使

$$\boldsymbol{A}=\boldsymbol{KB}$$

其中 $\boldsymbol{K}$ 的第 i 行元素就是向量 $\boldsymbol{\alpha}_i$ 被向量组 $\boldsymbol{B}$ 线性表示的系数.

例如，向量组 $\boldsymbol{\beta}_1=\begin{pmatrix}1\\2\end{pmatrix}$，$\boldsymbol{\beta}_2=\begin{pmatrix}2\\3\end{pmatrix}$，$\boldsymbol{\beta}_3=\begin{pmatrix}-1\\2\end{pmatrix}$可由向量组 $\boldsymbol{\alpha}_1=\begin{pmatrix}1\\0\end{pmatrix}$，$\boldsymbol{\alpha}_2=\begin{pmatrix}0\\1\end{pmatrix}$线性表示：

$$\begin{aligned}\boldsymbol{\beta}_1&=\boldsymbol{\alpha}_1+2\boldsymbol{\alpha}_2\\ \boldsymbol{\beta}_2&=2\boldsymbol{\alpha}_1+3\boldsymbol{\alpha}_2\\ \boldsymbol{\beta}_3&=-\boldsymbol{\alpha}_1+2\boldsymbol{\alpha}_2\end{aligned}\Leftrightarrow\begin{bmatrix}\boldsymbol{\beta}_1\\ \boldsymbol{\beta}_2\\ \boldsymbol{\beta}_3\end{bmatrix}=\begin{bmatrix}1&2\\2&3\\-1&2\end{bmatrix}\begin{bmatrix}\boldsymbol{\alpha}_1\\ \boldsymbol{\alpha}_2\end{bmatrix}$$

而向量组 $\boldsymbol{\alpha}_1,\boldsymbol{\alpha}_2$ 也可由向量组 $\boldsymbol{\beta}_1,\boldsymbol{\beta}_2,\boldsymbol{\beta}_3$ 线性表示：

$$\begin{aligned}\boldsymbol{\alpha}_1&=-3\boldsymbol{\beta}_1+2\boldsymbol{\beta}_2+0\boldsymbol{\beta}_3\\ \boldsymbol{\alpha}_2&=2\boldsymbol{\beta}_1-\boldsymbol{\beta}_2+0\boldsymbol{\beta}_3\end{aligned}\Leftrightarrow\begin{bmatrix}\boldsymbol{\alpha}_1\\ \boldsymbol{\alpha}_2\end{bmatrix}=\begin{bmatrix}-3&2&0\\2&-1&0\end{bmatrix}\begin{bmatrix}\boldsymbol{\beta}_1\\ \boldsymbol{\beta}_2\\ \boldsymbol{\beta}_3\end{bmatrix}$$

这说明向量组 $\boldsymbol{\beta}_1,\boldsymbol{\beta}_2,\boldsymbol{\beta}_3$ 与向量组 $\boldsymbol{\alpha}_1,\boldsymbol{\alpha}_2$ 等价.

直线上等价向量组的几何意义：

如图 3.2 所示的三维空间中，共有 3 条分离（“分离”通常意味着这 3 条直线在空间中彼此没有交点）的不共面直线，每条直线上分别有 2 个、3 个和 4 个向量. 两向量 $\boldsymbol{\alpha}_1,\boldsymbol{\alpha}_2$ 在一条直线上；三向量 $\boldsymbol{\beta}_1,\boldsymbol{\beta}_2,\boldsymbol{\beta}_3$ 在另外一条直线上；四向量 $\boldsymbol{\gamma}_1,\boldsymbol{\gamma}_2,\boldsymbol{\gamma}_3,\boldsymbol{\gamma}_4$ 在第三条直线上.

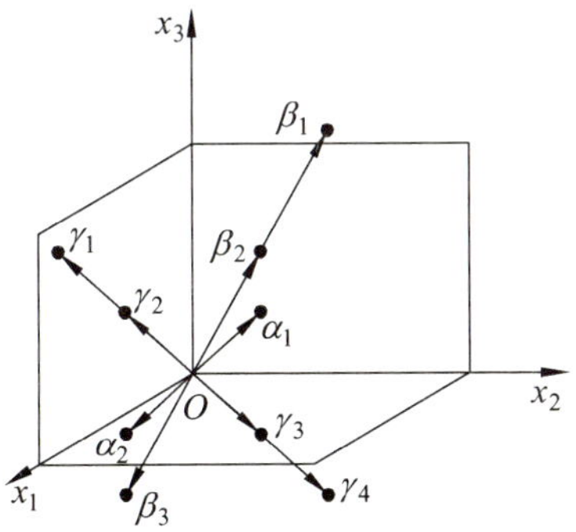

图 3.2

由此，可以验证以下命题：

（1）$\{\boldsymbol{\alpha}_1\},\{\boldsymbol{\alpha}_2\},\{\boldsymbol{\alpha}_1,\boldsymbol{\alpha}_2\}$ 是等价向量组；

（2）$\left.\begin{array}{l}\{\boldsymbol{\beta}_1\},\{\boldsymbol{\beta}_2\},\{\boldsymbol{\beta}_3\}\\ \{\boldsymbol{\beta}_1,\boldsymbol{\beta}_2\},\{\boldsymbol{\beta}_1,\boldsymbol{\beta}_3\},\{\boldsymbol{\beta}_2,\boldsymbol{\beta}_3\}\\ \{\boldsymbol{\beta}_1,\boldsymbol{\beta}_2,\boldsymbol{\beta}_3\}\end{array}\right\}$是等价向量组；

$$(3)\left.\begin{array}{l}\{\gamma_1\},\{\gamma_2\}\{\gamma_3\},\{\gamma_4\}\\ \{\gamma_1,\gamma_2\},\{\gamma_1,\gamma_3\},\{\gamma_1,\gamma_4\},\{\gamma_2,\gamma_3\},\{\gamma_2,\gamma_4\},\{\gamma_3,\gamma_4\}\\ \{\gamma_1,\gamma_2,\gamma_3\},\{\gamma_1,\gamma_2,\gamma_4\},\{\gamma_1,\gamma_3,\gamma_4\},\{\gamma_2,\gamma_3,\gamma_4\}\\ \{\gamma_1,\gamma_2,\gamma_3,\gamma_4\}\end{array}\right\}\text{是等价向量组.}$$

上述命题不用验证也可以知道，因为上面罗列的等价向量组是在同一条直线上，而在一条直线上的向量是可以相互线性表示的.

对于更多的向量组，如果它们所属的直线集合是相等的，那么这些向量组也是等价的.例如 3 个向量组 $\{\alpha_1,\gamma_2\},\{\alpha_2,\gamma_1,\gamma_3,\gamma_4\},\{\alpha_1,\alpha_2,\gamma_1,\gamma_2,\gamma_3,\gamma_4\}$ 是等价的，因为每一组的向量都在 $\boldsymbol{\alpha},\boldsymbol{\gamma}$ 两条直线上.

很容易证明，向量组之间的等价关系有以下 3 个性质：

（1）自反性：每一个向量组都与它自身等价.

（2）对称性：如果向量组 $\boldsymbol{a}_1$，$\boldsymbol{a}_2,\cdots$，$\boldsymbol{a}_m$ 与向量组 $\boldsymbol{b}_1$，$\boldsymbol{b}_2,\cdots$，$\boldsymbol{b}_i$ 等价，则向量组 $\boldsymbol{b}_1$，$\boldsymbol{b}_2,\cdots$，$\boldsymbol{b}_i$ 与向量组 $\boldsymbol{a}_1$，$\boldsymbol{a}_2,\cdots$，$\boldsymbol{a}_m$ 等价.

（3）传递性：如果向量组 $\boldsymbol{a}_1$，$\boldsymbol{a}_2,\cdots$，$\boldsymbol{a}_m$ 与向量组 $\boldsymbol{b}_1$，$\boldsymbol{b}_2,\cdots$，$\boldsymbol{b}_i$ 等价，又向量组 $\boldsymbol{b}_1$，$\boldsymbol{b}_2,\cdots$，$\boldsymbol{b}_i$ 与向量组 $\boldsymbol{c}_1$，$\boldsymbol{c}_2,\cdots$，$\boldsymbol{c}_t$ 等价，则向量组 $\boldsymbol{a}_1$，$\boldsymbol{a}_2,\cdots$，$\boldsymbol{a}_m$ 与向量组 $\boldsymbol{c}_1$，$\boldsymbol{c}_2,\cdots$，$\boldsymbol{c}_t$ 等价.

在数学中，把具有上述 3 个性质的关系称为等价关系.

3.2.5　向量组的最大无关组和向量组的秩

由于向量空间中的向量无穷多，因此可以有无数个向量组等价. 等价的向量组中的向量个数也不尽相同.

4 个二维向量 $\boldsymbol{\alpha}_1=\begin{pmatrix}1\\0\end{pmatrix}$，$\boldsymbol{\alpha}_2=\begin{pmatrix}0\\1\end{pmatrix}$，$\boldsymbol{\alpha}_3=\begin{pmatrix}2\\0\end{pmatrix}$，$\boldsymbol{\alpha}_4=\begin{pmatrix}0\\2\end{pmatrix}$ 中，向量 $\boldsymbol{\alpha}_1$，$\boldsymbol{\alpha}_2$ 是线性无关的，而 $\boldsymbol{\alpha}_1,\boldsymbol{\alpha}_2,\boldsymbol{\alpha}_3$ 是线性相关的；$\boldsymbol{\alpha}_1,\boldsymbol{\alpha}_2,\boldsymbol{\alpha}_4$ 是线性相关的，也就是从原向量组的其余向量中任取一个向量加到 $\boldsymbol{\alpha}_1$，$\boldsymbol{\alpha}_2$ 中所成的向量组都是线性相关的. 那么 $\boldsymbol{\alpha}_1$，$\boldsymbol{\alpha}_2$ 这个线性无关的部分组就是最大的无关，所以称向量组 $\boldsymbol{\alpha}_1$，$\boldsymbol{\alpha}_2$ 是向量组 $\boldsymbol{\alpha}_1,\boldsymbol{\alpha}_2,\boldsymbol{\alpha}_3,\boldsymbol{\alpha}_4$ 的最大无关向量组，简称最大无关组. 同样容易验证，$\boldsymbol{\alpha}_3$，$\boldsymbol{\alpha}_4$ 也是向量组 $\boldsymbol{\alpha}_1,\boldsymbol{\alpha}_2,\boldsymbol{\alpha}_3,\boldsymbol{\alpha}_4$ 的最大无关向量组.

定义 3.5　一个向量组 $\boldsymbol{A}$ 中的部分向量 $\boldsymbol{\alpha}_1,\boldsymbol{\alpha}_2,\cdots,\boldsymbol{\alpha}_r$，若满足如下两个条件：

（1）$\boldsymbol{\alpha}_1,\boldsymbol{\alpha}_2,\cdots,\boldsymbol{\alpha}_r$ 线性无关；

（2）任取 $\boldsymbol{\alpha}\in\boldsymbol{A}$，总有 $\boldsymbol{\alpha}_1,\boldsymbol{\alpha}_2,\cdots,\boldsymbol{\alpha}_r$，$\boldsymbol{\alpha}$ 线性相关，则称部分向量组 $\boldsymbol{\alpha}_1,\boldsymbol{\alpha}_2,\cdots,\boldsymbol{\alpha}_r$ 是向量组 $\boldsymbol{A}$ 的最大向量无关组，简称最大无关组.

可以这样来理解极大线性无关组：首先，它必须是线性无关的；其次，定语“极大”可以理解为最多，也即再任意增加一个向量就会变得线性相关. 也就是说，极大线性无关组就是原向量组中最多的、线性无关的子向量组.

向量组 $\boldsymbol{\alpha}_1,\boldsymbol{\alpha}_2,\cdots,\boldsymbol{\alpha}_m$ 线性无关的充要条件是极大线性无关组为其自身.

由于向量组的最大无关组不是唯一的，但不同的最大无关组所含向量的个数是相等的，把向量组 $\boldsymbol{A}$ 中最大无关组所含向量个数称为向量组 $\boldsymbol{A}$ 的秩，记为 $R(\boldsymbol{A})$ 或 $r(\boldsymbol{A})$.

定理 3.4 设 $\boldsymbol{A}$ 为 $m\times n$ 矩阵，则矩阵 $\boldsymbol{A}$ 的秩等于它的行向量组的秩，也等于它的列向量组的秩.

（证明略）.

注：由一个零向量组成的向量组没有极大线性无关组，通常规定它的秩为 0.

由上述的理论基础，下面给出求向量组秩以及最大无关组的方法：

（1）将所给的列向量组 $\boldsymbol{\alpha}_1,\boldsymbol{\alpha}_2,\cdots,\boldsymbol{\alpha}_s$ 按列排成 s 列的矩阵 $\boldsymbol{A}=[\boldsymbol{\alpha}_1\quad\boldsymbol{\alpha}_2\quad\cdots\quad\boldsymbol{\alpha}_s]$.

例如，将向量 $\boldsymbol{\alpha}_1=\begin{pmatrix}1\\1\\3\\1\end{pmatrix},\boldsymbol{\alpha}_2=\begin{pmatrix}-1\\1\\-1\\3\end{pmatrix},\boldsymbol{\alpha}_3=\begin{pmatrix}5\\-2\\8\\-9\end{pmatrix},\boldsymbol{\alpha}_4=\begin{pmatrix}-1\\3\\1\\7\end{pmatrix}$ 按列排成 4 行 4 列的矩阵

$$\boldsymbol{A}=\begin{bmatrix}1&-1&5&-1\\1&1&-2&3\\3&-1&8&1\\1&3&-9&7\end{bmatrix}$$

（2）对矩阵 $\boldsymbol{A}$ 作初等行变换将其化为阶梯形矩阵（参见第 2 章）. 例如，

$$\boldsymbol{A}=\begin{bmatrix}1&-1&5&-1\\1&1&-2&3\\3&-1&8&1\\1&3&-9&7\end{bmatrix}\overset{r}{\sim}\begin{bmatrix}1&-1&5&-1\\0&2&-7&4\\0&0&0&0\\0&0&0&0\end{bmatrix}$$

（3）由阶梯形矩阵中找出非零行，其非零行的行数即向量组的秩，而非零行的非零首元所在的列对应的原向量所组成的向量组为原向量组的最大无关组. 例如，向量组 $\boldsymbol{\alpha}_1,\boldsymbol{\alpha}_2,\boldsymbol{\alpha}_3,\boldsymbol{\alpha}_4$ 的秩为 2，最大无关组为 $\boldsymbol{\alpha}_1,\boldsymbol{\alpha}_2$.

例 7 已知向量组：$\boldsymbol{\alpha}_1=\begin{pmatrix}2\\1\\4\\3\end{pmatrix},\boldsymbol{\alpha}_2=\begin{pmatrix}-1\\1\\-6\\6\end{pmatrix},\boldsymbol{\alpha}_3=\begin{pmatrix}-1\\-2\\2\\-9\end{pmatrix},\boldsymbol{\alpha}_4=\begin{pmatrix}1\\1\\-2\\7\end{pmatrix},\boldsymbol{\alpha}_5=\begin{pmatrix}2\\4\\4\\9\end{pmatrix}$.

求：（1）向量组的秩及其中一个最大无关组；

（2）将剩余向量由最大无关组线性表示.

解 将列向量组按列排成矩阵 $\boldsymbol{A}$，并对 $\boldsymbol{A}$ 进行初等行变换化为行阶梯形矩阵

$$\boldsymbol{A}=\begin{bmatrix}2&-1&-1&1&2\\1&1&-2&1&4\\4&-6&2&-2&4\\3&6&-9&7&9\end{bmatrix}\xrightarrow{r}\begin{bmatrix}1&1&-2&1&4\\0&1&-1&1&0\\0&0&0&1&-3\\0&0&0&0&0\end{bmatrix}$$

（1）$R(\boldsymbol{A})=3$，即向量组的秩为 3，而 3 个非零首元在 1，2，4 三列，故 $\boldsymbol{\alpha}_1,\boldsymbol{\alpha}_2,\boldsymbol{\alpha}_4$ 为向量组的一个最大无关组.

（2）为使 $\boldsymbol{\alpha}_3,\boldsymbol{\alpha}_5$ 用 $\boldsymbol{\alpha}_1,\boldsymbol{\alpha}_2,\boldsymbol{\alpha}_4$ 线性表示，把 $\boldsymbol{A}$ 再变成行最简形矩阵

$$\boldsymbol{A}=\begin{bmatrix}2&-1&-1&1&2\\1&1&-2&1&4\\4&-6&2&-2&4\\3&6&-9&7&9\end{bmatrix}\overset{r}{\to}\begin{bmatrix}1&1&-2&1&4\\0&1&-1&1&0\\0&0&0&1&-3\\0&0&0&0&0\end{bmatrix}\overset{r}{\to}\begin{bmatrix}1&0&-1&0&4\\0&1&-1&0&3\\0&0&0&1&-3\\0&0&0&0&0\end{bmatrix}$$

把上列行最简形矩阵记作 $\boldsymbol{B}=(\boldsymbol{b}_1\quad\boldsymbol{b}_2\quad\boldsymbol{b}_3\quad\boldsymbol{b}_4\quad\boldsymbol{b}_5)$，由于方程 $\boldsymbol{A}x=\boldsymbol{0}$ 与 $\boldsymbol{B}x=\boldsymbol{0}$ 同解，即方程

$$x_1\boldsymbol{\alpha}_1+x_2\boldsymbol{\alpha}_2+x_3\boldsymbol{\alpha}_3+x_4\boldsymbol{\alpha}_4+x_5\boldsymbol{\alpha}_5=\boldsymbol{0}$$

与

$$x_1\boldsymbol{b}_1+x_2\boldsymbol{b}_2+x_3\boldsymbol{b}_3+x_4\boldsymbol{b}_4+x_5\boldsymbol{b}_5=\boldsymbol{0}$$

同解，因此向量 $\boldsymbol{\alpha}_1,\boldsymbol{\alpha}_2,\boldsymbol{\alpha}_3,\boldsymbol{\alpha}_4,\boldsymbol{\alpha}_5$ 之间的线性关系与向量 $\boldsymbol{b}_1,\boldsymbol{b}_2,\boldsymbol{b}_3,\boldsymbol{b}_4,\boldsymbol{b}_5$ 之间的线性关系是相同的.

现在

$$\boldsymbol{b}_3=\begin{pmatrix}-1\\-1\\0\\0\end{pmatrix}=(-1)\begin{pmatrix}1\\0\\0\\0\end{pmatrix}+(-1)\begin{pmatrix}0\\1\\0\\0\end{pmatrix}=-\boldsymbol{b}_1-\boldsymbol{b}_2,$$

$$\boldsymbol{b}_5=4\boldsymbol{b}_1+3\boldsymbol{b}_2-3\boldsymbol{b}_4$$

因此

$$\boldsymbol{\alpha}_3=-\boldsymbol{\alpha}_1-\boldsymbol{\alpha}_2,\boldsymbol{\alpha}_5=4\boldsymbol{\alpha}_1+3\boldsymbol{\alpha}_2-3\boldsymbol{\alpha}_4$$

习题 3.2

【基础训练】

1. [目标 1.1]设 $\boldsymbol{\alpha}_1=\begin{bmatrix}1\\1\\0\end{bmatrix},\boldsymbol{\alpha}_2=\begin{bmatrix}0\\1\\1\end{bmatrix},\boldsymbol{\alpha}_3=\begin{bmatrix}3\\4\\0\end{bmatrix}$ 求 $\boldsymbol{\alpha}_1-\boldsymbol{\alpha}_2$ 及 $3\boldsymbol{\alpha}_1+2\boldsymbol{\alpha}_2-\boldsymbol{\alpha}_3$.

2. [目标 1.1、1.3]设向量 $\boldsymbol{\alpha}$，$\boldsymbol{\beta}$ 满足 $\boldsymbol{\alpha}+2\boldsymbol{\beta}=\begin{bmatrix}6\\-1\\1\end{bmatrix}$，$\boldsymbol{\alpha}-2\boldsymbol{\beta}=\begin{bmatrix}2\\-1\\-5\end{bmatrix}$，求 $\boldsymbol{\alpha}$，$\boldsymbol{\beta}$.

3. [目标 1.1]设 $3(\boldsymbol{\alpha}_1-\boldsymbol{\alpha})+2(\boldsymbol{\alpha}_2+\boldsymbol{\alpha})=5(\boldsymbol{\alpha}_3+\boldsymbol{\alpha})$，求 $\boldsymbol{\alpha}$. 其中 $\boldsymbol{\alpha}_1=\begin{bmatrix}2\\5\\1\\3\end{bmatrix},\boldsymbol{\alpha}_2=\begin{bmatrix}10\\1\\5\\10\end{bmatrix},\boldsymbol{\alpha}_3=\begin{bmatrix}4\\1\\-1\\1\end{bmatrix}$.

4. [目标 1.1、1.3]问 $\boldsymbol{\beta}$ 是否可由向量组 $\boldsymbol{\alpha}_1,\boldsymbol{\alpha}_2,\boldsymbol{\alpha}_3,\boldsymbol{\alpha}_4$ 线性表示？其中

（1）$\boldsymbol{\beta}=\begin{bmatrix}1\\2\\1\\1\end{bmatrix},\boldsymbol{\alpha}_1=\begin{bmatrix}1\\1\\1\\1\end{bmatrix},\boldsymbol{\alpha}_2=\begin{bmatrix}1\\1\\-1\\-1\end{bmatrix},\boldsymbol{\alpha}_3=\begin{bmatrix}1\\-1\\1\\-1\end{bmatrix},\boldsymbol{\alpha}_4=\begin{bmatrix}1\\-1\\-1\\1\end{bmatrix}$；

（2）$\boldsymbol{\beta}=\begin{bmatrix}2\\0\\0\\3\end{bmatrix},\boldsymbol{\alpha}_1=\begin{bmatrix}1\\1\\1\\1\end{bmatrix},\boldsymbol{\alpha}_2=\begin{bmatrix}-1\\0\\2\\1\end{bmatrix},\boldsymbol{\alpha}_3=\begin{bmatrix}1\\2\\4\\3\end{bmatrix},\boldsymbol{\alpha}_4=\begin{bmatrix}2\\2\\2\\2\end{bmatrix}$.

5. [目标 1.1、1.3]设 $\boldsymbol{\alpha}_1=\begin{bmatrix}1\\1\\1\end{bmatrix},\boldsymbol{\alpha}_2=\begin{bmatrix}1\\2\\3\end{bmatrix},\boldsymbol{\alpha}_3=\begin{bmatrix}1\\3\\t\end{bmatrix}$，

（1）问 t 为何值时，向量组 $\boldsymbol{\alpha}_1,\boldsymbol{\alpha}_2,\boldsymbol{\alpha}_3$ 线性相关？

（2）问 t 为何值时，向量组 $\boldsymbol{\alpha}_1,\boldsymbol{\alpha}_2,\boldsymbol{\alpha}_3$ 线性无关？

6. [目标 1.3]已知向量组：$\boldsymbol{\alpha}_1=\begin{bmatrix}1\\0\\1\\0\end{bmatrix},\boldsymbol{\alpha}_2=\begin{bmatrix}-2\\1\\3\\-7\end{bmatrix},\boldsymbol{\alpha}_3=\begin{bmatrix}3\\-1\\0\\3\end{bmatrix},\boldsymbol{\alpha}_4=\begin{bmatrix}4\\-3\\1\\-3\end{bmatrix}$.

求：（1）向量组的秩及其中一个最大线性无关组；

（2）将剩余向量由最大线性无关组表示.

7. [目标 1.1、3.3]设 $\boldsymbol{\alpha}_1=\begin{bmatrix}0\\1\\1\end{bmatrix},\boldsymbol{\alpha}_2=\begin{bmatrix}1\\1\\0\end{bmatrix},\boldsymbol{\beta}_1=\begin{bmatrix}-1\\0\\1\end{bmatrix},\boldsymbol{\beta}_2=\begin{bmatrix}1\\2\\1\end{bmatrix},\boldsymbol{\beta}_3=\begin{bmatrix}3\\2\\-1\end{bmatrix}$. 证明向量组 $\{\boldsymbol{\alpha}_1,\boldsymbol{\alpha}_2\}$ 与向量组 $\{\boldsymbol{\beta}_1,\boldsymbol{\beta}_2,\boldsymbol{\beta}_3\}$ 等价.

【能力提升】

1. [目标 1.1、1.3]判别下列向量组的线性相关性：

（1）$\boldsymbol{\alpha}_1=[2,5]^{\mathrm{T}}$，$\boldsymbol{\alpha}_2=[-1,3]^{\mathrm{T}}$；

（2）$\boldsymbol{\alpha}_1=[1,-2,3]^{\mathrm{T}}$，$\boldsymbol{\alpha}_2=[0,2,-5]^{\mathrm{T}}$，$\boldsymbol{\alpha}_3=[-1,0,2]^{\mathrm{T}}$；

（3）$\boldsymbol{\alpha}_1=[2,4,1,1,0]^{\mathrm{T}}$，$\boldsymbol{\alpha}_2=[1,-2,0,1,1]^{\mathrm{T}}$，$\boldsymbol{\alpha}_3=[1,3,0,0,1]^{\mathrm{T}}$.

2. [目标 1.1、1.3]已知 $\boldsymbol{\alpha}_1=\begin{bmatrix}1\\0\\2\\3\end{bmatrix},\boldsymbol{\alpha}_2=\begin{bmatrix}1\\1\\3\\5\end{bmatrix},\boldsymbol{\alpha}_3=\begin{bmatrix}1\\-1\\a+2\\1\end{bmatrix},\boldsymbol{\alpha}_4=\begin{bmatrix}1\\2\\4\\a+8\end{bmatrix},\boldsymbol{\beta}=\begin{bmatrix}1\\1\\b+3\\5\end{bmatrix}$.

（1）a,b 取何值时，$\boldsymbol{\beta}$ 不能由 $\boldsymbol{\alpha}_1,\boldsymbol{\alpha}_2,\boldsymbol{\alpha}_3,\boldsymbol{\alpha}_4$ 线性表示？

（2）a,b 取何值时，$\boldsymbol{\beta}$ 可由 $\boldsymbol{\alpha}_1,\boldsymbol{\alpha}_2,\boldsymbol{\alpha}_3,\boldsymbol{\alpha}_4$ 唯一线性表示式？并写出表示式.

3. [目标 1.1、2.1]已知向量组：$\boldsymbol{\alpha}_1=\begin{bmatrix}1\\2\\3\\4\end{bmatrix},\boldsymbol{\alpha}_2=\begin{bmatrix}2\\3\\4\\5\end{bmatrix},\boldsymbol{\alpha}_3=\begin{bmatrix}3\\4\\5\\6\end{bmatrix},\boldsymbol{\alpha}_4=\begin{bmatrix}4\\5\\6\\7\end{bmatrix}$.

求：（1）向量组 $\boldsymbol{\alpha}_1,\boldsymbol{\alpha}_2,\boldsymbol{\alpha}_3,\boldsymbol{\alpha}_4$ 的秩及其中一个最大无关组；

（2）将剩余向量用最大无关组线性表示.

4. [目标 1.1、2.2、3.3]设向量组 $\boldsymbol{\alpha}_1,\boldsymbol{\alpha}_2,\boldsymbol{\alpha}_3$ 线性无关，$\boldsymbol{\beta}_1=\boldsymbol{\alpha}_1+2\boldsymbol{\alpha}_2+\boldsymbol{\alpha}_3$，$\boldsymbol{\beta}_2=2\boldsymbol{\alpha}_1+\boldsymbol{\alpha}_2+\boldsymbol{\alpha}_3$，$\boldsymbol{\beta}_3=\boldsymbol{\alpha}_1+\boldsymbol{\alpha}_2+2\boldsymbol{\alpha}_3$. 证明：$\boldsymbol{\beta}_1,\boldsymbol{\beta}_2,\boldsymbol{\beta}_3$ 线性无关.

【直击考研】

1. [目标 1.1、1.3]（2011-20）设向量组 $\boldsymbol{\alpha}_1=\begin{bmatrix}1\\0\\1\end{bmatrix},\boldsymbol{\alpha}_2=\begin{bmatrix}0\\1\\1\end{bmatrix},\boldsymbol{\alpha}_3=\begin{bmatrix}1\\3\\5\end{bmatrix}$ 不能由向量组 $\boldsymbol{\beta}_1=\begin{bmatrix}1\\1\\1\end{bmatrix}$，$\boldsymbol{\beta}_2=\begin{bmatrix}1\\2\\3\end{bmatrix}$，$\boldsymbol{\beta}_3=\begin{bmatrix}3\\4\\a\end{bmatrix}$ 线性表示.

（1）求 a 的值；

（2）将 $\boldsymbol{\beta}_1,\boldsymbol{\beta}_2,\boldsymbol{\beta}_3$ 用 $\boldsymbol{\alpha}_1,\boldsymbol{\alpha}_2,\boldsymbol{\alpha}_3$ 线性表示.

2. [目标 1.2、2.2]（2014-6）设 $\boldsymbol{\alpha}_1,\boldsymbol{\alpha}_2,\boldsymbol{\alpha}_3$ 均为三维向量，则对任意常数 k,l，向量组 $\boldsymbol{\alpha}_1+k\boldsymbol{\alpha}_3,\boldsymbol{\alpha}_2+l\boldsymbol{\alpha}_3$ 线性无关是向量组 $\boldsymbol{\alpha}_1,\boldsymbol{\alpha}_2,\boldsymbol{\alpha}_3$ 线性无关的（　　）.

A. 必要非充分条件　　B. 充分非必要条件

C. 充分必要条件　　D. 既非充分也非必要条件

3. [目标 1.1、2.1]（2012-5）设 $\boldsymbol{\alpha}_1=\begin{bmatrix}0\\0\\c_1\end{bmatrix},\boldsymbol{\alpha}_2=\begin{bmatrix}0\\1\\c_2\end{bmatrix},\boldsymbol{\alpha}_3=\begin{bmatrix}1\\-1\\c_3\end{bmatrix},\boldsymbol{\alpha}_4=\begin{bmatrix}-1\\1\\c_4\end{bmatrix}$，其中 c_1,c_2,c_3,c_4 为任意常数，则下列向量组线性相关的为（　　）.

A. $\boldsymbol{\alpha}_1,\boldsymbol{\alpha}_2,\boldsymbol{\alpha}_3$　　B. $\boldsymbol{\alpha}_1,\boldsymbol{\alpha}_2,\boldsymbol{\alpha}_4$　　C. $\boldsymbol{\alpha}_1,\boldsymbol{\alpha}_3,\boldsymbol{\alpha}_4$　　D. $\boldsymbol{\alpha}_2,\boldsymbol{\alpha}_3,\boldsymbol{\alpha}_4$

4. [目标 1.3]（2017-13）设矩阵 $\boldsymbol{A}=\begin{bmatrix}1&0&1\\1&1&2\\0&1&1\end{bmatrix}$，$\boldsymbol{\alpha}_1,\boldsymbol{\alpha}_2,\boldsymbol{\alpha}_3$ 为线性无关的三维列向量，则向量组 $\boldsymbol{A}\boldsymbol{\alpha}_1$，$\boldsymbol{A}\boldsymbol{\alpha}_2$，$\boldsymbol{A}\boldsymbol{\alpha}_3$ 的秩为________.

3.3　线性方程组解的结构与求解

线性方程组解的结构与求解是线性代数中的核心问题. 在理解向量的基本概念后，即可更深入地探讨线性方程组解的结构，并学习如何有效地求解它们.

在实际应用中，还需要考虑线性方程组的数值稳定性和计算效率. 对于大型线性方程组或具有特殊结构的线性方程组，可以利用数值计算方法或特殊算法来求解，如 LU 分解、QR 分解、迭代法等.

总之，线性方程组解的结构与求解是线性代数中的重要内容. 通过深入理解线性方程组解的存在性和唯一性条件，以及掌握多种求解方法，可以有效地解决各种实际问题中的线性方程组问题.

3.3.1 齐次线性方程组解的结构与求解

有了齐次线性方程组解的判定，具体求解齐次线性方程组的通解就是接下来要讨论的问题.

不难验证，齐次线性方程组 $\boldsymbol{Ax}=\boldsymbol{0}$ 的解具有如下性质：

性质 1 若 $\boldsymbol{\xi}_1,\boldsymbol{\xi}_2$ 均为 $\boldsymbol{Ax}=\boldsymbol{0}$ 的解向量，则 $\boldsymbol{\xi}_1+\boldsymbol{\xi}_2$ 也是 $\boldsymbol{Ax}=\boldsymbol{0}$ 的解向量.

这是因为 $\boldsymbol{A}(\boldsymbol{\xi}_1+\boldsymbol{\xi}_2)=\boldsymbol{A\xi}_1+\boldsymbol{A\xi}_2=\boldsymbol{0}$.

性质 2 若 $\boldsymbol{\xi}$ 为 $\boldsymbol{Ax}=\boldsymbol{0}$ 的解向量，k 为任意常数，则 $k\boldsymbol{\xi}$ 也是 $\boldsymbol{Ax}=\boldsymbol{0}$ 的解向量.

这是因为 $\boldsymbol{A}(k\boldsymbol{\xi})=k(\boldsymbol{A\xi})=k\cdot\boldsymbol{0}=\boldsymbol{0}$.

由此可知，若 $\boldsymbol{\xi}_1,\boldsymbol{\xi}_2$ 均为 $\boldsymbol{Ax}=\boldsymbol{0}$ 的解向量，k_1,k_2 为任意常数，则 $k_1\boldsymbol{\xi}_1+k_2\boldsymbol{\xi}_2$ 仍为 $\boldsymbol{Ax}=\boldsymbol{0}$ 的解向量，即 $\boldsymbol{Ax}=\boldsymbol{0}$ 解向量的线性组合仍为其解向量.

把齐次线性方程组 $\boldsymbol{Ax}=\boldsymbol{0}$ 的全体解所构成的集合记作 S，如果能求得解集 S 的一个最大无关组 $S_0:\boldsymbol{\xi}_1,\boldsymbol{\xi}_2,\cdots,\boldsymbol{\xi}_t$，那么方程 $\boldsymbol{Ax}=\boldsymbol{0}$ 的任一解都可由最大无关组 S_0 线性表示；另一方面，由上述性质 1、2 可知，最大无关组 S_0 的任何线性组合

$$\boldsymbol{x}=k_1\boldsymbol{\xi}_1+k_2\boldsymbol{\xi}_2+\cdots+k_t\boldsymbol{\xi}_t \quad (k_1,k_2,\cdots,k_t \text{ 为任意实数})$$

都是方程 $\boldsymbol{Ax}=\boldsymbol{0}$ 的解，因此上式便是方程 $\boldsymbol{Ax}=\boldsymbol{0}$ 的通解.

齐次线性方程组 $\boldsymbol{Ax}=\boldsymbol{0}$ 的解集的最大无关组称为该齐次线性方程组的**基础解系**. 由上面的讨论可知，要求齐次线性方程的通解，只需求出它的基础解系. 下面用初等变换的方法来求线性方程组的通解.

设齐次线性方程组 $\boldsymbol{Ax}=\boldsymbol{0}$ 的系数矩阵的秩 $R(\boldsymbol{A})=r<n$. 一般地，假设齐次线性方程组的系数矩阵 $\boldsymbol{A}$ 经初等行变换（如有必要，可重新安排方程组中未知量的次序）化成如下的行最简形矩阵

$$\boldsymbol{A}=\begin{bmatrix} 1 & 0 & \cdots & 0 & b_{11} & \cdots & b_{1,n-r} \\ 0 & 1 & \cdots & 0 & b_{21} & \cdots & b_{2,n-r} \\ \vdots & \vdots & & \vdots & \vdots & & \vdots \\ 0 & 0 & \cdots & 1 & b_{r1} & \cdots & b_{r,n-r} \\ 0 & 0 & \cdots & 0 & 0 & \cdots & 0 \\ \vdots & \vdots & & \vdots & \vdots & & \vdots \\ 0 & 0 & \cdots & 0 & 0 & \cdots & 0 \end{bmatrix} \tag{3-3}$$

则得到与 $\boldsymbol{Ax}=\mathbf{0}$ 同解的线性方程组为

$$\begin{cases} x_1=-b_{11}x_{r+1}-\cdots-b_{1,n-r}x_n \\ x_2=-b_{21}x_{r+1}-\cdots-b_{2,n-r}x_n \\ \cdots\cdots \\ x_r=-b_{r1}x_{r+1}-\cdots-b_{r,n-r}x_n \end{cases} \tag{3-4}$$

显然，方程组（3-3）与方程组（3-4）为同解方程组.

在以上方程组中，取定 $x_{r+1},x_{r+2},\cdots,x_n$ 的一组值，就唯一确定了 $x_1,x_2,\cdots,x_r$，从而得到了齐次线性方程组 $\boldsymbol{Ax}=\mathbf{0}$ 的一个解. 这里 $x_{r+1},x_{r+2},\cdots,x_n$ 为自由未知量，共有 $n-r$ 个. 下面依次取

$$\begin{pmatrix} x_{r+1} \\ x_{r+2} \\ \vdots \\ x_n \end{pmatrix}=\begin{pmatrix} c_1 \\ 0 \\ \vdots \\ 0 \end{pmatrix}+\begin{pmatrix} 0 \\ c_2 \\ \vdots \\ 0 \end{pmatrix}+\cdots+\begin{pmatrix} 0 \\ 0 \\ \vdots \\ c_{n-r} \end{pmatrix}$$

相应得到方程组 $\boldsymbol{Ax}=\mathbf{0}$ 的通解：

$$\begin{pmatrix} x_1 \\ \vdots \\ x_r \\ x_{r+1} \\ x_{r+2} \\ \vdots \\ x_n \end{pmatrix}=c_1\begin{pmatrix} -b_{11} \\ \vdots \\ -b_{r1} \\ 1 \\ 0 \\ \vdots \\ 0 \end{pmatrix}+c_2\begin{pmatrix} -b_{12} \\ \vdots \\ -b_{r2} \\ 0 \\ 1 \\ \vdots \\ 0 \end{pmatrix}+\cdots+c_{n-r}\begin{pmatrix} -b_{1,n-r} \\ \vdots \\ -b_{r,n-r} \\ 0 \\ 0 \\ \vdots \\ 1 \end{pmatrix}$$

若记

$$\boldsymbol{\xi}_1=\begin{pmatrix} -b_{11} \\ \vdots \\ -b_{r1} \\ 1 \\ 0 \\ \vdots \\ 0 \end{pmatrix},\quad \boldsymbol{\xi}_2=\begin{pmatrix} -b_{12} \\ \vdots \\ -b_{r2} \\ 0 \\ 1 \\ \vdots \\ 0 \end{pmatrix},\quad \cdots,\quad \boldsymbol{\xi}_{n-r}=\begin{pmatrix} -b_{1,n-r} \\ \vdots \\ -b_{r,n-r} \\ 0 \\ 0 \\ \vdots \\ 1 \end{pmatrix},\quad \boldsymbol{x}=\begin{pmatrix} x_1 \\ \vdots \\ x_r \\ x_{r+1} \\ x_{r+2} \\ \vdots \\ x_n \end{pmatrix}$$

则线性方程组 $\boldsymbol{Ax}=\mathbf{0}$ 的通解可表示为

$$\boldsymbol{x}=c_1\boldsymbol{\xi}_1+c_2\boldsymbol{\xi}_2+\cdots+c_{n-r}\boldsymbol{\xi}_{n-r}\ (c_1,c_2,\cdots,c_{n-r}\text{ 为任意常数}) \tag{3-5}$$

由式（3-5）可以看出，齐次线性方程组 $\boldsymbol{Ax}=\mathbf{0}$ 的任一解向量 $\boldsymbol{x}\in S$ 都可表示为 $\boldsymbol{\xi}_1,\boldsymbol{\xi}_2,\cdots,\boldsymbol{\xi}_{n-r}$ 的线性组合.

当自由未知量（自由未知量的选取方法详见绪论中引例 3）的个数为 $n-r$ 时，$\boldsymbol{Ax}=\mathbf{0}$ 必有含 $n-r$ 个向量的基础解系.

例 1 求齐次线性方程组 $\begin{cases} x_1+x_2+2x_3-x_4=0 \\ 2x_1+x_2+x_3-x_4=0 \\ 2x_1+2x_2+x_3+2x_4=0 \end{cases}$ 的一个基础解系，并表示出通解.

解 将其系数矩阵进行初等行变换：

$$A=\begin{bmatrix} 1 & 1 & 2 & -1 \\ 2 & 1 & 1 & -1 \\ 2 & 2 & 1 & 2 \end{bmatrix} \xrightarrow[r_3-2r_1]{r_2-2r_1} \begin{bmatrix} 1 & 1 & 2 & -1 \\ 0 & -1 & -3 & 1 \\ 0 & 0 & -3 & 4 \end{bmatrix} \xrightarrow[\substack{r_2=(-1) \\ r_3=(-3)}]{r_1+r_2} \begin{bmatrix} 1 & 0 & -1 & 0 \\ 0 & 1 & 3 & -1 \\ 0 & 0 & 1 & -\frac{4}{3} \end{bmatrix}$$

$$\xrightarrow[r_2-3r_3]{r_1+r_3} \begin{bmatrix} 1 & 0 & 0 & -\frac{4}{3} \\ 0 & 1 & 0 & 3 \\ 0 & 0 & 1 & -\frac{4}{3} \end{bmatrix}$$

注意： $R(A)=r=3$，未知量的个数 $n=4$，因此自由未知量个数 $n-r=1$，也就是该方程组的基础解系中解向量个数为 $n-r=1$ 个.

其对应的同解线性方程组为

$$\begin{cases} x_1-\frac{4}{3}x_4=0 \\ x_2+3x_4=0 \\ x_3-\frac{4}{3}x_4=0 \end{cases} \quad 即 \begin{cases} x_1=\frac{4}{3}x_4 \\ x_2=-3x_4 \\ x_3=\frac{4}{3}x_4 \end{cases}$$

令 $x_4=c$，得齐次线性方程组的通解为

$$\begin{pmatrix} x_1 \\ x_2 \\ x_3 \\ x_4 \end{pmatrix}=c\begin{pmatrix} \frac{4}{3} \\ -3 \\ \frac{4}{3} \\ 1 \end{pmatrix} \text{（}c\text{ 为任意实数）}$$

其中，$\xi=\begin{pmatrix} \frac{4}{3} \\ -3 \\ \frac{4}{3} \\ 1 \end{pmatrix}$ 为线性方程组的基础解系.

在这个例子中，也可取其他变量为自由未知量. 但不管如何选取，自由未知量的个数总是确定的，自由未知量的个数等于未知量的个数 n 减去系数矩阵 A 的秩 r. 规定：自由未知量总尽可能从后往前取，如本例中取 x_4 为自由未知量.

由例 1 可得，求解齐次线性方程组的步骤为

（1）将其系数矩阵 $\boldsymbol{A}$ 进行初等行变换化为阶梯形矩阵，判断 $R(\boldsymbol{A})$ 与未知量个数 n 的关系：若 $R(\boldsymbol{A})=n$，则该方程组只有零解，求解完毕；若 $R(\boldsymbol{A})<n$，则该方程组有非零解.

（2）若方程组有非零解，继续进行初等行变换将行阶梯形矩阵化为行最简形矩阵，找到最简形矩阵对应的同解线性方程组，确定出自由未知量，赋予自由未知量值，进而求出该方程组的通解.

3.3.2 非齐次线性方程组解的结构与求解

对于 n 元非齐次线性方程组 $\boldsymbol{Ax}=\boldsymbol{b}$，$\boldsymbol{A}$ 为其系数矩阵，$\boldsymbol{b}\neq\boldsymbol{0}$，并称 $\boldsymbol{Ax}=\boldsymbol{0}$ 为其所对应的齐次线性方程组.

性质 3 若 $\boldsymbol{\eta}_1,\boldsymbol{\eta}_2$ 是 $\boldsymbol{Ax}=\boldsymbol{b}$ 的解，则 $\boldsymbol{\eta}_1-\boldsymbol{\eta}_2$ 是它所对应的齐次线性方程组 $\boldsymbol{Ax}=\boldsymbol{0}$ 的解.

性质 4 若 $\boldsymbol{\eta}$ 是 $\boldsymbol{Ax}=\boldsymbol{b}$ 的解，$\boldsymbol{\xi}$ 是它所对应的齐次线性方程组的解，则 $\boldsymbol{\eta}+\boldsymbol{\xi}$ 是 $\boldsymbol{Ax}=\boldsymbol{b}$ 的解.

由上面的两条性质，得到非齐次线性方程组解的结构.

定理 3.5 n 元非齐次线性方程组 $\boldsymbol{Ax}=\boldsymbol{b}$ 的通解可表示为它的一个特解与其所对应的齐次线性方程组的通解之和.

证 设 $R(\boldsymbol{A})=r$，$\boldsymbol{\eta}^*$ 是 $\boldsymbol{Ax}=\boldsymbol{b}$ 的一个解（即为特解），$\boldsymbol{\eta}$ 是 $\boldsymbol{Ax}=\boldsymbol{b}$ 的任意一个解. 由性质 3 知，$\boldsymbol{\eta}-\boldsymbol{\eta}^*=\boldsymbol{\xi}$ 必为它所对应的齐次线性方程组 $\boldsymbol{Ax}=\boldsymbol{0}$ 的解，从而由齐次线性方程组解的结构知 $\boldsymbol{\eta}-\boldsymbol{\eta}^*=k_1\boldsymbol{\xi}_1+k_2\boldsymbol{\xi}_2+\cdots+k_{n-r}\boldsymbol{\xi}_{n-r}$，这里 $\boldsymbol{\xi}_1,\boldsymbol{\xi}_2,\cdots,\boldsymbol{\xi}_{n-r}$ 为 $\boldsymbol{Ax}=\boldsymbol{0}$ 的基础解系，即 $\boldsymbol{\eta}=\boldsymbol{\eta}^*+\boldsymbol{\xi}$，这表明 $\boldsymbol{Ax}=\boldsymbol{b}$ 的任意一个解总可表示为它的一个特解与它所对应的齐次线性方程组的通解之和.

例 2 设四元非齐次线性方程组的系数矩阵的秩为 3，已知 $\boldsymbol{\eta}_1,\boldsymbol{\eta}_2,\boldsymbol{\eta}_3$ 是它的 3 个解向量，且 $\boldsymbol{\eta}_1=\begin{pmatrix}2\\3\\4\\5\end{pmatrix},\boldsymbol{\eta}_2-\boldsymbol{\eta}_3=\begin{pmatrix}1\\2\\3\\4\end{pmatrix}$，求该方程组的通解.

分析 要找到非齐次线性方程组的通解，只需找到它的一个特解与它所对应的齐次线性方程组的基础解系.

解 设该方程组为 $\boldsymbol{Ax}=\boldsymbol{b}$，$\boldsymbol{\eta}_1=\begin{pmatrix}2\\3\\4\\5\end{pmatrix}$ 可作为该方程组的特解.

该方程组所对应的齐次线性方程组的基础解系中含有 $n-r=1$ 个解向量，因此只需找到一个非零向量 $\boldsymbol{\xi}$，使得 $\boldsymbol{Ax}=\boldsymbol{0}$.

因为 $\boldsymbol{A\eta}_2=\boldsymbol{b}$，$\boldsymbol{A\eta}_3=\boldsymbol{b}$，所以 $\boldsymbol{A}(\boldsymbol{\eta}_2-\boldsymbol{\eta}_3)=\boldsymbol{0}$. 记 $\boldsymbol{\xi}=\boldsymbol{\eta}_2-\boldsymbol{\eta}_3=\begin{pmatrix}1\\2\\3\\4\end{pmatrix}$，显然 $\boldsymbol{\xi}$ 非零，即可作为

该方程组所对应的齐次线性方程组的基础解系.

所以，该方程组的通解可表示为

$$\begin{pmatrix} x_1 \\ x_2 \\ x_3 \\ x_4 \end{pmatrix} = c\begin{pmatrix} 1 \\ 2 \\ 3 \\ 4 \end{pmatrix} + \begin{pmatrix} 2 \\ 3 \\ 4 \\ 5 \end{pmatrix} \quad (c\text{ 为任意常数})$$

例 3 解非齐次线性方程组 $\begin{cases} 2x_1 + x_2 - x_3 + 2x_4 - 3x_5 = 2 \\ 4x_1 + 2x_2 - x_3 + x_4 + 2x_5 = 1 \\ 8x_1 + 4x_2 - 3x_3 + 5x_4 - 4x_5 = 5 \end{cases}$.

解 对其增广矩阵进行初等行变换：

$$\bar{A} = \begin{bmatrix} 2 & 1 & -1 & 2 & -3 & 2 \\ 4 & 2 & -1 & 1 & 2 & 1 \\ 8 & 4 & -3 & 5 & -4 & 5 \end{bmatrix} \xrightarrow[r_3-4r_1]{r_2-2r_1} \begin{bmatrix} 2 & 1 & -1 & 2 & -3 & 2 \\ 0 & 0 & 1 & -3 & 8 & -3 \\ 0 & 0 & 1 & -3 & 8 & -3 \end{bmatrix}$$

$$\xrightarrow{r_3-r_2} \begin{bmatrix} 2 & 1 & -1 & 2 & -3 & 2 \\ 0 & 0 & 1 & -3 & 8 & -3 \\ 0 & 0 & 0 & 0 & 0 & 0 \end{bmatrix} \xrightarrow{r_1+r_2} \begin{bmatrix} 2 & 1 & 0 & -1 & 5 & -1 \\ 0 & 0 & 1 & -3 & 8 & -3 \\ 0 & 0 & 0 & 0 & 0 & 0 \end{bmatrix}$$

$$\xrightarrow{r_1 \div 2} \begin{bmatrix} 1 & \frac{1}{2} & 0 & -\frac{1}{2} & \frac{5}{2} & -\frac{1}{2} \\ 0 & 0 & 1 & -3 & 8 & -3 \\ 0 & 0 & 0 & 0 & 0 & 0 \end{bmatrix}$$

可见 $R(A) = R(\bar{A}) = r = 2 < n = 5$，原方程组有无穷多个解.

它所对应的同解线性方程组为

$$\begin{cases} x_1 = -\frac{1}{2}x_2 + \frac{1}{2}x_4 - \frac{5}{2}x_5 - \frac{1}{2} \\ x_3 = 3x_4 - 8x_5 - 3 \end{cases}$$

令 $x_2 = x_4 = x_5 = 0$，可得方程组的特解为

$$\boldsymbol{\eta}^* = \begin{pmatrix} -\frac{1}{2} \\ 0 \\ -3 \\ 0 \\ 0 \end{pmatrix}$$

该非齐次线性方程组所对应的齐次线性方程组为

$$
\begin{cases}
x_1 = -\dfrac{1}{2}x_2 + \dfrac{1}{2}x_4 - \dfrac{5}{2}x_5 \\
x_3 = 3x_4 - 8x_5
\end{cases}
$$

可见自由未知量的个数为 $n-r=3$ ，可选 x_2,x_4,x_5 为自由未知量. 令 $x_2=c_1,x_4=c_2,x_5=c_3$ ，得到齐次线性方程组的通解为

$$
\boldsymbol{\eta} = c_1\begin{pmatrix} -\dfrac{1}{2} \\ 1 \\ 0 \\ 0 \\ 0 \end{pmatrix} + c_2\begin{pmatrix} \dfrac{1}{2} \\ 0 \\ 3 \\ 1 \\ 0 \end{pmatrix} + c_3\begin{pmatrix} -\dfrac{5}{2} \\ 0 \\ -8 \\ 0 \\ 1 \end{pmatrix}
$$

因此该方程组的通解为

$$
\begin{pmatrix} x_1 \\ x_2 \\ x_3 \\ x_4 \\ x_5 \end{pmatrix} = \begin{pmatrix} -\dfrac{1}{2} \\ 0 \\ -3 \\ 0 \\ 0 \end{pmatrix} + c_1\begin{pmatrix} -\dfrac{1}{2} \\ 1 \\ 0 \\ 0 \\ 0 \end{pmatrix} + c_2\begin{pmatrix} \dfrac{1}{2} \\ 0 \\ 3 \\ 1 \\ 0 \end{pmatrix} + c_3\begin{pmatrix} -\dfrac{5}{2} \\ 0 \\ -8 \\ 0 \\ 1 \end{pmatrix} \text{（}c_1,c_2,c_3\text{ 为任意常数）}
$$

本例中，实际上将最后的行最简形矩阵写成它的同解线性方程组，找到自由未知量 x_2,x_4,x_5 ，令 $x_2=c_1,x_4=c_2,x_5=c_3$ ，直接可得到方程组的通解，结果和上面是完全一样的. 只是没有解的结构的讨论，并不知道 $\boldsymbol{\eta}^*$ 为这个非齐次线性方程组的特解，也不知道 $\boldsymbol{\eta}$ 为它所对应的齐次线性方程组的解. 在以后求解非齐次方程组的通解时，可直接由行最简形矩阵对应的同解方程组写出通解即可.

例 4 解非齐次线性方程组 $\begin{cases} x_1+x_2-3x_3-x_4=1 \\ 3x_1-x_2-3x_3+4x_4=4 \\ x_1+5x_2-9x_3-8x_4=0 \end{cases}$.

解 对方程组的增广矩阵 $\overline{\boldsymbol{A}}$ 进行初等行变换：

$$
\overline{\boldsymbol{A}} = [\boldsymbol{A},\boldsymbol{b}] = \begin{bmatrix} 1 & 1 & -3 & -1 & 1 \\ 3 & -1 & -3 & 4 & 4 \\ 1 & 5 & -9 & -8 & 0 \end{bmatrix} \xrightarrow[r_{3-r_1}]{r-3r_1} \begin{bmatrix} 1 & 1 & -3 & -1 & 1 \\ 0 & -4 & 6 & 7 & 1 \\ 0 & 4 & -6 & -7 & -1 \end{bmatrix}
$$

$$
\xrightarrow{r_3+r_1} \begin{bmatrix} 1 & 1 & -3 & -1 & 1 \\ 0 & -4 & 6 & 7 & 1 \\ 0 & 0 & 0 & 0 & 0 \end{bmatrix} \xrightarrow{r_2\div(-4)} \begin{bmatrix} 1 & 1 & -3 & -1 & 1 \\ 0 & 1 & -\dfrac{3}{2} & -\dfrac{7}{4} & -\dfrac{1}{4} \\ 0 & 0 & 0 & 0 & 0 \end{bmatrix}
$$

$$\xrightarrow{r_1-r_2}\begin{bmatrix}1 & 0 & -\frac{3}{2} & \frac{3}{4} & \frac{5}{4}\\ 0 & 1 & -\frac{3}{2} & -\frac{7}{4} & -\frac{1}{4}\\ 0 & 0 & 0 & 0 & 0\end{bmatrix}$$

可见 $R(\boldsymbol{A})=R(\overline{\boldsymbol{A}})=2<4$，因此方程组有无穷解.

原方程组所对应的同解线性方程组为

$$\begin{cases}x_1=\frac{3}{2}x_3-\frac{3}{4}x_4+\frac{5}{4}\\ x_2=\frac{3}{2}x_3+\frac{7}{4}x_4-\frac{1}{4}\end{cases}$$

令 $x_3=c_1,x_4=c_2$，得

$$\begin{pmatrix}x_1\\x_2\\x_3\\x_4\end{pmatrix}=c_1\begin{pmatrix}\frac{3}{2}\\ \frac{3}{2}\\ 1\\ 0\end{pmatrix}+c_2\begin{pmatrix}-\frac{3}{4}\\ \frac{7}{4}\\ 0\\ 1\end{pmatrix}+\begin{pmatrix}\frac{5}{4}\\ -\frac{1}{4}\\ 0\\ 0\end{pmatrix}\text{（}c_1,c_2\text{ 为任意常数）}$$

当 c_1,c_2 取遍所有实数时，可得到线性方程组的全部解. 因此上式称为方程组的通解.任意给定 c_1,c_2 的值，便可确定方程组的一组解. 例如 $c_1=0,c_2=0$，得 $x_1=\frac{5}{4},x_2=-\frac{1}{4},x_3=0,x_4=0$ 为方程组的一组解，这样的解称为方程组的特解.

习题 3.3

【基础训练】

1. [目标 1.3]求解线性方程组 $\begin{cases}x_1-3x_2+2x_3+x_4=0\\ -x_1+2x_2-x_3+2x_4=-1\\ x_1-2x_2+3x_3-2x_4=1\end{cases}$.

2. [目标 1.2、1.3、2.2]当 λ 为何值时，方程组 $\begin{cases}x_1+2x_2+3x_3=1\\ x_1+3x_2+6x_3=2\\ 2x_1+3x_2+3x_3=\lambda\end{cases}$ 有解，并求其通解.

3. [目标 1.2、2.1]求齐次方程组 $\begin{cases}x_1+x_2+x_5=0\\ x_1+x_2-x_3=0\\ x_3+x_4+x_5=0\end{cases}$ 的基础解系.

4. [目标 1.2、1.3]求线性方程组 $\begin{cases}2x_1-4x_2+x_3-x_4+x_5=2\\x_1-2x_2-x_3+x_4-2x_5=0\\3x_1-6x_2+3x_3-3x_4+4x_5=4\\4x_1-8x_2+5x_3-5x_4+7x_5=6\end{cases}$ 的通解.

5. [目标 1.2、3.3]当 a,b 取何值时线性方程组 $\begin{cases}x_1+x_2+x_3+x_4+x_5=1\\3x_1+2x_2+x_3+x_4-3x_5=a\\x_2+2x_3+2x_4+6x_5=3\\5x_1+4x_2+3x_3+3x_4-x_5=b\end{cases}$ 有解？并求其解.

6. [目标 1.2、4.2]线性方程组为 $\begin{cases}x_1+x_2+2x_3=0\\2x_1+x_2+ax_3=1\\3x_1+2x_2+4x_3=b\end{cases}$，问 a,b 各取何值时，线性方程组无解，有唯一解，有无穷多解？在有无穷多解时求出其通解.

7. [目标 1.3、4.2]已知线性方程组 $\begin{cases}x_1+x_2+x_3=0\\ax_1+bx_2+cx_3=0\\a^2x_1+b^2x_2+c^2x_3=0\end{cases}$，

（1）a,b,c 满足何种关系时，方程组仅有零解?

（2）a,b,c 满足何种关系时，方程组有无穷多解，并用基础解系表示全部解.

8. [目标 1.2、4.2]已知线性方程组 $\begin{cases}x_1+x_2+x_3+x_4+x_5=a\\3x_1+2x_2+x_3+x_4-3x_5=0\\x_2+2x_3+2x_4+6x_5=b\\5x_1+4x_2+3x_3+3x_4-x_5=2\end{cases}$，

（1）a,b 为何值时，方程组有解？

（2）方程组有解时，求出方程组的导出组的一个基础解系；

（3）方程组有解时，求出方程组的全部解.

【能力提升】

1. [目标 1.2]试讨论 a 取什么值时，线性方程组 $\begin{cases}ax_1+x_2+x_3=1\\x_1+ax_2+x_3=1\\x_1+x_2+ax_3=1\end{cases}$ 有解，并求出解.

2. [目标 1.3]用基础解系表示线性方程组 $\begin{cases}x_1+\lambda x_2+x_3-2x_4=3\\2x_1+x_2-2x_3=4\\3x_1+2x_2-x_3-2x_4=7\\6x_1+4x_2-2x_3-4x_4=14\end{cases}$ 的全部解.

3. [目标 1.3、2.1]若方程组 $\boldsymbol{Ax}=\boldsymbol{b}$ 的特解为 $\boldsymbol{\eta}_1=[1,0,2]^{\mathrm{T}},\boldsymbol{\eta}_2=[-1,2,-1]^{\mathrm{T}},\boldsymbol{\eta}_3=[1,0,0]^{\mathrm{T}}$，且

$r(\boldsymbol{A})=1$，求 $\boldsymbol{Ax}=\boldsymbol{b}$ 的通解.

4. [目标 1.3、4.2]设线性方程组为 $\begin{cases}x_1+x_2+x_3+x_4=1\\x_1+\lambda x_2+x_3+x_4=1\\x_1+x_2+\lambda x_3+x_4=1\\x_1+x_2+x_3+(\lambda-1)x_4=2\end{cases}$，试讨论下列问题：

（1）当 λ 取什么值时，线性方程组有唯一解？

（2）当 λ 取什么值时，线性方程组无解？

（3）当 λ 取什么值时，线性方程组有无穷多解？并在有无穷多解时求其解.（要求用导出组的基础解系及它的特解形式表示其通解）.

5. [目标 1.3]已知 3 阶矩阵 $\boldsymbol{A}$ 的第一行是 (a,b,c)，a,b,c 不全为零，矩阵 $\boldsymbol{B}=\begin{bmatrix}1&2&3\\2&4&6\\3&6&k\end{bmatrix}$（$k$ 为常数），且 $\boldsymbol{AB}=\boldsymbol{0}$，求线性方程组 $\boldsymbol{Ax}=\boldsymbol{0}$ 的通解.

6. [目标 1.2]设线性方程组 $\begin{cases}x_1+\lambda x_2+\mu x_3+x_4=0\\2x_1+x_2+x_3+2x_4=0\\3x_1+(2+\lambda)x_2+(4+\mu)x_3+4x_4=1\end{cases}$，已知 $(1,-1,1,-1)^{\mathrm{T}}$ 是该方程组的一个解，试求

（1）该方程组的全部解，并用对应的齐次方程组的基础解系表示全部解.

（2）该方程组满足 $x_2=x_3$ 的全部解.

【直击考研】

1. [目标 1.3、2.1]（2018-21）已知 a 是常数，且矩阵 $\boldsymbol{A}=\begin{bmatrix}1&2&a\\1&3&0\\2&7&-a\end{bmatrix}$ 可经初等变换化为矩阵 $\boldsymbol{B}=\begin{bmatrix}1&a&2\\0&1&1\\-1&1&1\end{bmatrix}$.

（1）求 a；

（2）求满足 $\boldsymbol{AP}=\boldsymbol{B}$ 的可逆矩阵 $\boldsymbol{P}$.

2. [目标 1.2、1.3]（2016-20）设矩阵 $\boldsymbol{A}=\begin{bmatrix}1&1&1-a\\1&0&a\\a+1&1&a+1\end{bmatrix}$，$\boldsymbol{\beta}=\begin{bmatrix}0\\1\\2a-2\end{bmatrix}$，且方程组 $\boldsymbol{Ax}=\boldsymbol{\beta}$

无解，

（1）求 a 的值；

（2）求方程组 $\boldsymbol{A}^{\mathrm{T}}\boldsymbol{A}\boldsymbol{x}=\boldsymbol{A}^{\mathrm{T}}\boldsymbol{\beta}$ 的通解.

3. [目标 1.1、2.1]（2014-22）设矩阵 $\boldsymbol{A}=\begin{bmatrix}1&-2&3&-4\\0&1&-1&1\\1&2&0&-3\end{bmatrix}$，$\boldsymbol{E}$ 为三阶单位矩阵.

（1）求方程组 $\boldsymbol{A}\boldsymbol{x}=\boldsymbol{0}$ 的一个基础解系；

（2）求满足 $\boldsymbol{AB}=\boldsymbol{E}$ 的所有矩阵 $\boldsymbol{B}$.

4. [目标 1.3]（2010-22）设 $\boldsymbol{A}=\begin{bmatrix}\lambda&1&1\\0&\lambda-1&0\\1&1&\lambda\end{bmatrix}$，$\boldsymbol{b}=\begin{bmatrix}a\\a\\1\end{bmatrix}$. 已知线性方程组 $\boldsymbol{A}\boldsymbol{x}=\boldsymbol{b}$ 存在两个不同的解.

（1）求 λ,a；

（2）求方程组 $\boldsymbol{A}\boldsymbol{x}=\boldsymbol{b}$ 的通解.

3.4 线性方程组的应用

线性方程组在众多领域都有广泛的应用，无论是理论研究还是实际应用，它都发挥着重要的作用.

在经济学中，线性方程组是定价模型和生产计划的重要工具. 通过分析市场需求、成本和利润等因素，可以建立一个包含多个变量的线性方程组，以确的决定最优价格. 同时，线性方程组也可以用于描述产品产量、原材料使用和生产成本之间的关系，以确定最佳的生产计划，从而最大化利润或最小化成本. 在投资决策和资源配置方面. 例如，企业在进行多元化投资时，需要考虑不同项目的投资额度、预期收益和风险等因素. 通过构建线性方程组，可以综合考虑各种因素，找到最优的投资组合，实现收益最大化或风险最小化.

在化学和生物学领域，线性方程组同样发挥着重要作用. 例如，在化学反应动力学中，线性方程组可以用来描述反应物浓度随时间的变化关系，从而预测反应进程和产物生成量. 在生物学中，线性方程组可被用于描述生物种群之间的相互作用和生态平衡，为生态保护和资源管理提供科学依据.

在物理学中，线性方程组常用于描述物体的运动和电路分析. 通过考虑物体所受的力和其运动状态之间的关系，可以建立包含时间、加速度、速度和位移等变量的线性方程组，从而预测其运动轨迹. 例如，在电路分析中，线性方程组可以用来描述电路中电压、电流和电阻之间的关系，从而分析电路的性能和稳定性.

此外，线性方程组在工程学、计算机科学、化学、通信等领域也有广泛的应用. 例如，在结构力学中，线性方程组可以用来描述结构在受力作用下的变形和应力分布，为结构设计提供理论依据. 在计算机科学中，线性方程组在图像处理方面有着显著的应用. 在计算机科学领域，线性方程组的应用也十分广泛. 例如，在图像处理中，线性方程组可以用于实现图像的滤波、增强和压缩等功能. 在机器学习领域，线性方程组常用于求解优化问题，如线性回归、支持向量机等算法的实现都涉及线性方程组的求解.

总地来说，线性方程组的应用范围广泛，能够解决各种实际问题. 为了更好地应用线性方程组理论知识解决实际问题，需要理解其原理，掌握其求解方法，并能够根据具体问题建立合适的线性方程组模型.

引例 1 设空间上的 3 个平面 $\begin{cases} S_1: A_1x+B_1y+C_1z+D_1=0 \\ S_2: A_2x+B_2y+C_2z+D_2=0 \\ S_3: A_3x+B_3y+C_3z+D_3=0 \end{cases}$. 试判断这 3 个平面的位置关系.

基于平面解析几何的学习，已经知道空间中 3 个平面的位置关系可以由 3 个平面的交点情况来确定，而每一个平面其实对应了一个线性方程，因此，求解 3 个平面的交点可转化为讨论线性方程组

$$\begin{cases} A_1x+B_1y+C_1z=-D_1 \\ A_2x+B_2y+C_2z=-D_2 \\ A_3x+B_3y+C_3z=-D_3 \end{cases}$$

解的情况.

记

$$\boldsymbol{A}=\begin{bmatrix} A_1 & B_1 & C_1 \\ A_2 & B_2 & C_2 \\ A_3 & B_3 & C_3 \end{bmatrix}, \quad \overline{\boldsymbol{A}}=\begin{bmatrix} A_1 & B_1 & C_1 & -D_1 \\ A_2 & B_2 & C_2 & -D_2 \\ A_3 & B_3 & C_3 & -D_3 \end{bmatrix}$$

由本章前 3 节内容，有如下结论成立：

（1）若这 3 个平面相交于一点，则 3 个平面有且只有一个交点，即线性方程组有唯一解，则有 $R(\boldsymbol{A})=R(\overline{\boldsymbol{A}})=3$.

（2）若这 3 个平面相交于一条直线，则 3 个平面有无穷多个交点，即线性方程组有无穷多个解，则 $R(\boldsymbol{A})=R(\overline{\boldsymbol{A}})=2$.

思考：为什么此时秩不能等于 1?

（3）若这 3 个平面平行，则 3 个平面无交点，即线性方程组无解，$R(\boldsymbol{A})\neq R(\overline{\boldsymbol{A}})$.

思考：此时 $R(\boldsymbol{A}),R(\overline{\boldsymbol{A}})$ 分别等于多少?

（4）若这 3 个平面重合，则 3 个平面有无数多个交点，即线性方程组有无穷多个解，则 $R(\boldsymbol{A})=R(\overline{\boldsymbol{A}})=1$.

本节将介绍和讲解线性方程组在实际问题中的几种常见应用. 通过具体的案例和分析，深入探索线性方程组在不同领域中的应用方式及其价值.

3.4.1 线性方程组在初等数学中的应用

例 1 已知 $\log_{10}13=a$，$\log_{22}5=b$，$\log_{55}2=c$，$\log_{13}11=d$. 求证：$bc+ad(b+c)>\frac{3}{4}$.

证明 由已知 $\log_{10}13=a$，应用换底公式，得 $a\ln2+a\ln5-\ln13=0$. 同理，将其他 3 个式子展开，得到线性方程组

$$\begin{cases} a\ln 2+a\ln 5-\ln 13=0 \\ b\ln 2-\ln 5+b\ln 11=0 \\ -\ln 2+c\ln 5+c\ln 11=0 \\ \ln 11-d\ln 13=0 \end{cases}$$

容易看出，$(\ln 2,\ln 5,\ln 11,\ln 13)$ 即关于 (x,y,z,w) 的齐次线性方程组

$$\begin{cases} ax+ay-w=0 \\ bx-y+bz=0 \\ -x+cy+cz=0 \\ z-dw=0 \end{cases}$$

的一个非零解. 故有

$$\begin{vmatrix} a & a & 0 & -1 \\ b & -1 & b & 0 \\ -1 & c & c & 0 \\ 0 & 0 & 1 & -d \end{vmatrix}=0$$

化简得

$$bc+ad(b+c)=1-2abcd$$

又因为

$$\begin{aligned} 2abcd &= 2\log_{10}13\cdot\log_{22}5\cdot\log_{55}2\cdot\log_{13}11 \\ &= \frac{2\ln 13}{\ln 2+\ln 5}\cdot\frac{\ln 5}{\ln 2+\ln 11}\cdot\frac{\ln 2}{\ln 5+\ln 11}\cdot\frac{\ln 11}{\ln 13} \\ &< \frac{2\ln 2\cdot\ln 5\cdot\ln 11}{2^3\sqrt{\ln 2\cdot\ln 5}\sqrt{\ln 2\cdot\ln 11}\sqrt{\ln 5\cdot\ln 11}}=\frac{1}{4} \end{aligned}$$

故

$$1-2abcd>\frac{3}{4}$$

即

$$bc+ad(b+c)>\frac{3}{4}$$

例 2 在$\triangle ABC$中，已知$a=c\sin B+b\sin C$，$b=a\sin C+c\sin A$，$c=a\sin B+b\sin A$. 求证：$c^2=a^2+b^2-2ab\sin C$.

证明 （1）根据已知条件可构造线性方程组：

$$\begin{cases}0\cdot\sin A+c\cdot\sin B+(b\cdot\sin C-a)=0\\ c\cdot\sin A+0\cdot\sin B+(a\cdot\sin C-b)=0\\ b\cdot\sin A+a\cdot\sin B+(0\cdot\sin C-c)=0\end{cases}$$

观察知，$(\sin A,\sin B,1)$是关于(x,y,z)的齐次线性方程组

$$\begin{cases}0\cdot x+c\cdot y+(b\cdot\sin C-a)\cdot z=0\\ c\cdot x+0\cdot y+(a\cdot\sin C-b)\cdot z=0\\ b\cdot x+a\cdot y+(0\cdot\sin C-c)\cdot z=0\end{cases}$$

的一组解，显然它是一非零解，故有

$$\begin{vmatrix}0 & c & (b\cdot\sin C-a)\\ c & 0 & (a\cdot\sin C-b)\\ b & a & (0\cdot\sin C-c)\end{vmatrix}=0$$

展开化简即得

$$c^2=a^2+b^2-2ab\sin C$$

3.4.2 经济平衡问题

例 3 假设一个经济系统由五金化工、能源（如燃料、电力等）、机械 3 个行业组成，每个行业的产出在各个行业中的分配如表 3.1 所示. 每一列中的元素表示其占该行业总产出的比例. 以第二列为例，能源行业的总产出的分配如下：80%分配到五金化工行业，10%分配到机械行业，余下的供本行业使用.考虑到所有的产出，每一列的小数加起来必须等于 1. 把五金化工、能源、机械行业每年总产出的价格（即货币价值）分别用p_1,p_2,p_3表示. 试求出使得每个行业的投入与产出都相等的平衡价格.

表 3.1 各行业的户出在各行业的分配

购买者	产出分配		
	五金化工	能源	机械
五金化工	0.2	0.8	0.4
能源	0.3	0.1	0.4
机械	0.5	0.1	0.2

解 从表 3.1 可以看出，沿列表示每个行业的产出分配到何处，沿行表示每个行业所需的投入. 例如，第一行说明五金化工行业购买了 80%的能源产出、40%的机械产出以及 20%的本行业产出，由于 3 个行业的总产出价格分别是 p_1, p_2, p_3，因此五金化工行业必须分别向 3 个行业支付 $0.2p_1, 0.8p_2, 0.4p_3$ 元. 五金化工行业的总支出即为 $0.2p_1+0.8p_2+0.4p_3$. 为了使五金化工行业的收入 p_1 等于它的支出，因此希望

$$p_1 = 0.2p_1 + 0.8p_2 + 0.4p_3$$

采用类似的方法处理表 3.1 中第二、三行，一起构成齐次线性方程组

$$\begin{cases} p_1 = 0.2p_1 + 0.8p_2 + 0.4p_3 \\ p_2 = 0.3p_1 + 0.1p_2 + 0.4p_3 \\ p_3 = 0.5p_1 + 0.1p_2 + 0.2p_3 \end{cases},$$

该方程组的通解为

$$\begin{bmatrix} p_1 \\ p_2 \\ p_3 \end{bmatrix} = \begin{bmatrix} 1.417 \\ 0.917 \\ 1.000 \end{bmatrix}$$

此即经济系统的平衡价格向量，每个 p_3 的非负取值便确定一个平衡价格的取值. 例如，取 p_3 为 1.000 亿元，则 $p_1 = 1.417$ 亿元，$p_2 = 0.917$ 亿元. 也就是如果五金化工行业的产出价格为 1.417 亿元，则能源行业的产出价格为 0.917 亿元，机械行业的产出价格为 1.000 亿元，那么此时每个行业的收入和支出相等.

3.4.3 网络流模型

网络流模型被广泛应用于交通、运输、通信、电力分配、城市规划、任务分派以及计算机辅助设计等众多领域. 当科学家、工程师和经济学家研究某种网络中的流量问题时，线性方程组就自然产生了，例如，城市规划设计人员和交通工程师监控城市道路网格内的交通流量，电气工程师计算电路中流经的电流，经济学家分析产品通过批发商和零售商网络从生产者到消费者的分配等. 大多数网络流模型中的方程组都包含了数百甚至上千未知量和线性方程.

一个网络由一个点集以及连接部分或全部点的直线或弧线构成. 网络中的点称作联结点（或节点），网络中的连接线称作分支. 每一分支中的流量方向已经指定，并且流量（或流速）已知或者已标为变量.

网络流的基本假设是网络中流入与流出的总量相等，并且每个联结点流入和流出的总量也相等. 例如，图 3.3（a）、（b）分别说明了流量从一个或两个分支流入联结点，x_1, x_2 和 x_3 分别表示从其他分支流出的流量，x_4 和 x_5 表示从其他分支流入的流量. 因为流量在每个联结点守恒，所以有 $x_1 + x_2 = 60$ 和 $x_4 + x_5 = x_3 + 80$. 在类似的网络模式中，每个联结点的流量都可以用一个线性方程来表示. 网络分析要解决的问题就是：在部分信息（如网络的输入量）已知的情况下，确定每一分支中的流量.

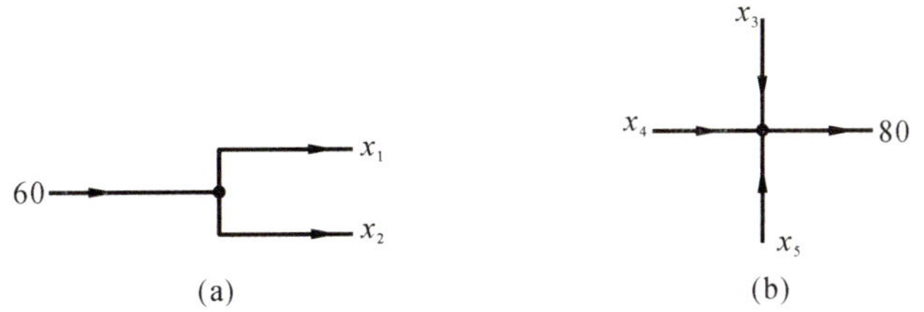

图 3.3

例 4 图 3.4 中的网络给出了在下午一两点钟，某市区部分单行道的交通流量（以每刻钟通过的汽车数量来度量）. 试确定网络的流量模式.

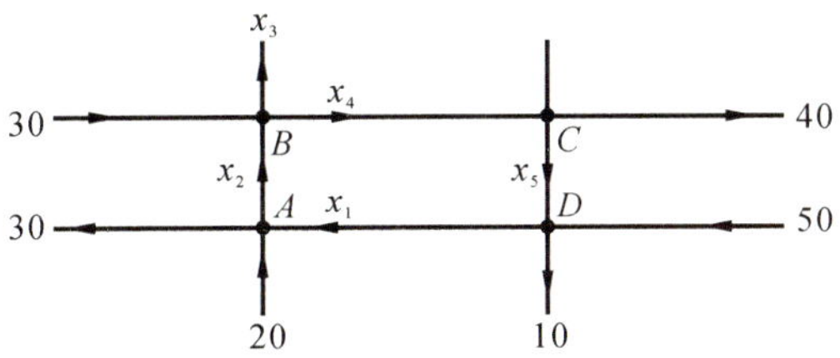

图 3.4

解 根据网络流模型的基本假设，在节点（交叉口）A，B，C，D 处，可以得到下列方程组：

$$\begin{cases} A: x_1+20=30+x_2 \\ B: x_2+30=x_3+x_4 \\ C: x_4=40+x_5 \\ D: x_5+50=10+x_1 \end{cases}$$

此外，该网络的总流入等于网络的总流出，由此可建立方程

$$20+30+50=30+x_3+40+10$$

求解得

$$x_3=20$$

把这个方程与整理后的前 4 个方程联立，得如下方程组：

$$\begin{cases} x_1-x_2=10 \\ x_2-x_3-x_4=-30 \\ x_4-x_5=40 \\ x_1-x_5=40 \\ x_3=20 \end{cases}$$

取 $x_5=c$（c 为任意常数），则网络的流量模式表示为

$$x_1=40+c,\ x_2=30+c,\ x_3=20,\ x_4=40+c,\ x_5=c$$

3.4.4 平衡结构的梁受力计算问题

在建筑结构中，桥梁、房顶、铁塔等广泛应用各种梁. 设计师和工程师经常需要对这些梁进行受力分析. 以双杆系统为例，深入探讨如何研究梁上各铰接点处的受力情况，从而更精确地理解整个结构的力学特性.

例 5 在图 3.5 所示的双杆系统中，已知杆 1 重 G_1=200 N，长 $L_1=2$ m，与水平方向的夹角为 $\theta_1=\pi/6$；杆 2 重 $G_2=100$ N，长 $L_2=\sqrt{2}$ m，与水平方向的夹角为 $\theta_2=\pi/4$. 3 个铰接点 A，B，C 所在平面垂直于水平面. 求杆 1、杆 2 在铰接点处所受到的力.

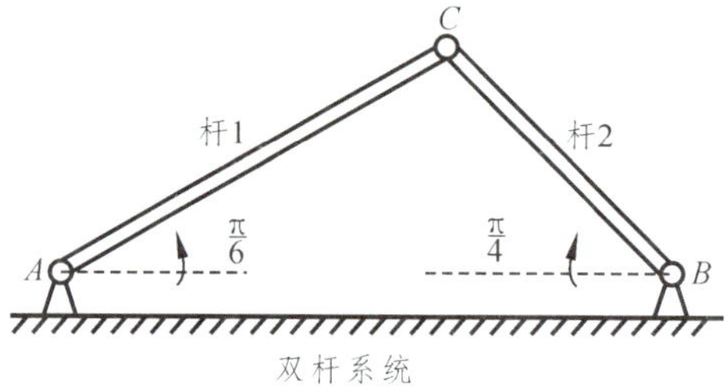

图 3.5

解 杆 1、杆 2 在铰接点处的受力情况如图 3.6 所示.

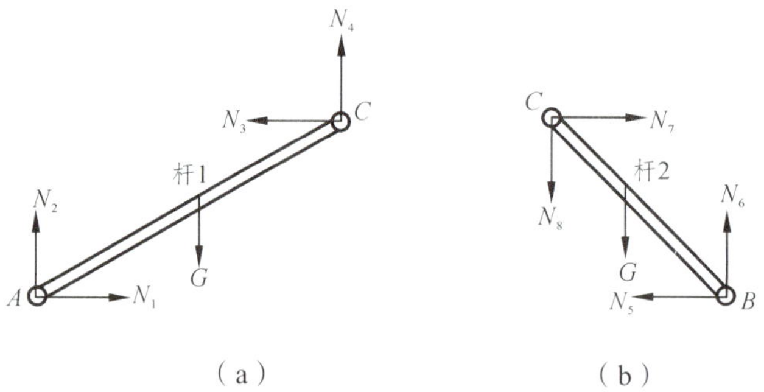

图 3.6

对于杆 1：

水平方向受到的合力为零，故 $N_1-N_3=0$；竖直方向受到的合力为零，故 $N_2+N_4=G$；以点 A 为支点的合力矩为零，故 $(L_1\sin\theta_1)N_3+(L_1\cos\theta_1)N_4=(L_1\cos\theta_1)G_1$.

类似地，对于杆 2：

$$N_5-N_7=0,\quad N_6=N_8+G_2,\quad (L_2\sin\theta_2)N_7=(L_2\cos\theta_2)N_8+(L_2\cos\theta_2)G$$

此外，还有 $N_3=N_7, N_4=N_8$. 于是，将上述 8 个等式联立起来得到关于 $N_1,N_2,\cdots,N_8$ 的线性方程组

$$\begin{cases} N_1 - N_3 = 0 \\ N_2 + N_4 = G_1 \\ \cdots\cdots \\ N_4 - N_8 = 0 \end{cases}$$

代入题目条件，该方程组计算量庞大，人工求解不切实际. 实际工程中常遇含数百乃至上千方程或未知量的线性方程组，此类大型方程组通常需依赖软件求解. 下节将介绍利用 Python 语言求解线性方程组的方法.

3.4.5 配平化学方程式

在光合作用中，植物利用太阳提供的辐射能，将二氧化碳（CO_2）和水（H_2O）转化为葡萄糖（$C_6H_{12}O_6$）和氧气（O_2）. 该化学反应的方程式为

$$x_1 CO_2 + x_2 H_2O \to x_3 O_2 + x_4 C_6H_{12}O_6$$

为平衡该方程式，需适当选择其中的 x_1,x_2,x_3 和 x_4，使得方程式两边的碳、氢和氧原子的数量分别相等.由于一个二氧化碳分子含有一个碳原子，而一个葡萄糖分子含有 6 个碳原子，因此为平衡方程，需有

$$x_1 = 6x_4$$

类似地，要平衡氧原子需满足

$$2x_1 + x_2 = 2x_3 + 6x_4$$

要平衡氢原子需满足

$$2x_2 = 12x_4$$

将所有未知量移到等式左端，即可得到一个齐次线性方程组

$$\begin{aligned} x_1 \qquad\qquad\quad - 6x_4 &= 0 \\ 2x_1 + x_2 - 2x_3 - 6x_4 &= 0 \\ 2x_2 \qquad\quad - 12x_4 &= 0 \end{aligned}$$

由定理 3.1，该方程组有非零解. 为平衡化学方程式，需找到一组解 (x_1,x_2,x_3,x_4)，其中结合实际意义，要求每个未知元均为非负整数. 如果使用通常的方法求解方程组，步骤如下：

（1）将系数矩阵作初等行变换，化成行最简形矩阵：

$$\boldsymbol{A} = \begin{bmatrix} 1 & 0 & 0 & -6 \\ 2 & 1 & -2 & -6 \\ 0 & 2 & 0 & -12 \end{bmatrix} \xrightarrow{r_2 - 2r_1} \begin{bmatrix} 1 & 0 & 0 & -6 \\ 0 & 1 & -2 & 6 \\ 0 & 2 & 0 & -12 \end{bmatrix} \xrightarrow{r_3 - 2r_2} \begin{bmatrix} 1 & 0 & 0 & -6 \\ 0 & 1 & -2 & 6 \\ 0 & 0 & 4 & -24 \end{bmatrix}$$

$$\xrightarrow{r_2 + \frac{1}{2}r_3} \begin{bmatrix} 1 & 0 & 0 & -6 \\ 0 & 1 & 0 & -6 \\ 0 & 0 & 4 & -24 \end{bmatrix} \xrightarrow{\frac{1}{4}r_3} \begin{bmatrix} 1 & 0 & 0 & -6 \\ 0 & 1 & 0 & -6 \\ 0 & 0 & 1 & -6 \end{bmatrix}$$

（2）其对应的同解线性方程组为

$$\begin{cases} x_1-6x_4=0 \\ x_2-6x_4=0 \\ x_3-6x_4=0 \end{cases}，\quad 即\begin{cases} x_1=6x_4 \\ x_2=6x_4 \\ x_3=6x_4 \end{cases}$$

令 $x_4=c$，则得齐次线性方程组的通解为

$$\begin{pmatrix} x_1 \\ x_2 \\ x_3 \\ x_4 \end{pmatrix}=c\begin{pmatrix} 6 \\ 6 \\ 6 \\ 1 \end{pmatrix}\ （c\ 为非负整数）$$

如果令 $c=1$，则 $x_1=x_2=x_3=6, x_4=1$ 且化学方程式的形式为

$$6CO_2+6H_2O=6O_2+C_6H_{12}O_6$$

3.4.6 美国国会选举

美国某选区国会选举的投票结果用 $\mathbf{R}^3$ 中的向量 $\boldsymbol{x}$ 表示

$$\boldsymbol{x}=\begin{bmatrix} 民主党得票率(D) \\ 共和党得票率(R) \\ 自由党得票率(L) \end{bmatrix}$$

假设用向量 x 每两年记录一次国会选举的结果，同时每次选举的结果仅依赖前一次选举的结果，于是刻画每两年选举的向量构成的序列. 如取

$$\begin{matrix} & D & R & L & \\ \boldsymbol{p}= & \begin{bmatrix} 0.70 & 0.10 & 0.30 \\ 0.20 & 0.80 & 0.30 \\ 0.10 & 0.10 & 0.40 \end{bmatrix} & & & \begin{matrix} D \\ R \\ L \end{matrix} \end{matrix}$$

随机矩阵 $\boldsymbol{p}$ 中的“D”列中的数值刻画为民主党投票的人在下一次选举中将如何投票的百分比，这里假设 70%的人在下一次选举中再一次投“D”的票，20%的人将投“R”的票，10%的人将投“L”的票，对 $\boldsymbol{p}$ 的其他两列有类似解释，如图 3.7 所示.

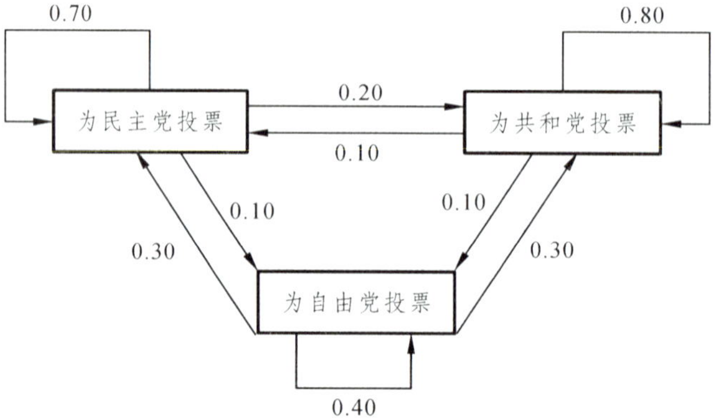

图 3.7

如果这些“转换”百分比从一次选举到下一次选举多年保持为常数，假设投票结果的向量序列构成一个马尔科夫链. 若在一次选举中，结果为

$$x_0=\begin{bmatrix}0.55\\0.40\\0.05\end{bmatrix}$$

问从现在开始经过多年若干次选举之后，投票者可能为各党候选人投票的稳态百分比是多少？

注：为解决以上问题，需使用如下的定义和定理.

（1）马尔科夫链定义.

一个具有非负分量且各分量的数值相加等于 1 的向量称为概率向量.各列向量均为概率向量的方阵称为随机矩阵.

一个概率向量序列 $x_0,x_1,x_2,\cdots$ 和一个随机矩阵 $\boldsymbol{P}$，满足 $x_1=\boldsymbol{P}x_0,x_2=\boldsymbol{P}x_1,x_3=\boldsymbol{P}x_2,\cdots$ 称为马尔科夫链.

当 $k=0,1,2,\cdots,n,\cdots$，若 $\boldsymbol{q}=\boldsymbol{Pq}$，即处于状态 $\boldsymbol{q}$ 时从上次测量到下次测量，系统无变化，称 $\boldsymbol{q}$ 为随机矩阵 $\boldsymbol{P}$ 的稳态向量.

若 $\boldsymbol{P}^k$ 只含正的数值，称 $\boldsymbol{P}$ 为正则随机矩阵.

（2）定理.

若 n 阶矩阵 $\boldsymbol{P}$ 为正则随机矩阵，则 $\boldsymbol{P}$ 有唯一的稳态向量 $\boldsymbol{q}$.

由题意，计算稳态向量 x，满足：

$$x=\boldsymbol{P}x$$

等价为

$$(\boldsymbol{P}-\boldsymbol{E})\ \boldsymbol{x}=\boldsymbol{0}$$

有一个非零解，且该解的各分量之和为 1. 如果使用通常的方法求解方程组，步骤如下：

（1）将系数矩阵作施行初等行变换，化成行最简形矩阵：

$$\boldsymbol{P}-\boldsymbol{E}=\begin{bmatrix}-0.30&0.10&0.30\\0.20&-0.20&0.30\\0.10&0.10&-0.60\end{bmatrix}\xrightarrow[10r_3]{\substack{10r_1\\10r_2}}\begin{bmatrix}-3&1&3\\2&-2&3\\1&1&-6\end{bmatrix}\xrightarrow{r_1\leftrightarrow r_3}\begin{bmatrix}1&1&-6\\2&-2&3\\-3&1&3\end{bmatrix}$$

$$\xrightarrow[r_3+3r_1]{r_2-2r_1}\begin{bmatrix}1&1&-6\\0&-4&15\\0&4&-15\end{bmatrix}\xrightarrow[r_2\times\left(-\frac{1}{4}\right)]{r_3+r_2}\begin{bmatrix}1&1&-6\\0&1&-\frac{15}{4}\\0&0&0\end{bmatrix}\xrightarrow{r_1-r_2}\begin{bmatrix}1&0&-\frac{9}{4}\\0&1&-\frac{15}{4}\\0&0&0\end{bmatrix}$$

（2）其对应的同解线性方程组为

$$\begin{cases} x_1 - \frac{9}{4}x_3 = 0 \\ x_2 - \frac{15}{4}x_3 = 0 \end{cases}，即 \begin{cases} x_1 = \frac{9}{4}x_3 \\ x_2 = \frac{15}{4}x_3 \end{cases}$$

因为要求该解的各分量之和为 1，即

$$\frac{9}{4}x_3 + \frac{15}{4}x_3 + x_3 = 1$$

得 $x_3 = \frac{1}{7}$，稳态向量 $\boldsymbol{x} = \begin{bmatrix} \frac{9}{28} \\ \frac{15}{28} \\ \frac{1}{7} \end{bmatrix}$，即投票者可能为各党候选人投票的稳态百分比分别为 32.14%，53.57%，14.29%.

3.4.7 建筑设计问题

作为一名建筑师，你负责为某小区设计一栋公寓的模块构造计划. 根据基本建筑面积，每个楼层可提供 3 种不同的户型设置方案，具体如表 3.2 所示. 当前的任务是确定是否可能设计出包含 136 套一居室、74 套两居室和 66 套三居室的公寓，并探讨设计方案是否唯一.

表 3.2 不同户型的设置方案　　单位：套

方案	一居室	两居室	三居室
A	8	7	3
B	8	4	4
C	9	3	5

为了验证这一设计目标的可行性，将依据表 3.2 中的户型设置方案，通过数学计算和逻辑推理，分析是否能在满足户型数量要求的同时，确保楼层布局的合理性. 此外，还需探讨在达到上述设计目标时，是否存在多种不同的模块构造方案，即设计方案的唯一性问题. 通过这一系列的分析与计算，为公寓的模块构造计划提供一个清晰、合理的答案.

假设公寓的每层采用同一种方案，若有 x_1 层采用方案 A，有 x_2 层采用方案 B，有 x_3 层采用方案 C，则该栋公寓的一居室套数为 $8x_1+8x_2+9x_3$；两居室套数为 $7x_1+4x_2+3x_3$；三居室套数为 $3x_1+4x_2+5x_3$；根据设计要求，有

$$\begin{aligned} 8x_1+8x_2+9x_3 &= 136 \\ 7x_1+4x_2+3x_3 &= 74 \\ 3x_1+4x_2+5x_3 &= 66 \end{aligned}$$

成立，其中结合实际意义，要求每个未知元均为非负整数. 如果使用通常的方法求解方程组，步骤如下：

（1）将增广矩阵作初等行变换，化成行最简形矩阵：

$$\overline{\boldsymbol{A}}=\begin{bmatrix}8&8&9&136\\7&4&3&74\\3&4&5&66\end{bmatrix}\xrightarrow{r_1-r_2}\begin{bmatrix}1&4&6&62\\7&4&3&74\\3&4&5&66\end{bmatrix}\xrightarrow[r_3-3r_1]{r_2-7r_1}\begin{bmatrix}1&4&6&62\\0&-24&-39&-360\\0&-8&-13&-120\end{bmatrix}$$

$$\xrightarrow[r_3+8r_2]{-\frac{1}{8}r_2}\begin{bmatrix}1&4&6&62\\0&1&\frac{13}{8}&15\\0&0&0&0\end{bmatrix}\xrightarrow{r_1-4r_2}\begin{bmatrix}1&0&-\frac{1}{2}&2\\0&1&\frac{13}{8}&15\\0&0&0&0\end{bmatrix}$$

（2）其对应的同解线性方程组为

$$\begin{cases}x_1-\dfrac{1}{2}x_3=2\\x_2+\dfrac{13}{8}x_3=15\end{cases}，即\begin{cases}x_1=\dfrac{1}{2}x_3+2\\x_2=-\dfrac{13}{8}x_3+15\end{cases}$$

令 $x_3=c$，则得非齐次线性方程组的通解为

$$\begin{pmatrix}x_1\\x_2\\x_3\end{pmatrix}=c\begin{pmatrix}\frac{1}{2}\\-\frac{13}{8}\\1\end{pmatrix}+\begin{pmatrix}2\\15\\0\end{pmatrix}$$

每个未知元均为非负整数，c 的值可能为 0 或 8；当 $c=0$ 时，$x_1=2,x_2=15,x_3=0$；当 $c=8$ 时 $x_1=6,x_2=2,x_3=8$.

因此，设计方案不仅可行而且具有多样性. 具体设计方案如下：方案一，选取方案 A 的有 2 层，选取方案 B 的有 15 层，而选取方案 C 的有 0 层；方案二，则采用选取方案 A 的有 6 层，选取方案 B 的有 2 层，选取方案 C 的有 8 层. 由此可见，尽管满足公寓户型需求的设计方案是可行的，但并非唯一，存在多种不同的楼层配置组合方式.

3.4.8 平板稳态温度的计算问题

为了计算平板形导热体的温度分布，将平板划分为许多方格，每一个节点上的稳态温度将等于其周围四个节点温度的平均值，如图 3.8 所示，节点 1 的稳态温度 T_1 的表达式为

$$T_1=\left(10+50+T_2+T_3\right)/4$$

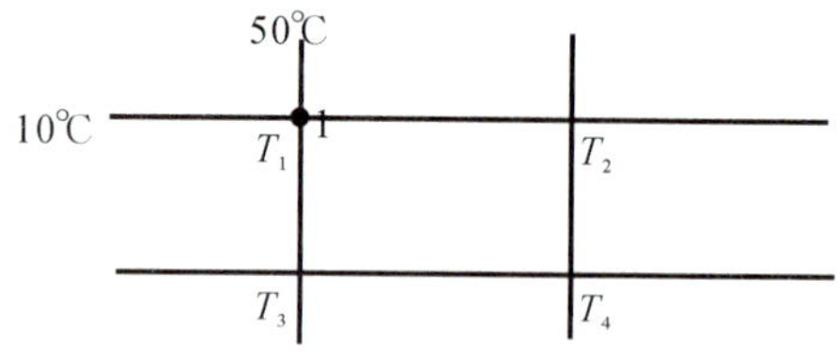

图 3.8

由此可得出阶数与节点数相同的线性方程组，方程的解将取决于平板的边界条件.这个方法可以用来计算飞行器的蒙皮温度等.

如图 3.9 所示，是平板形导热体的温度分布，计算每一个节点上的稳态温度.

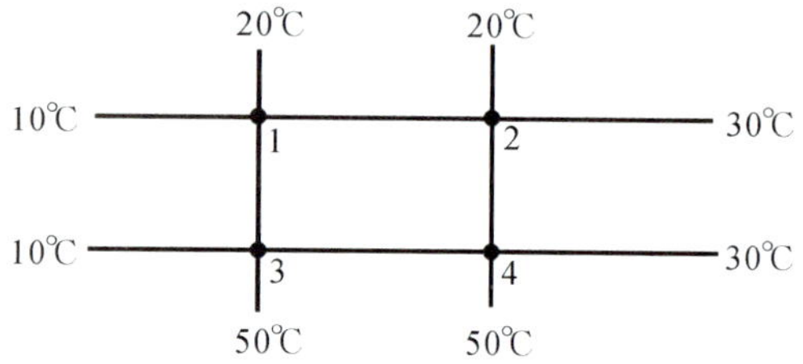

图 3.9

节点 1 的稳态温度 T_1：$T_1=(10+20+T_2+T_3)/4$；

节点 2 的稳态温度 T_2：$T_2=(20+30+T_1+T_4)/4$；

节点 3 的稳态温度 T_3：$T_3=(10+50+T_1+T_4)/4$；

节点 4 的稳态温度 T_4：$T_4=(30+50+T_2+T_3)/4$

将上述线性方程组整理化简为

$$\begin{cases} 4T_1-T_2-T_3=30 \\ -T_1+4T_2-T_4=50 \\ -T_1+4T_3-T_4=60 \\ -T_2-T_3+4T_4=80 \end{cases}$$

如果使用通常的方法求解方程组，步骤如下：

（1）将增广矩阵作初等行变换，化成行最简形矩阵：

$$\overline{\boldsymbol{A}}=\begin{bmatrix} 4 & -1 & -1 & 0 & 30 \\ -1 & 4 & 0 & -1 & 50 \\ -1 & 0 & 4 & -1 & 60 \\ 0 & -1 & -1 & 4 & 80 \end{bmatrix}$$

$$\xrightarrow{r_1\leftrightarrow r_3}\begin{bmatrix} -1 & 0 & 4 & -1 & 60 \\ -1 & 4 & 0 & -1 & 50 \\ 4 & -1 & -1 & 0 & 30 \\ 0 & -1 & -1 & 4 & 80 \end{bmatrix}\xrightarrow[r_3+4r_1]{r_2-r_1}\begin{bmatrix} -1 & 0 & 4 & -1 & 60 \\ 0 & 4 & -4 & 0 & -10 \\ 0 & -1 & 15 & -4 & 270 \\ 0 & -1 & -1 & 4 & 80 \end{bmatrix}$$

$$\xrightarrow{r_2 \leftrightarrow r_4}\begin{bmatrix} -1 & 0 & 4 & -1 & 60 \\ 0 & -1 & -1 & 4 & 80 \\ 0 & -1 & 15 & -4 & 270 \\ 0 & 4 & -4 & 0 & -10 \end{bmatrix} \xrightarrow[r_4+4r_2]{r_3-r_2} \begin{bmatrix} -1 & 0 & 4 & -1 & 60 \\ 0 & -1 & -1 & 4 & 80 \\ 0 & 0 & 16 & -8 & 190 \\ 0 & 0 & -8 & 16 & 310 \end{bmatrix}$$

$$\xrightarrow{r_4+\frac{1}{2}r_3}\begin{bmatrix} -1 & 0 & 4 & -1 & 60 \\ 0 & -1 & -1 & 4 & 80 \\ 0 & 0 & 16 & -8 & 190 \\ 0 & 0 & 0 & 12 & 405 \end{bmatrix} \xrightarrow[r_2+\frac{1}{16}r_3]{r_1-\frac{1}{4}r_3} \begin{bmatrix} -1 & 0 & 0 & 1 & \frac{25}{2} \\ 0 & -1 & 0 & \frac{7}{2} & \frac{735}{8} \\ 0 & 0 & 16 & -8 & 190 \\ 0 & 0 & 0 & 12 & 405 \end{bmatrix}$$

$$\xrightarrow[\substack{r_2-\frac{7}{24}r_4 \\ r_3+\frac{2}{3}r_4}]{r_1-\frac{1}{12}r_4}\begin{bmatrix} -1 & 0 & 0 & 0 & -\frac{85}{4} \\ 0 & -1 & 0 & 0 & -\frac{105}{4} \\ 0 & 0 & 16 & 0 & 460 \\ 0 & 0 & 0 & 12 & 405 \end{bmatrix} \xrightarrow{\substack{-r_1 \\ -r_2 \\ \frac{1}{16}r_3 \\ \frac{1}{12}r_4}} \begin{bmatrix} 1 & 0 & 0 & 0 & \frac{85}{4} \\ 0 & 1 & 0 & 0 & \frac{105}{4} \\ 0 & 0 & 1 & 0 & \frac{115}{4} \\ 0 & 0 & 0 & 1 & \frac{135}{4} \end{bmatrix}$$

（2）其对应的同解线性方程组为

$$\begin{cases} T_1 = \dfrac{85}{4} \\ T_2 = \dfrac{105}{4} \\ T_3 = \dfrac{115}{4} \\ T_4 = \dfrac{135}{4} \end{cases}$$

即 4 个节点的稳态温度分别为 $\frac{85}{4}$，$\frac{105}{4}$，$\frac{115}{4}$，$\frac{135}{4}$.

此题可向高阶系统扩展，平板分割得愈细，求出的解就愈精确. 如果把上述区域分成 25 个点，如图 3.10 所示.

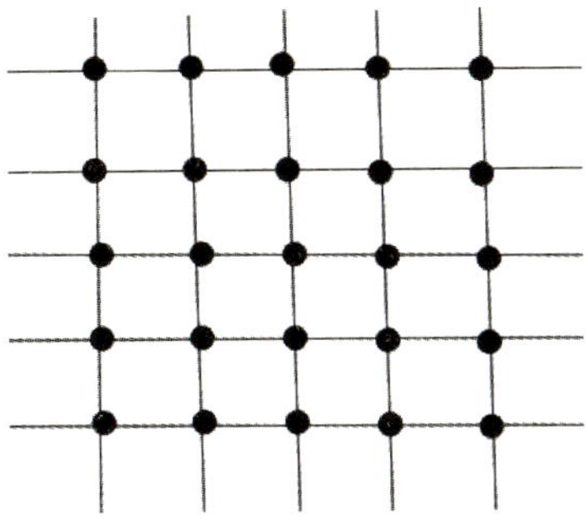

图 3.10

则需求解 25 个未知元，25 个方程形成的非齐次线性方程组，此时可通过计算机求解，比如借助 Python 语言或 MATLAB 等.

3.4.9　药方配置问题

某中药厂利用 9 种中草药（A 至 I）按不同比例混合，成功研制出 7 种特效药，其详细成分如表 3.3 所示.

（1）针对某医院提出的购买需求，由于药厂的 3 号成药和 6 号成药已售罄，请问是否可以利用剩余的特效药重新配制这两种脱销药品？若能，该如何配制？

（2）此外，医院还希望利用这 7 种特效药配制出 3 种新的特效药，其所需成分已列于表 3.4. 请问是否能够实现这一配制需求，并给出具体的配制方案.

表 3.3　特效药的成分要求　　单位：g

	1 号成药	2 号成药	3 号成药	4 号成药	5 号成药	6 号成药	7 号成药
A	10	2	14	12	20	38	100
B	12	0	12	25	35	60	55
C	5	3	11	0	5	14	0
D	7	9	25	5	15	47	35
E	0	1	2	25	5	33	6
F	25	5	35	5	35	55	50
G	9	4	17	25	2	39	25
H	6	5	16	10	10	35	10
I	8	2	12	0	2	6	20

表 3.4　新药的成分要求　　单位：g

	A	B	C	D	E	F	G	H	I
1 号新药	40	62	14	44	53	50	71	41	14
2 号新药	162	141	27	102	60	155	118	68	52
3 号新药	88	67	8	51	7	80	38	21	30

（1）由表 3.3 知，记 1 号成药的成分为 $\boldsymbol{\alpha}_1=(10,\ 12,\ 5,\ 7,\ 0,\ 25,\ 9,\ 6,\ 8)^{\mathrm{T}}$，依次地有

$$\boldsymbol{\alpha}_2=(2,\ 0,\ 3,\ 9,\ 1,\ 5,\ 4,\ 5,\ 2)^{\mathrm{T}},\ \cdots,\ \boldsymbol{\alpha}_7=(100,\ 55,\ 0,\ 35,\ 6,\ 50,\ 25,\ 10,\ 20)^{\mathrm{T}}$$

3 号成药若能由其他 5 种成药配制出来，等价于式（3-6）：

$$x_1\boldsymbol{\alpha}_1+x_2\boldsymbol{\alpha}_2+x_4\boldsymbol{\alpha}_4+x_5\boldsymbol{\alpha}_5+x_7\boldsymbol{\alpha}_7=x_3\boldsymbol{\alpha}_3 \tag{3-6}$$

式（3-6）有非零解，即齐次线性方程组

$$x_1\boldsymbol{\alpha}_1+x_2\boldsymbol{\alpha}_2-x_3\boldsymbol{\alpha}_3+x_4\boldsymbol{\alpha}_4+x_5\boldsymbol{\alpha}_5+x_7\boldsymbol{\alpha}_7=0 \tag{3-7}$$

有非零解；

6 号成药若能由其他 5 种成药配制出来，等价于式（3-8）：

$$x_1'\boldsymbol{\alpha}_1 + x_2'\boldsymbol{\alpha}_2 + x_4'\boldsymbol{\alpha}_4 + x_5'\boldsymbol{\alpha}_5 + x_7'\boldsymbol{\alpha}_7 = x_6'\boldsymbol{\alpha}_6 \tag{3-8}$$

式（3-8）有非零解，即齐次线性方程组：

$$x_1'\boldsymbol{\alpha}_1 + x_2'\boldsymbol{\alpha}_2 + x_4'\boldsymbol{\alpha}_4 + x_5'\boldsymbol{\alpha}_5 - x_6'\boldsymbol{\alpha}_6 + x_7'\boldsymbol{\alpha}_7 = 0 \tag{3-9}$$

有非零解.

上述方程组（3-7）和（3-9）分别为 9 个方程，6 个未知数形成的方程组，运用 Python 语言进行求解.

输入：

```
from sympy import Matrix
# 定义矩阵 A
A = Matrix([
    [10, 2, -14, 12, 20, 100],
    [12, 0, -12, 25, 35, 55],
    [5, 3, -11, 0, 5, 0],
    [7, 9, -25, 5, 15, 35],
    [0, 1, -2, 25, 5, 6],
    [25, 5, -35, 5, 35, 50],
    [9, 4, -17, 25, 2, 25],
    [6, 5, -16, 10, 10, 10],
    [8, 2, -12, 0, 2, 20]
])
# 计算矩阵 A 的零空间
null_space = A.nullspace()
# 输出结果
for vector in null_space:
    print("x=",vector)
```

结果：

x= Matrix([[1], [2], [1], [0], [0], [0]])

3 号成药能由其他 5 种成药配制出来；配制比例为 1 份的 1 号成药，2 份的 2 号成药.

再求解方程组（3-9）.

输入：

```
from sympy import Matrix
# 定义矩阵 A
A = Matrix([
    [10, 2, 12, 20, -38, 100],
```

```
        [12, 0, 25, 35, -60, 55],
        [5, 3, 0, 5, -14, 0],
        [7, 9, 5, 15, -47, 35],
        [0, 1, 25, 5, -33, 6],
        [25, 5, 5, 35, -55, 50],
        [9, 4, 25, 2, -39, 25],
        [6, 5, 10, 10,-35, 10],
        [8, 2, 0, 2, -6, 20]
])
# 计算矩阵 A 的零空间
null_space = A.nullspace()
# 输出结果
for vector in null_space:
        print("x=",vector)
```

结果:

rocess finished with exit code 0

6 号成药不能由其他 5 种成药配制出来.

（2）设 $\beta_1=(40,62,14,44,53,50,71,41,14)^{\mathrm{T}}$，$\beta_2=(162,141,27,102,60,155,118,68,52)^{\mathrm{T}}$，$\beta_3=(88,67,8,51,7,80,38,21,30)^{\mathrm{T}}$，1 号新药若能由 7 种特效药配制出来，等价于式（3-10）:

$$x_1\boldsymbol{\alpha}_1+x_2\boldsymbol{\alpha}_2+x_3\boldsymbol{\alpha}_3+x_4\boldsymbol{\alpha}_4+x_5\boldsymbol{\alpha}_5+x_6\boldsymbol{\alpha}_6+x_7\boldsymbol{\alpha}_7=k_1\boldsymbol{\beta}_1 \tag{3-10}$$

式（3-10）有非零解，即齐次线性方程组

$$x_1\boldsymbol{\alpha}_1+x_2\boldsymbol{\alpha}_2+x_3\boldsymbol{\alpha}_3+x_4\boldsymbol{\alpha}_4+x_5\boldsymbol{\alpha}_5+x_6\boldsymbol{\alpha}_6+x_7\boldsymbol{\alpha}_7-k_1\boldsymbol{\beta}_1=0 \tag{3-11}$$

有非零解，运用 Python 语言进行求解.

输入:

```
from sympy import Matrix
# 定义矩阵 A
A = Matrix([
        [10, 2, 14, 12, 20, 38, 100, -40],
        [12, 0, 12, 25, 35, 60, 55, -62],
        [5, 3, 11, 0, 5, 14, 0, -14],
        [7, 9, 25, 5, 15, 47, 35, -44],
        [0, 1, 2, 25, 5, 33, 6, -53],
        [25, 5, 35, 5, 35, 55, 50, -50],
        [9, 4, 17, 25, 2, 39, 25, -71],
```

```
    [6, 5, 16, 10, 10, 35, 10, -41],
    [8, 2, 12, 0, 2, 6, 20, -14]
])
# 计算矩阵 A 的零空间
null_space = A.nullspace()
# 输出结果
for vector in null_space:
    print("x=",vector)
```

结果：

x= Matrix([[-1], [-2], [1], [0], [0], [0], [0], [0]])（此结果由于部分分量取值为负，故舍去）

x= Matrix([[1], [3], [0], [2], [0], [0], [0], [1]])

1 号新药能由 7 种成药配制出来，配制比例为 1 份的 1 号成药，3 份的 2 号成药，2 份的 4 号成药.

2 号新药若能由 7 种特效药配制出来，等价于式（3-12）：

$$x_1\boldsymbol{\alpha}_1+x_2\boldsymbol{\alpha}_2+x_3\boldsymbol{\alpha}_3+x_4\boldsymbol{\alpha}_4+x_5\boldsymbol{\alpha}_5+x_6\boldsymbol{\alpha}_6+x_7\boldsymbol{\alpha}_7=k_2\boldsymbol{\beta}_2 \tag{3-12}$$

式（3-12）有非零解，即齐次线性方程组：

$$x_1\boldsymbol{\alpha}_1+x_2\boldsymbol{\alpha}_2+x_3\boldsymbol{\alpha}_3+x_4\boldsymbol{\alpha}_4+x_5\boldsymbol{\alpha}_5+x_6\boldsymbol{\alpha}_6+x_7\boldsymbol{\alpha}_7-k_2\boldsymbol{\beta}_2=0 \tag{3-13}$$

有非零解，运用 Python 语言进行求解.

输入：

```
from sympy import Matrix
# 定义矩阵 A
A = Matrix([
    [10, 2, 14, 12, 20, 38, 100, -162],
    [12, 0, 12, 25, 35, 60, 55, -141],
    [5, 3, 11, 0, 5, 14, 0, -27],
    [7, 9, 25, 5, 15, 47, 35, -102],
    [0, 1, 2, 25, 5, 33, 6, -60],
    [25, 5, 35, 5, 35, 55, 50, -155],
    [9, 4, 17, 25, 2, 39, 25, -118],
    [6, 5, 16, 10, 10, 35, 10, -68],
    [8, 2, 12, 0, 2, 6, 20, -52]
])
# 计算矩阵 A 的零空间
null_space = A.nullspace()
```

```
# 输出结果
for vector in null_space:
    print("x=",vector)
```

结果：

x= Matrix([[-1], [-2], [1], [0], [0], [0], [0], [0]])（舍去）

x= Matrix([[3], [4], [0], [2], [0], [0], [1], [1]])

2 号新药能由 7 种成药配制出来，配制比例为 3 份的 1 号成药，4 份的 2 号成药，2 份的 4 号成药，1 份的 7 号成药.

3 号新药若能由 7 种特效药配制出来，等价于式（3-14）：

$$x_1\boldsymbol{\alpha}_1+x_2\boldsymbol{\alpha}_2+x_3\boldsymbol{\alpha}_3+x_4\boldsymbol{\alpha}_4+x_5\boldsymbol{\alpha}_5+x_6\boldsymbol{\alpha}_6+x_7\boldsymbol{\alpha}_7=k_3\boldsymbol{\beta}_3 \tag{3-14}$$

式（3-14）有非零解，即齐次线性方程组

$$x_1\boldsymbol{\alpha}_1+x_2\boldsymbol{\alpha}_2+x_3\boldsymbol{\alpha}_3+x_4\boldsymbol{\alpha}_4+x_5\boldsymbol{\alpha}_5+x_6\boldsymbol{\alpha}_6+x_7\boldsymbol{\alpha}_7-k_3\boldsymbol{\beta}_3=0 \tag{3-15}$$

有非零解，用 Python 语言进行求解.

输入：

```
from sympy import Matrix
# 定义矩阵 A
A = Matrix([
    [10, 2, 14, 12, 20, 38, 100, -88],
    [12, 0, 12, 25, 35, 60, 55, -67],
    [5, 3, 11, 0, 5, 14, 0, -8],
    [7, 9, 25, 5, 15, 47, 35, -51],
    [0, 1, 2, 25, 5, 33, 6, -7],
    [25, 5, 35, 5, 35, 55, 50, -80],
    [9, 4, 17, 25, 2, 39, 25, -38],
    [6, 5, 16, 10, 10, 35, 10, -21],
    [8, 2, 12, 0, 2, 6, 20, -30]
])
# 计算矩阵 A 的零空间
null_space = A.nullspace()
# 输出结果
for vector in null_space:
    print("x=",vector)
```

结果：

x= Matrix([[-1], [-2], [1], [0], [0], [0], [0], [0]])

故 3 号新药不能由 7 种成药配制出来.

习题 3.4

【基础训练】

1. [目标 2.1、2.3、2.4]蛋白质、碳水化合物和脂肪是人体每日不可或缺的三大营养素，然而，过量的脂肪摄入会对健康产生不利影响. 为了消耗多余的脂肪，人们可以采取适量的运动方式. 现设定 3 种食物——脱脂牛奶、大豆面粉和乳清，每 100 g 中所含的蛋白质、碳水化合物和脂肪量，以及慢跑 5 min 所消耗的相应营养素量，如表 3.5 所示.

表 3.5　3 种食物的营养成分和慢跑的消耗情况　　单位：g

营养	每 100 g 食物所含营养			慢跑 5 min 分钟消耗量	每日需要的营养量
	牛奶	大豆面粉	乳清		
蛋白质	36	51	13	10	33
碳水化合物	52	34	74	20	45
脂肪	10	7	1	15	3

问怎样安排饮食和运动才能实现每日的营养需求?

2. [目标 2.1、2.3、2.4]某乡镇有甲、乙、丙 3 个企业. 甲企业每生产 1 元的产品要消耗 0.25 元乙企业的产品和 0.25 元丙企业的产品. 乙企业每生产 1 元的产品要消耗 0.65 元甲企业的产品，0.05 元自产的产品和 0.05 元丙企业的产品. 丙企业每生产 1 元的产品要消耗 0.5 元甲企业的产品和 0.1 元乙企业的产品. 在一个生产周期内，甲、乙、丙 3 个企业生产的产品价值分别为 100 万元，120 万元，60 万元，同时各自的固定资产折旧分别为 20 万元，5 万元和 5 万元.

（1）求一个生产周期内这 3 个企业扣除消耗和折旧后的新创价值.

（2）如果这 3 个企业接到外来订单分别为 50 万元，60 万元，40 万元，那么他们各生产多少才能满足需求?

3. [目标 2.1、2.3、3.4] “化学火山”通常指的是一种化学实验，它模拟了火山喷发的现象. 这种实验利用了某些化学反应产生气体和能量，从而模拟出类似火山喷发的效果.

一种常见的“化学火山”实验是通过混合醋和小苏打来制作的. 在这个实验中，醋（主要成分是醋酸）与小苏打（碳酸氢钠）发生酸碱反应，生成二氧化碳气体、水和醋酸钠. 该化学反应的方程式为

$$x_1\mathrm{CH_3COOH}+x_2\mathrm{NaHCO_3}\to x_3\mathrm{CH_3COONa}+x_4\mathrm{H_2O}+x_5\mathrm{CO_2}$$

由于二氧化碳气体的迅速生成，混合物会迅速膨胀并产生泡沫，从而模拟出火山喷发的效果.

另外，还有其他方法可以制作“化学火山”. 例如，使用试管中的氯酸钾和小熊软糖，氯酸钾加热到熔融状态后发生热分解产生氧气，氧气点燃小熊软糖中的有机物，产生剧烈的燃烧反应，形成类似火山喷发的效果.

需要注意的是，尽管这些实验非常有趣且能够激发学生们对化学的兴趣，但进行这些实验时仍应确保安全. 实验应在合适的条件下进行，并遵循实验室的安全规范，以防止意外发生. 同时，对于年龄较小的学生或没有化学背景的人来说，最好在专业人士的指导下进行这些实验.

3.5 数学实验与数学模型举例

在 3.4 节的例 5 中，最终得出的线性方程组，由 8 个未知数及对应的 8 个方程所构成. 若采用传统的人工计算方式对该方程组进行求解，将会面临较大的计算难度和复杂性. 因此，本节将重点介绍使用 Python 语言来求解线性方程组的几种常见类型，以便更加高效、准确地解决此类问题.

3.5.1 数学实验

实验目的：会使用 Python 语言求解线性方程组.

1. 求线性方程组 $\boldsymbol{Ax}=\boldsymbol{b}$ 的一个解（见表 3.6）

表 3.6 运用 Python 求线性方程组 $\boldsymbol{Ax}=\boldsymbol{b}$ 的一个解

<table>
<tr><th>目的</th><th>库</th><th>方法</th><th>格式</th></tr>
<tr><td rowspan="5">解线性方程组 $Ax=B$</td><td rowspan="2">调用 NumPy 库*
在使用前须输入以下指令：
import numpy as np
#导入 NumPy 库并为其指定一个别名“np”</td><td>求逆法</td><td>A_inv = np.linalg.inv(A)
x = np.dot(A_inv, b)</td></tr>
<tr><td>调用 linsolve 函数</td><td>x = np.linalg.solve(A, b)</td></tr>
<tr><td rowspan="3">调用 SymPy 库*
在使用前须输入以下指令：
from sympy import Matrix
#从 SymPy 库中导入了定义矩阵的函数 Matrix</td><td>求逆法</td><td>x = A.inv() * B</td></tr>
<tr><td>调用 solve 函数，使用前须导入 symbols（定义符号变量），Eq（定义函数），solve（解方程组）</td><td>[x_1, x_2, …, x_n]=solve((eq1, eq2, …, eqn), (x_1, x_2, …,x_n))
eq 为方程，(x_1, x_2, …, x_n)为待求向量 x. 详见例 1 解法四</td></tr>
<tr><td>用阶梯形矩阵</td><td></td></tr>
</table>

例 1 求线性方程组 $\begin{cases} 3x_1+x_2-x_3=3.6 \\ x_1+2x_2+4x_3=2.1 \\ -x_1+4x_2+5x_3=-1.4 \end{cases}$ 的解.

解法一　求逆法

【请注意，直接计算矩阵的逆可能会导致数值不稳定性或溢出问题. 更好的方法是使用np.linalg.solve()函数】

代码如下：

```
import numpy as np
# 定义系数矩阵 A 和常数向量 B
A = np.array([[3, 1, -1], [1, 2, 4], [-1, 4, 5]])
B = np.array([3.6, 2.1, -1.4])
# 计算矩阵 A 的逆
A_inv = np.linalg.inv(A)
# 使用左除法解线性方程组
X = np.dot(A_inv, B)
print("解为：", X)
```

执行后结果：

解为：[1.48181818　-0.46060606　0.38484848]

解法二　（调用 linsolve 函数）

代码如下：

```
import numpy as np
# 定义系数矩阵 A 和常数向量 B
A = np.array([[3, 1, -1], [1, 2, 4], [-1, 4, 5]])
B = np.array([3.6, 2.1, -1.4])
# 使用 solve 解线性方程组
X = np.linalg.solve(A, B)
print("解为：", X)
```

执行后结果：

解为：[1.48181818　-0.46060606　0.38484848]

解法三　（利用 SymPy 库求逆法）

代码如下：

```
import sympy as sp
# 定义系数矩阵 A 和常数向量 B
A = sp.Matrix([[3, 1, -1], [1, 2, 4], [-1, 4, 5]])
B = sp.Matrix([3.6, 2.1, -1.4])
# 使用左除法解线性方程组
X = A.inv() * B
print("解为：", X)
```

执行后结果：

Matrix([[1.48181818181818]， [-0.460606060606061]， [0.384848484848485]])

解法四 （利用 Sympy 库 solve 函数）

代码如下：

```
from sympy import symbols, Eq, solve,Matrix
# 定义系数矩阵 A 和常数向量 B
A = Matrix([[3, 1, -1], [1, 2, 4], [-1, 4, 5]])
B = Matrix([3.6, 2.1, -1.4])
# 定义未知数向量 X
x1,x2,x3 = symbols('x1 x2 x3')
X = Matrix([x1, x2, x3])
# 建立方程组并求解
equation = Eq(A * X, B) #构造含未知向量 X 的方程组 AX=B
solutions = solve(equation, X) #第一个变量为方程,第二个变量为所求未知向量
print("解为：", solutions)
```

执行后结果：

解为： [{x1: 1.48181818181818， x2: -0.460606060606061， x3: 0.384848484848485}]

例 2 用 Python 软件求解 3.4 节中例 5 对应的线性方程组.

代码如下：

```
import numpy as np
from sympy import symbols, pi
# 定义常数
G1 = 200
L1 = 2
theta1 = pi / 6  # 注意: 在 Python 中,π 的表示是"pi"
G2 = 100
L2 = np.sqrt(2)  # 使用 NumPy 的 sqrt 函数
theta2 = pi / 4  # 注意: 在 Python 中,π 的表示是"pi"
# 定义矩阵 A 和 B
A = np.array([
        [1, 0, -1, 0, 0, 0, 0, 0],
        [0, 1, 0, 1, 0, 0, 0, 0],
        [0, 0, float(L1) * np.sin(float(theta1)), float(L1) * np.cos(float(theta1)), 0, 0, 0, 0],
        [0, 0, 0, 0, 1, 0, -1, 0],
        [0, 0, 0, 0, 0, 1, 0, -1],
        [0, 0, float(L2) * np.sin(float(theta2)), -1*float(L2) * np.cos(float(theta2)), 0, 0, 0, 0],
        [0, 0, -1, 0, 0, 0, -1, 0],
        [0, 0, 0, -1, 0, 0, 0, -1]
])
```

```
B = np.array([
    [0],
    [G1],
    [0.5 * float(L1) * np.cos(float(theta1)) * G1],
    [0],
    [G2],
    [0.5 * float(L2) * np.cos(float(theta2)) * G2],
        [0],
        [0]
  ])
  # 使用 NumPy 的 linalg.solve 函数解线性方程组
  X = np.linalg.solve(A, B)
  print("X=",X)
```

执行后结果：

```
X= [[ 95.09618943]
 [154.90381057]
 [ 95.09618943]
 [ 45.09618943]
 [-95.09618943]
 [ 54.90381057]
 [-95.09618943]
 [-45.09618943]]
```

2. 求线性方程组 $Ax=0$ 的通解（见表 3.7）

注：numpy 库中没有直接求齐次线性方程组基础解系的函数，这里选择 sympy 求解.

表 3.7　运用 Python 求线性方程组 $\boldsymbol{A}\boldsymbol{x}=\boldsymbol{0}$ 的通解

目的	库	格式	备注
求线性方程组 $\boldsymbol{A}\boldsymbol{x}=\boldsymbol{0}$ 的通解	sympy 库	x=A.nullspace()	$\boldsymbol{A}$ 必须为使用 sympy 库定义的矩阵

例 3　求齐次线性方程组 $\begin{cases} x_1+2x_2+3x_3+x_4=0 \\ 2x_1+4x_2-x_4=0 \\ -x_1-2x_2+3x_3+2x_4=0 \\ x_1+2x_2-9x_3-5x_4=0 \end{cases}$ 的通解.

代码如下：

```
from sympy import Matrix
# 定义矩阵 A
A = Matrix([[1, 2, 3, 1],
```

```
            [2, 4, 0, -1],
            [-1, -2, 3, 2],
            [1, 2, -9, -5]])
# 计算矩阵的右零空间
null_space = A.nullspace()
for column in null_space:
    print(column)
```

执行后结果：

```
Matrix([[-2], [1], [0], [0]])
Matrix([[1/2], [0], [-1/2], [1]])
```

3. 求向量组的秩与极大无关组（见表 3.8）

表 3.8　用 Python 求向量组的秩与极大无关组

目的	函数库	格式	备注
求向量组的秩（矩阵 A 中行/列向量中线性无关的个数）	numpy	k=np.linalg.matrix_rank(A)	矩阵要用 NumPy 型
	sympy	k=A.rank()	矩阵要用 sympy 型
求向量的极大线性无关组（得到 A 的行最简形式和极大线性无关组所在列号）	sympy	REFF=A_sympy.rref() R = REFF[0] jb = REFF[1]	REFF[0]为行最简形式的矩阵 REFF[1]为行最简形式的非零元素列索引

例 4　求向量组 $\boldsymbol{a}_1=(1,-2,2,3)^{\mathrm{T}}$，$\boldsymbol{a}_2=(-2,4,-1,3)^{\mathrm{T}}$，$\boldsymbol{a}_3=(-1,2,0,3)^{\mathrm{T}}$，$\boldsymbol{a}_4=(0,6,2,3)^{\mathrm{T}}$，$\boldsymbol{a}_5=(2,-6,3,4)^{\mathrm{T}}$ 的秩和一个极大无关组.

代码如下：

```
import numpy as np
from sympy import Matrix
# 定义矩阵 A
A = np.array([[1, -2, -1, 0, 2],
              [-2, 4, 2, 6, -6],
              [2, -1, 0, 2, 3],
              [3, 3, 3, 3, 4]])
# 将 NumPy 矩阵转换为 SymPy 矩阵
A_sympy = Matrix(A)
# 计算矩阵的秩
R_A = A_sympy.rank()
# 计算行最简形式矩阵及列号
```

```
REFF = A_sympy.rref()
R = REFF[0]    # 行最简形式的矩阵
jb = REFF[1]  # 行最简形式的非零元素列索引
print("A 的秩 R_A=\n",R_A)
print("A 的行最简形式 R=\n",R)
print("R 的非零列数为\n: ",jb)
# 将 A 的列按照 jb 的顺序重新排列
A_reordered = A[:, jb]
print("极大线性无关组: \n",A_reordered)
```

执行后结果：

```
A 的秩为 R_A=
 3
A 的行最简形式 R=
 Matrix([[1,  0,  1/3,  0,  16/9],  [0,  1,  2/3,  0,  -1/9],  [0,  0,  0,  1,  -1/3],  [0,  0,  0,  0,  0]])
R 的非零列数为：
 (0,  1,  3)
极大线性无关组：
 [[ 1 -2   0]
 [-2   4   6]
 [ 2 -1   2]
 [ 3   3   3]]
```

4. 求线性方程组 $Ax=b$ 的通解

解法一 由阶梯型矩阵判断解的情况，并在有无穷多解时，写出对应的非齐次线性方程组 $\boldsymbol{AX}=\boldsymbol{b}$ 的通解.

格式： C=[A，b]

x= np.array(C.rref()[0])

例 5 求非齐次线性方程组 $\begin{cases}2x_1+x_2-x_3+2x_4-3x_5=2\\4x_1+2x_2-x_3+x_4+2x_5=1\\8x_1+4x_2-3x_3+5x_4-4x_5=5\end{cases}$ 的通解.

代码如下：

```
import numpy as np
from sympy import Matrix
# Matrix convert to array
```

```
C = Matrix([[2, 1, -1, 2, -3, 2],
            [4, 2, -1, 1, 2, 1],
            [8, 4, -3, 5, -4, 5]])
# RREF
C_rref = np.array(C.rref()[0]).astype(np.float_)
# 后缀“.astype(np.float_)”用于指定输出的数据类型, np.float_表示输出的数据类型为浮点型,np.int32 即为取整. 若不加“.astype(**)”,则不指定数据类型,默认会呈现分数形式
print("C_reff=\n",C_rref)
```

执行后结果：

```
C_reff=
 [[ 1.    0.5   0.   -0.5   2.5   -0.5]
 [ 0.    0.    1.   -3.    8.   -3. ]
 [ 0.    0.    0.    0.    0.    0. ]]
```

该输出结果为增广矩阵的行最简形矩阵，因此直接取 x_2, x_4, x_5 为自由未知量，可得原方程组对应的齐次线性方程组的基础解系为

$$\begin{pmatrix}-0.5\\1\\0\\0\\0\end{pmatrix},\begin{pmatrix}0.5\\0\\3\\1\\0\end{pmatrix},\begin{pmatrix}-2.5\\0\\-8\\0\\1\end{pmatrix}$$

原方程组的一个特解为

$$\begin{pmatrix}-0.5\\0\\-3\\0\\0\end{pmatrix}$$

所以原方程组的通解为

$$\begin{pmatrix}x_1\\x_2\\x_3\\x_4\\x_5\end{pmatrix}=c_1\begin{pmatrix}-0.5\\1\\0\\0\\0\end{pmatrix}+c_2\begin{pmatrix}0.5\\0\\3\\1\\0\end{pmatrix}+c_3\begin{pmatrix}-2.5\\0\\-8\\0\\1\end{pmatrix}+\begin{pmatrix}-0.5\\0\\-3\\0\\0\end{pmatrix}$$

例 6 求非齐次线性方程组 $\begin{cases}x_1-2x_2+3x_3-x_4=1\\3x_1-x_2+5x_3-3x_4=2\\2x_1+x_2+2x_3-2x_4=3\end{cases}$ 的通解.

代码如下：

```
import numpy as np
from sympy import Matrix
# Matrix convert to array
C = Matrix([[1, -2, 3, -1, 1],
            [3, -1, 5, -3, 2],
            [2, 1, 2, -2, 3]])
# RREF
C_rref = np.array(C.rref()[0]).astype(np.float_)
print("C_reff=\n",C_rref)
```

执行后结果：

```
C_reff=
 [[ 1.   0.   1.4  -1.   0. ]
 [ 0.   1.  -0.8  0.    0. ]
 [ 0.   0.   0.   0.    1. ]]
```

由输出结果可知，系数矩阵的秩为 2，增广矩阵的秩为 3，所以原方程组无解.

解法二 由于非齐次线性方程组有可能出现无解的情况，因此在求通解时需要先判断原方程组是否有无穷解，在有无穷解时才能写出它的通解.

具体步骤如表 3.9 所示.

表 3.9 求线性方程组 $\boldsymbol{Ax}=\boldsymbol{b}$ 通解的步骤

步骤	格式
第一步：判断是否为唯一解	C=(A，b); rank(A)== rank(C)& rank(A)=n 是否为真，若为真，跳转至第二步，否则，第三步
第二步：方程满秩，存在唯一解	x = np.linalg.solve(A，b)
第三步：判断是否为无穷多解	rank(A)== rank(C)& rank(A)<是否为真，若为真，跳转至第四步，否则，该方程无解.
第四步：有无穷多解，求 $\boldsymbol{Ax}=\boldsymbol{0}$ 的基础解系，求一个特解，加上基础解系的线性组合即可得到通解	c = Matrix(A).nullspace()

例 7 利用解法二求解例 4.

代码如下：

```
from sympy import Matrix,  solve
import numpy as np
# 定义矩阵 A 和向量 b
A = np.mat([[2, 1, -1, 2, -3],
            [4, 2, -1, 1, 2],
            [8, 4, -3, 5, -4]])
```

```
b = np.mat([2, 1, 5])
C = np.mat([[2, 1, -1, 2, -3, 2],
            [4, 2, -1, 1, 2, 1],
            [8, 4, -3, 5, -4, 5]])
R_A=np.linalg.matrix_rank(A)
R_C = np.linalg.matrix_rank(C)
print("R_A=\n",R_A)
print("R_C=\n",R_C)
# 检查矩阵 A 的秩是否等于 3 并且等于向量 b 的秩
if R_A == 3 and R_C == R_A:
    # 使用 NumPy 的线性代数模块求解 Ax = b
    x = np.linalg.solve(A,b)
    print(x)
elif R_A < 3 and R_C == R_A:
    c = Matrix(A).nullspace()   # 计算矩阵 A 的右零空间,
     # 注意：①因为 nullsapce 只能作用于 SymPy 型矩阵,用 Matrix 把矩阵转化为
SymPy
 # ②对于 nullspace 函数,使用时后面的括号是必不可少的
    print("基础解系为：")
    for column in c:
        print(column)
else:
    x = '方程无解'
    print(x)
```

执行后结果：

```
R_A=
 2
R_C=
 2
基解解系为
Matrix([[-1/2],  [1],  [0],  [0],  [0]])
Matrix([[1/2],  [0],  [3],  [1],  [0]])
Matrix([[-5/2],  [0],  [-8],  [0],  [1]])
```

思考：例 7 和例 5 的结果有什么不同，为什么？

3.5.2 数学建模举例

例 8 （投入产出模型）

某地有一座煤矿、一个发电厂和一条铁路. 经成本核算，每生产价值 1 元钱的煤需消耗 0.3 元的电；为了把这 1 元钱的煤运出去需花费 0.2 元的运费；每生产 1 元的电需 0.6 元的煤作燃料；为了运行，电厂的辅助设备需消耗本身 0.1 元的电和花费 0.1 元的运费；作为铁路局，每提供 1 元运费的运输需消耗 0.5 元的煤，辅助设备要消耗 0.1 元的电. 现煤矿接到外地 6 万元煤的订货，电厂有 10 万元电的外地需求. 问：煤矿和电厂各生产多少才能满足需求？

【模型假设】模型假设如下：

（1）煤矿、发电厂和铁路的产出与消耗均按照给定的比例进行，且这些比例在模型建立期间保持不变.

（2）煤矿、发电厂和铁路的产出完全用于满足外部需求，没有内部消耗或库存.

（3）煤矿、发电厂和铁路的产出与消耗均以元为单位进行计量，且不考虑货币的时间价值或价格波动.

（4）煤矿、发电厂和铁路之间的供需关系为直接供需关系，即煤矿产出的煤直接供给发电厂和铁路局，发电厂产出的电直接供给煤矿和铁路局，铁路局提供的运费服务直接由煤矿和发电厂支付.

（5）煤矿、发电厂和铁路的辅助设备消耗的电和运费均按照给定的比例进行，且这些比例在模型建立期间保持不变.

（6）煤矿、发电厂和铁路的产出与消耗均能够立即实现，不存在延迟或滞后效应.

（7）煤矿、发电厂和铁路的产能足够满足外部需求，即不存在产能限制或生产瓶颈.

（8）忽略其他可能影响煤矿、发电厂和铁路产出的外部因素，如政策变化、自然灾害等.

基于以上假设，可以建立数学模型来求解煤矿和电厂各应生产多少才能满足外部需求的问题. 这些假设简化了实际问题，使得模型更加易于理解和求解.

【模型建立】设煤矿、电厂、铁路分别产出 x 元，y 元，z 元刚好满足需求. 则消耗与产出情况如表 3.10 所示.

表 3.10　消耗与产出情况　　单位：元

消耗	产出（1 元）		
	煤	电	运
煤	0	0.6	0.5
电	0.3	0.1	0.1
运	0.2	0.1	0

根据需求，应该有

$$\begin{cases} x-(0.6y+0.5z)=60\,000 \\ y-(0.3x+0.1y+0.1z)=100\,000 \\ z-(0.2x+0.1y)=0 \end{cases}$$

即

$$\begin{cases} x-0.6y-0.5z=60\,000 \\ -0.3x+0.9y-0.1z=100\,000 \\ -0.2x-0.1y+z=0 \end{cases}$$

【模型求解】在 Python 中输入以下代码：

```
import numpy as np
# 定义矩阵 A 和向量 b
A = np.array([[1, -0.6, -0.5],
              [-0.3, 0.9, -0.1],
              [-0.2, -0.1, 1]])
b = np.array([60000, 100000, 0])
# 使用 NumPy 的线性代数模块中的函数求解线性方程组
x = np.linalg.solve(A, b)
print("x=\n",x)
```

执行后结果：

```
x=
 [199662.73187184   184148.39797639   58347.38617201]
```

可见，煤矿要生产 $1.996\,6\times10^5$ 元的煤，电厂要生产 $1.841\,5\times10^5$ 元的电恰好满足需求.

【模型分析】令

$$\boldsymbol{x}=\begin{pmatrix} x \\ y \\ z \end{pmatrix},\quad \boldsymbol{A}=\begin{pmatrix} 0 & 0.6 & 0.5 \\ 0.3 & 0.1 & 0.1 \\ 0.2 & 0.1 & 0 \end{pmatrix},\quad \boldsymbol{b}=\begin{pmatrix} 60\,000 \\ 100\,000 \\ 0 \end{pmatrix}$$

其中 $\boldsymbol{x}$ 称为总产值列向量，$\boldsymbol{A}$ 称为消耗系数矩阵，$\boldsymbol{b}$ 称为最终产品向量，则

$$\boldsymbol{Ax}=\begin{pmatrix} 0 & 0.6 & 0.5 \\ 0.3 & 0.1 & 0.1 \\ 0.2 & 0.1 & 0 \end{pmatrix}\begin{pmatrix} x \\ y \\ z \end{pmatrix}=\begin{pmatrix} 0.6y+0.5z \\ 0.3x+0.1y+0.1z \\ 0.2x+0.1y \end{pmatrix}$$

根据需求，应该有 $\boldsymbol{x}-\boldsymbol{Ax}=\boldsymbol{b}$，即 $(\boldsymbol{E}-\boldsymbol{A})\boldsymbol{x}=\boldsymbol{b}$. 故 $\boldsymbol{x}=(\boldsymbol{E}-\boldsymbol{A})^{-1}\boldsymbol{b}$.

例 9 （互付工资模型）

互付工资问题是在多方合作、相互提供劳动的过程中产生的经济现象. 以农忙季节为例，多户农民组成互助组，共同协作完成耕、种、收等农活. 同样地，木工、电工、油漆工等工种也可组成互助组，共同承担各家的装潢工作. 由于不同工种的劳动量存在差异，为确保各方利益的均衡，需制定互付工资的标准.

现有一个木工、一个电工和一个油漆工，他们决定相互装修各自的房子. 他们达成了以下协议：

（1）每位工人工作 10 d，这包括在自己家中工作的天数（见表 3.11）.

（2）每位工人的日工资按照市场一般价格，在 60 元至 80 元之间浮动.
（3）日工资数额的确定应确保每位工人的总收入与总支出相等.

表 3.11　各工种工作天数

	木工	电工	油漆工
木工家	2	1	6
电工家	4	5	1
油漆工家	4	4	3

求每人的日工资.

【模型假设】

（1）工作时间与分配假设：每位工人（木工、电工、油漆工）均工作 10 d，且这 10 d 的工作时间均匀地分配在 3 个不同的家庭中（自家及其他两家）. 具体的工作天数已在表 3.11 中明确给出.

（2）工资范围假设：每位工人的日工资在 60 元至 80 元之间，这是一个固定的市场价格范围，用于后续计算工资总额.

（3）收支平衡假设：每位工人的总收入（从其他家庭获得的工资）必须等于其总支出（支付给其他家庭的工资）. 这是确保合作公平性的关键条件.

（4）工作效率与技能等价假设：假设每位工人在其专业领域内的工作效率和技能水平相当，即不考虑因个人技能差异导致的工资差异.

（5）无其他费用与补贴假设：除了直接支付给工人的工资外，没有其他额外的费用或补贴需要考虑，如交通费、餐费等.

（6）工作质量与完成度假设：假设每位工人都能按照约定的质量标准完成其工作，且工作的完成度不受其他因素影响.

（7）无违约与争议假设：假设所有工人都会遵守协议，且在整个过程中不会出现违约或争议的情况.

基于以上假设，可以构建数学模型来求解每位工人的日工资. 该模型将利用线性方程组或优化算法，根据工作天数、工资范围和收支平衡条件，计算出满足所有条件的日工资数额.

【模型建立】设木工、电工、油漆工的日工资分别为 x，y，z 元. 各家应付工资和各人应得收入如表 3.12 所示.

表 3.12　各家应付工资和各人应得收入

	木工	电工	油漆工
木工家	$2x$	$1y$	$6z$
电工家	$4x$	$5y$	$1z$
油漆工家	$4x$	$4y$	$3z$
个人应得收入	$10x$	$10y$	$10z$

由此可得

$$\begin{cases}2x+y+6z=10x\\4x+5y+z=10y\\4x+4y+3z=10z\end{cases}，即\begin{cases}-8x+y+6z=0\\4x-5y+z=0\\4x+4y-7z=0\end{cases}$$

【模型求解】在 Python 中输入以下代码：

```
import numpy as np
from sympy import Matrix
A = np.array([[-8, 1, 6], [4, -5, 1], [4, 4, -7]])
# 对 A 进行奇异值分解
null_space = Matrix(A).nullspace()
for column in null_space:
print(column)
```

执行后结果：

Matrix([[31/36]， [8/9]， [1]])

可见，上述齐次线性方程组的通解为 $\boldsymbol{x}=k(31/368/91)^{\mathrm{T}}$. 因而根据“每人的日工资一般的市价在 60 ~ 80 元”可知

$$60\leqslant\frac{31}{36}k<\frac{8}{9}k<k\leqslant 80，即\frac{2\,160}{31}\leqslant k\leqslant 80$$

也就是说，木工、电工、油漆工的日工资分别为 $\frac{31}{36}k$ 元，$\frac{8}{9}k$ 元，k 元，其中 $\frac{2\,160}{31}\leqslant k\leqslant 80$.

为了简便起见，可取 $k=72$，于是木工、电工、油漆工的日工资分别为 62 元、64 元、72 元.

【模型分析】事实上，各人都不必付自己工资. 这时各家应付工资和各人应得收入如表 3.12 所示.

表 3.13　各家应付工资和各人应得收入

	木工	电工	油漆工
木工家	0	$1y$	$6z$
电工家	$4x$	0	$1z$
油漆工家	$4x$	$4y$	0
个人应得收入	$8x$	$5y$	$7z$

由此可得

$$\begin{cases} y+6z=8x \\ 4x+z=5y \\ 4x+4y=7z \end{cases}，\text{即}\begin{cases} -8x+y+6z=0 \\ 4x-5y+z=0 \\ 4x+4y-7z=0 \end{cases}$$

可见，这样得到的方程组与前面得到的方程组是一样的.

习题 3.5

【基础训练】

1. [目标 2.1、2.4]利用 Python 解下列各题.

（1）判断线性方程组 $\begin{cases} x_1-2x_2+x_3+x_4=1 \\ x_1-2x_2+x_3-x_4=-5 \\ x_1-2x_2+x_3+5x_4=5 \end{cases}$ 是否有解？

（2）已知 $\boldsymbol{A}=\begin{bmatrix} 1 & 1 & 1 & 1 \\ 1 & 0 & -1 & 1 \\ 3 & 1 & -1 & 3 \\ 3 & 2 & 1 & 3 \end{bmatrix}$，求 $\boldsymbol{Ax}=\boldsymbol{0}$ 的基础解系.

（3）求下列非齐次线性方程组的通解.

① $\begin{cases} x_1-3x_2-x_3+x_4=1 \\ 3x_1-x_2-3x_3+4x_4=4 \\ x_1+5x_2-9x_3-8x_4=6 \end{cases}$；

② $\begin{cases} x_1+2x_2+3x_3+x_4=3 \\ x_1+4x_2+6x_3+2x_4=2 \\ 2x_1+9x_2+8x_3+3x_4=7 \\ 3x_1+7x_2+7x_3+2x_4=12 \end{cases}$.

2. [目标 2.1、2.4]利用 Python 判断下列向量组是否线性相关.

（1）$\boldsymbol{\alpha}_1=[-1,3,1]$，$\boldsymbol{\alpha}_2=[2,1,0]$，$\boldsymbol{\alpha}_3=[1,4,1]$；

（2）$\boldsymbol{\alpha}_1=[1,-1,3,-1]$，$\boldsymbol{\alpha}_2=[1,2,-1,2]$，$\boldsymbol{\alpha}_3=[0,2,2,2]$，$\boldsymbol{\alpha}_4=[2,5,-1,4]$.

3. [目标 2.1、2.4]利用 Python 判断下列向量组的秩及最大无关组.

（1）$\boldsymbol{\alpha}_1=[1,2,-1,4]$，$\boldsymbol{\alpha}_2=[9,200,10,4]$，$\boldsymbol{\alpha}_3=[-2,-4,2,8]$，$\boldsymbol{\alpha}_4=[-1,-2,1,-4]$；

（2）$\boldsymbol{\alpha}_1=[25,75,75,25]$，$\boldsymbol{\alpha}_2=[31,94,94,32]$，$\boldsymbol{\alpha}_3=[17,53,54,20]$，$\boldsymbol{\alpha}_4=[43,132,134,48]$.

知识结构网络图

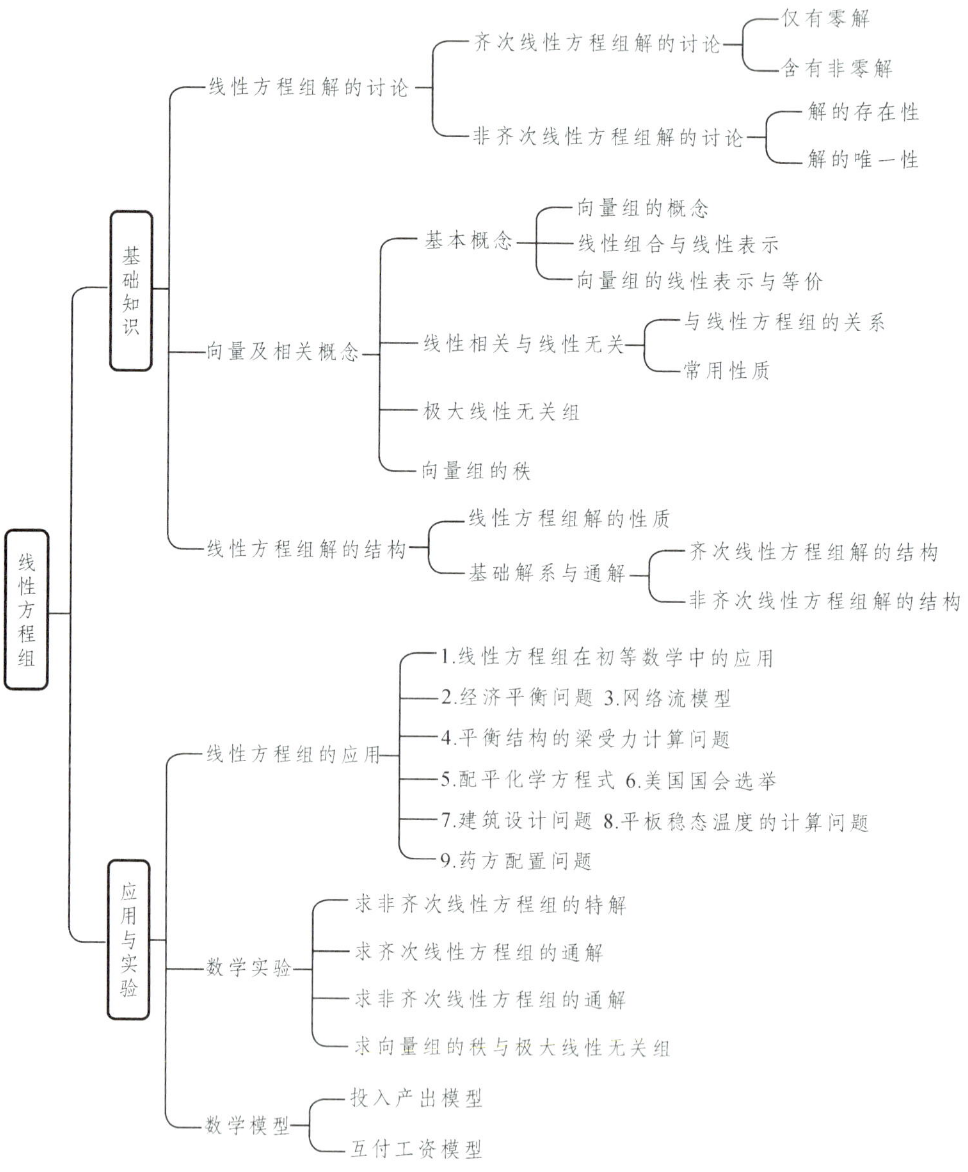
线性方程组
基础知识
线性方程组解的讨论
齐次线性方程组解的讨论
仅有零解
含有非零解
非齐次线性方程组解的讨论
解的存在性
解的唯一性
向量及相关概念
基本概念
向量组的概念
线性组合与线性表示
向量组的线性表示与等价
线性相关与线性无关
与线性方程组的关系
常用性质
极大线性无关组
向量组的秩
线性方程组解的结构
线性方程组解的性质
基础解系与通解
齐次线性方程组解的结构
非齐次线性方程组解的结构
应用与实验
线性方程组的应用
1.线性方程组在初等数学中的应用
2.经济平衡问题 3.网络流模型
4.平衡结构的梁受力计算问题
5.配平化学方程式 6.美国国会选举
7.建筑设计问题 8.平板稳态温度的计算问题
9.药方配置问题
数学实验
求非齐次线性方程组的特解
求齐次线性方程组的通解
求非齐次线性方程组的通解
求向量组的秩与极大线性无关组
数学模型
投入产出模型
互付工资模型

OBE 理念下教学目标

<table>
<tr><td rowspan="6">知识目标</td><td rowspan="2">1.基础概念掌握</td><td>掌握齐次线性方程组和非齐次线性方程组解的判别方法和解的情况</td></tr>
<tr><td>深入理解向量和向量组的概念</td></tr>
<tr><td rowspan="2">2.理论知识广度和深度</td><td>能够求解齐次线性方程组的一个基础解系及通解</td></tr>
<tr><td>熟练掌握非齐次线性方程组通解的求法</td></tr>
<tr><td rowspan="2">3.数学方法和技巧应用</td><td>深入理解向量组的线性组合、线性相关、线性无关、最大无关组、秩、等价向量组等概念</td></tr>
<tr><td>掌握判断线性组合、线性相关、线性无关的方法</td></tr>
<tr><td rowspan="6">能力目标</td><td>1.问题解决能力</td><td>了解线性方程组在初等数学、经济平衡、网络流模型、平衡结构的梁受力计算、美国国会选举、建筑设计、平板稳态温度的计算以及药方配置等领域中的应用，并能运用所学知识解决实际问题</td></tr>
<tr><td rowspan="2">2.抽象思维和逻辑推理</td><td>能够求出向量组的最大无关组，并用最大无关组表示剩余的向量</td></tr>
<tr><td>掌握计算向量组秩的方法</td></tr>
<tr><td>3.数学建模能力</td><td>能够根据实际问题建立线性方程组模型，并求解其通解或基础解系</td></tr>
<tr><td rowspan="2">4.数据分析与解释能力</td><td>了解线性方程组在不同领域中的应用背景和实际意义</td></tr>
<tr><td>能够利用 Python 软件求解线性方程组，并对结果进行分析和解释</td></tr>
<tr><td rowspan="2">素质目标</td><td>2.跨学科思维</td><td>鼓励学生将线性方程组知识与其他学科领域相结合，形成跨学科的综合分析能力</td></tr>
<tr><td>3. 批判性思维</td><td>培养学生在解决线性方程组问题时具备批判性思维，能够评估不同解法的优劣，提出自己的见解</td></tr>
<tr><td>思政目标</td><td>2.辩证思想</td><td>引导学生通过学习和理解齐次线性方程组和非齐次线性方程组解的结构，培养辩证思考的能力，理解普遍性和特殊性、共性和个性，从而充分理解集体和个人的关系</td></tr>
</table>

章节测验

1. 单项选择题

（1）[目标 1.1] $m<n$ 是 m 个方程 n 个未知量的齐次线性方程组有非零解的（　　）.

A. 充分必要条件　　B. 充分条件

C. 必要条件　　D. 无关条件

（2）[目标 1.2]设 $\boldsymbol{A}$ 为 $m\times n$ 矩阵，且非齐次线性方程组 $\boldsymbol{Ax}=\boldsymbol{b}$ 有唯一解，则必有（　　）.

A. $m=n$　　B. $r(\boldsymbol{A})=m$

C. $R(\boldsymbol{A})=n$　　D. $R(\boldsymbol{A})<n$

（3）[目标 1.2、2.1] n 阶方阵 $\boldsymbol{A}$ 的行列式 $|\boldsymbol{A}|=0$，则 $\boldsymbol{A}$ 的列向量（　　）.

A. 线性相关　　B. 线性无关

C. $R(\boldsymbol{A})=0$　　D. $R(\boldsymbol{A})\neq 0$

（4）[目标 1.2、4.2]下列命题中正确的是（　　）.

A. 任意 n 个 $n+1$维向量线性相关　　B. 任意 n 个 $n+1$维向量线性无关

C. 任意 $n+1$个 n 维向量线性相关　　D. 任意 $n+1$个 n 维向量线性无关

（5）[目标 1.3、2.1]若方程组 $\begin{cases}x_1+x_2+2x_3=0\\x_1+2x_2+x_3=0\\2x_1+x_2+\lambda x_3=0\end{cases}$ 存在基础解系，则 λ 等于（　　）.

A. 2　　B. 3

C. 4　　D. 5

（6）[目标 1.3、2.2]设齐次线性方程组 $\boldsymbol{Ax}=\boldsymbol{0}$ 是非齐次线性方程组 $\boldsymbol{Ax}=\boldsymbol{b}$ 的导出组，$\boldsymbol{\eta}_1$，$\boldsymbol{\eta}_2$ 是 $\boldsymbol{Ax}=\boldsymbol{b}$ 的解，则下列正确的是（　　）.

A. $\boldsymbol{\eta}_1-\boldsymbol{\eta}_2$ 是 $\boldsymbol{Ax}=\boldsymbol{0}$ 的解　　B. $\boldsymbol{\eta}_1-\boldsymbol{\eta}_2$ 是 $\boldsymbol{Ax}=\boldsymbol{b}$ 的解

C. $\boldsymbol{\eta}_1+\boldsymbol{\eta}_2$ 是 $\boldsymbol{Ax}=\boldsymbol{0}$ 的解　　D. $\boldsymbol{\eta}_1+\boldsymbol{\eta}_2$ 是 $\boldsymbol{Ax}=\boldsymbol{b}$ 的解

2. 填空题

（1）[目标 1.2]齐次线性方程组 $\begin{cases}a_{11}x_1+a_{12}x_2+\cdots+a_{1n}x_n=0\\a_{21}x_1+a_{22}x_2+\cdots+a_{2n}x_n=0\\\cdots\cdots\\a_{n1}x_1+a_{n2}x_2+\cdots+a_{nn}x_n=0\end{cases}$ 只有零解的充要条件有______.

（2）[目标 1.1、2.1]当 $a=$______时，线性方程组 $\begin{cases}x_1+x_2-x_3=1\\2x_1+3x_2+ax_3=3\\x_1+ax_2+3x_3=2\end{cases}$ 无解.

（3）[目标 1.3、2.2]若向量组 $\boldsymbol{\alpha}_1,\boldsymbol{\alpha}_2,\boldsymbol{\alpha}_3$ 线性无关，则向量组 $\boldsymbol{\alpha}_2+\boldsymbol{\alpha}_1,\boldsymbol{\alpha}_3+\boldsymbol{\alpha}_2,\boldsymbol{\alpha}_1+\boldsymbol{\alpha}_3$________.

（4）[目标 1.3、2.2、4.5]向量 $\boldsymbol{\alpha}_1=[0,-1,-5,8]$ 可由 $\boldsymbol{\alpha}_2=[1,0,-2,3]$，$\boldsymbol{\alpha}_3=[2,1,1,-2]$ 线性表示，则相关系数 $k_1=$________，$k_2=$________.

（5）[目标 1.1]齐次线性方程组为 $\begin{cases}x_1-x_2=0\\x_2-x_3=0\\x_1-x_3=0\end{cases}$，它的一个基础解系为____________.

3. 判断题

（1）[目标 4.2]设 $\boldsymbol{A}$ 为 $m\times n$ 矩阵，若非齐次线性方程组 $\boldsymbol{Ax}=\boldsymbol{b}$ 的系数矩阵 $\boldsymbol{A}$ 的秩为 r，则 $r=m$ 时，方程组有解. （　　）

（2）[目标 1.2、4.5]方程组 $\begin{cases}4x_1+3x_2+2x_3+8x_4=\delta_1\\3x_1+4x_2+x_3+7x_4=\delta_2\\x_1+x_2+x_3+x_4=\delta_3\end{cases}$，则对任意的 $\delta_1,\delta_2,\delta_3$，方程组均有解，且有无穷多解. （　　）

3. [目标 1.2、2.2、4.2]设 $\boldsymbol{A},\boldsymbol{B}$ 都是 n 阶非零矩阵，且 $\boldsymbol{AB}=\boldsymbol{0}$，则 $\boldsymbol{A}$ 和 $\boldsymbol{B}$ 的秩都小于 n. （　　）

4. [目标 1.2、4.2]设 $\boldsymbol{A}$ 为 $m\times n$ 矩阵，$\boldsymbol{AB}=\boldsymbol{0}$ 只有零解的充要条件是 $\boldsymbol{A}$ 的列向量组线性无关. （　　）

4. 解答题

（1）[目标 1.1、2.2]求下列齐次线性方程组的基础解系，并求通解.

① $\begin{cases}2x_1-3x_2-2x_3+x_4=0\\3x_1+5x_2+4x_3-2x_4=0\\8x_1+7x_2+6x_3-3x_4=0\end{cases}$　　② $\begin{cases}x_1-2x_2+4x_3-7x_4=0\\2x_1+x_2-2x_3+x_4=0\\3x_1-x_2+2x_3-4x_4=0\end{cases}$.

（2）[目标 1.2、2.1]确定 a,b 的值，使线性方程组 $\begin{cases}x_1+2x_2-2x_3+2x_4=2\\x_2-x_3-x_4=1\\x_1+x_2-x_3+3x_4=a\\x_1-x_2+x_3+5x_4=b\end{cases}$ 有解，并求其解.

（3）[目标 1.1、1.3]求线性方程组 $\begin{cases}x_1+3x_2+5x_3-4x_4=1\\x_1+3x_2+2x_3-2x_4+x_5=-1\\x_1-2x_2+x_3-x_4-x_5=3\\x_1-4x_2+x_3+x_4-x_5=3\\x_1+2x_2+x_3-x_4+x_5=-1\end{cases}$ 的通解.

（4）[目标 1.2、2.2]设向量 $\boldsymbol{\alpha}_1=[-8,8,5],\boldsymbol{\alpha}_2=[-4,2,3],\boldsymbol{\alpha}_3=[2,1,-2]$，数 k 使得 $\boldsymbol{\alpha}_1-k\boldsymbol{\alpha}_2-2\boldsymbol{\alpha}_3=\boldsymbol{0}$，求 k 的值.

（5）[目标 1.1、2.2、4.2]判定下列向量组的线性相关性.

① $\boldsymbol{\alpha}_1=[1,1,0]$，$\boldsymbol{\alpha}_2=[0,1,1]$，$\boldsymbol{\alpha}_3=[1,0,1]$；

② $\boldsymbol{\alpha}_1=[1,3,0]$，$\boldsymbol{\alpha}_2=[1,1,2]$，$\boldsymbol{\alpha}_3=[3,-1,10]$；

③ $\boldsymbol{\alpha}_1=[1,3,0]$，$\boldsymbol{\alpha}_2=\left[-\frac{1}{3},-1,0\right]$.

（6）[目标 1.3、2.2、4.2]设向量组 $\boldsymbol{\alpha}_1,\boldsymbol{\alpha}_2,\boldsymbol{\alpha}_3$ 线性无关，判定下列向量组的线性相关性.

① $\boldsymbol{\beta}_1=\boldsymbol{\alpha}_1+2\boldsymbol{\alpha}_2+3\boldsymbol{\alpha}_3$，$\boldsymbol{\beta}_2=3\boldsymbol{\alpha}_1-\boldsymbol{\alpha}_2+4\boldsymbol{\alpha}_3$，$\boldsymbol{\beta}_3=\boldsymbol{\alpha}_2+\boldsymbol{\alpha}_3$；

② $\boldsymbol{\beta}_1=\boldsymbol{\alpha}_1+\boldsymbol{\alpha}_2$，$\boldsymbol{\beta}_2=\boldsymbol{\alpha}_2+\boldsymbol{\alpha}_3$，$\boldsymbol{\beta}_3=\boldsymbol{\alpha}_1+\boldsymbol{\alpha}_3$.

（7）[目标 1.1、1.3]设三维向量组 $\boldsymbol{\alpha}_1=\begin{bmatrix}1\\2\\1\end{bmatrix},\boldsymbol{\alpha}_2=\begin{bmatrix}0\\-1\\1\end{bmatrix},\boldsymbol{\alpha}_3=\begin{bmatrix}2\\-2\\3\end{bmatrix},\boldsymbol{\beta}=\begin{bmatrix}4\\3\\4\end{bmatrix}$，问 $\boldsymbol{\beta}$ 是否为 $\boldsymbol{\alpha}_1,\boldsymbol{\alpha}_2,\boldsymbol{\alpha}_3$ 的线性组合？若是，求出表达式.

（8）[目标 1.3、2.2]已知向量组：$\boldsymbol{\alpha}_1=\begin{bmatrix}1\\-1\\2\\4\end{bmatrix},\boldsymbol{\alpha}_2=\begin{bmatrix}0\\3\\1\\2\end{bmatrix},\boldsymbol{\alpha}_3=\begin{bmatrix}3\\0\\7\\14\end{bmatrix},\boldsymbol{\alpha}_4=\begin{bmatrix}2\\1\\5\\6\end{bmatrix},\boldsymbol{\alpha}_5=\begin{bmatrix}1\\-1\\2\\0\end{bmatrix}$.

求：① 验证 $\boldsymbol{\alpha}_1,\boldsymbol{\alpha}_5$ 线性无关；

② 求包含 $\boldsymbol{\alpha}_1,\boldsymbol{\alpha}_5$ 的一个最大线性无关组；

③ 将剩余向量由该最大线性无关组表示.

第 4 章 相似矩阵与二次型

斐波那契数列的通项

斐波那契，全名莱昂纳多·比萨诺·斐波那契(Leonardo Pisano，Fibonacci，Leonardo Bigollo，1175—1250 年)，中世纪意大利数学家. 斐波那契是西方首位深入研究斐波那契数的人，并成功将现代书写数和乘数的位值表示法系统引入欧洲，极大地推动了数学的发展. 其于 1202 年所著之《计算之书》，广泛涉猎希腊、埃及、阿拉伯、印度乃至中国数学之精髓.

在《计算之书》中，斐波那契提出了一个引人入胜的兔子繁殖问题：假设兔子在出生 2 个月后具备繁殖能力，且每月产出 1 对小兔子. 若所有兔子均能存活，则一年后兔子的对数将如何增长？以新出生的 1 对小兔子为例，第一个月因尚未具备繁殖能力，故仍为 1 对；2 个月后，新生出 1 对小兔子，总数增至 2 对；3 个月时，原有兔子再产 1 对，总数达到 2 对；以此类推，可得表 4.1：

表 4.1 兔子繁殖时间与对数的关系

经过月数	1	2	3	4	5	6	7	8	9	10	11	12
总体对数	1	1	2	3	5	8	13	21	34	55	89	144

此即斐波那契数列，其中每一项均称为斐波那契数. 此数列的特性在于，自第 3 项起，每一项均为前两项之和.

斐波那契数列在自然界中屡见不鲜，例如众多植物的花瓣数均符合此数列. 兰花、茉莉花、百合花的花瓣数均为 3，毛茛属植物的花瓣数为 5，翠雀属植物的花瓣数为 8，万寿菊属植物的花瓣数为 13，紫菀属植物的花瓣数为 21，而雏菊属植物的花瓣数则可能为 34、55 或 89. 此外，向日葵花盘内的种子排列亦遵循斐波那契数列，其顺时针与逆时针的对数螺线条数往往构成相邻的两个斐波那契数.

在经济学领域，斐波那契数列亦有所应用. 1934 年，美国经济学家艾略特在对大量资料进行深入分析后，发现了股指增减的微妙规律，并提出了影响深远的“波浪理论”. 该理论认为，股指波动的完整周期由波形图上的 5 个（或 8 个）波组成，其中 3 个上升波与 2 个下降波（或 5 个上升波与 3 个下降波）交替出现. 同时，每次股指的增长幅度常遵循斐波那契数列中的数字规律. 例如，若某日股指上升 8 点，则下一次的攀升点数可能为 13；若股指回调，其幅度则可能在 5 点左右. 显然，5、8、13 均为斐波那契数列的相邻三项.

斐波那契虽提出了斐波那契数列，但并未对其进行深入探讨. 直至 19 世纪末，这一数列才逐渐派生出广泛的应用，并成为热门的研究课题. 有人甚至戏言，“关于斐波那契数列的论文，其增长速度甚至比斐波那契的兔子还要快”. 因此，1963 年成立了斐波那契协会，并出版了《斐波那契季刊》. 斐波那契数列的通项将在本书 4.8 节的数学实验与数学模型中给出理论求解，涉及特征值与特征向量、对角化等相关知识.

在线性代数的严谨理论体系中，相似矩阵与二次型扮演着举足轻重的角色. 它们不仅在理论层面具有深远的意义，更在微分方程、数理统计、经济管理等诸多实践领域中发挥着广泛的应用作用. 鉴于此，本章将依托矩阵理论，对方阵的特征值与特征向量进行深入研究，剖析方阵相似对角化的核心问题，并致力于将二次型转化为标准型. 通过这样的系统性研究，期望能够更全面、更深入地揭示相似矩阵与二次型的内在本质和特性，并进一步挖掘其在解决实际问题中的潜在价值和应用前景.

4.1　方阵的特征值与特征向量

在工程技术和经济管理领域，众多定量分析问题常常可以转化为求解矩阵的特征值和特征向量的问题. 这些特征值和特征向量不仅揭示了矩阵的固有属性，而且为解决实际工程和经济问题提供了重要的数学工具. 本节将详细阐述矩阵特征值和特征向量的基本概念及相关理论，以便读者能够深入理解并应用这些概念解决实际问题.

4.1.1　方阵的特征值与特征向量的概念

在许多数学问题的求解过程中，以及工程技术和经济管理领域的定量分析模型中，经常会遇到需要寻找常数λ和非零向量 $\boldsymbol{x}$，使得矩阵 $\boldsymbol{A}$ 与向量 $\boldsymbol{x}$ 的乘积等于λ与向量 $\boldsymbol{x}$ 的乘积，即 $\boldsymbol{A}\boldsymbol{x} = \lambda\boldsymbol{x}$. 这个问题实际上是在寻找矩阵 $\boldsymbol{A}$ 的特征值和对应的特征向量.

特征值和特征向量是矩阵理论中的重要概念，它们描述了矩阵的固有属性. 特征值λ反

映了矩阵 $\boldsymbol{A}$ 在某种变换下对向量 $\boldsymbol{x}$ 的伸缩程度，而特征向量 $\boldsymbol{x}$ 则是这种变换下不改变方向的向量.

通过求解特征值和特征向量，可以更深入地了解矩阵 $\boldsymbol{A}$ 的性质，进而在解决实际问题时提供有力的数学工具. 例如，在工程技术中，特征值和特征向量可以用于分析系统的稳定性和振动特性；在经济管理领域，它们可以用于预测市场趋势和评估投资风险.

因此，掌握求解矩阵特征值和特征向量的方法对于解决数学问题和实际应用具有重要意义. 通过本节的介绍，希望能够使读者对矩阵的特征值和特征向量有更深入的理解，并能够在实际问题中灵活运用这些概念和方法.

例 1 （**污染与工业发展水平关系的定量分析**）

设 x_0 是某地区的污染水平（以空气或河湖水质的某种污染指数为测量单位），y_0 是目前的工业发展水平（以某种工业发展指数为测算单位）. 以 5 年为一个发展周期，一个周期后的污染水平和工业发展水平分别记为 x_1 和 y_1. 他们之间的关系是

$$x_1 = 3x_0 + y_0,\ y_1 = 2x_0 + 2y_0$$

写成矩阵形式，就是

$$\begin{bmatrix} x_1 \\ y_1 \end{bmatrix} = \begin{bmatrix} 3 & 1 \\ 2 & 2 \end{bmatrix} \begin{bmatrix} x_0 \\ y_0 \end{bmatrix}$$

或

$$\boldsymbol{x}_1 = \boldsymbol{A}\boldsymbol{x}_0$$

其中，

$$\boldsymbol{x}_1 = \begin{bmatrix} x_1 \\ y_1 \end{bmatrix},\quad \boldsymbol{x}_0 = \begin{bmatrix} x_0 \\ y_0 \end{bmatrix},\quad \boldsymbol{A} = \begin{bmatrix} 3 & 1 \\ 2 & 2 \end{bmatrix}.$$

如果当前的水平为 $\boldsymbol{x}_0 = \begin{bmatrix} 1 \\ 1 \end{bmatrix}$，则

$$\boldsymbol{x}_1 = \begin{bmatrix} x_1 \\ y_1 \end{bmatrix} = \begin{bmatrix} 3 & 1 \\ 2 & 2 \end{bmatrix} \begin{bmatrix} 1 \\ 1 \end{bmatrix} = \begin{bmatrix} 4 \\ 4 \end{bmatrix} = 4\begin{bmatrix} 1 \\ 1 \end{bmatrix} = 4\boldsymbol{x}_0$$

即 $\boldsymbol{A}\boldsymbol{x}_0 = 4\boldsymbol{x}_0$. 由此可以预测 n 个周期之后的污染水平和工业发展水平：

$$\boldsymbol{x}_n = 4\boldsymbol{x}_{n-1} = \cdots = 4^n \boldsymbol{x}_0$$

在上述讨论中，表达式 $\boldsymbol{A}\boldsymbol{x}_0 = 4\boldsymbol{x}_0$ 反映了矩阵 $\boldsymbol{A}$ 作用在向量 $\boldsymbol{x}_0$ 上的值改变了常数倍. 把具有这种性质的非零向量 $\boldsymbol{x}_0$ 称为矩阵 $\boldsymbol{A}$ 的特征向量，数 4 称为矩阵 $\boldsymbol{A}$ 的特征值.

定义 4.1 设 $\boldsymbol{A}$ 为 n 阶方阵，如果数 λ 和 n 维**非零列向量** $\boldsymbol{x}$，使得

$$\boldsymbol{A}\boldsymbol{x} = \lambda \boldsymbol{x} \tag{4-1}$$

成立，那么这样的数 λ 称为方阵 $\boldsymbol{A}$ 的特征值，非零向量 $\boldsymbol{x}$ 称为 $\boldsymbol{A}$ 的对应于特征值 λ 的特征向量.

如对 $\boldsymbol{A}=\begin{bmatrix}3 & -1\\ -1 & 3\end{bmatrix}$ 及 $\lambda=2$，$\boldsymbol{x}=\begin{bmatrix}1\\1\end{bmatrix}$，有 $\boldsymbol{Ax}=\begin{bmatrix}3 & -1\\ -1 & 3\end{bmatrix}\begin{bmatrix}1\\1\end{bmatrix}=2\begin{bmatrix}1\\1\end{bmatrix}=\lambda\boldsymbol{x}$，所以数 $\lambda=2$ 是方阵 $\boldsymbol{A}$ 的特征值，而 $\begin{bmatrix}1\\1\end{bmatrix}$ 是 $\boldsymbol{A}$ 的对应于特征值 2 的特征向量.

又如对数量矩阵 $\boldsymbol{A}=\begin{bmatrix}\lambda & 0 & 0\\ 0 & \lambda & 0\\ 0 & 0 & \lambda\end{bmatrix}=\lambda\begin{bmatrix}1 & 0 & 0\\ 0 & 1 & 0\\ 0 & 0 & 1\end{bmatrix}=\lambda\boldsymbol{E}$，即 $\forall\boldsymbol{x}\in\mathbf{R}^3$，有 $\boldsymbol{Ax}=\lambda\boldsymbol{Ex}=\lambda\boldsymbol{x}$ 成立，故 λ 为 $\boldsymbol{A}$ 的特征值，$\boldsymbol{x}$ 是 $\boldsymbol{A}$ 的对应于特征值 λ 的特征向量.

结合定义 4.1 及上述例子可知：

（1）特征向量 $\boldsymbol{x}\neq\boldsymbol{0}$，特征值问题是针对方阵而言；

（2）一个特征值可对应无穷多个特征向量；

（3）一个特征向量只属于一个特征值，即不同的特征值对应的特征向量一定不相同.

对于一般的 n 阶方阵 $\boldsymbol{A}$，很难直接看出它的特征值和特征向量. 为此将式（4-1）变形得

$$(\boldsymbol{A}-\lambda\boldsymbol{E})\boldsymbol{x}=\boldsymbol{0} \tag{4-2}$$

这是 n 个未知数、n 个方程的齐次线性方程组，即 n 阶方阵 $\boldsymbol{A}$ 的特征值就是使得齐次线性方程组 $(\boldsymbol{A}-\lambda\boldsymbol{E})\boldsymbol{x}=\boldsymbol{0}$ 有非零解的 λ 值，而式（4-2）有非零解的充分必要条件是系数行列式

$$|\boldsymbol{A}-\lambda\boldsymbol{E}|=0$$

即

$$\begin{vmatrix}a_{11}-\lambda & a_{12} & \cdots & a_{1n}\\ a_{21} & a_{22}-\lambda & \cdots & a_{2n}\\ \vdots & \vdots & & \vdots\\ a_{n1} & a_{n2} & \cdots & a_{nn}-\lambda\end{vmatrix}=0$$

式（4-2）是以 λ 为未知数的一元 n 次方程，称它为方阵 $\boldsymbol{A}$ 的特征方程.

记

$$f(\lambda)=|\boldsymbol{A}-\lambda\boldsymbol{E}|=\begin{vmatrix}a_{11}-\lambda & a_{12} & \cdots & a_{1n}\\ a_{21} & a_{22}-\lambda & \cdots & a_{2n}\\ \vdots & \vdots & & \vdots\\ a_{n1} & a_{n2} & \cdots & a_{nn}-\lambda\end{vmatrix}$$

它是 λ 的 n 次多项式，因此称它为方阵 $\boldsymbol{A}$ 的特征多项式.

显然，方阵 $\boldsymbol{A}$ 的特征值就是特征方程 $|\boldsymbol{A}-\lambda\boldsymbol{E}|=0$ 的解. 由于方程的左边是 n 次多项式，所以在复数范围内特征方程的解一定有 n 个根（重根按重数计算，复根成对出现）. 也就是说，n 阶方阵 $\boldsymbol{A}$ 在复数范围内一定有 n 个特征值.

假设 $\lambda_1,\lambda_2,\cdots,\lambda_n$ 是 $\boldsymbol{A}$ 的 n 个特征值,则下列结论成立:

(1) $\lambda_1+\lambda_2+\cdots+\lambda_n=a_{11}+a_{22}+\cdots+a_{nn}$;

(2) $\lambda_1\cdot\lambda_2\cdot\cdots\cdot\lambda_n=|\boldsymbol{A}|$.

证(1)因为 λ_1, λ_2, $\cdots$, λ_n 是 n 阶方阵 $\boldsymbol{A}$ 的 n 个特征值,则

$$|\boldsymbol{A}-\lambda\boldsymbol{E}|=\begin{vmatrix}a_{11}-\lambda & a_{12} & \cdots & a_{1n}\\ a_{21} & a_{22}-\lambda & \cdots & a_{2n}\\ \vdots & \vdots & & \vdots\\ a_{n1} & a_{n2} & \cdots & a_{nn}-\lambda\end{vmatrix}=(-1)^n(\lambda-\lambda_1)(\lambda-\lambda_2)\cdots(\lambda-\lambda_n)$$

这是一个关于 λ 的 n 次多项式,比较左右两边 λ^{n-1} 的系数,便得到式(4-1).

(2)再令 $\lambda=0$,便得到等式(4-2).

注: 由等式(4-2)可得,$\boldsymbol{A}$ 可逆的充分必要条件是 $\boldsymbol{A}$ 的所有特征值均不为 0.

通过以上的分析可知,要求出方阵 $\boldsymbol{A}$ 的特征值与特征向量,**步骤**如下:

(1)列出特征多项式 $f(\lambda)$,并令 $f(\lambda)=0$,再进行求解,解出特征值 $\lambda_1,\lambda_2,\cdots,\lambda_n$.

(2)把 λ_i 分别代入式(4-2),即 $(\boldsymbol{A}-\lambda_i\boldsymbol{E})\boldsymbol{x}=\boldsymbol{0}$,解出该齐次线性方程组的非零解,得到与 λ_i 相对应的特征向量.

例 2 求方阵 $\boldsymbol{A}=\begin{bmatrix}3 & -1\\ -1 & 3\end{bmatrix}$ 的特征值和特征向量.

解 $\boldsymbol{A}$ 的特征方程为

$$|\boldsymbol{A}-\lambda\boldsymbol{E}|=\begin{vmatrix}3-\lambda & -1\\ -1 & 3-\lambda\end{vmatrix}=(3-\lambda)^2-1=8-6\lambda+\lambda^2=0$$

所以 $\boldsymbol{A}$ 的全部特征值为 $\lambda_1=2,\lambda_2=4$.

当 $\lambda_1=2$ 时,解方程 $(\boldsymbol{A}-2\boldsymbol{E})\boldsymbol{x}=\boldsymbol{0}$. 由

$$\boldsymbol{A}-2\boldsymbol{E}\ \ \boldsymbol{A}-2\boldsymbol{E}=\begin{bmatrix}1 & -1\\ -1 & 1\end{bmatrix}\xrightarrow{r}\begin{bmatrix}1 & -1\\ 0 & 0\end{bmatrix}$$

得基础解系 $\boldsymbol{p}_1=\begin{bmatrix}1\\ 1\end{bmatrix}$,所以 $k_1\boldsymbol{p}_1(k_1\neq0)$ 是对应于 $\lambda_1=2$ 的全部特征向量.

当 $\lambda_2=4$ 时,解方程 $(\boldsymbol{A}-4\boldsymbol{E})\boldsymbol{x}=\boldsymbol{0}$. 由

$$\boldsymbol{A}-4\boldsymbol{E}=\begin{bmatrix}-1 & -1\\ -1 & -1\end{bmatrix}\xrightarrow{r}\begin{bmatrix}1 & 1\\ 0 & 0\end{bmatrix}$$

得基础解系 $\boldsymbol{p}_2=\begin{bmatrix}-1\\ 1\end{bmatrix}$,所以 $k_2\boldsymbol{p}_2(k_2\neq0)$ 是对应于 $\lambda_2=4$ 的全部特征向量.

例 3 求方阵 $\boldsymbol{A}=\begin{bmatrix}-1 & 1 & 0\\ -4 & 3 & 0\\ 1 & 0 & 2\end{bmatrix}$ 的特征值和特征向量.

解 $\boldsymbol{A}$ 的特征方程为

$$|\boldsymbol{A}-\lambda\boldsymbol{E}|=\begin{vmatrix}-1-\lambda & 1 & 0\\ -4 & 3-\lambda & 0\\ 1 & 0 & 2-\lambda\end{vmatrix}=(2-\lambda)(1-\lambda)^2=0$$

所以 $\boldsymbol{A}$ 的全部特征值为 $\lambda_1=2,\lambda_2=\lambda_3=1$.

当 $\lambda_1=2$ 时，解方程 $(\boldsymbol{A}-2\boldsymbol{E})\boldsymbol{x}=\boldsymbol{0}$. 由

$$\boldsymbol{A}-2\boldsymbol{E}=\begin{bmatrix}-3 & 1 & 0\\ -4 & 1 & 0\\ 1 & 0 & 0\end{bmatrix}\xrightarrow{r}\begin{bmatrix}1 & 0 & 0\\ 0 & 1 & 0\\ 0 & 0 & 0\end{bmatrix}$$

得基础解系 $\boldsymbol{p}_1=\begin{bmatrix}0\\0\\1\end{bmatrix}$，所以 $k_1\boldsymbol{p}_1(k_1\neq 0)$ 是对应于 $\lambda_1=2$ 的全部特征向量.

当 $\lambda_2=\lambda_3=1$ 时，解方程 $(\boldsymbol{A}-\boldsymbol{E})\boldsymbol{x}=\boldsymbol{0}$，由

$$\boldsymbol{A}-\boldsymbol{E}=\begin{bmatrix}-2 & 1 & 0\\ -4 & 2 & 0\\ 1 & 0 & 1\end{bmatrix}\xrightarrow{r}\begin{bmatrix}1 & 0 & 1\\ 0 & 1 & 2\\ 0 & 0 & 0\end{bmatrix}$$

得基础解系 $\boldsymbol{p}_2=\begin{bmatrix}-1\\-2\\1\end{bmatrix}$，所以 $k_2\boldsymbol{p}_2(k_2\neq 0)$ 是对应于 $\lambda_2=\lambda_3=1$ 的全部特征向量.

例 4 求方阵 $\boldsymbol{A}=\begin{bmatrix}3 & 2 & -1\\ -2 & -2 & 2\\ 3 & 6 & -1\end{bmatrix}$ 的特征值和特征向量.

解 $\boldsymbol{A}$ 的特征方程为

$$|\boldsymbol{A}-\lambda\boldsymbol{E}|=\begin{vmatrix}3-\lambda & 2 & -1\\ -2 & -2-\lambda & 2\\ 3 & 6 & -1-\lambda\end{vmatrix}=-(\lambda-2)^2(\lambda+4)=0$$

所以 $\boldsymbol{A}$ 的特征值为 $\lambda_1=\lambda_2=2,\lambda_3=-4$.

当 $\lambda_1=\lambda_2=2$ 时，解方程 $(\boldsymbol{A}-2\boldsymbol{E})\boldsymbol{x}=\boldsymbol{0}$. 由

$$\boldsymbol{A}-2\boldsymbol{E}=\begin{bmatrix}1 & 2 & -1\\ -2 & -4 & 2\\ 3 & 6 & -3\end{bmatrix}\longrightarrow\begin{bmatrix}1 & 2 & -1\\ 0 & 0 & 0\\ 0 & 0 & 0\end{bmatrix}$$

得基础解系 $\boldsymbol{p}_1=\begin{bmatrix}-2\\1\\0\end{bmatrix}$，$\boldsymbol{p}_2=\begin{bmatrix}1\\0\\1\end{bmatrix}$，所以 $k_1\boldsymbol{p}_1+k_2\boldsymbol{p}_2$（$k_1$，$k_2$ 不同时为 0）是对应于 $\lambda_1=\lambda_2=2$ 的全部特征向量.

当 $\lambda_3=-4$ 时，解方程 $(\boldsymbol{A}+4\boldsymbol{E})\boldsymbol{x}=\boldsymbol{0}$. 由

$$A+4E=\begin{bmatrix}7&2&-1\\-2&2&2\\3&6&3\end{bmatrix}\longrightarrow\begin{bmatrix}1&0&-\frac{1}{3}\\0&1&\frac{2}{3}\\0&0&0\end{bmatrix}$$

得基础解系 $\boldsymbol{p}_3=\begin{bmatrix}1\\-2\\3\end{bmatrix}$，所以 $k_3\boldsymbol{p}_3(k_3\neq0)$ 是对应于 $\lambda_3=-4$ 的全部特征向量.

例 5 若 λ 是方阵 $\boldsymbol{A}$ 的特征值，$\boldsymbol{x}$ 是 $\boldsymbol{A}$ 的对应于 λ 的特征向量，证明：

（1）λ^m 是 $\boldsymbol{A}^m$ 的特征值；

（2）当 $\boldsymbol{A}$ 可逆时，$\frac{1}{\lambda}$ 是 $\boldsymbol{A}^{-1}$ 的特征值；

（3）当 $\boldsymbol{A}$ 可逆时，$\frac{1}{\lambda}|\boldsymbol{A}|$ 是 $\boldsymbol{A}^*$ 的特征值.

证明（1）因为 $\boldsymbol{Ax}=\lambda\boldsymbol{x}$，所以

$$\boldsymbol{A}(\boldsymbol{Ax})=\boldsymbol{A}\lambda\boldsymbol{x}=\lambda\boldsymbol{Ax}=\lambda(\boldsymbol{Ax})=\lambda^2\boldsymbol{x}\Rightarrow\boldsymbol{A}^2\boldsymbol{x}=\lambda^2\boldsymbol{x}$$

再继续实行上述步骤多次，就得到 $\boldsymbol{A}^m\boldsymbol{x}=\lambda^m\boldsymbol{x}$，即 λ^m 是 $\boldsymbol{A}^m$ 的特征值，$\boldsymbol{x}$ 是 $\boldsymbol{A}^m$ 的对应于 λ^m 的特征向量.

（2）当 $\boldsymbol{A}$ 可逆时，$\lambda\neq0$. 因为 $\boldsymbol{Ax}=\lambda\boldsymbol{x}$，所以

$$\boldsymbol{A}^{-1}(\boldsymbol{Ax})=\lambda\boldsymbol{A}^{-1}\boldsymbol{x}，\text{即 }\boldsymbol{A}^{-1}\boldsymbol{x}=\frac{1}{\lambda}\boldsymbol{x}$$

所以 $\frac{1}{\lambda}$ 是 $\boldsymbol{A}^{-1}$ 的特征值，$\boldsymbol{x}$ 是 $\boldsymbol{A}^{-1}$ 的对应于 $\frac{1}{\lambda}$ 的特征向量.

（3）因为 $\boldsymbol{AA}^*=|\boldsymbol{A}|\boldsymbol{E}$，所以 $\boldsymbol{A}^*=|\boldsymbol{A}|\boldsymbol{A}^{-1}$，$\boldsymbol{A}^*\boldsymbol{x}=|\boldsymbol{A}|\boldsymbol{A}^{-1}\boldsymbol{x}=\frac{1}{\lambda}|\boldsymbol{A}|\boldsymbol{x}$，所以 $\frac{1}{\lambda}|\boldsymbol{A}|$ 是 $\boldsymbol{A}^*$ 的特征值.

例 6 设 $\boldsymbol{A}$ 为 n 阶方阵，若 $\boldsymbol{A}$ 的特征方程分别为 $|2\boldsymbol{E}_n-\boldsymbol{A}|=0,|\boldsymbol{E}_n+\boldsymbol{A}|=0$ 时，求 $\boldsymbol{A}$ 的特征值.

解 当 $|2\boldsymbol{E}_n-\boldsymbol{A}|=0$ 时，根据特征值的定义可知，2 就是 $\boldsymbol{A}$ 的特征值.

当 $|\boldsymbol{E}_n+\boldsymbol{A}|=0$ 时，因为 $|-\boldsymbol{E}_n-\boldsymbol{A}|=(-1)^n|\boldsymbol{E}_n+\boldsymbol{A}|=0$，所以 -1 就是 $\boldsymbol{A}$ 的特征值.

4.1.2 特征值与特征向量的有关定理

定理 4.1 设 $\lambda_1,\lambda_2,\cdots,\lambda_m$ 是 $\boldsymbol{A}$ 的 m 个不同的特征值，$\boldsymbol{p}_1,\boldsymbol{p}_2,\cdots,\boldsymbol{p}_m$ 依次是与之对应的特征向量，则 $\boldsymbol{p}_1,\boldsymbol{p}_2,\cdots,\boldsymbol{p}_m$ 线性无关.

证明 只证明两个向量的情形.

要证向量组 $\boldsymbol{p}_1$，$\boldsymbol{p}_2$ 线性无关，现假设

$$k_1\boldsymbol{p}_1+k_2\boldsymbol{p}_2=\boldsymbol{0} \tag{4-4}$$

用 $\boldsymbol{A}$ 左乘式（4-4），得

$$\boldsymbol{A}(k_1\boldsymbol{p}_1+k_2\boldsymbol{p}_2)=\boldsymbol{A}\cdot\boldsymbol{0}=\boldsymbol{0}\Rightarrow k_1\boldsymbol{A}\boldsymbol{p}_1+k_2\boldsymbol{A}\boldsymbol{p}_2=\boldsymbol{0}$$
$$\Rightarrow \lambda_1 k_1\boldsymbol{p}_1+\lambda_2 k_2\boldsymbol{p}_2=\boldsymbol{0} \tag{4-5}$$

将式（4-4）乘以 λ_1，可得

$$\lambda_1 k_1\boldsymbol{p}_1+\lambda_1 k_2\boldsymbol{p}_2=\boldsymbol{0} \tag{4-6}$$

由式（4-5）减去式（4-6），可得

$$(\lambda_2-\lambda_1)k_2\boldsymbol{p}_2=\boldsymbol{0}$$

由于 $\boldsymbol{p}_2\neq\boldsymbol{0},\lambda_2\neq\lambda_1\Rightarrow k_2=0$，从而 $k_1=0$，故结论成立.

对于多个向量，同理可证.

由该定理可知：

（1）属于不同特征值的特征向量是线性无关的.

（2）属于同一特征值的特征向量的非零线性组合仍是属于这个特征值的特征向量.

（3）矩阵的特征向量总是相对于特征值而言的,一个特征值具有的特征向量不唯一，一个特征向量不能属于不同的特征值.

定理 4.2 设 λ_1,λ_2 是 $\boldsymbol{A}$ 的两个不同的特征值，$\boldsymbol{p}_1,\boldsymbol{p}_2,\cdots,\boldsymbol{p}_s$；$\boldsymbol{q}_1,\boldsymbol{q}_2,\cdots,\boldsymbol{q}_l$ 分别为 $\boldsymbol{A}$ 的属于 λ_1,λ_2 的线性无关的特征向量，则 $\boldsymbol{p}_1,\boldsymbol{p}_2,\cdots,\boldsymbol{p}_s$；$\boldsymbol{q}_1,\boldsymbol{q}_2,\cdots,\boldsymbol{q}_l$ 线性无关.

证明略.

习题 4.1

【基础训练】

1.[目标 1.1、4.3]求方阵 $\boldsymbol{A}=\begin{bmatrix}1&3\\2&2\end{bmatrix}$ 的特征值和特征向量.

2. [目标 1.1、1.2、4.3]求方阵 $\boldsymbol{A}=\begin{bmatrix}1&-3&3\\3&-5&3\\6&-6&4\end{bmatrix}$ 的特征值和特征向量.

3. [目标 1.1、4.2]已知方阵 $\boldsymbol{A}=\begin{bmatrix}7&4&-1\\4&7&-1\\-4&-4&x\end{bmatrix}$ 的特征值 $\lambda_1=\lambda_2=3,\lambda_3=12$，求 $\boldsymbol{x}$ 的值并求其特征向量.

4. [目标 1.1]已知三阶方阵 $\boldsymbol{A}$ 的特征值为1, 1, -2，求下列行列式的值：$|\boldsymbol{A}-\boldsymbol{E}_3|$，$|2\boldsymbol{E}_3+\boldsymbol{A}|$，$|\boldsymbol{A}^2+3\boldsymbol{A}-4\boldsymbol{E}_3|$.

5. [目标 1.1、2.2、3.3]证明：当且仅当 $\boldsymbol{A}$ 为不可逆矩阵时，方阵 $\boldsymbol{A}$ 的特征值为 0.

6. [目标 1.1]已知三阶方阵 $\boldsymbol{A}$ 的特征值为 $1,2,3$，求 $|\boldsymbol{A}^3-3\boldsymbol{A}^2+7\boldsymbol{A}|$.

【能力提升】

1. [目标 1.1、1.2、4.3]求方阵 $A=\begin{bmatrix}1&1&1&1\\1&1&-1&-1\\1&-1&1&-1\\1&-1&-1&1\end{bmatrix}$ 的特征值和特征向量.

2. [目标 1.1、1.2]求出 k 的值，使得 $p=\begin{bmatrix}1\\k\\1\end{bmatrix}$ 是 $A=\begin{bmatrix}2&1&1\\1&2&1\\1&1&2\end{bmatrix}$ 的逆矩阵的特征向量.

3. [目标 1.2、2.1]设 A 是三阶方阵，如果已知 $|A-E_3|=0,|2E_3+A|=0,|-E_3-A|=0$，求行列式 $|A^2+A+E_3|$ 的值.

4. [目标 1.2、1.3]设方阵 $A=\begin{bmatrix}1&-3&3\\3&a&3\\0&-b&b\end{bmatrix}$ 的特征值 $\lambda_1=-2,\lambda_2=4$，求参数 a,b.

5. [目标 2.2、3.3]设 A 为 n 阶方阵，证明 A^{T} 与 A 的特征值相同.

【直击考研】

1. [目标 1.2、2.1]（2018-13）设二阶方阵 A 有两个不同的特征值，α_1,α_2 是 A 的线性无关的特征向量且满足 $A^2(\alpha_1+\alpha_2)=(\alpha_1+\alpha_2)$，则 $|A|=$__________.

2. [目标 1.2、4.1]（2018-13）设 A 为三阶方阵，$\alpha_1,\alpha_2,\alpha_3$ 为线性无关的向量组.若 $A\alpha_1=2\alpha_1+\alpha_2+\alpha_3,A\alpha_2=\alpha_2+2\alpha_3,A\alpha_3=-\alpha_2+\alpha_3,$，则 A 的实特征值为________.

3. [目标 1.2、2.1]（2009-13）若三维列向量 α,β 满足 $\alpha^{\mathrm{T}}\beta=2,$ 其中 α^{T} 为 α 的转置矩阵，则方阵 $\beta\alpha^{\mathrm{T}}$ 的非零特征值为__________.

4. [目标 1.1、1.2]（2011-21）设 A 为三阶实对称矩阵，A 的秩为 2，且 $A\begin{bmatrix}-1&1\\0&0\\-1&1\end{bmatrix}=\begin{bmatrix}-1&1\\0&0\\-1&1\end{bmatrix}$.

（1）求 A 的所有特征值与特征向量；

（2）求方阵 A.

4.2 相似矩阵及其对角化

对角矩阵因其简洁形式与运算便捷性，在矩阵理论中占据重要地位. 关于任意方阵能否化为对角矩阵，同时保持原有性质，这一问题的研究在理论与实践上均具有重要意义.

尽管并非所有方阵均能直接对角化，但通过相似变换等数学手段，有可能实现此目标，并维持关键性质如特征值、行列式等不变. 对角化后，矩阵计算得以简化，性质更加直观，如特征值即为对角元素. 此外，对角矩阵在求解线性方程组、分析矩阵幂等方面具有独特优势.

在工程技术与经济管理等领域,对角化矩阵常用于解决定量分析问题,如振动系统简化、经济模型稳定性分析等. 因此，探讨方阵对角化方法及其性质保持，具有重要的理论价值与实践意义. 本节将围绕此问题展开深入讨论.

4.2.1　相似矩阵

上一节已经介绍了污染与工业发展水平的增长模型，在此作进一步讨论.

若记 x_n 和 y_n 分别为第 n 个发展周期的污染水平和工业发展水平，则增长模型为

$$x_n = 3x_{n+1} + y_{n-1}\,,\quad y_n = 2x_{n-1} + 2y_{n-1}\,(n = 1,2,3,\cdots)$$

写成矩阵形式，即

$$\begin{bmatrix} x_n \\ y_n \end{bmatrix} = \begin{bmatrix} 3 & 1 \\ 2 & 2 \end{bmatrix}\begin{bmatrix} x_{n-1} \\ y_{n-1} \end{bmatrix} \quad \text{或} \quad \boldsymbol{x}_n = \boldsymbol{A}\boldsymbol{x}_{n-1}$$

其中,

$$\boldsymbol{x}_n = \begin{bmatrix} x_n \\ y_n \end{bmatrix},\quad \boldsymbol{x}_{n-1} = \begin{bmatrix} x_{n-1} \\ y_{n-1} \end{bmatrix},\quad \boldsymbol{A} = \begin{bmatrix} 3 & 1 \\ 2 & 2 \end{bmatrix}$$

如果当前水平为 $\boldsymbol{x}_0$，则

$$\begin{bmatrix} x_n \\ y_n \end{bmatrix} = \begin{bmatrix} 3 & 1 \\ 2 & 2 \end{bmatrix}\begin{bmatrix} x_{n-1} \\ y_{n-1} \end{bmatrix} \quad \text{或} \quad \boldsymbol{x}_n = \boldsymbol{A}^n\boldsymbol{x}_0$$

因此,求 $\boldsymbol{A}^n$ 就是解决该问题的关键. 如果有可逆矩阵 $\boldsymbol{P}$,使得 $\boldsymbol{P}^{-1}\boldsymbol{A}\boldsymbol{P} = \boldsymbol{D}$,即 $\boldsymbol{A} = \boldsymbol{P}\boldsymbol{D}\boldsymbol{P}^{-1}$，并且 $\boldsymbol{D}^n$ 容易计算，那么

$$\boldsymbol{A}^n = [\boldsymbol{P}\boldsymbol{D}\boldsymbol{P}^{-1}]^n = [\boldsymbol{P}\boldsymbol{D}\boldsymbol{P}^{-1}][\boldsymbol{P}\boldsymbol{D}\boldsymbol{P}^{-1}]\cdots[\boldsymbol{P}\boldsymbol{D}\boldsymbol{P}^{-1}] = \boldsymbol{P}\boldsymbol{D}^n\boldsymbol{P}^{-1}$$

于是 $\boldsymbol{A}^n$ 就容易计算了. 为了寻找更简单的矩阵 $\boldsymbol{D}$（$\boldsymbol{D}^n$ 容易计算），就需要研究形如 $\boldsymbol{P}^{-1}\boldsymbol{A}\boldsymbol{P} = \boldsymbol{D}$ 这样的矩阵，为此引入相似矩阵的概念.

定义 4.2　设 $\boldsymbol{A},\boldsymbol{B}$ 都是 n 阶矩阵，若有可逆矩阵 $\boldsymbol{P}$，使 $\boldsymbol{P}^{-1}\boldsymbol{A}\boldsymbol{P} = \boldsymbol{B}$，则称 $\boldsymbol{B}$ 是 $\boldsymbol{A}$ 的相似矩阵，或矩阵 $\boldsymbol{A}$ 与 $\boldsymbol{B}$ 相似. 可逆矩阵 $\boldsymbol{P}$ 称为相似变换矩阵，运算 $\boldsymbol{P}^{-1}\boldsymbol{A}\boldsymbol{P}$ 称为对 $\boldsymbol{A}$ 进行相似变换.

例 1　设 $\boldsymbol{A} = \begin{pmatrix} 3 & 4 \\ 5 & 2 \end{pmatrix},\boldsymbol{P} = \begin{pmatrix} 1 & -1 \\ -1 & 2 \end{pmatrix},\boldsymbol{Q} = \begin{pmatrix} 4 & 1 \\ -5 & 1 \end{pmatrix}$ 且矩阵 $\boldsymbol{P}$，$\boldsymbol{Q}$ 都可逆. 分别利用矩阵 $\boldsymbol{P}$，$\boldsymbol{Q}$ 求 $\boldsymbol{A}$ 的相似矩阵.

解　由 $\boldsymbol{P}^{-1}\boldsymbol{A}\boldsymbol{P} = \begin{pmatrix} 1 & -1 \\ -1 & 2 \end{pmatrix}^{-1}\begin{pmatrix} 3 & 4 \\ 5 & 2 \end{pmatrix}\begin{pmatrix} 1 & -1 \\ -1 & 2 \end{pmatrix} = \begin{pmatrix} 1 & 9 \\ 2 & 4 \end{pmatrix}$ 可知，$\boldsymbol{A} \sim \begin{pmatrix} 1 & 9 \\ 2 & 4 \end{pmatrix}$.

由 $Q^{-1}AQ=\begin{pmatrix}4&1\\-5&1\end{pmatrix}^{-1}\begin{pmatrix}3&4\\5&2\end{pmatrix}\begin{pmatrix}4&1\\-5&1\end{pmatrix}=\begin{pmatrix}-2&0\\0&7\end{pmatrix}$ 可知，$A\sim\begin{pmatrix}-2&0\\0&7\end{pmatrix}$.

由此可以看出，与 A 相似的矩阵不是唯一的，也未必是对角矩阵.

定理 4.3 相似矩阵有相同的特征多项式，从而有相同的特征值.

证 设矩阵 A 与 B 相似，存在可逆阵 P，使得 $P^{-1}AP=B$. 所以

$$|B-\lambda E|=|P^{-1}AP-P^{-1}(\lambda E)P|=|P^{-1}(A-\lambda E)P|$$
$$=|P^{-1}||A-\lambda E||P|=|A-\lambda E|$$

即 A 与 B 有相同的特征多项式，从而 A 与 B 也有相同的特征值，定理得证.

推论 若 n 阶方阵 A 与对角阵 $\Lambda=\begin{bmatrix}\lambda_1&&&\\&\lambda_2&&\\&&\ddots&\\&&&\lambda_n\end{bmatrix}$ 相似，则 $\lambda_1,\lambda_2,\cdots,\lambda_n$ 是 A 的 n 个特征值.

证明 因 $\lambda_1,\lambda_2,\cdots,\lambda_n$ 是 Λ 的 n 个特征值，由定理 4.3 知，$\lambda_1,\lambda_2,\cdots,\lambda_n$ 就是 A 的 n 个特征值.

由推论可知，若 n 阶方阵 A 与对角阵相似，那么对角阵主对角线上的元素必然就是 A 的特征值.

利用此推论，若 n 阶方阵 A 与对角阵相似，即 $P^{-1}AP=\Lambda$，也就是 $A=P\Lambda P^{-1}$，则由 $P^{-1}AP=\Lambda$，得 $AP=P\Lambda$，从而

$$A^k=P\Lambda P^{-1}P\Lambda P^{-1}\cdots P\Lambda P^{-1}=P\Lambda^k P^{-1}=P\begin{bmatrix}\lambda_1^k&&&\\&\lambda_2^k&&\\&&\ddots&\\&&&\lambda_n^k\end{bmatrix}P^{-1}$$

利用上述结论计算 A^k 比直接利用矩阵乘法计算要方便得多，特别是针对 k 较大的情形.

下面要讨论的问题就是：对 n 阶方阵 A，如何寻找相似变换矩阵 P，使 $P^{-1}AP=\Lambda$，这就称把矩阵 A 对角化.

4.2.2 矩阵的对角化

定理 4.4 n 阶方阵 A 可对角化的充分必要条件是 A 有 n 个线性无关的特征向量.

证 假设存在可逆矩阵 P，使 $P^{-1}AP=\Lambda$ 为对角阵，把 P 用其列向量表示为 $P=(p_1,p_2,\cdots,p_n)$，由 $P^{-1}AP=\Lambda$，得 $AP=P\Lambda$，即

$$A(p_1,p_2,\cdots,p_n)=(p_1,p_2,\cdots,p_n)\begin{bmatrix}\lambda_1&&&\\&\lambda_2&&\\&&\ddots&\\&&&\lambda_n\end{bmatrix}$$
$$=(\lambda_1p_1,\lambda_2p_2,\cdots,\lambda_np_n)$$

所以

$$A(\boldsymbol{p}_1,\boldsymbol{p}_2,\cdots,\boldsymbol{p}_n)=(A\boldsymbol{p}_1,A\boldsymbol{p}_2,\cdots,A\boldsymbol{p}_n)=(\lambda_1\boldsymbol{p}_1,\lambda\boldsymbol{p}_2,\cdots,\lambda\boldsymbol{p}_n)$$

于是

$$A\boldsymbol{p}_i=\lambda_i\boldsymbol{p}_i \quad (i=1,2,\cdots,n)$$

可见，λ_i 是 $\boldsymbol{A}$ 的特征值，而 $\boldsymbol{P}$ 的列向量 $\boldsymbol{p}_i$ 就是 $\boldsymbol{A}$ 的对应于特征值 λ_i 的特征向量.

反之，由于 $\boldsymbol{A}$ 恰好有 n 个特征值，并可求得对应的 n 个特征向量，这 n 个特征向量即可构成矩阵 $\boldsymbol{P}$，使 $\boldsymbol{AP}=\boldsymbol{P\Lambda}$（因特征向量不唯一，所以矩阵 $\boldsymbol{P}$ 也是不唯一的，并且可能是复矩阵）.

又由于矩阵 $\boldsymbol{P}$ 可逆，所以 $\boldsymbol{p}_1,\boldsymbol{p}_2,\cdots,\boldsymbol{p}_n$ 线性无关.

命题得证.

由上述定理可知，n 阶方阵 $\boldsymbol{A}$ 是否可对角化的问题可归结为 $\boldsymbol{A}$ 是否存在 n 个线性无关的特征向量的问题.

推论 如果 n 阶方阵 $\boldsymbol{A}$ 的 n 个特征值互不相等，则 $\boldsymbol{A}$ 与对角矩阵相似.

若 $\boldsymbol{A}$ 的特征方程有重根，就不一定有 n 个线性无关的特征向量，从而不一定能对角化.例如 $\boldsymbol{A}=\begin{bmatrix}3&-1\\-1&3\end{bmatrix}$ 有两个不同的特征值，因而 $\boldsymbol{A}$ 可对角化，且存在可逆矩阵 $\boldsymbol{P}=\begin{bmatrix}1&-1\\1&1\end{bmatrix}$，使 $\boldsymbol{P}^{-1}\boldsymbol{AP}=\begin{bmatrix}2&0\\0&4\end{bmatrix}$；又如 $\boldsymbol{A}=\begin{bmatrix}-1&1&0\\-4&3&0\\1&0&2\end{bmatrix}$ 有重根，且只有两个线性无关的特征向量，因此不一定能对角化.

例 1 判断 $\boldsymbol{A}=\begin{bmatrix}1&-2&2\\-2&-2&4\\2&4&-2\end{bmatrix}$ 是否能对角化.

解 由

$$|\boldsymbol{A}-\lambda\boldsymbol{E}|=\begin{vmatrix}1-\lambda&-2&2\\-2&-2-\lambda&4\\2&4&-2-\lambda\end{vmatrix}=-(\lambda-2)^2(\lambda+7)=0$$

得

$$\lambda_1=\lambda_2=2,\lambda_3=-7$$

当 $\lambda_1=\lambda_2=2$ 时，由 $(\boldsymbol{A}-2\boldsymbol{E})\boldsymbol{x}=\boldsymbol{0}$，得方程组

$$\begin{cases}-x_1-2x_2+2x_3=0\\-2x_1-4x_2+4x_3=0\\2x_1+4x_2-4x_3=0\end{cases}$$

解得基础解系为

$$p_1 = \begin{bmatrix} 2 \\ 0 \\ 1 \end{bmatrix}, \quad p_2 = \begin{bmatrix} 0 \\ 1 \\ 1 \end{bmatrix}$$

同理，当 $\lambda_3 = -7$ 时，解得基础解系为

$$p_3 = \begin{bmatrix} 1 \\ 2 \\ 2 \end{bmatrix}$$

由于 $\begin{vmatrix} 2 & 0 & 1 \\ 0 & 1 & 2 \\ 1 & 1 & 2 \end{vmatrix} \neq 0$，所以 p_1, p_2, p_3 线性无关. 即 $\boldsymbol{A}$ 有 3 个线性无关的特征向量，因而矩阵 $\boldsymbol{A}$ 可对角化.

例 2 设 $\boldsymbol{A} = \begin{bmatrix} -2 & 1 & -2 \\ -5 & 3 & -3 \\ 1 & 0 & 2 \end{bmatrix}$，问 $\boldsymbol{A}$ 能否对角化，若能对角化，则求出可逆矩阵 $\boldsymbol{P}$，使 $\boldsymbol{P}^{-1}\boldsymbol{AP}$ 为对角矩阵.

解
$$|\boldsymbol{A} - \lambda \boldsymbol{E}| = \begin{vmatrix} -2-\lambda & 1 & -2 \\ -5 & 3-\lambda & -3 \\ 1 & 0 & 2-\lambda \end{vmatrix} = -(\lambda - 1)^3$$

所以特征值为 $\lambda_1 = \lambda_2 = \lambda_3 = 1$.

当 $\lambda_1 = \lambda_2 = \lambda_3 = 1$ 时，由 $(\boldsymbol{A} - \lambda \boldsymbol{E})\boldsymbol{x} = \boldsymbol{0}$，解得基础解系为

$$\begin{bmatrix} 1 \\ 1 \\ -1 \end{bmatrix}$$

所以矩阵 $\boldsymbol{A}$ 不能对角化.

习题 4.2

【基础训练】

1. [目标 1.1]判断 $\boldsymbol{A} = \begin{bmatrix} -1 & 3 & -1 \\ -3 & 5 & -1 \\ -3 & 3 & 1 \end{bmatrix}$ 是否能对角化，如可以，将其对角化.

2. [目标 1.1、2.1]判断方阵 $\boldsymbol{A} = \begin{bmatrix} 1 & -2 & 2 \\ -2 & -2 & 4 \\ 2 & 4 & -2 \end{bmatrix}$ 能否化为对角阵，如可以，将其对角化.

3. [目标 1.1]判断下列方阵 $\boldsymbol{A}$ 与 $\boldsymbol{B}$ 是否相似：

（1）$A=\begin{bmatrix}3&1&0\\0&3&1\\0&0&3\end{bmatrix}$， $B=\begin{bmatrix}3&0&0\\0&3&0\\0&0&3\end{bmatrix}$；（2）$A=\begin{bmatrix}1&1&0\\0&2&1\\0&0&3\end{bmatrix}$, $B=\begin{bmatrix}1&0&0\\0&2&0\\0&0&3\end{bmatrix}$

（3）$A=\begin{bmatrix}1&1&1&1\\1&1&1&1\\1&1&1&1\\1&1&1&1\end{bmatrix}$, $B=\begin{bmatrix}4&0&0&0\\1&0&0&0\\1&0&0&0\\1&0&0&0\end{bmatrix}$.

4. [目标 1.1]已知 $\xi=(1,1,-1)^T$ 是方阵 $A=\begin{bmatrix}2&-1&2\\5&a&3\\-1&b&-2\end{bmatrix}$ 的一个特征向量，

（1）求 a, b 及 ξ 所属的特征值；

（2）A 是否可对角化.

5. [目标 1.2]设方阵 A 和 B 相似，且 $A=\begin{bmatrix}1&-1&1\\2&4&-2\\-3&-3&a\end{bmatrix}$， $B=\begin{bmatrix}2&0&0\\0&2&0\\0&0&b\end{bmatrix}$.

（1）求 a，b 的值；

（2）求可逆矩阵 P，使 $P^{-1}AP=B$.

6. [目标 1.2、3.3]设 n 阶方阵 A 与 B 中有一个是非奇异的，求证：矩阵 AB 相似于 BA.

【能力提升】

1. [目标 1.1、1.2]设 $A=\begin{bmatrix}2&0&0\\0&a&2\\0&2&3\end{bmatrix}\sim B=\begin{bmatrix}1&0&0\\0&2&0\\0&0&b\end{bmatrix}$

（1）确定 a，b；

（2）求一个可逆矩阵 C，使 $C^{-1}AC=B$.

2. [目标 1.2]设三阶方阵 A 的特征值为 -1，2，5，方阵 $B=3A-A^2$，求

（1）B 的特征值；

（2）B 可否对角化，若可对角化求出与 B 相似的对角矩阵.

3. [目标 1.2、4. 3]设三阶方阵 $A=\begin{bmatrix}2&1&1\\0&2&0\\0&-1&1\end{bmatrix}$，求 A^n（n 为正整数）.

4. [目标 1.2]设 A，B 都是 n 阶方阵，且 $A\sim B$，证明 $|A|=|B|$.

【直击考研】

1. [目标 1.1、2.1]（2018-5）下列矩阵中，与矩阵 $\begin{bmatrix}1&1&0\\0&1&1\\0&0&1\end{bmatrix}$ 相似的为（　　）.

A. $\begin{bmatrix}1&1&-1\\0&1&1\\0&0&1\end{bmatrix}$　　B. $\begin{bmatrix}1&0&-1\\0&1&1\\0&0&1\end{bmatrix}$

C. $\begin{bmatrix}1&1&-1\\0&1&0\\0&0&1\end{bmatrix}$　　D. $\begin{bmatrix}1&0&-1\\0&1&0\\0&0&1\end{bmatrix}$

2. [目标 1.1、1.2](2017-6)已知矩阵 $\boldsymbol{A}=\begin{bmatrix}2&0&0\\0&2&1\\0&0&1\end{bmatrix},\boldsymbol{B}=\begin{bmatrix}2&1&0\\0&2&0\\0&0&1\end{bmatrix},\boldsymbol{C}=\begin{bmatrix}1&0&0\\0&2&0\\0&0&2\end{bmatrix}$，则(　　).

A. $\boldsymbol{A}$ 与 $\boldsymbol{C}$ 相似，$\boldsymbol{B}$ 与 $\boldsymbol{C}$ 相似　　B. $\boldsymbol{A}$ 与 $\boldsymbol{C}$ 相似，$\boldsymbol{B}$ 与 $\boldsymbol{C}$ 不相似

C. $\boldsymbol{A}$ 与 $\boldsymbol{C}$ 不相似，$\boldsymbol{B}$ 与 $\boldsymbol{C}$ 相似　　D. $\boldsymbol{A}$ 与 $\boldsymbol{C}$ 不相似，$\boldsymbol{B}$ 与 $\boldsymbol{C}$ 不相似

3. [目标 1.2、2.1]（2016-5）设 $\boldsymbol{A}$，$\boldsymbol{B}$ 是可逆矩阵，且 $\boldsymbol{A}$ 与 $\boldsymbol{B}$ 相似，则下列结论错误的是（　　）.

A. $\boldsymbol{A}^{\mathrm{T}}$ 与 $\boldsymbol{B}^{\mathrm{T}}$ 相似　　B. $\boldsymbol{A}^{-1}$ 与 $\boldsymbol{B}^{-1}$ 相似

C. $\boldsymbol{A}+\boldsymbol{A}^{\mathrm{T}}$ 与 $\boldsymbol{B}+\boldsymbol{B}^{\mathrm{T}}$ 相似　　D. $\boldsymbol{A}+\boldsymbol{A}^{-1}$ 与 $\boldsymbol{B}+\boldsymbol{B}^{-1}$ 相似

4. [目标 1.1、1.2]（2019-21）已知矩阵 $\boldsymbol{A}=\begin{bmatrix}-2&-2&1\\2&x&-2\\0&0&-2\end{bmatrix}$ 与 $\boldsymbol{B}=\begin{bmatrix}2&1&0\\0&-1&0\\0&0&y\end{bmatrix}$ 相似.

（1）求 x, y；

（2）求可逆矩阵 $\boldsymbol{P}$ 使得 $\boldsymbol{P}^{-1}\boldsymbol{AP}=\boldsymbol{B}$.

4.3　实对称矩阵的对角化

上一节已详细探讨了矩阵对角化的充要条件，即 n 阶矩阵 $\boldsymbol{A}$ 能对角化当且仅当 $\boldsymbol{A}$ 具有 n 个线性无关的特征向量. 然而，并非所有 n 阶矩阵都能找到 n 个线性无关的特征向量. 关于 n 阶矩阵对角化的条件，其探讨颇为复杂，本书不作一般性讨论，仅聚焦于实对称矩阵的特殊情形. 在阐述实对称矩阵可对角化的充分必要条件之前，本节将先介绍 3 个关键的引理，并补充一些与向量相关的基本概念与定理.

定义 4.3　设有 n 维向量

$$\boldsymbol{\alpha}=\begin{bmatrix}\alpha_1\\\alpha_2\\\vdots\\\alpha_n\end{bmatrix},\boldsymbol{\beta}=\begin{bmatrix}\beta_1\\\beta_2\\\vdots\\\beta_n\end{bmatrix}$$

则可以定义 $\boldsymbol{\alpha}$ 和 $\boldsymbol{\beta}$ 内积：

$$(\boldsymbol{\alpha},\boldsymbol{\beta})=\boldsymbol{\alpha}^{\mathrm{T}}\boldsymbol{\beta}=\alpha_1\beta_1+\alpha_2\beta_2+\cdots+\alpha_n\beta_n$$

向量 $\boldsymbol{\alpha}$ 和 $\boldsymbol{\beta}$ 的内积通常记作 $(\boldsymbol{\alpha},\boldsymbol{\beta})$.

由上述定义可以看出内积是两个向量之间的一种运算，其结果是一个实数.

定义 4.4 令

$$\|\boldsymbol{\alpha}\|=\sqrt{(\boldsymbol{\alpha},\ \boldsymbol{\alpha})}=\sqrt{\alpha_1^2+\alpha_2^2+\cdots+\alpha_n^2}\ 且\ \|\boldsymbol{\alpha}\|^2=(\boldsymbol{\alpha},\ \boldsymbol{\alpha})$$

则称 $\|\boldsymbol{\alpha}\|$ 为 n 维向量 $\boldsymbol{\alpha}$ 的长度（或范数）.

向量的长度具有下述性质：

（1）非负性. 当 $\boldsymbol{\alpha}\neq 0$ 时，$\|\boldsymbol{\alpha}\|>0$；当 $\boldsymbol{\alpha}=0$ 时，$\|\boldsymbol{\alpha}\|=0$；

（2）齐次性. $\|\lambda\boldsymbol{\alpha}\|=|\lambda|\,\|\boldsymbol{\alpha}\|$.

长度为 1 的向量称为单位向量. 如果把一个非零向量 $\boldsymbol{\alpha}$ 除以其自身的长度，即乘以 $\dfrac{1}{\|\boldsymbol{\alpha}\|}$，就可以得到一个单位向量，即 $\boldsymbol{e}_{\alpha}=\dfrac{\boldsymbol{\alpha}}{\|\boldsymbol{\alpha}\|}$，则把向量 $\boldsymbol{\alpha}$ 化成单位向量 $\boldsymbol{e}_{\alpha}$ 的过程，称为向量 $\boldsymbol{\alpha}$ 的单位化. 此时，$\boldsymbol{\alpha}$ 和 $\boldsymbol{e}_{\alpha}$ 的方向一致.

当 $\boldsymbol{\alpha}\neq 0$，$\boldsymbol{\beta}\neq 0$ 时，

$$\theta=\arccos\frac{(\boldsymbol{\alpha},\ \boldsymbol{\beta})}{\|\boldsymbol{\alpha}\|\,\|\boldsymbol{\beta}\|}$$

称为 n 维向量 $\boldsymbol{\alpha}$ 和 $\boldsymbol{\beta}$ 的夹角.

当 $(\boldsymbol{\alpha},\ \boldsymbol{\beta})=\mathbf{0}$ 时，称向量 $\boldsymbol{\alpha}$ 与 $\boldsymbol{\beta}$ 正交. 显然，若 $\boldsymbol{\alpha}=0$，则 $\boldsymbol{\alpha}$ 与任何向量都正交. 正交的概念相当于几何中的垂直.

定理 4.5 若 n 维向量 $\boldsymbol{\alpha}_1,\boldsymbol{\alpha}_2,\cdots,\boldsymbol{\alpha}_t$ 是一组两两正交的非零向量组（称之为正交向量组），则 $\boldsymbol{\alpha}_1,\boldsymbol{\alpha}_2,\cdots,\boldsymbol{\alpha}_t$ 线性无关.

证明略.

对于线性无关向量组 $\boldsymbol{\alpha}_1,\boldsymbol{\alpha}_2,\cdots,\boldsymbol{\alpha}_t$，常需要找一组两两正交的单位向量 $\boldsymbol{e}_1,\boldsymbol{e}_2,\cdots,\boldsymbol{e}_t$（称之为正交单位向量组），使 $\boldsymbol{e}_1,\boldsymbol{e}_2,\cdots,\boldsymbol{e}_t$ 与 $\boldsymbol{\alpha}_1,\boldsymbol{\alpha}_2,\cdots,\boldsymbol{\alpha}_t$ 等价. 这样一个问题，称为把 $\boldsymbol{\alpha}_1,\boldsymbol{\alpha}_2,\cdots,\boldsymbol{\alpha}_t$ 标准正交化.

把线性无关向量组 $\boldsymbol{\alpha}_1,\boldsymbol{\alpha}_2,\cdots,\boldsymbol{\alpha}_t$ 标准正交化的步骤如下：先取

$$\boldsymbol{\beta}_1=\boldsymbol{\alpha}_1,$$

$$\boldsymbol{\beta}_2=\boldsymbol{\alpha}_2-\frac{(\boldsymbol{\alpha}_2,\boldsymbol{\beta}_1)}{(\boldsymbol{\beta}_1,\boldsymbol{\beta}_1)}\boldsymbol{\beta}_1,$$

……

$$\boldsymbol{\beta}_t=\boldsymbol{\alpha}_t-\sum_{i=1}^{t-1}\frac{(\boldsymbol{\alpha}_t,\boldsymbol{\beta}_i)}{(\boldsymbol{\beta}_i,\boldsymbol{\beta}_i)}\boldsymbol{\beta}_i$$

此时，$\boldsymbol{\beta}_1,\boldsymbol{\beta}_2,\cdots,\boldsymbol{\beta}_t$ 是和 $\boldsymbol{\alpha}_1,\boldsymbol{\alpha}_2,\cdots,\boldsymbol{\alpha}_t$ 等价的正交非零向量组. 这种由 $\boldsymbol{\alpha}_1,\boldsymbol{\alpha}_2,\cdots,\boldsymbol{\alpha}_t$ 变换到 $\boldsymbol{\beta}_1,\boldsymbol{\beta}_2,\cdots,\boldsymbol{\beta}_t$ 的过程称为施密特（Schmidt）正交化.

再取

$$\gamma_1 = \frac{\boldsymbol{\beta}_1}{\|\boldsymbol{\beta}_1\|},\ \gamma_2 = \frac{\boldsymbol{\beta}_2}{\|\boldsymbol{\beta}_2\|},\cdots,\ \gamma_t = \frac{\boldsymbol{\beta}_t}{\|\boldsymbol{\beta}_t\|}$$

则向量组 $\boldsymbol{\gamma}_1,\ \boldsymbol{\gamma}_2,\cdots,\ \boldsymbol{\gamma}_t$ 是规范正交向量组，由 $\boldsymbol{\alpha}_1,\boldsymbol{\alpha}_2,\cdots,\boldsymbol{\alpha}_t$ 变换到 $\boldsymbol{\gamma}_1,\ \boldsymbol{\gamma}_2,\cdots,\ \boldsymbol{\gamma}_t$ 的方法称为**规范正交化的施密特方法**.

引理 4.1 实对称矩阵的特征值为实数.

证明略.

引理 4.2 实对称矩阵的不同特征值对应的特征向量必正交.

证明 设 λ_1，λ_2 为实对称矩阵的两个不同的特征值，$\boldsymbol{p}_1,\boldsymbol{p}_2$ 是对应的特征向量，则

$$\lambda_1\boldsymbol{p}_1 = \boldsymbol{A}\boldsymbol{p}_1,\ \lambda_2\boldsymbol{p}_2 = \boldsymbol{A}\boldsymbol{p}_2,\ \lambda_1 \neq \lambda_2$$

因为 $\boldsymbol{A}$ 对称，所以

$$\boldsymbol{A} = \boldsymbol{A}^{\mathrm{T}},\quad \lambda_1\boldsymbol{p}_1^{\mathrm{T}} = (\lambda_1\boldsymbol{p}_1)^{\mathrm{T}} = (\boldsymbol{A}\boldsymbol{p}_1)^{\mathrm{T}} = \boldsymbol{p}_1^{\mathrm{T}}\boldsymbol{A}^{\mathrm{T}} = \boldsymbol{p}_1^{\mathrm{T}}\boldsymbol{A}$$

于是

$$\lambda_1\boldsymbol{p}_1^{\mathrm{T}}\boldsymbol{p}_2 = \boldsymbol{p}_1^{\mathrm{T}}\boldsymbol{A}\boldsymbol{p}_2 = \boldsymbol{p}_1^{\mathrm{T}}(\lambda_2\boldsymbol{p}_2) = \lambda_2\boldsymbol{p}_1^{\mathrm{T}}\boldsymbol{p}_2$$

即

$$(\lambda_1 - \lambda_2)\boldsymbol{p}_1^{\mathrm{T}}\boldsymbol{p}_2 = 0$$

因为 $\lambda_1 \neq \lambda_2$，所以 $\boldsymbol{p}_1^{\mathrm{T}}\boldsymbol{p}_2 = 0$，即 $\boldsymbol{p}_1$ 与 $\boldsymbol{p}_2$ 正交.

引理 4.3 若 λ 是实对称矩阵 $\boldsymbol{A}$ 的特征方程的 k 重根，则矩阵 $\boldsymbol{A}$ 对应于 λ 的线性无关特征向量恰有 k 个.

证明略.

由上面 3 个引理，可得如下定理：

定理 4.6 设 $\boldsymbol{A}$ 是 n 阶实对称矩阵，则必有正交矩阵 $\boldsymbol{P}$，使

$$\boldsymbol{P}^{-1}\boldsymbol{A}\boldsymbol{P} = \boldsymbol{P}^{\mathrm{T}}\boldsymbol{A}\boldsymbol{P} = \boldsymbol{\Lambda} = \begin{bmatrix} \lambda_1 & & & \\ & \lambda_2 & & \\ & & \ddots & \\ & & & \lambda_n \end{bmatrix}$$

其中，$\lambda_i(i=1,2,\cdots,n)$ 是 $\boldsymbol{A}$ 的特征值.

证明 设 $\boldsymbol{A}$ 的互不相等的特征值为 $\lambda_1,\lambda_2,\cdots,\lambda_s$，它们的重数依次为 $r_1,r_2,\cdots,r_s$ $(r_1+r_2+\cdots+r_s=n)$.

根据引理 4.1 和引理 4.3 可得，对应特征值 λ_i 恰有 r_i $(i=1,2,\cdots,s)$ 个线性无关的特征向量，把它们正交化再单位化，得到 n 个两两正交的单位特征向量，依它们列向量构成正交矩阵 $\boldsymbol{P}$，使 $\boldsymbol{P}^{\mathrm{T}}\boldsymbol{A}\boldsymbol{P} = \boldsymbol{\Lambda}$. 其中 $\boldsymbol{\Lambda}$ 的对角线上的元素含 r_1 个 λ_1，r_2 个 λ_2，$\cdots$，r_s 个 λ_s，它们是 $\boldsymbol{A}$ 的 n 个特征值.

根据上述结论，给出实对称矩阵 $\boldsymbol{A}$，寻找正交矩阵 $\boldsymbol{P}$,使 $\boldsymbol{P}^{\mathrm{T}}\boldsymbol{AP}$ 对角化的具体步骤为：

（1）求 $\boldsymbol{A}$ 的特征值 $\lambda_1,\lambda_2,\cdots,\lambda_n$；

（2）求出 $\boldsymbol{A}$ 的特征向量 $\boldsymbol{p}_1,\boldsymbol{p}_2,\cdots,\boldsymbol{p}_n$；

（3）用施密特正交法把 $\boldsymbol{p}_1,\boldsymbol{p}_2,\cdots,\boldsymbol{p}_n$ 正交化；

（4）将特征向量单位化.

例 1 设 $\boldsymbol{A}=\begin{bmatrix}2 & -2 & 0\\ -2 & 1 & -2\\ 0 & -2 & 0\end{bmatrix}$，求出正交矩阵 $\boldsymbol{P}$，使 $\boldsymbol{P}^{-1}\boldsymbol{AP}$ 为对角矩阵.

解（1）求 $\boldsymbol{A}$ 的特征值.

$$|\boldsymbol{A}-\lambda\boldsymbol{E}|=\begin{vmatrix}2-\lambda & -2 & 0\\ -2 & 1-\lambda & -2\\ 0 & -2 & -\lambda\end{vmatrix}=(4-\lambda)(\lambda-1)(\lambda+2)=0$$

则特征值为 $\lambda_1=4,\lambda_2=1,\lambda_3=-2$.

（2）求特征向量.

解当 $\lambda_1=4$时，由 $(\boldsymbol{A}-4\boldsymbol{E})\boldsymbol{x}=\boldsymbol{0}$，得

$$\begin{cases}2x_1+2x_2=0\\ 2x_1+3x_2+2x_3=0\\ 2x_2+4x_3=0\end{cases}$$

解得基础解系为

$$\boldsymbol{p}_1=\begin{bmatrix}-2\\ 2\\ -1\end{bmatrix}$$

当 $\lambda_2=1$时，由 $(\boldsymbol{A}-\boldsymbol{E})\boldsymbol{x}=\boldsymbol{0}$，得

$$\begin{cases}-x_1+2x_2=0\\ 2x_1+2x_3=0\\ 2x_2+x_3=0\end{cases}$$

解得基础解系为

$$\boldsymbol{p}_2=\begin{bmatrix}2\\ 1\\ -2\end{bmatrix}$$

当 $\lambda_3=-2$ 时，$(\boldsymbol{A}+2\boldsymbol{E})\boldsymbol{x}=\boldsymbol{0}$，得

$$\begin{cases}-4x_1+2x_2=0\\ 2x_1-3x_2+2x_3=0\\ 2x_2-2x_3=0\end{cases}$$

解得基础解系为

$$p_3=\begin{bmatrix}1\\2\\2\end{bmatrix}$$

（3）求一个正交矩阵 P，使得 $P^{-1}AP$ 为对角矩阵.

解：由于 p_1,p_2,p_3 分别是 3 个属于不同特征值的特征向量，由引理 4.2 知，p_1,p_2,p_3 必两两正交.

将特征向量标准化，得

$$\eta_1=\begin{bmatrix}-2/3\\2/3\\-1/3\end{bmatrix},\quad \eta_2=\begin{bmatrix}2/3\\1/3\\-2/3\end{bmatrix},\quad \eta_3=\begin{bmatrix}1/3\\2/3\\2/3\end{bmatrix}$$

令

$$P=[\eta_1,\eta_2,\eta_3]=\frac{1}{3}\begin{bmatrix}-2&2&1\\2&1&2\\-1&-2&2\end{bmatrix}$$

则

$$P^{-1}AP=\begin{bmatrix}4&0&0\\0&1&0\\0&0&-2\end{bmatrix}$$

例 2　设 $A=\begin{bmatrix}4&0&0\\0&3&1\\0&1&3\end{bmatrix}$，求一个正交矩阵 P，使 $P^{-1}AP$ 为对角矩阵.

解

$$|A-\lambda E|=\begin{vmatrix}4-\lambda&0&0\\0&3-\lambda&1\\0&1&3-\lambda\end{vmatrix}=(2-\lambda)(4-\lambda)^2$$

解得特征值 $\lambda_1=2,\ \lambda_2=\lambda_3=4$.

当 $\lambda_1=2$ 时，由 $(A-2E)x=0$，解得基础解系为

$$p_1=\begin{bmatrix}0\\1\\-1\end{bmatrix}$$

当 $\lambda_2=\lambda_3=4$ 时，由 $(A-4E)x=0$，解得基础解系为

$$p_2=\begin{bmatrix}1\\0\\0\end{bmatrix},\quad p_3=\begin{bmatrix}0\\1\\1\end{bmatrix}$$

易验证 $\boldsymbol{p}_2,\boldsymbol{p}_3$ 恰好两两正交，所以 $\boldsymbol{p}_1,\boldsymbol{p}_2,\boldsymbol{p}_3$ 两两正交.

将特征向量标准化，得

$$\boldsymbol{\eta}_1=\begin{bmatrix}0\\1/\sqrt{2}\\-1/\sqrt{2}\end{bmatrix},\quad \boldsymbol{\eta}_2=\begin{bmatrix}1\\0\\0\end{bmatrix},\quad \boldsymbol{\eta}_3=\begin{bmatrix}0\\1/\sqrt{2}\\1/\sqrt{2}\end{bmatrix}$$

于是得正交矩阵

$$\boldsymbol{P}=[\boldsymbol{\eta}_1,\boldsymbol{\eta}_2,\boldsymbol{\eta}_3]=\begin{bmatrix}0&1&0\\1/\sqrt{2}&0&1/\sqrt{2}\\-1/\sqrt{2}&0&1/\sqrt{2}\end{bmatrix}$$

故

$$\boldsymbol{P}^{-1}\boldsymbol{A}\boldsymbol{P}=\begin{bmatrix}2&0&0\\0&4&0\\0&0&4\end{bmatrix}$$

习题 4.3

【基础训练】

1. [目标 1.1、1.3]求正交矩阵 $\boldsymbol{Q}$，使得 $\boldsymbol{Q}^{-1}\boldsymbol{A}\boldsymbol{Q}$ 为对角矩阵：

（1）$\boldsymbol{A}=\begin{bmatrix}0&-2&2\\-2&-3&4\\2&4&-3\end{bmatrix}$；　　（2）$\boldsymbol{A}=\begin{bmatrix}1&2&4\\2&-2&2\\4&2&1\end{bmatrix}$.

2. [目标 1.2、1.3]已知 $\boldsymbol{A}=\begin{bmatrix}0&0&1\\x&1&2x-3\\1&0&0\end{bmatrix}$ 与对角矩阵相似，求 x.

3. [目标 1.1、2.1]实对称矩阵 $\boldsymbol{A}=\begin{bmatrix}0&1&1&0\\1&0&1&0\\1&1&0&0\\0&0&0&2\end{bmatrix}$，求一个正交矩阵 $\boldsymbol{P}$，使 $\boldsymbol{P}^{-1}\boldsymbol{A}\boldsymbol{P}$ 为对角矩阵.

4. [目标 1.1、1.2]设 $\boldsymbol{A}=\begin{bmatrix}8&-2&-2\\-2&5&-4\\-2&-4&5\end{bmatrix}$，求实对称矩阵 $\boldsymbol{B}$，使 $\boldsymbol{A}=\boldsymbol{B}^2$.

5. [目标 1.3、3.3]设矩阵 $\boldsymbol{A}$ 与 $\boldsymbol{B}$，$\boldsymbol{C}$ 与 $\boldsymbol{D}$ 相似，试证：$\begin{bmatrix}\boldsymbol{A}&\boldsymbol{O}\\\boldsymbol{O}&\boldsymbol{C}\end{bmatrix}$与$\begin{bmatrix}\boldsymbol{B}&\boldsymbol{O}\\\boldsymbol{O}&\boldsymbol{D}\end{bmatrix}$相似.

【能力提升】

1. [目标 1.1、1.2]设 $\boldsymbol{A}=\begin{bmatrix}1&0&0\\0&\alpha&1\\0&1&0\end{bmatrix},\boldsymbol{B}=\begin{bmatrix}1&0&0\\0&\beta&0\\0&0&-1\end{bmatrix}$ 相似，求：

（1）α,β 的值；

（2）求正交矩阵 $\boldsymbol{Q}$，使得 $\boldsymbol{Q}^{-1}\boldsymbol{A}\boldsymbol{Q}=\boldsymbol{B}$.

2. [目标 1.3、2.1]设矩阵 $\boldsymbol{A}=\begin{bmatrix}1&-2&2\\-2&a&4\\2&4&-2\end{bmatrix}$ 的特征值有重根，试求正交矩阵 $\boldsymbol{Q}$，使 $\boldsymbol{Q}^{-1}\boldsymbol{A}\boldsymbol{Q}$ 为对角形.

3. [目标 1.2]设三阶实对称矩阵 $\boldsymbol{A}$ 的特征值是 1，2，3，矩阵 $\boldsymbol{A}$ 的属于特征值 1，2 的特征向量分别是 $\boldsymbol{\alpha}_1=(-1,-1,1)^{\mathrm{T}},\boldsymbol{\alpha}_2=(1,-2,-1)^{\mathrm{T}}$，求：

（1）求 $\boldsymbol{A}$ 的属于特征值 3 的特征向量；

（2）求矩阵 $\boldsymbol{A}$.

4. [目标 1.2、3.3]设 $\boldsymbol{\alpha},\boldsymbol{\beta}$ 为三维单位列向量，且 $\boldsymbol{\alpha}^{\mathrm{T}}\boldsymbol{\beta}=0,\ A=\boldsymbol{\alpha}^{\mathrm{T}}\boldsymbol{\beta}+\boldsymbol{\alpha}\boldsymbol{\beta}^{\mathrm{T}}$，证明：$\boldsymbol{A}$ 与 $\begin{bmatrix}1&&\\&-1&\\&&0\end{bmatrix}$ 相似.

【直击考研】

1. [目标 1.2、1.3]（2010-23）设 $\boldsymbol{A}=\begin{bmatrix}0&2&-3\\-1&3&-3\\1&-2&a\end{bmatrix}$，正交矩阵 $\boldsymbol{Q}$ 使得 $\boldsymbol{Q}^{\mathrm{T}}\boldsymbol{A}\boldsymbol{Q}$ 为对角矩阵，若 $\boldsymbol{Q}$ 的第 1 列为 $\dfrac{1}{\sqrt{6}}(1,2,1)^{\mathrm{T}}$，求 a，Q.

2. [目标 1.2]（2015-21）设矩阵 $\boldsymbol{A}=\begin{bmatrix}0&2&-3\\-1&3&-3\\1&-2&a\end{bmatrix}$ 相似于矩阵 $\boldsymbol{B}=\begin{bmatrix}1&-2&0\\0&b&0\\0&3&1\end{bmatrix}$.

（1）求 a，b 的值；

（2）求可逆矩阵 $\boldsymbol{P}$，使 $\boldsymbol{P}^{-1}\boldsymbol{A}\boldsymbol{P}$ 为对角矩阵.

3. [目标 1.2、1.3]（2023-6）下列矩阵中不能相似于对角矩阵的是（　　）.

A. $\begin{bmatrix}1&1&a\\0&2&2\\0&0&3\end{bmatrix}$　　B. $\begin{bmatrix}1&1&a\\1&2&0\\a&0&3\end{bmatrix}$　　C. $\begin{bmatrix}1&1&a\\0&2&0\\0&0&2\end{bmatrix}$　　D. $\begin{bmatrix}1&1&a\\0&2&2\\0&0&2\end{bmatrix}$

4.4 二次型及其标准型

在解析几何中，为深入探究二次曲线 $ax^2+bxy+cy^2=1$ 的几何特性，常通过坐标变换：

$$\begin{cases} x = x'\cos\theta - y'\sin\theta \\ y = x'\sin\theta + y'\cos\theta \end{cases} \quad 或 \quad \begin{bmatrix} x \\ y \end{bmatrix} = \begin{bmatrix} \cos\theta & -\sin\theta \\ \sin\theta & \cos\theta \end{bmatrix}\begin{bmatrix} x' \\ y' \end{bmatrix}$$

把方程化为标准形式

$$mx'^2+ny'^2=1$$

从而明确其图形是圆、椭圆还是双曲线，进而便捷地讨论原曲线的形态与性质.

二次型理论源于解析几何中化二次曲线和二次曲面方程为标准型的问题，现已广泛应用于数学各分支及物理、力学、工程技术等领域. 如函数极值求取、运输规划、控制系统稳定性判断、统计学中的统计距离计算，以及物理学中的耦合谐振子问题等，均依赖于二次型理论. 本节将着重介绍二次型的基本概念及合同矩阵的定义.

4.4.1 二次型的概念

定义 4.5 含有 n 个变量 $x_1,x_2,\cdots,x_n$ 的二次齐次函数

$$f(x_1,x_2,\cdots,x_n)=a_{11}x_1^2+a_{22}x_2^2+\cdots+a_{nx}x_n^2+2a_{12}x_1x_2+2a_{13}x_1x_3+\cdots+2a_{n-1,n}x_{n-1}x_n$$

称为二次型，只含有平方项的二次型 $f=k_1y_1^2+k_2y_2^2+\cdots+k_ny_n^2$ 称为标准型.

当 a_{ij} 是复数时，f 称为复二次型；当 a_{ij} 是实数时，f 称为实二次型. 下面讨论的二次型均为实二次型.

例如，$f(x_1,x_2,x_3)=2x_1^2+4x_2^2+5x_3^2-4x_1x_3$，$f(x_1,x_2,x_3)=x_1x_2+x_1x_3+x_2x_3$ 都是二次型；$f(x_1,x_2,x_3)=x_1^2+4x_2^2+4x_3^2$ 是二次型的标准型.

为了利用矩阵研究二次型的性质，取 $a_{ji}=a_{ij}$，则 $2a_{ij}x_ix_j=a_{ij}x_ix_j+a_{ji}x_ix_j$，于是

$$\begin{aligned} f(x_1,x_2,\cdots,x_n) &= a_{11}x_1^2+a_{22}x_2^2+\cdots+a_{nn}x_n^2+2a_{12}x_1x_2+2a_{13}x_1x_3+\cdots+2a_{n-1,n}x_{n-1}x_n \\ &= x_1(a_{11}x_1+a_{12}x_2+\cdots+a_{1n}x_n)+x_2(a_{21}x_1+a_{22}x_2+\cdots+a_{2n}x_n)+ \\ &\quad \cdots+x_n(a_{n1}x_1+a_{n2}x_2+\cdots+a_{nn}x_n) \\ &= [x_1,x_2,\cdots,x_n]\begin{bmatrix} a_{11}x_1+a_{12}x_2+\cdots+a_{1n}x_n \\ a_{21}x_1+a_{22}x_2+\cdots+a_{2n}x_n \\ \cdots\cdots \\ a_{n1}x_1+a_{n2}x_2+\cdots+a_{nn}x_n \end{bmatrix} \\ &= [x_1,x_2,\cdots,x_n]\begin{bmatrix} a_{11} & a_{12} & \cdots & a_{1n} \\ a_{21} & a_{22} & \cdots & a_{2n} \\ \vdots & \vdots & & \vdots \\ a_{n1} & a_{n2} & \cdots & a_{nn} \end{bmatrix}\begin{bmatrix} x_1 \\ x_2 \\ \vdots \\ x_n \end{bmatrix} \end{aligned}$$

记

$$A=\begin{bmatrix} a_{11} & a_{12} & \cdots & a_{1n} \\ a_{21} & a_{22} & \cdots & a_{2n} \\ \vdots & \vdots & & \vdots \\ a_{n1} & a_{n2} & \cdots & a_{nn} \end{bmatrix}, \quad x=\begin{bmatrix} x_1 \\ x_2 \\ \vdots \\ x_n \end{bmatrix}$$

则二次型可记作

$$f=x^{\mathrm{T}}Ax$$

其中 A 为对称矩阵，称为二次型的矩阵，它的秩也称为二次型的秩.

例 1 写出二次型 $f=x_1^2+2x_2^2-3x_3^2+4x_1x_2-6x_2x_3$ 的矩阵.

解 由题可知

$$a_{12}=a_{21}=2, \quad a_{13}=a_{31}=0, \quad a_{23}=a_{32}=-3$$

所以

$$A=\begin{bmatrix} 1 & 2 & 0 \\ 2 & 2 & -3 \\ 0 & -3 & -3 \end{bmatrix}$$

例 2 写出标准二次型 $f=\lambda_1 x_1{}^2+\lambda_2 x_2{}^2+\cdots+\lambda_n x_n{}^2$ 的矩阵.

解 显然，$A=\begin{bmatrix} \lambda_1 & 0 & \cdots & 0 \\ 0 & \lambda_2 & \cdots & 0 \\ \vdots & \vdots & & \vdots \\ 0 & 0 & \cdots & \lambda_n \end{bmatrix}$为对角矩阵.

由上述例子可见，在二次型的矩阵表示中，任给一个二次型，就可唯一确定一个对称矩阵；反之，任给一个对称矩阵，也可唯一确定一个二次型. 这样，二次型与对称矩阵之间就存在一一对应的关系.

4.4.2 合同矩阵

对于二次型，探讨的核心问题是：是否存在一个可逆的线性变换，能够将其化为标准型. 这一变换不仅在数学理论上具有重要意义，而且在实际应用中，如物理、力学和工程技术等领域，也发挥着关键作用. 通过标准型，可以更直观地理解二次型的性质，进而解决相关的问题. 因此，寻找这样的线性变换，对于深入研究二次型及其应用具有至关重要的价值.

设

$$\begin{cases} x_1=c_{11}y_1+c_{12}y_2+\cdots+c_{1n}y_n \\ x_2=c_{21}y_1+c_{22}y_2+\cdots+c_{2n}y_n \\ \cdots\cdots \\ x_n=c_{n1}y_1+c_{n2}y_2+\cdots+c_{nn}y_n \end{cases}$$

记

$$C=(c_{ij})_{n\times n}, \quad y=\begin{bmatrix} y_1 \\ y_2 \\ \vdots \\ y_n \end{bmatrix}$$

则上述线性变换可记作 $x=Cy$，代入 $f=x^{\mathrm{T}}Ax$，得

$$f=x^{\mathrm{T}}Ax=(Cy)^{\mathrm{T}}A(Cy)=y^{\mathrm{T}}(C^{\mathrm{T}}AC)y$$

令 $B=C^{\mathrm{T}}AC$，则有 $f=y^{\mathrm{T}}By$.

因为 $B^{\mathrm{T}}=(C^{\mathrm{T}}AC)^{\mathrm{T}}=C^{\mathrm{T}}A^{\mathrm{T}}C=C^{\mathrm{T}}AC=B$，所以 B 也是一个对称矩阵，因此 $f=y^{\mathrm{T}}By$ 也是一个二次型.

因为

$$B=C^{\mathrm{T}}AC$$

所以

$$R(B)\leqslant R(AC)\leqslant R(A)$$

又因为

$$A=(C^{\mathrm{T}})^{-1}BC^{-1}$$

所以

$$R(A)\leqslant R(BC^{-1})\leqslant R(B)$$

故

$$R(A)=R(B)$$

由此可知，经可逆变换 $x=Cy$ 后，二次型 f 的矩阵由 A 变为 $C^{\mathrm{T}}AC$，且二次型的秩不变. 也就是说，要使二次型经可逆变换 $x=Cy$ 化成标准型，只要使 $C^{\mathrm{T}}AC$ 变为对角矩阵即可. 因此，化标准型的过程就是寻找可逆矩阵 C，使 $C^{\mathrm{T}}AC$ 为对角矩阵的过程.

定义 4.6 设 A，B 是两个 n 阶方阵，如果存在一个可逆矩阵 C，使得 $B=C^{\mathrm{T}}AC$，则称 A 与 B 是合同的.

因此将二次型转化为标准型的过程就是对二次型的矩阵 A（对称矩阵），寻求可逆矩阵 C，使 $C^{\mathrm{T}}AC$ 为对角矩阵的过程. 这个过程称为把对称矩阵 A 合同对角化.

习题 4.4

【基础训练】

1. [目标 1. 1、4. 3]用矩阵记号表示下列二次型：

（1） $f(x_1,x_2,x_3)=x_1^2+4x_1x_2+6x_1x_3+2x_2^2+8x_2x_3+x_3^2$；

（2） $f(x_1,x_2,x_3)=x_1^2+2x_1x_2-x_1x_3+2x_3^2$；

（3） $f(x_1,x_2,x_3)=2x_1x_2+6x_1x_3+4x_2x_3$.

2. [目标 1. 1]写出下列二次型的矩阵：

（1） $f(\boldsymbol{x})=\boldsymbol{x}^{\mathrm{T}}\begin{bmatrix}2&1\\3&1\end{bmatrix}\boldsymbol{x}$；　　（2） $f(\boldsymbol{x})=\boldsymbol{x}^{\mathrm{T}}\begin{bmatrix}1&2&3\\4&5&6\\7&8&9\end{bmatrix}\boldsymbol{x}$.

3. [目标 1. 1、2. 1] 写出下列矩阵对应的二次型：

（1） $\boldsymbol{A}=\begin{bmatrix}4&3&0\\3&2&1\\0&1&1\end{bmatrix}$；　　（2） $\boldsymbol{A}=\begin{bmatrix}0&1&1&0\\1&0&1&0\\1&1&0&0\\0&0&0&2\end{bmatrix}$.

【能力提升】

1. [目标 1.2、1.3]求一个非退化①的线性变换，将下列二次型化为标准型.

（1） $f(x_1,x_2,x_3)=x_1^2+2x_1x_2+2x_1x_3+2x_2^2+4x_2x_3+x_3^2$；

（2） $f(x_1,x_2,x_3)=2x_1x_2-4x_1x_3+2x_2^2-2x_2x_3$.

2. [目标 1.2、4.1]设 $\boldsymbol{A}=\begin{bmatrix}2&1&1\\1&0&1\\1&1&0\end{bmatrix}$，$\boldsymbol{B}=\begin{bmatrix}0&1&1\\1&2&1\\1&1&0\end{bmatrix}$，求非奇异矩阵 $\boldsymbol{C}$，使 $\boldsymbol{A}=\boldsymbol{C}^{\mathrm{T}}\boldsymbol{B}\boldsymbol{C}$.

3. [目标 1.2、1.3]已知二次型 $f(x_1,x_2,x_3)=5x_1^2+5x_2^2+cx_3^2+6x_1x_3-6x_2x_3$ 的秩 2，求参数 c 及此二次型对应矩阵的特征值.

4. [目标 1.3、3.3]设方阵 $\boldsymbol{A}$ 满足 $\boldsymbol{A}^2=\boldsymbol{A}$，证明：$\boldsymbol{A}$ 的特征值只能为 0 或 1.

---

① 注：非退化的线性变换，亦称可逆线性变换或满秩线性变换，是特殊的线性变换.

【直击考研】

1. [目标 1.2、3.3]（2013-21）设二次型 $f(x_1,x_2,x_3)=2(a_1x_1+a_2x_2+a_3x_3)^2+(b_1x_1+b_2x_2+b_3x_3)^2$，记 $\boldsymbol{\alpha}=\begin{bmatrix}a_1\\a_2\\a_3\end{bmatrix},\boldsymbol{\beta}=\begin{bmatrix}b_1\\b_2\\b_3\end{bmatrix}$. 证明二次型 f 对应的矩阵为 $2\boldsymbol{\alpha}\boldsymbol{\alpha}^{\mathrm{T}}+2\boldsymbol{\beta}\boldsymbol{\beta}^{\mathrm{T}}$.

2. [目标 2.1、2.2]（2018-20）设实二次型 $f(x_1,x_2,x_3)=(x_1-x_2+x_3)^2+(x_2+x_3)^2+(x_1+ax_3)^2$，其中 a 是参数. 求 $f(x_1,x_2,x_3)=0$ 的解.

4.5 化二次型为标准型

4.5.1 正交变换法

由定理 4.6 知，任给 n 阶实对称矩阵 $\boldsymbol{A}$，必有正交矩阵 $\boldsymbol{P}$，使得

$$\boldsymbol{P}^{-1}\boldsymbol{A}\boldsymbol{P}=\boldsymbol{P}^{\mathrm{T}}\boldsymbol{A}\boldsymbol{P}=\boldsymbol{\Lambda}=\begin{bmatrix}\lambda_1 & & & \\ & \lambda_2 & & \\ & & \ddots & \\ & & & \lambda_n\end{bmatrix}$$

其中，$\lambda_i\ (i=1,2,\cdots,n)$ 是 $\boldsymbol{A}$ 的特征值. 而实二次型与实对称存在一一对应关系，因此有下面的定理成立.

定理 4.7 任给实二次型 $f=\boldsymbol{x}^{\mathrm{T}}\boldsymbol{A}\boldsymbol{x}$，总是有正交变换 $\boldsymbol{x}=\boldsymbol{P}\boldsymbol{y}$，使二次型化为标准型 $f=\lambda_1y_1^2+\lambda_2y_2^2+\cdots+\lambda_ny_n^2$，其中 $\lambda_i\ (i=1,2,\cdots,n)$ 是 $\boldsymbol{A}$ 的特征值.

例 1 将二次型 $f=2x_1^2+x_2^2-4x_1x_2-4x_2x_3$ 化为标准型.

解 写出对应的二次型矩阵，并求其特征值.

$$\boldsymbol{A}=\begin{bmatrix}2 & -2 & 0\\ -2 & 1 & -2\\ 0 & -2 & 0\end{bmatrix}$$

由 4.3 节中的例 1 可知，特征值为 $\lambda_1=4,\lambda_2=1,\lambda_3=-2$.

由 4.3 节中例 1 知，存在正交矩阵 $\boldsymbol{P}=\dfrac{1}{3}\begin{bmatrix}-2 & 2 & 1\\ 2 & 1 & 2\\ -1 & -2 & 2\end{bmatrix}$，使 $\boldsymbol{P}^{-1}\boldsymbol{A}\boldsymbol{P}=\begin{bmatrix}4 & 0 & 0\\ 0 & 1 & 0\\ 0 & 0 & -2\end{bmatrix}$. 作正交变换 $\boldsymbol{x}=\boldsymbol{P}\boldsymbol{y}$，可把二次型化为标准型 $f=4y_1^2+y_2^2-2y_3^2$.

4.5.2 拉格朗日配方法

利用正交变换将二次型化为标准型，其显著特点是能够保持几何形状的不变性. 然而，除了正交变换外，是否还存在其他方法同样能够实现二次型到标准型的转化呢？答案是肯定的. 下面，将介绍一种高效且实用的方法——拉格朗日配方法.

拉格朗日配方法是一种通过逐步完成平方项来化简二次型的技术. 其核心思想是通过添加和减去适当的项，使得二次型中的某些项能够转化为完全平方的形式. 通过反复应用这一策略，可以逐步将二次型化简为标准型.

这种方法不仅在数学理论上具有严谨性，而且在实际应用中也非常方便. 与正交变换相比，拉格朗日配方法不需要保持几何形状的不变性，但它提供了一种更为灵活和直观的途径来化简二次型.

因此，在研究和应用二次型时，可以根据具体问题的需求，选择使用正交变换或拉格朗日配方法. 这两种方法各有其特点和优势，能够为我们提供不同的视角和工具来理解和处理二次型问题.

拉格朗日配方法的步骤为：

（1）若二次型含有 x_i 的平方项，则先把含有 x_i 的乘积项集中，然后配方，再对其余的变量同样进行，直到都配成平方项为止，经过非退化线性变换，就得到标准型.

（2）若二次型中不含有平方项，但是 $a_{ij} \neq 0\ (i \neq j)$，则先作可逆线性变换

$$\begin{cases} x_i = y_i - y_j \\ x_j = y_i + y_j \\ x_k = y_k \end{cases} \quad (k=1,\ 2,\ \cdots,\ n \text{ 且 } k \neq i,j)$$

化二次型为含有平方项的二次型，然后再按（1）中方法配方.

下面举例说明这一方法的运用过程.

例 1 化二次型 $f = x_1^2 + 2x_2^2 + 5x_3^2 + 2x_1x_2 + 2x_1x_3 + 6x_2x_3$ 为标准型，并求所用线性变换.

解

$$\begin{aligned} f &= x_1^2 + 2x_2^2 + 5x_3^2 + 2x_1x_2 + 2x_1x_3 + 6x_2x_3 \\ &= x_1^2 + 2x_1x_2 + 2x_1x_3 + 2x_2^2 + 5x_3^2 + 6x_2x_3 \\ &= (x_1 + x_2 + x_3)^2 - x_2^2 - x_3^2 - 2x_2x_3 + 2x_2^2 + 5x_3^2 + 6x_2x_3 \\ &= (x_1 + x_2 + x_3)^2 + x_2^2 + 4x_3^2 + 4x_2x_3 \\ &= (x_1 + x_2 + x_3)^2 + (x_2 + 2x_3)^2 \end{aligned}$$

令

$$\begin{cases} y_1 = x_1 + x_2 + x_3 \\ y_2 = x_2 + 2x_3 \\ y_3 = x_3 \end{cases}$$

得

$$\begin{cases} x_1 = y_1 - y_2 + y_3 \\ x_2 = y_2 - 2y_3 \\ x_3 = y_3 \end{cases}$$

即

$$\begin{bmatrix} x_1 \\ x_2 \\ x_3 \end{bmatrix} = \begin{bmatrix} 1 & -1 & 1 \\ 0 & 1 & -2 \\ 0 & 0 & 1 \end{bmatrix} \begin{bmatrix} y_1 \\ y_2 \\ y_3 \end{bmatrix}$$

所以

$$\begin{aligned} f &= x_1^2 + 2x_2^2 + 5x_3^2 + 2x_1x_2 + 2x_1x_3 + 6x_2x_3 \\ &= y_1^2 + y_2^2 \end{aligned}$$

所用变换矩阵为

$$\boldsymbol{C} = \begin{bmatrix} 1 & -1 & 1 \\ 0 & 1 & -2 \\ 0 & 0 & 1 \end{bmatrix}, \quad (|\boldsymbol{C}| = 1 \neq 0)$$

例 2 化二次型 $f = 2x_1x_2 + 2x_1x_3 - 6x_2x_3$ 为标准型，并求所用线性变换.

解 由于所给二次型中无平方项，所以

令

$$\begin{cases} x_1 = y_1 + y_2 \\ x_2 = y_1 - y_2 \\ x_3 = y_3 \end{cases}$$

即

$$\begin{bmatrix} x_1 \\ x_2 \\ x_3 \end{bmatrix} = \begin{bmatrix} 1 & 1 & 0 \\ 1 & -1 & 0 \\ 0 & 0 & 1 \end{bmatrix} \begin{bmatrix} y_1 \\ y_2 \\ y_3 \end{bmatrix}$$

代入 $f = 2x_1x_2 + 2x_1x_3 - 6x_2x_3$，得

$$f = 2y_1^2 - 2y_2^2 - 4y_1y_3 + 8y_2y_3$$

再配方，得

$$f = 2(y_1 - y_3)^2 - 2(y_2 - 2y_3)^2 + 6y_3^2$$

令

$$\begin{cases} z_1 = y_1 - y_3 \\ z_2 = y_2 - 2y_3 \\ z_3 = y_3 \end{cases}$$

得

$$\begin{cases} y_1 = z_1 + z_3 \\ y_2 = z_2 + 2z_3 \\ y_3 = z_3 \end{cases}$$

即

$$\begin{bmatrix} y_1 \\ y_2 \\ y_3 \end{bmatrix} = \begin{bmatrix} 1 & 0 & 1 \\ 0 & 1 & 2 \\ 0 & 0 & 1 \end{bmatrix} \begin{bmatrix} z_1 \\ z_2 \\ z_3 \end{bmatrix}$$

所以，二次型 f 的标准型为

$$f = 2z_1^2 - 2z_2^2 + 6z_3^2$$

其中，线性变化矩阵为

$$\boldsymbol{C} = \begin{bmatrix} 1 & 1 & 0 \\ 1 & -1 & 0 \\ 0 & 0 & 1 \end{bmatrix} \begin{bmatrix} 1 & 0 & 1 \\ 0 & 1 & 2 \\ 0 & 0 & 1 \end{bmatrix} = \begin{bmatrix} 1 & 1 & 3 \\ 1 & -1 & -1 \\ 0 & 0 & 1 \end{bmatrix} \text{（}\boldsymbol{C}\text{ 可逆且 } |\boldsymbol{C}| = -2 \neq 0\text{）}$$

习题 4.5

【基础训练】

1. [目标 1.1、1.3]化二次型 $f(x_1, x_2, x_3) = x_1x_2 + x_1x_3$ 为标准型，并写出相应的线性变换.

2. [目标 1.1、1.3]求非奇异矩阵 $\boldsymbol{P}$，使 $\boldsymbol{P}^{-1}\boldsymbol{A}\boldsymbol{P}$ 为对角矩阵.

（1）$\boldsymbol{A} = \begin{bmatrix} 2 & 1 \\ 1 & 2 \end{bmatrix}$　　（2）$\boldsymbol{A} = \begin{bmatrix} 1 & 1 & -2 \\ -1 & -3 & 1 \\ -2 & 0 & -1 \end{bmatrix}$.

3. [目标 1.3、2.1]设矩阵 $\boldsymbol{A} = \begin{bmatrix} 1 & 1 & a \\ 1 & a & 1 \\ a & 1 & 1 \end{bmatrix}$，$\boldsymbol{\beta} = \begin{bmatrix} 1 \\ 1 \\ -2 \end{bmatrix}$，已知线性方程组 $\boldsymbol{Ax} = \boldsymbol{\beta}$ 有解，但不唯一，试求：（1）a 的值；（2）正交矩阵 $\boldsymbol{Q}$，使 $\boldsymbol{Q}^{-1}\boldsymbol{AQ}$ 为对角矩阵.

4. [目标 1.2、3.3]证明：对称的正交矩阵的特征值为 1 或 − 1.

【能力提升】

1. [目标 1.1、4.3]将二次型化为标准型，并写出相应的线性变换.

（1）$f(x_1, x_2, x_3) = x_1^2 - 3x_2^2 - 2x_1x_2 + 2x_1x_3 - 6x_2x_3$；

（2） $f(x_1,x_2,x_3)=-4x_1x_2+2x_1x_3+2x_2x_3$；

（3） $f(x_1,x_2,x_3)=x_1^2+x_2^2+x_3^2+x_4^2+2x_1x_2+2x_2x_3+2x_3x_4$.

2. [目标 1.3、4.5]用正交变换将下列二次型化为标准型，并写出相应的正交变换.

（1） $f(x_1,x_2,x_3)=x_1^2+x_2^2-4x_1x_2-4x_2x_3$；

（2） $f(x_1,x_2,x_3,x_4)=2x_1x_2+2x_3x_4$.

3. [目标 1.2、4.3]已知二次型 $f(x_1,x_2,x_3)=4{x_2}^2-3{x_3}^2+4x_1x_2-4x_1x_3+8x_2x_3$.

（1）写出二次型 f 的矩阵表达式；

（2）用正交变换把二次型 f 化为标准型，写出相应的正交矩阵.

4. [目标 1.1、3.3]设方阵 $\boldsymbol{A}_1$ 与 $\boldsymbol{B}_1$ 合同，$\boldsymbol{A}_2$ 与 $\boldsymbol{B}_2$ 合同，证明：$\begin{bmatrix}\boldsymbol{A}_1 & \\ & \boldsymbol{A}_2\end{bmatrix}$ 与 $\begin{bmatrix}\boldsymbol{B}_1 & \\ & \boldsymbol{B}_2\end{bmatrix}$ 合同.

5. [目标 2.2、4.1]设 $\boldsymbol{H}=\boldsymbol{E}-2\boldsymbol{X}\boldsymbol{X}^{\mathrm{T}}$，其中 $\boldsymbol{E}$ 为 n 阶单位矩阵，$\boldsymbol{X}$ 为 n 维列向量，且 $\boldsymbol{X}^{\mathrm{T}}\boldsymbol{X}=1$，试证：

（1） $\boldsymbol{H}$ 为对称矩阵；

（2） $\boldsymbol{H}$ 为正交矩阵.

【直击考研】

1. [目标 1.3、4.1]（2017-21）设二次型 $f(x_1,x_2,x_3)=2{x_1}^2-{x_2}^2+a{x_3}^2+2x_1x_2-8x_1x_3+2x_2x_3$ 在正交变换 $\boldsymbol{x}=\boldsymbol{Q}\boldsymbol{y}$ 下的标准型为 $\lambda_1{y_1}^2+\lambda_2{y_2}^2$，求 a 的值及一个正交矩阵 $\boldsymbol{Q}$.

2.[目标 1.3、3.3]（2023-21）已知二次型 $f(x_1,x_2,x_3)={x_1}^2+2{x_2}^2+2{x_3}^2+2x_1x_2-2x_1x_3$，$g(y_1,y_2,y_3)={y_1}^2+{y_2}^2+{y_3}^2+2y_2y_3$.

（1）求可逆变换 $\boldsymbol{x}=\boldsymbol{P}\boldsymbol{y}$，将 $f(x_1,x_2,x_3)$ 化为 $g(y_1,y_2,y_3)$；

（2）是否存在正交变换 $\boldsymbol{x}=\boldsymbol{Q}\boldsymbol{y}$，将 $f(x_1,x_2,x_3)$ 化为 $g(y_1,y_2,y_3)$.

3. [目标 1.1、4.2]（2022-21）已知二次型 $f(x_1,x_2,x_3)=\sum\limits_{i=1}^{3}\sum\limits_{j=1}^{3}ijx_iy_j$.

（1）写出 $f(x_1,x_2,x_3)$ 对应的矩阵；

（2）求正交变换 $\boldsymbol{x}=\boldsymbol{Q}\boldsymbol{y}$，将 $f(x_1,x_2,x_3)$ 化为标准型；

（3）求 $f(x_1,x_2,x_3)=0$ 的解.

4. [目标 1.1、2.1]（2020-21）设二次型 $f(x_1,x_2)=x_1^2+4x_1x_2+4x_2^2$ 经正交变换 $\begin{bmatrix}x_1\\x_2\end{bmatrix}=\boldsymbol{Q}\begin{bmatrix}y_1\\y_2\end{bmatrix}$ 化为二次型 $g(y_1,y_2)=ay_1^2+4y_1y_2+by_2^2$，其中 $a\geqslant b$.

（1）求 a，b 的值；

（2）求正交矩阵 $\boldsymbol{Q}$.

4.6 正定二次型

在实二次型中，正定二次型占有重要的地位. 下面给出正定二次型的定义及常用的判别定理.

定义 4.7 设有实二次型 $f(\boldsymbol{x})=\boldsymbol{x}^{\mathrm{T}}\boldsymbol{A}\boldsymbol{x}$，如果对任意 n 维列向量 $\boldsymbol{x}\neq\boldsymbol{0}$，都有 $f(\boldsymbol{x})>0$（显然 $f(\boldsymbol{0})=0$），则称 $f(\boldsymbol{x})=\boldsymbol{x}^{\mathrm{T}}\boldsymbol{A}\boldsymbol{x}$ 为正定二次型，并称实对称矩阵 $\boldsymbol{A}$ 为正定矩阵. 如果对于任意 n 维列向量 $\boldsymbol{x}\neq\boldsymbol{0}$，有 $f(\boldsymbol{x})=\boldsymbol{x}^{\mathrm{T}}\boldsymbol{A}\boldsymbol{x}\geqslant 0$，则称 $f(\boldsymbol{x})=\boldsymbol{x}^{\mathrm{T}}\boldsymbol{A}\boldsymbol{x}$ 为半正定二次型，并称实对称矩阵 $\boldsymbol{A}$ 为半正定矩阵.

例如，二次型 $f=x^2+4y^2+16z^2$ 为正定二次型.

一般来说，用二次型定义来判别二次型的正定性往往比较困难，下面给出几种判别方法.

定理 4.8 实二次型 $f(\boldsymbol{x})=\boldsymbol{x}^{\mathrm{T}}\boldsymbol{A}\boldsymbol{x}$ 为正定二次型的充分必要条件是其标准型

$$f=\lambda_1y_1^2+\lambda_2y_2^2+\cdots+\lambda_ny_n^2$$

的系数 $\lambda_i(i=1,2,\cdots,n)$ 全部大于零.

推论 1 实对称矩阵 $\boldsymbol{A}$ 正定的充分必要条件是 $\boldsymbol{A}$ 的特征值全为正.

推论 2 若 $\boldsymbol{A}$ 为正定矩阵，则 $|\boldsymbol{A}|>0$.

用行列式来判别一个矩阵或者二次型是否正定也是一种常用的方法. 设 $\boldsymbol{A}$ 为 n 阶对称矩阵，由 $\boldsymbol{A}$ 的前 k 行 k 列元素构成的 k 阶行列式 $\begin{vmatrix} a_{11} & \cdots & a_{1k} \\ \vdots & & \vdots \\ a_{k1} & \cdots & a_{kk} \end{vmatrix}$（$k=1,2,\cdots,n$）称为矩阵 $\boldsymbol{A}$ 的 k 阶顺序主子式.

定理 4.9 实二次型 $f(\boldsymbol{x})=\boldsymbol{x}^{\mathrm{T}}\boldsymbol{A}\boldsymbol{x}$ 为正定二次型的充分必要条件是它的二次型矩阵 $\boldsymbol{A}$ 的各阶顺序主子式都为正，即

$$a_{11}>0,\begin{vmatrix} a_{11} & a_{12} \\ a_{21} & a_{22} \end{vmatrix}>0,\cdots,\begin{vmatrix} a_{11} & \cdots & a_{1n} \\ \vdots & & \vdots \\ a_{n1} & \cdots & a_{nn} \end{vmatrix}>0$$

例 1 判断二次型 $f(x_1,x_2,x_3)=5x_1^2+x_2^2+5x_3^2+4x_1x_2-8x_1x_3-4x_2x_3$ 的正定性.

解 二次型 $f(x_1,x_2,x_3)$ 的矩阵为

$$\boldsymbol{A}=\begin{bmatrix} 5 & 2 & -4 \\ 2 & 1 & -2 \\ -4 & -2 & 5 \end{bmatrix}$$

它的顺序主子式为

$$|5|>0,\begin{vmatrix} 5 & 2 \\ 2 & 1 \end{vmatrix}=1>0,\begin{vmatrix} 5 & 2 & -4 \\ 2 & 1 & -2 \\ -4 & -2 & 5 \end{vmatrix}=1>0.$$

由定理 4.9 知，该二次型是正定二次型.

例 2 判断二次型 $f(x_1,x_2,x_3)=-5x_1^2+2x_2^2+5x_3^2+2x_1x_2+8x_1x_3$ 的正定性.

解 二次型 $f(x_1,x_2,x_3)$ 的矩阵为

$$\boldsymbol{A}=\begin{bmatrix}-5&1&4\\1&2&0\\4&0&5\end{bmatrix}$$

由于顺序主子式 $|-5|=-5<0$，所以 $f(x_1,x_2,x_3)$ 不是正定二次型.

定义 4.8 设有实二次型 $f(\boldsymbol{x})=\boldsymbol{x}^{\mathrm{T}}\boldsymbol{A}\boldsymbol{x}$，如果对任意 n 维列向量 $\boldsymbol{x}\neq\boldsymbol{0}$，都有 $f(\boldsymbol{x})<0$，则称 $f(\boldsymbol{x})=\boldsymbol{x}^{\mathrm{T}}\boldsymbol{A}\boldsymbol{x}$ 为负定二次型，并称实对称矩阵 $\boldsymbol{A}$ 为负定矩阵. 如果对于任意 n 维列向量 $\boldsymbol{x}\neq\boldsymbol{0}$，有 $f(\boldsymbol{x})=\boldsymbol{x}^{\mathrm{T}}\boldsymbol{A}\boldsymbol{x}\leqslant 0$，则称 $f(\boldsymbol{x})=\boldsymbol{x}^{\mathrm{T}}\boldsymbol{A}\boldsymbol{x}$ 为半负定二次型，并称实对称矩阵 $\boldsymbol{A}$ 为半负定矩阵. 如果对于任意 n 维列向量 $\boldsymbol{x}\neq\boldsymbol{0}$，有 $f(\boldsymbol{x})=\boldsymbol{x}^{\mathrm{T}}\boldsymbol{A}\boldsymbol{x}$ 有时为正，有时为负，则称 $f(\boldsymbol{x})=\boldsymbol{x}^{\mathrm{T}}\boldsymbol{A}\boldsymbol{x}$ 为不定二次型.

定理 4.10 实二次型 $f(\boldsymbol{x})=\boldsymbol{x}^{\mathrm{T}}\boldsymbol{A}\boldsymbol{x}$ 为负定二次型的充分必要条件是它的二次型矩阵 $\boldsymbol{A}$ 的所有奇数阶顺序主子式为负，偶数阶顺序主子式为正.

例 3 判断二次型 $f=-2x_1^2-6x_2^2-6x_3^2+2x_1x_2+6x_1x_3$ 的正定性.

解 二次型的矩阵为

$$\boldsymbol{A}=\begin{bmatrix}-2&1&3\\1&-6&0\\3&0&-6\end{bmatrix}$$

它的顺序主子式为

$$|-2|<0,\quad \begin{vmatrix}-2&1\\1&-6\end{vmatrix}=11>0,\quad \begin{vmatrix}-2&1&3\\1&-6&0\\3&0&-6\end{vmatrix}=-12<0$$

即奇数阶顺序主子式为负，偶数阶顺序主子式为正.

由定理 4.10 知，该二次型是负定的.

例 4 问 a 取何值时，二次型 $f=x_1{}^2+2x_2{}^2+3x_3{}^2+2ax_1x_2-2x_1x_3+4x_2x_3$ 是正定的.

解 二次型矩阵为

$$\boldsymbol{A}=\begin{bmatrix}1&a&-1\\a&2&2\\-1&2&3\end{bmatrix}$$

它的顺序主子式为

$$|1|>0\ ,\quad \begin{vmatrix}1 & a\\ a & 2\end{vmatrix}=2-a^2>0\ ,\quad \begin{vmatrix}1 & a & -1\\ a & 2 & 2\\ -1 & 2 & 3\end{vmatrix}=-3a^2-4a>0$$

故

$$-\frac{4}{3}<a<0$$

习题 4.6

【基础训练】

1. [目标 1.1、4.2]设 $\boldsymbol{A}=\begin{bmatrix}1 & \\ & 2\end{bmatrix}$，$\boldsymbol{B}=\begin{bmatrix}3 & \\ & 4\end{bmatrix}$，判断 $\boldsymbol{A}$ 与 $\boldsymbol{B}$ 是否等价、相似、合同.

2. [目标 1.2、4.2]设矩阵 $\boldsymbol{A}=\begin{bmatrix}2 & -1 & -1\\ -1 & 2 & -1\\ -1 & -1 & 2\end{bmatrix}$，$\boldsymbol{B}=\begin{bmatrix}1 & 0 & 0\\ 0 & 1 & 0\\ 0 & 0 & 0\end{bmatrix}$，判断 $\boldsymbol{A}$ 与 $\boldsymbol{B}$ 是否等价、相似、合同.

3. [目标 1.1、2.1]设 $\boldsymbol{A}$ 是三阶实对称矩阵，满足 $\boldsymbol{A}^2+2\boldsymbol{A}=\boldsymbol{O}$，并且 $R(\boldsymbol{A})=2$.

（1）求 $\boldsymbol{A}$ 的特征值；

（2）当实数 k 满足什么条件时 $k\boldsymbol{A}+\boldsymbol{E}$ 正定？

4. [目标 1.1、2.1]判定下列二次型是否正定：

（1）$f(x_1,x_2,x_3)=4x_1^2+3x_2^2+5x_3^2-4x_1x_2-4x_1x_3$；

（2）$f(x_1,x_2,x_3)=2x_1^2+x_2^2-3x_2^2+6x_1x_2-2x_1x_3+5x_2x_3$；

（3）$f(x_1,x_2,x_3,x_4)=x_1^2+x_2^2+4x_3^2+7x_4^2+6x_1x_3+4x_1x_4-4x_2x_3+2x_2x_4+4x_3x_4$.

5. [目标 1.1、3.3]已知 $\boldsymbol{A}$ 是 n 阶可逆矩阵，证明：$\boldsymbol{A}^{\mathrm{T}}\boldsymbol{A}$ 是对称、正定矩阵.

6. [目标 1.1、3.3]设 $\boldsymbol{A}$ 为 m 阶实对称矩阵且正定，$\boldsymbol{B}$ 为 $m\times n$ 实矩阵，$\boldsymbol{B}^{\mathrm{T}}$ 为 $\boldsymbol{B}$ 的转置矩阵，试证：$\boldsymbol{B}^{\mathrm{T}}\boldsymbol{A}\boldsymbol{B}$ 为正定矩阵的充分必要条件是 $R(\boldsymbol{B})=n$.

【能力提升】

1. [目标 1.2、2.1、4.5]设 $\boldsymbol{A}=\begin{bmatrix}1 & 1 & 1 & 1\\ 1 & 1 & 1 & 1\\ 1 & 1 & 1 & 1\\ 1 & 1 & 1 & 1\end{bmatrix}$，$\boldsymbol{B}=\begin{bmatrix}4 & 0 & 0 & 0\\ 0 & 0 & 0 & 0\\ 0 & 0 & 0 & 0\\ 0 & 0 & 0 & 0\end{bmatrix}$，判断 $\boldsymbol{A}$ 与 $\boldsymbol{B}$ 是否等价、相似、合同.

2. [目标 1.1、2.1]设 $f(x_1,x_2,x_3)=x_1^2+x_2^2+5x_3^2+2ax_1x_2-2x_1x_3+4x_2x_3$ 为正定二次型，求 a.

3. [目标 1.2、3.3]设 $\boldsymbol{A}$ 为 $m\times n$ 实矩阵，$\boldsymbol{E}$ 为 n 阶单位矩阵，已知矩阵 $\boldsymbol{B}=\lambda\boldsymbol{E}+\boldsymbol{A}^{\mathrm{T}}\boldsymbol{A}$，试证：当 $\lambda>0$ 时，矩阵 $\boldsymbol{B}$ 为正定矩阵.

4. [目标 1.3、3.3]设 $\boldsymbol{U}$ 为可逆矩阵，$\boldsymbol{A}=\boldsymbol{U}^{\mathrm{T}}\boldsymbol{U}$，证明：$f=\boldsymbol{x}^{\mathrm{T}}\boldsymbol{A}\boldsymbol{x}$ 为正定二次型.

【直击考研】

1. [目标 1.1、2.1]（2021-21）已知 $A=\begin{bmatrix} a & 1 & -1 \\ 1 & a & -1 \\ -1 & -1 & a \end{bmatrix}$.

（1）求正交矩阵 P，使得 $P^{\mathrm{T}}AP$ 为对角矩阵；

（2）求正定矩阵 C，使得 $C^2=(a+3)E-A$.

2. [目标 1.2、3.3]（2005-21）设 $D=\begin{bmatrix} A & C \\ C^T & B \end{bmatrix}$ 为正定矩阵，其中 A,B 分别为 m 阶，n 阶对称矩阵，C 为 $m\times n$ 矩阵.

（1）计算 $P^{\mathrm{T}}DP$，其中，$P=\begin{bmatrix} E_m & -A^{-1}C \\ O & E_n \end{bmatrix}$；

（2）利用（1）的结果判断矩阵 $B-C^{\mathrm{T}}A^{-1}C$ 是否为正定矩阵，并证明你的结论.

4.7　特征值、特征向量及二次型的应用

特征值、特征向量及二次型在多个领域具有广泛的应用，它们不仅是数学理论的重要组成部分，也在实际问题的解决中发挥着关键作用.

首先，特征值和特征向量在矩阵分析中占据核心地位. 它们能够揭示矩阵的固有属性，如矩阵的稳定性、周期性等. 在物理和工程领域，这些属性对于分析系统的动态行为至关重要. 例如，在振动分析中，通过求解系统的特征值和特征向量，可以确定系统的固有频率和模态形状，进而预测系统的响应和稳定性.

其次，二次型在优化问题中发挥着重要作用. 通过构造适当的二次型函数，可以将实际问题转化为求解二次型的最值问题. 这在函数极值求取、运输规划、控制理论等领域具有广泛应用. 例如，在运输规划中，通过构建运输成本的二次型函数，可以找到最优的运输方案，以最小化总成本.

此外，二次型还在统计学、经济学、物理学等多个领域得到应用. 在统计学中，二次型可以用于计算样本的协方差和相关系数，进而分析数据的分布和相关性. 在经济学中，二次型可以用于构建效用函数和生产函数，以分析消费者的选择行为和企业的生产决策. 在物理学中，二次型则用于描述耦合谐振子、量子力学中的势能等问题.

综上所述，特征值、特征向量及二次型在多个领域具有广泛的应用价值. 它们不仅为数学理论的发展提供有力支撑，也为实际问题的解决提供有效的工具和方法. 因此，深入理解和掌握这些概念和方法对于提高解决实际问题的能力具有重要意义.

4.7.1 高阶高次幂矩阵的求解

例 1 已知矩阵 $A=\begin{bmatrix}1&2&2\\2&1&2\\2&2&1\end{bmatrix}$，求 A^k（k 是正整数）.

解 可以看出，A 是一个对称矩阵，故 A 可对角化，即有可逆矩阵 P 及对角矩阵 Λ，使 $P^{-1}AP=\Lambda$ 于是 $A=P\Lambda P^{-1}$，从而 $A^k=P\Lambda^k P^{-1}$.

通过特征值的解法，可以得出矩阵 A 的特征值为 $\lambda_1=\lambda_2=-1,\ \lambda_3=5$.

设特征向量是 x_1,x_2,x_3，所以对角矩阵为 $\Lambda=\text{diag}(-1,-1,5)$，$P=[x_1\quad x_2\quad x_3]=\begin{bmatrix}1&0&1\\0&1&1\\-1&-1&1\end{bmatrix}$，

且矩阵 P 的逆矩阵为 $P^{-1}=\dfrac{1}{3}\begin{bmatrix}2&-1&-1\\-1&2&-1\\1&1&1\end{bmatrix}$，又 $P^{-1}AP=\Lambda=\text{diag}(-1,-1,5)$，化简后可以看出 $A=P\Lambda P^{-1}$，有

$$A^k=P\Lambda^k P^{-1}=\frac{1}{3}\begin{bmatrix}1&0&1\\0&1&1\\-1&-1&1\end{bmatrix}\begin{bmatrix}(-1)^k&0&0\\0&(-1)^k&0\\0&0&5^k\end{bmatrix}\begin{bmatrix}2&-1&-1\\-1&2&-1\\1&1&1\end{bmatrix}$$

$$=\frac{1}{3}\begin{bmatrix}2(-1)^k+5^k&(-1)^{k+1}+5^k&(-1)^{k+1}+5^k\\(-1)^{k+1}+5^k&2(-1)^k+5^k&(-1)^{k+1}+5^k\\(-1)^{k+1}+5^k&(-1)^{k+1}+5^k&2(-1)^k+5^k\end{bmatrix}$$

4.7.2 在线性递推关系的应用

线性递推关系与矩阵之间有着密不可分的联系，特征值与特征向量在其中也有着广泛的应用，接下来就讨论关于一般的线性递推关系的应用.

例 2 设数列 $\{x_n\}$ 满足如下递推的关系：$x_n=2x_{n-1}+x_{n-2}-2x_{n-3}(n\geqslant 4)$，其中 $x_1=1$，$x_2=-2$，$x_3=3$. 求 x_n 的通项.

解 由题可得，数列是三阶循环的，即

$$\begin{cases}x_n=2x_{n-1}+x_{n-2}-2x_{n-3}\\x_{n-1}=x_{n-1}\\x_{n-2}=x_{n-2}\end{cases}$$

将方程组写成矩阵的形式

$$\begin{bmatrix}x_n\\x_{n-1}\\x_{n-2}\end{bmatrix}=\begin{bmatrix}2&1&-2\\1&0&0\\0&1&0\end{bmatrix}\begin{bmatrix}x_{n-1}\\x_{n-2}\\x_{n-3}\end{bmatrix}$$

令

$$A=\begin{bmatrix}2&1&-2\\1&0&0\\0&1&0\end{bmatrix}$$

经过递推得

$$\begin{bmatrix}x_n\\x_{n-1}\\x_{n-2}\end{bmatrix}=A\begin{bmatrix}x_{n-1}\\x_{n-2}\\x_{n-3}\end{bmatrix}=A^2\begin{bmatrix}x_{n-2}\\x_{n-3}\\x_{n-4}\end{bmatrix}=\cdots=A^{n-3}\begin{bmatrix}x_3\\x_2\\x_1\end{bmatrix}$$

又由于 $x_1=1,x_2=-2,x_3=3$，且 $|\lambda E-A|=0$，可得

$$\begin{vmatrix}\lambda-2&-1&2\\-1&\lambda&0\\0&-1&\lambda\end{vmatrix}=\lambda^3-2\lambda^2+2-\lambda=0$$

故特征值为 $\lambda_1=1,\ \lambda_2=-1,\ \lambda_3=2$. 再由矩阵的特征方程求解，得到特征向量为

$$P_1=\begin{bmatrix}1\\1\\1\end{bmatrix},\quad P_2=\begin{bmatrix}1\\-1\\1\end{bmatrix},\quad P_3=\begin{bmatrix}4\\2\\1\end{bmatrix}$$

令

$$P=[P_1\quad P_2\quad P_3]=\begin{bmatrix}1&1&4\\1&-1&2\\1&1&1\end{bmatrix}$$

则

$$P^{-1}=\frac{1}{6}\begin{bmatrix}-3&3&6\\1&-3&2\\2&0&-2\end{bmatrix},\quad A=P\begin{bmatrix}1&0&0\\0&-1&0\\0&0&2\end{bmatrix}P^{-1},$$

$$A^{n-3}=P\begin{bmatrix}1&0&0\\0&-1&0\\0&0&2\end{bmatrix}^{n-3}P^{-1}=\frac{1}{6}\begin{bmatrix}-3+(-1)^{n-3}+2^n&3-3(-1)^{n-3}&6+2(-1)^{n-3}-2^n\\-3+(-1)^{n-2}+2^{n-1}&3-3(-1)^{n-2}&6+2(-1)^{n-2}-2^{n-1}\\-3+(-1)^{n-3}+2^{n-2}&3-3(-1)^{n-1}&6+2(-1)^{n-3}-2^{n-2}\end{bmatrix}$$

代入有

$$\begin{aligned}x_n&=\frac{1}{6}[(-3+(-1)^{n-3}+2^n)x_3+(3-3(-1)^{n-3})x_2+(6+2(-1)^{n-3}-2^n)x_1]\\&=\frac{1}{6}[-9+11(-1)^{n-3}+2^{n+1}]=-\frac{3}{2}+\frac{11}{6}(-1)^{n-3}+\frac{2}{3}\cdot 2^{n-1}\end{aligned}$$

4.7.3 劳动力就业转移问题

例 3 某中小城市及郊区乡镇共有 30 万人从事农、工、商工作，假定这个总人数在若干年内保持不变. 社会调查表明：

（1）在这 30 万就业人员中，目前约有 15 万人务农，9 万人从事务工，6 万人经商；

（2）在务农人员中，每年约有 20% 改为务工，10% 改为经商；

（3）在务工人员中，每年约有 20% 改为务农，10% 改为经商；

（4）在经商人员中，每年约有 10% 改为务农，10% 改为务工.

先要预测一年后从事各行业的人员数，以及经过多年之后从事各行业人员总数的发展趋势.

解 用向量 $\boldsymbol{\alpha}_k=(x_k,y_k,z_k)^{\mathrm{T}}$ 表示第 k 年后从事这 3 种职业的人员总数，$\boldsymbol{\alpha}_0=(x_0,y_0,z_0)^{\mathrm{T}}=(15,9,6)^{\mathrm{T}}$ 为初始人数向量.

依题意，一年后从事农、工、商的总人数为

$$\begin{cases}x_1=0.7x_0+0.2y_0+0.1z_0\\ y_1=0.2x_0+0.7y_0+0.1z_0\\ z_1=0.1x_0+0.1y_0+0.8z_0\end{cases}$$

即

$$\begin{bmatrix}x_1\\y_1\\z_1\end{bmatrix}=\begin{bmatrix}0.7&0.2&0.1\\0.2&0.7&0.1\\0.1&0.1&0.8\end{bmatrix}\begin{bmatrix}x_0\\y_0\\z_0\end{bmatrix}$$

也即

$$\boldsymbol{\alpha}_1=\boldsymbol{A}\boldsymbol{\alpha}_0 \tag{4-7}$$

其中

$$\boldsymbol{A}=\begin{bmatrix}0.7&0.2&0.1\\0.2&0.7&0.1\\0.1&0.1&0.8\end{bmatrix}$$

将 $\boldsymbol{\alpha}_0=(x_0,y_0,z_0)^{\mathrm{T}}=(15,9,6)^{\mathrm{T}}$ 代入式（4-7），可得 $\boldsymbol{\alpha}_1=(x_1,y_1,z_1)^{\mathrm{T}}=(12.9,9.9,7.2)^{\mathrm{T}}$，即一年后从事农、工、商的人数分别为 12.9 万人、9.9 万人、7.2 万人.

由 $\boldsymbol{\alpha}_2=\boldsymbol{A}\boldsymbol{\alpha}_1=\boldsymbol{A}^2\boldsymbol{\alpha}_0$，可得 $\boldsymbol{\alpha}_1=(11.73,10.23,8.04)^{\mathrm{T}}$，即两年后从事农、工、商的人数分别为 11.73 万人、10.23 万人、8.04 万人.

依此类推，第 k 年后从事农、工、商的人数 $\boldsymbol{\alpha}_k=\boldsymbol{A}^k\boldsymbol{\alpha}_0$，即

$$\begin{bmatrix}x_k\\y_k\\z_k\end{bmatrix}=\begin{bmatrix}0.7&0.2&0.1\\0.2&0.7&0.1\\0.1&0.1&0.8\end{bmatrix}^k\begin{bmatrix}x_0\\y_0\\z_0\end{bmatrix}$$

为了计算 $\boldsymbol{A}^k$，先将 $\boldsymbol{A}$ 对角化，矩阵 $\boldsymbol{A}$ 的特征多项式为

$$|\boldsymbol{A}-\lambda\boldsymbol{E}|=\begin{vmatrix}0.7-\lambda & 0.2 & 0.1\\ 0.2 & 0.7-\lambda & 0.1\\ 0.1 & 0.1 & 0.8-\lambda\end{vmatrix}=(1-\lambda)(0.7-\lambda)(0.5-\lambda)$$

所以矩阵的特征值为

$$\lambda_1=1,\ \lambda_2=0.7,\ \lambda_3=0.5$$

进而求得对应的单位特征向量

$$\boldsymbol{\varepsilon}_1=\left(\frac{1}{\sqrt{3}},\frac{1}{\sqrt{3}},\frac{1}{\sqrt{3}}\right)^{\mathrm{T}},\quad \boldsymbol{\varepsilon}_2=\left(\frac{1}{\sqrt{6}},\frac{1}{\sqrt{6}},\frac{-2}{\sqrt{6}}\right)^{\mathrm{T}},\quad \boldsymbol{\varepsilon}_3=\left(-\frac{1}{\sqrt{2}},\frac{1}{\sqrt{2}},0\right)^{\mathrm{T}}$$

令 $\boldsymbol{Q}=(\boldsymbol{\varepsilon}_1,\boldsymbol{\varepsilon}_2,\boldsymbol{\varepsilon}_3)$，则有

$$\boldsymbol{Q}^{-1}\boldsymbol{A}\boldsymbol{Q}=\boldsymbol{\Lambda}\text{，即 }\boldsymbol{A}=\boldsymbol{Q}\boldsymbol{\Lambda}\boldsymbol{Q}^{-1}$$

其中 $\boldsymbol{\Lambda}=\begin{bmatrix}1 & & \\ & 0.7 & \\ & & 0.5\end{bmatrix}$.

从而

$$\boldsymbol{A}^k=\boldsymbol{Q}\boldsymbol{\Lambda}^k\boldsymbol{Q}^{-1}=\begin{bmatrix}\frac{1}{\sqrt{3}} & \frac{1}{\sqrt{6}} & -\frac{1}{\sqrt{2}}\\ \frac{1}{\sqrt{3}} & \frac{1}{\sqrt{6}} & \frac{1}{\sqrt{2}}\\ \frac{1}{\sqrt{3}} & \frac{-2}{\sqrt{6}} & 0\end{bmatrix}\begin{bmatrix}1 & & \\ & 0.7^k & \\ & & 0.5^k\end{bmatrix}\begin{bmatrix}\frac{1}{\sqrt{3}} & \frac{1}{\sqrt{3}} & \frac{1}{\sqrt{3}}\\ \frac{1}{\sqrt{6}} & \frac{1}{\sqrt{6}} & \frac{-2}{\sqrt{6}}\\ -\frac{1}{\sqrt{2}} & \frac{1}{\sqrt{2}} & 0\end{bmatrix}\tag{4-8}$$

将式（4-8）确定的 $\boldsymbol{A}^k$ 代入 $\boldsymbol{\alpha}_k=\boldsymbol{A}^k\boldsymbol{\alpha}_0$，即可得第 k 年后从事农、工、商的人员总数.

当 $k\to\infty$ 时，有 $0.7^k\to 0, 0.5^k\to 0$，可得

$$\boldsymbol{A}^k\to\begin{bmatrix}\frac{1}{\sqrt{3}} & \frac{1}{\sqrt{6}} & -\frac{1}{\sqrt{2}}\\ \frac{1}{\sqrt{3}} & \frac{1}{\sqrt{6}} & \frac{1}{\sqrt{2}}\\ \frac{1}{\sqrt{3}} & \frac{-2}{\sqrt{6}} & 0\end{bmatrix}\begin{bmatrix}1 & & \\ & 0 & \\ & & 0\end{bmatrix}\begin{bmatrix}\frac{1}{\sqrt{3}} & \frac{1}{\sqrt{3}} & \frac{1}{\sqrt{3}}\\ \frac{1}{\sqrt{6}} & \frac{1}{\sqrt{6}} & \frac{-2}{\sqrt{6}}\\ -\frac{1}{\sqrt{2}} & \frac{1}{\sqrt{2}} & 0\end{bmatrix}=\frac{1}{3}\begin{bmatrix}1 & 1 & 1\\ 1 & 1 & 1\\ 1 & 1 & 1\end{bmatrix}$$

所以

$$\begin{bmatrix}x_k\\ y_k\\ z_k\end{bmatrix}\to\frac{1}{3}\begin{bmatrix}1 & 1 & 1\\ 1 & 1 & 1\\ 1 & 1 & 1\end{bmatrix}^k\begin{bmatrix}15\\ 9\\ 6\end{bmatrix}=\begin{bmatrix}10\\ 10\\ 10\end{bmatrix}(k\to\infty)$$

即多年以后，从事这 3 种职业的人数将趋于相等，均为 10 万人.

4.7.4 商品的市场占有率问题

例 4 在某城市的商业区内，有两家快餐店："肯德基"分店和"麦当劳"分店. 据统计每年"肯德基"保有上一年老顾客的 1/3，而另外的 2/3 顾客转移到"麦当劳"；每年"麦当劳"保有上一年老顾客的 1/3，而另外的 2/3 顾客转移到"肯德基"．"肯德基"分店初始的市场分配为 3/5，而"麦当劳"分店初始的市场分配为 2/5.

（1）两年后，两家快餐店所占的市场份额变化怎样，5 年以后会怎样？10 年以后如何？

（2）是否有一组初始市场份额分配数据使以后每年的市场分配稳定不变？

解 （1）用向量 $\boldsymbol{\alpha}_k=(x_k,y_k)^{\mathrm{T}}$ 表示 k 年后"肯德基" 分店和"麦当劳"分店所占的市场份额数，依据题意，初始数据 $x_0=\dfrac{3}{5}$，$y_0=\dfrac{2}{5}$，即 $\boldsymbol{\alpha}_0=\left(\dfrac{3}{5},\dfrac{2}{5}\right)^{\mathrm{T}}$.

一年后，"肯德基"分店所占的市场份额数 $x_1=\dfrac{1}{3}x_0+\dfrac{2}{3}y_0$，"麦当劳"分店所占的市场份额数 $y_1=\dfrac{1}{3}y_0+\dfrac{2}{3}x_0$，即

$$\begin{bmatrix}x_1\\y_1\end{bmatrix}=\begin{bmatrix}\dfrac{1}{3}&\dfrac{2}{3}\\\dfrac{2}{3}&\dfrac{1}{3}\end{bmatrix}\begin{bmatrix}x_0\\y_0\end{bmatrix}$$

设转移矩阵

$$\boldsymbol{A}=\begin{bmatrix}\dfrac{1}{3}&\dfrac{2}{3}\\\dfrac{2}{3}&\dfrac{1}{3}\end{bmatrix}$$

故，一年后，两家快餐店所占的市场份额 $\boldsymbol{\alpha}_1=\boldsymbol{A}\boldsymbol{\alpha}_0=\begin{bmatrix}\dfrac{1}{3}&\dfrac{2}{3}\\\dfrac{2}{3}&\dfrac{1}{3}\end{bmatrix}\begin{bmatrix}\dfrac{3}{5}\\\dfrac{2}{5}\end{bmatrix}=\begin{bmatrix}\dfrac{7}{15}\\\dfrac{8}{15}\end{bmatrix}$，即两家快餐店所占的市场份额分别为 46.67%，53.33%.

依此类推，两年后，两家快餐店所占的市场份额

$$\boldsymbol{\alpha}_2=\boldsymbol{A}\boldsymbol{\alpha}_1=\boldsymbol{A}\left(\boldsymbol{A}\alpha_0\right)=\boldsymbol{A}^2\alpha_0=\begin{bmatrix}\dfrac{1}{3}&\dfrac{2}{3}\\\dfrac{2}{3}&\dfrac{1}{3}\end{bmatrix}\begin{bmatrix}\dfrac{7}{15}\\\dfrac{8}{15}\end{bmatrix}=\begin{bmatrix}\dfrac{23}{45}\\\dfrac{22}{45}\end{bmatrix}$$

即两家快餐店所占的市场份额分别为 51.11%，48.89%.

n 年后，两家快餐店所占的市场份额为

$$\boldsymbol{\alpha}_n=\boldsymbol{A}\boldsymbol{\alpha}_{n-1}=\boldsymbol{A}\left(\boldsymbol{A}\boldsymbol{\alpha}_{n-2}\right)=\cdots=\boldsymbol{A}^n\boldsymbol{\alpha}_0$$

下面给出计算 $\boldsymbol{A}^n$ 步骤：

求出实对称矩阵 $\boldsymbol{A}$ 的特征值与特征向量：

$$|A-\lambda E|=\begin{vmatrix}\frac{1}{3}-\lambda & \frac{2}{3}\\ \frac{2}{3} & \frac{1}{3}-\lambda\end{vmatrix}=\left(\frac{1}{3}-\lambda\right)^2-\frac{4}{9}=0$$

特征值为 $\lambda_1=-\frac{1}{3},\lambda_2=1$.

当 $\lambda_1=-\frac{1}{3}$ 时，由 $\left(A+\frac{1}{3}E\right)X=\mathbf{0}$ ，得 $\frac{2}{3}x_1+\frac{2}{3}x_2=0$. 解得基础解系为 $p_1=\begin{bmatrix}1\\-1\end{bmatrix}$.

当 $\lambda_1=1$ 时，由 $(A-E)x=0$ ，得 $\frac{2}{3}x_1-\frac{2}{3}x_2=0$. 解得基础解系为 $p_2=\begin{bmatrix}1\\1\end{bmatrix}$.

由于 p_1 ， p_2 是属于不同特征值得特征向量，所以 p_1 ， p_2 必正交. 将 p_1 ， p_2 标准化，得

$$\eta_1=\frac{1}{2}\begin{bmatrix}1\\-1\end{bmatrix},\quad \eta_2=\frac{1}{2}\begin{bmatrix}1\\1\end{bmatrix}$$

故正交矩阵为

$$P=\frac{1}{2}\begin{bmatrix}1 & 1\\-1 & 1\end{bmatrix}$$

则

$$PAP^{-1}=\begin{bmatrix}-\frac{1}{3} & 0\\ 0 & 1\end{bmatrix}\text{（其中 }P^{-1}=\begin{bmatrix}1 & -1\\1 & 1\end{bmatrix}\text{）}$$

有

$$PA^nP^{-1}=\begin{bmatrix}\left(-\frac{1}{3}\right)^n & 0\\ 0 & 1\end{bmatrix}\Rightarrow A^n=P^{-1}\begin{bmatrix}\left(-\frac{1}{3}\right)^n & 0\\ 0 & 1\end{bmatrix}P=\frac{1}{2}\begin{bmatrix}\left(-\frac{1}{3}\right)^n+1 & -\left(-\frac{1}{3}\right)^n+1\\ -\left(-\frac{1}{3}\right)^n+1 & \left(-\frac{1}{3}\right)^n+1\end{bmatrix}$$

n 年后，两家快餐店所占的市场份额为

$$\alpha_n=A^n\alpha_0=\frac{1}{2}\begin{bmatrix}\left(-\frac{1}{3}\right)^n+1 & -\left(-\frac{1}{3}\right)^n+1\\ -\left(-\frac{1}{3}\right)^n+1 & \left(-\frac{1}{3}\right)^n+1\end{bmatrix}\begin{bmatrix}\frac{3}{5}\\ \frac{2}{5}\end{bmatrix}=\frac{1}{2}\begin{bmatrix}\frac{1}{5}\left(-\frac{1}{3}\right)^n+1\\ -\frac{1}{5}\left(-\frac{1}{3}\right)^n+1\end{bmatrix}$$

5 年后，两家快餐店所占的市场份额分别为 $\frac{1}{2}\left[\frac{1}{5}\left(-\frac{1}{3}\right)^5+1\right]$， $\frac{1}{2}\left[-\frac{1}{5}\left(-\frac{1}{3}\right)^5+1\right]$，即两家快餐店所占的市场份额 49.96%，50.04%.

十年后，两家快餐店所占的市场份额分别为 $\frac{1}{2}\left[\frac{1}{5}\left(-\frac{1}{3}\right)^{10}+1\right]$,$\frac{1}{2}\left[-\frac{1}{5}\left(-\frac{1}{3}\right)^{10}+1\right]$，即两家快餐店所占的市场份额 50.00%，50.00%.

从表达式 $\boldsymbol{\alpha}_n=\frac{1}{2}\begin{bmatrix}\frac{1}{5}\left(-\frac{1}{3}\right)^n+1\\-\frac{1}{5}\left(-\frac{1}{3}\right)^n+1\end{bmatrix}$ 可以看出，当年数 n 无限增大时，$\left(-\frac{1}{3}\right)^n$ 无限趋近于 0，故 $\boldsymbol{\alpha}_n\to\begin{bmatrix}\frac{1}{2}\\\frac{1}{2}\end{bmatrix}$，表明当年数 n 无限增大时，两家快餐店所占的市场份额各占一半.

（2）设有一组初始市场份额分配数据 a，b 使以后每年的市场分配稳定不变，根据顾客数量转移的规律有

$$\begin{bmatrix}\frac{1}{3}&\frac{2}{3}\\\frac{2}{3}&\frac{1}{3}\end{bmatrix}\begin{bmatrix}a\\b\end{bmatrix}=\begin{bmatrix}a\\b\end{bmatrix}$$

即

$$\begin{bmatrix}-\frac{2}{3}&\frac{2}{3}\\\frac{2}{3}&-\frac{2}{3}\end{bmatrix}\begin{bmatrix}a\\b\end{bmatrix}=\mathbf{0}\qquad（4-9）$$

齐次线性方程（4-9）若有非零解，则从中选取作为市场稳定的初始份额.

$$\begin{bmatrix}-\frac{2}{3}&\frac{2}{3}\\\frac{2}{3}&-\frac{2}{3}\end{bmatrix}\begin{bmatrix}a\\b\end{bmatrix}=\mathbf{0}\Rightarrow a-b=\mathbf{0}$$

结合约束条件 $a+b=1$，可得 $a=\frac{1}{2}$，$b=\frac{1}{2}$.

这是使市场稳定的两家快餐店的初始份额，也正好与问题（1）中的结论数据吻合.

在“肯德基”分店和“麦当劳”分店的市场初始份额分别为 60%和 40%的情况下，根据计算结果，一年后情况变化较大：“肯德基”分店大约占 51.11%，“麦当劳”分店大约占 48.89%；而 5 年后与两年以后比较变化不大，“肯德基” 分店大约占 49.96%，“麦当劳”分店大约占 50.04%；10 年后的情况与 5 年后的情况比较，大约不变，市场已趋于稳定.

4.7.5 多输入多输出（MIMO）信道容量问题

多输入多输出 MIMO 系统是指在通信链路的两端均使用多个天线的无线传输系统. 由于不同的天线对应不同的空间位置，因此可以对信号在空间和时间两个维度的收发进行优化，从而获得更好的传输效率和可靠性.

图 4.1 给出了传统的单输入单输出（SISO（系统，它只有一个发射天线，一个接收天线，收发之间只有一条通信电路；图 4.2 给出了 MIMO 系统，它的发射端和接收端拥有多

条天线，收发之间有多条通信电路.

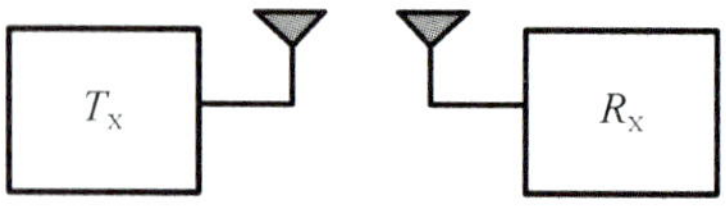

图 4.1　SISO 系统

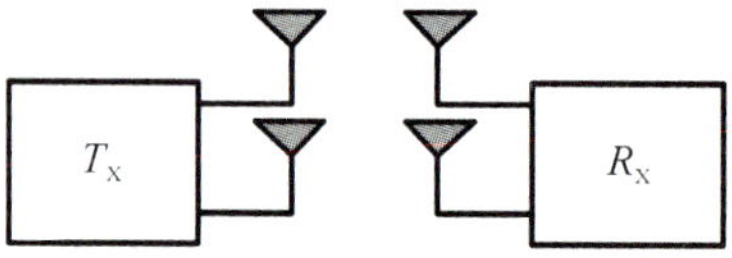

图 4.2　MIMO 系统

MIMO 信道模型为

$$\boldsymbol{y}=\boldsymbol{H}\boldsymbol{s}+\boldsymbol{n}$$

MIMO 信道容量（见图 4.3）定义为

$$C=\max_{f(s)} I(s,y)$$

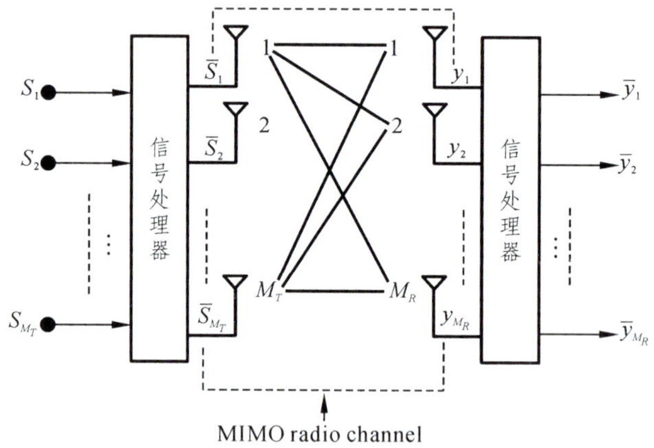

图 4.3　MIMO 信道容量

若 **s** 和 **n** 都是零均值的循环对称复高斯随机变量，则信道容量可以进一步表示为

$$C=\max_{\mathrm{tr}\{\boldsymbol{R}_{ss}\}=M_T}\log_2\left[\det\left(\boldsymbol{I}_{M_R}+\frac{P}{M_\mathrm{T}N_0}\boldsymbol{H}\boldsymbol{R}_{ss}\boldsymbol{H}^\mathrm{H}\right)\right]$$

其中，$\boldsymbol{R}_{ss}=E[ss^\mathrm{H}]$是 **s** 的协方差矩阵.

若发射端完全不知道信道信息，则选择发送信号 s 的协方差矩阵为 $R_{ss}=I_{M_T}$，此时 MIMO 信道容量为

$$C=\log_2\left[\det\left(\boldsymbol{I}_{M_R}+\frac{P}{M_TN_0}\boldsymbol{H}\boldsymbol{H}^\mathrm{H}\right)\right]$$

令 $\boldsymbol{G}=\boldsymbol{H}\boldsymbol{H}^\mathrm{H}$，则对 G 进行特征值分解得

$$\boldsymbol{G}=\boldsymbol{U}\boldsymbol{\Lambda}\boldsymbol{U}^{-1}$$

其中，$\boldsymbol{\Lambda}$ 是 $\boldsymbol{G}$ 的特征值 λ_i(i=1，2，…，r)构成的对角矩阵且 $r=R(\boldsymbol{H})$，$\boldsymbol{U}$ 为 $\boldsymbol{G}$ 的特征

向量构成的正交矩阵.

利用公式 $\det(\boldsymbol{I}_m+\boldsymbol{AB})=\det(\boldsymbol{I}_n+\boldsymbol{BA})$，MIMO 信道容量为

$$
\begin{aligned}
C &= \log_2\left[\det\left(\boldsymbol{I}_{M_R}+\frac{P}{M_T N_0}\boldsymbol{U\Lambda U}^{-1}\right)\right] \\
&= \log_2\left[\det\left(\boldsymbol{I}_{M_R}+\frac{P}{M_T N_0}\boldsymbol{\Lambda}\right)\right] \\
&= \sum_{i=1}^{r}\log_2\left(1+\frac{P\lambda_i}{M_T N_0}\right)
\end{aligned}
$$

由此，得出 MIMO 信道容量等于多个 SISO 系统信道容量的和. 图 4.4 所示为 MIMO 系统信道容量的仿真. 其中，有 MIMO 瑞利衰落信道的信道容量.

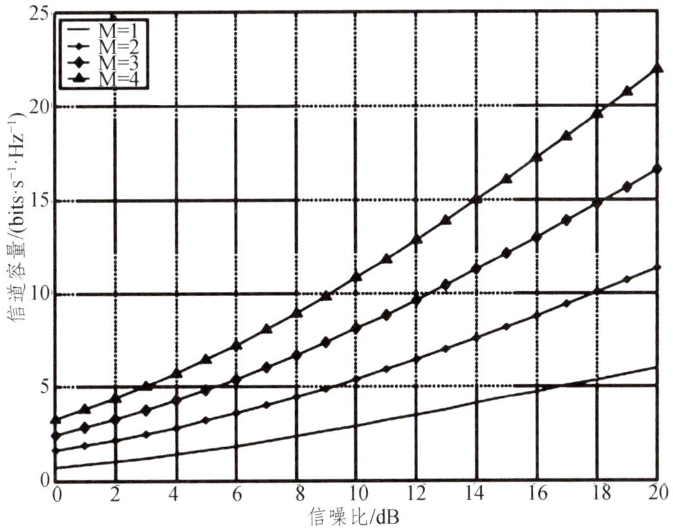

图 4.4　MIMO 瑞利衰落信道的信道容量

注：M 个发射无线，M 个接收天线.

4.7.6　遗传基因问题

目前，全球范围内已发现的遗传病种类近 4 000 种，这些疾病往往与特定的种族、部落或群体密切相关. 以地中海库利氏贫血症为例，它主要常见于集中在地中海沿岸生活的人群中；镰状细胞性贫血症则常见于黑人群体；而家族黑蒙性白痴症在东欧犹太人群中较为普遍. 这些遗传病往往导致患者在未成年时便不幸离世，而其父母往往是这些疾病的携带者.

为了预防这些遗传病的发生，关键在于识别隐性患者，并避免两个隐性患者结合. 因为一旦两个隐性患者结合，他们的后代就有可能出现显性症状，遭受疾病的折磨. 通过实施这样的预防措施，虽然未来的儿童仍有可能是隐性患者，但至少不会出现显性特征，不会受到疾病的直接危害. 这样的策略有助于降低遗传病的发病率，保护下一代的健康.

有如下信息：

（1）常染色体遗传的正常基因记为 $\boldsymbol{A}$，不正常基因记为 $\boldsymbol{a}$，并以 AA、Aa、aa 分别表示正常人、隐性患者、显性患者的基因型.

（2）设 a_n，b_n 分别表示第 n 代中基因型为 AA，Aa 的人占总人数的百分比，记：

$$x^{(n)}=\begin{pmatrix}a_n\\b_n\end{pmatrix},\quad n=0,1,2,\cdots$$

（这里不考虑 aa 型是因为这些人不可能成年并结婚）.

初始分布有：$a_0+b_0=1$.

（3）为使每个儿童至少有一个正常的父亲或母亲，因此隐性患者必须与正常人结合，其后代的基因型概率由表 4.2 给出.

表 4.2　隐性患者与亚常人后代的基因型概率

后代基因型	父体-母体基因型	
	AA-AA	AA-Aa
AA	1	1/2
Aa	0	1/2

问：经过若干年后，两种基因型分布如何？

由信息（3）可得关系式：

$$a_n=1\cdot a_{n-1}+\frac{1}{2}\cdot b_{n-1},$$

$$b_n=0\cdot a_{n-1}+\frac{1}{2}\cdot b_{n-1}$$

即

$$\boldsymbol{x}^{(n)}=\boldsymbol{M}\boldsymbol{x}^{(n-1)}，其中\ \boldsymbol{M}=\begin{bmatrix}1&\frac{1}{2}\\0&\frac{1}{2}\end{bmatrix}$$

从而，有

$$\boldsymbol{x}^{(n)}=\boldsymbol{M}\boldsymbol{x}^{(n-1)}=\boldsymbol{M}\left(\boldsymbol{M}\boldsymbol{x}^{(n-2)}\right)=\boldsymbol{M}^2\boldsymbol{x}^{(n-2)}=\cdots=\boldsymbol{M}^n\boldsymbol{x}^{(0)}$$

为计算 $\boldsymbol{M}^n$，先将 $\boldsymbol{M}$ 对角化：

$$|\boldsymbol{M}-\lambda\boldsymbol{E}|=0\Rightarrow\begin{vmatrix}1-\lambda&\frac{1}{2}\\0&\frac{1}{2}-\lambda\end{vmatrix}=0\Rightarrow(1-\lambda)\left(\frac{1}{2}-\lambda\right)=0\Rightarrow\lambda_1=1,\lambda_2=\frac{1}{2}$$

当 $\lambda_1=1$时，计算$(\boldsymbol{M}-\boldsymbol{E})\boldsymbol{X}=0$，得特征向量

$$\boldsymbol{p}_1=\begin{pmatrix}1\\0\end{pmatrix}$$

当 $\lambda_1=\dfrac{1}{2}$ 时，计算 $\left(\boldsymbol{M}-\dfrac{1}{2}\boldsymbol{E}\right)\boldsymbol{X}=0$，得特征向量

$$\boldsymbol{p}_2=\begin{pmatrix}1\\-1\end{pmatrix}$$

令

$$\boldsymbol{P}=(\boldsymbol{p}_1,\boldsymbol{p}_2)=\begin{bmatrix}1&1\\0&-1\end{bmatrix}$$

有

$$\boldsymbol{M}=\boldsymbol{P}\begin{bmatrix}1&0\\0&\dfrac{1}{2}\end{bmatrix}\boldsymbol{P}^{-1}\text{（其中 }\boldsymbol{P}^{-1}=\begin{bmatrix}1&1\\0&-1\end{bmatrix}\text{）}$$

故

$$\boldsymbol{M}^n=\boldsymbol{P}\begin{bmatrix}1&0\\0&\dfrac{1}{2}\end{bmatrix}^n\boldsymbol{P}^{-1}=\begin{bmatrix}1&1\\0&-1\end{bmatrix}\begin{bmatrix}1&0\\0&\left(\dfrac{1}{2}\right)^n\end{bmatrix}\begin{bmatrix}1&1\\0&-1\end{bmatrix}=\begin{bmatrix}1&\left(\dfrac{1}{2}\right)^n\\0&-\left(\dfrac{1}{2}\right)^n\end{bmatrix}\begin{bmatrix}1&1\\0&-1\end{bmatrix}=\begin{bmatrix}1&1-\left(\dfrac{1}{2}\right)^n\\0&\left(\dfrac{1}{2}\right)^n\end{bmatrix}$$

再代入：

$$\boldsymbol{x}^{(n)}=\boldsymbol{M}^n\boldsymbol{x}^{(0)}=\begin{bmatrix}1&1-\left(\dfrac{1}{2}\right)^n\\0&\left(\dfrac{1}{2}\right)^n\end{bmatrix}\boldsymbol{x}^{(0)}$$

可知，当 n 无限增大时，$\left(\dfrac{1}{2}\right)^{(n)}$ 无限趋近于 0，故

$$\boldsymbol{x}^{(n)}=\boldsymbol{M}^n\boldsymbol{x}^{(0)}=\begin{bmatrix}1&1-\left(\dfrac{1}{2}\right)^n\\0&\left(\dfrac{1}{2}\right)^n\end{bmatrix}\boldsymbol{x}^{(0)}\rightarrow\begin{bmatrix}1&1\\0&0\end{bmatrix}\begin{bmatrix}a_0\\b_0\end{bmatrix}=\begin{bmatrix}a_0+b_0\\0\end{bmatrix}=\begin{bmatrix}1\\0\end{bmatrix}$$

上述数据确实表明，如果能够有效控制隐性患者之间的结合，随着时间的推移，隐性患者的比例将逐渐降低，直至最终消失.

这一结论的逻辑基础在于遗传学的基本原理. 由于隐性患者携带一个不正常基因，如果他们与同样携带不正常基因的个体结合，其后代出现显性症状的风险将显著增加. 然而，如果通过遗传咨询、婚前检查等手段，确保隐性患者与正常人或仅携带一个不正常基因的个体

结合，那么不正常基因的传递将受到限制.

随着时间的推移，由于不正常基因的传递受到控制，携带两个不正常基因的显性患者将逐渐减少，同时携带一个不正常基因的隐性患者也将因为与正常人的结合而逐渐稀释其不正常基因. 最终，随着世代的更迭，隐性患者将逐渐消失，整个群体的遗传结构将趋于正常.

这一结论不仅具有理论意义，也对于实际生活中的遗传病防控工作具有重要的指导意义. 通过加强遗传咨询、婚前检查等措施，可以有效控制不正常基因的传递，降低遗传病的发生率，保护下一代的健康.

4.7.7 PageRank 网页排名算法

PageRank 网页排名算法是各大搜索引擎用于评估与排序其索引中结果列表的核心规则. 以谷歌（Google）为例，当在搜索引擎中输入“矩阵”这一关键词时，不到半秒便能获得一系列相关结果及其排序. 然而，这背后却隐藏着搜索引擎的复杂工作流程.

Google 的检索过程通常分为以下 3 个关键步骤：

首先，网络服务器会将用户的查询请求发送到索引服务器. 旨在快速定位哪些网页包含与查询相匹配的文本内容.

其次，查询请求会进一步传输到文档服务器. 文档服务器负责实际检索所存储的文档，并生成描述每个搜索结果的摘录，以便用户能够更直观地了解搜索结果的内容.

最后，搜索引擎会迅速返回用户所需的搜索结果. 然而，搜索出的数据量往往相当庞大，且数据之间的质量参差不齐. 为了解决这个问题，搜索引擎需要依赖网页排名算法对搜索结果进行排序.

早期的搜索引擎主要基于关键词进行排序，但这种方法存在明显缺陷，即网页可以通过重复关键词来提高其排名. 为了克服这一问题，Google 的创始人拉里·佩奇和谢尔盖·布林借鉴了学术界评判论文重要性的方法——看论文的引用次数，提出了基于链接的排序方法，即第二代搜索引擎. 这一创新使得搜索结果的质量得到了显著提升.

PageRank 网页排名算法是这一创新的核心. 它基于两个基本假设：一是数量假设，即一个网页的入度（被其他网页链接的次数）越大，其页面质量通常越高；二是质量假设，即链接到该网页的其他网页的质量越高，该网页的页面质量也相应提高. 一个网页的排名取决于链接到它的所有网页的排名权重之和，这种权重用 PageRank 值来衡量，通常记为 *PR* 值.

通过 PageRank 算法，搜索引擎能够更准确地评估网页的质量和重要性，从而为用户提供更为精准和有价值的搜索结果. 这一算法的实现涉及复杂的数学计算和数据分析，但其核心思想却是简单而直观的：通过链接关系来评估网页的质量，并将高质量的网页排在搜索结果的前列.

下面给出实例来说明 PageRank 算法实现. 设一个网络由 3 个网页构成，网页间的链接关系如图 4.5 所示.

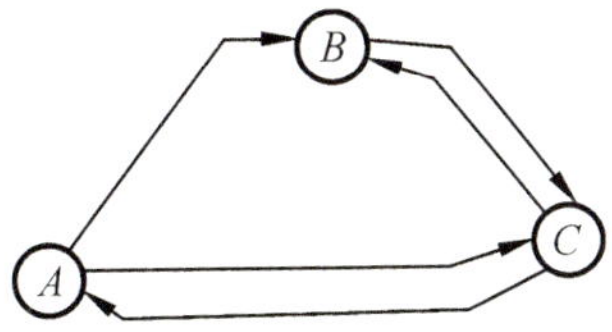

图 4.5

图 4.5 中的 A、B、C 表示网页，箭头表示链接关系. 网页 C 可以链接到网页 A，也可以链接到网页 B，故网页 C 将重要性平均分给了网页 A 和网页 B，对网页 A 而言，有

$$PR(A)=\frac{PR(C)}{2}$$

对网页 B 而言，有

$$PR(B)=\frac{PR(A)}{2}+\frac{PR(C)}{2}$$

对网页 C 而言，有

$$PR(C)=\frac{PR(A)}{2}+PR(B)$$

为了求解 3 个网页的 PR 值，联立上述方程，移项，得如下齐次线性方程组：

$$\begin{cases} PR(A)-\dfrac{PR(C)}{2}=0 \\ \dfrac{PR(A)}{2}-PR(B)+\dfrac{PR(C)}{2}=0 \\ \dfrac{PR(A)}{2}+PR(B)-PR(C)=0 \end{cases}$$

根据第 3 章求解的步骤，得

$$\begin{cases} PR(A)=\dfrac{1}{2}PR(C) \\ PR(B)=\dfrac{3}{4}PR(C) \end{cases} \tag{4-10}$$

又因为一个网络只由 3 个网页构成，所以 3 个网页的 PR 值的和为 1. 即

$$PR(A)+PR(B)+PR(C)=1 \tag{4-11}$$

将式（4-10）代入式（4-11），得

$$PR(C)=\frac{4}{9}$$

故 3 个网页的 PR 值分别为

$$PR(A)=\frac{2}{9},\ PR(B)=\frac{1}{3},\ PR(C)=\frac{4}{9}$$

所以，当搜索引擎搜索到这 3 个网页时，会按照 C 排在第一，B 排在第二，A 排在第三的顺序给出.

在现实中，网页数量庞大，成千上万，如果继续采用传统的解析方法来求解 PageRank 值，算法复杂度将急剧上升，实现起来将变得极为困难. 为了克服这一难题，研究者们提出了采用数值计算法来求解 *PR* 值，其中幂迭代法是一种常用的数值求解方法.

以之前提到的例子为例，可以利用幂迭代法来近似计算网页的 PageRank 值. 这种方法的基本思想是通过迭代计算，逐步逼近真实的 PageRank 值. 具体而言，首先设定一个初始的 PageRank 值向量，然后根据 PageRank 算法的定义和幂迭代法的原理，通过多次迭代计算，不断更新这个向量，直到满足一定的收敛条件为止.

通过幂迭代法数值求解，可以有效地降低算法复杂度，提高计算效率，从而实现对大规模网页集合的 PageRank 值的求解. 这种方法不仅具有理论上的合理性，而且在实际应用中也取得了良好的效果，为搜索引擎等互联网应用提供了重要的技术支持.

将 3 个网页的 *PR* 式子写成矩阵形式：

$$\begin{pmatrix} PR(A) \\ PR(B) \\ PR(C) \end{pmatrix} = \boldsymbol{M} \begin{pmatrix} PR(A) \\ PR(B) \\ PR(C) \end{pmatrix}$$

其中

$$\boldsymbol{M} = \begin{bmatrix} 0 & 0 & \frac{1}{2} \\ \frac{1}{2} & 0 & \frac{1}{2} \\ \frac{1}{2} & 1 & 0 \end{bmatrix}$$

$\boldsymbol{M}$ 称为链接矩阵.

求解：$\begin{pmatrix} PR(A) \\ PR(B) \\ PR(C) \end{pmatrix} = \boldsymbol{M} \begin{pmatrix} PR(A) \\ PR(B) \\ PR(C) \end{pmatrix}$，即求解链接矩阵 $\boldsymbol{M}$ 对应于特征值 1 的特征向量.

选取初始向量 $\boldsymbol{v}^{(0)}$，计算得 $\boldsymbol{v}^{(1)} = \boldsymbol{M}\boldsymbol{v}^{(0)}$，依次地，$\boldsymbol{v}^{(2)} = \boldsymbol{M}\boldsymbol{v}^{(1)}$，…，$\boldsymbol{v}^{(k)} = \boldsymbol{M}\boldsymbol{v}^{(k-1)}$. 如果算法是收敛的，迭代足够多次，即 k 足够大时，得到特征向量的近似解 $\boldsymbol{v}^{(k)}$.

假定 3 个网页的初始值一样，均为 0.33，经过迭代，得表 4.3.

表 4.3　多次迭代后的 *PR* 值

$\boldsymbol{v}^{(0)}$	$\boldsymbol{v}^{(1)}$	$\boldsymbol{v}^{(2)}$	$\boldsymbol{v}^{(3)}$	$\boldsymbol{v}^{(4)}$	$\boldsymbol{v}^{(5)}$	$\boldsymbol{v}^{(6)}$	$\boldsymbol{v}^{(7)}$	…	$\boldsymbol{v}^{(100)}$
$\begin{pmatrix} 0.33 \\ 0.33 \\ 0.34 \end{pmatrix}$	$\begin{pmatrix} 0.17 \\ 0.33 \\ 0.50 \end{pmatrix}$	$\begin{pmatrix} 0.25 \\ 0.33 \\ 0.42 \end{pmatrix}$	$\begin{pmatrix} 0.21 \\ 0.33 \\ 0.46 \end{pmatrix}$	$\begin{pmatrix} 0.23 \\ 0.33 \\ 0.44 \end{pmatrix}$	$\begin{pmatrix} 0.22 \\ 0.33 \\ 0.45 \end{pmatrix}$	$\begin{pmatrix} 0.22 \\ 0.33 \\ 0.44 \end{pmatrix}$	$\begin{pmatrix} 0.22 \\ 0.33 \\ 0.44 \end{pmatrix}$	…	$\begin{pmatrix} 0.22 \\ 0.33 \\ 0.44 \end{pmatrix}$

故 3 个网页的 *PR* 值分别为

$$PR(A)=0.22,\ PR(B)=0.33,\ PR(C)=0.44$$

值得注意的是，尽管这种方法得到的是近似解，但与之前用解析方法求出的精确解相比，仅有微小的误差. 这种微小的误差在实际应用中是可以接受的，因为它并不会对搜索结果的质量产生显著影响.

因此，幂迭代法数值求解 PageRank 值不仅具有理论上的合理性，而且在实际应用中也取得了良好的效果. 它为搜索引擎等互联网应用提供了重要的技术支持，使得能够更加高效、准确地评估网页的质量和重要性，从而为用户提供更为精准和有价值的搜索结果.

习题 4.7

【基础训练】

1. [目标 2.1、2.3、2.4]为定量分析工业发展与环境污染的关系，某地区提出如下模型：设 x_0 是该地区目前的污染损耗，y_0 是该地区的工业产值. 以 4 年为一个发展周期，一个周期后的污染损耗与工业产值分别为 x_1 和 y_1，它们之间的关系是 $x_1=\frac{8}{3}x_0-\frac{1}{3}y_0$，$y_1=-\frac{2}{3}x_0+\frac{7}{3}y_0$.

（1）当 $x_0=1$，$y_0=2$ 时，试预测该地区 n 个发展周期后工业产值与污染损耗情况.

（2）当 $x_0=11$，$y_0=19$ 时，试预测该地区 n=4 个发展周期后工业产值与污染损耗情况.

2.[目标 2.1、2.3、2.4]在某国每年有比例为 p 的农村居民移居城镇，有比例为 q 的城镇居民移居农村，假设该国总人口数不变，且上述人口迁移的规律也不变. 把 n 年后农村人口和城镇人口占总人口的比例依次记为 x_n 和 $y_n(x_n+y_n=1)$.

（1）求关系式 $\begin{bmatrix}x_{n+1}\\y_{n+1}\end{bmatrix}=\boldsymbol{A}\begin{bmatrix}x_n\\y_n\end{bmatrix}$ 中的矩阵 $\boldsymbol{A}$；

（2）设目前农村人口与城镇人口相等，即 $\begin{bmatrix}x_0\\y_0\end{bmatrix}=\begin{bmatrix}0.5\\0.5\end{bmatrix}$，求 $\begin{bmatrix}x_n\\y_n\end{bmatrix}$.

4.8　数学实验与数学模型举例

4.8.1　数学实验

实验目的：会利用 Python 软件求特征值、特征向量及二次型有关计算.

例 1　求方阵 $\boldsymbol{A}=\begin{bmatrix}3&1&0\\-4&-1&0\\4&-8&-2\end{bmatrix}$ 的特征值与特征向量.

代码如下：

```
import numpy as np
# 定义矩阵 A
A = np.array([[3, 1, 0],
              [-4, -1, 0],
              [4, -8, -2]])
# 计算特征值和特征向量
eigenvalues, eigenvectors = np.linalg.eig(A)
# 打印结果
print("特征值:\n", eigenvalues.astype(float).round(2))#round(2)表示保留两位小数
print("特征向量:\n", eigenvectors.astype(float).round(4))
```

执行后结果：

```
特征值：
 [-2.   1.   1.]
特征向量：
 [[ 0.      0.1422    0.1422]
  [ 0.     -0.2844   -0.2844]
  [ 1.      0.9481    0.9481]]
```

例 2　求一个正交变换 $\boldsymbol{x}=\boldsymbol{P}\boldsymbol{y}$，把二次型 $f=x_1^2-2x_2^2+x_3^2+4x_1x_2+8x_1x_3+4x_2x_3$ 变换为标准型.

代码如下：

```
import numpy as np
from sympy import symbols, Matrix
# 定义矩阵 A
A = np.array([[1, 2, 4],
              [2, -2, 2],
              [4, 2, 1]])
# 使用 NumPy 计算特征值和特征向量
D,P = np.linalg.eig(A)
# 定义符号变量
y1, y2, y3 = symbols('y1 y2 y3')
# 创建符号向量 y
y = Matrix([y1, y2, y3])
D=Matrix(D)
X=P*y
f=D[0]*y1*y1+D[1]*y2*y2+D[2]*y3*y3
print(X)
```

```
# 打印结果
print("特征值 D:", D)
print("特征向量 P :", P)
print("f 的符号表达式:",f)
```

执行后结果：

```
特征值 D: Matrix([[-3.00000000000000], [6.00000000000000], [-3.00000000000000]])
特征向量 P : [[-0.74535599  0.66666667  0.24023509]
 [ 0.2981424   0.33333333 -0.94278963]
 [ 0.59628479  0.66666667  0.23115973]]
f 的符号表达式: -3.0*y1**2 + 6.0*y2**2 - 3.0*y3**2
```

例 3 判断二次型 $f=x_1^2+x_2^2+4x_3^2+7x_4^2+6x_1x_3+4x_1x_4-4x_2x_3+2x_2x_4+4x_3x_4$ 的正定性.

代码如下：

```
import numpy as np
# 定义矩阵 A
A = np.array([[1, 0, 3, 2],
              [0, 1, -2, 1],
              [3, -2, 4, 2],
              [2, 1, 2, 7]])
# 计算特征值 D
D = np.linalg.eigvals(A)
# 检查特征值是否都大于 0
print("D=",D)
if np.all(D > 0):
    print("二次型正定")
else:
    print("二次型非正定")
```

执行后结果：

```
D= [ 9.27158417 -1.41077773  0.35128909  4.78790446]
        二次型非正定
```

4.8.2 数学建模举例

例 4 如果一对兔子出生一个月后开始繁殖，每个月生出一对后代. 现有一对新生兔子，假定兔子只繁殖，没有死亡，回答以下问题：

（1）一年之后，即第 13 月月初有多少只兔子？

（2）问第 k 月月初会有多少兔子？

【模型假设】假定兔子只繁殖，没有死亡，且每次出生的一对兔子刚好一雄一雌.

【模型建立】对于一对兔子，它们出生一个月后开始繁殖，并且每个月都能生出一对新的兔子. 考虑到兔子的繁殖特性以及给定的条件，可以使用斐波那契数列来解答这个问题. 斐波那契数列是这样一个数列：除了前两个数（通常是 0 和 1）以外，任意一个数都是前两个数的和. 在这个问题中，可以将每一对兔子视为数列中的一个数，其中第一个月初有一对兔子[记作 $F(1)=1$]，第二个月初仍然只有这一对兔子[记作 $F(2)=1$]，第三个月初则有两对兔子[一对是原来的，一对是新生的，记作 $F(3)=2$]，以此类推. 函数数列满足条件：

$$\begin{cases} F_{k+2}=F_{k+1}+F_k \\ F_1=1, F_0=0 \end{cases} \tag{4-12}$$

令

$$\boldsymbol{A}=\begin{pmatrix} 1 & 1 \\ 1 & 0 \end{pmatrix},\quad \boldsymbol{\alpha}_k=\begin{pmatrix} F_{k+1} \\ F_k \end{pmatrix},\quad \boldsymbol{\alpha}_0=\begin{pmatrix} F_1 \\ F_0 \end{pmatrix}=\begin{pmatrix} 1 \\ 0 \end{pmatrix}$$

则式（4-12）可写成矩阵形式

$$\boldsymbol{\alpha}_{k+1}=\boldsymbol{A}\boldsymbol{\alpha}_k \quad (k=1,2,3,\cdots)$$

递归可得

$$\boldsymbol{\alpha}_k=\boldsymbol{A}^k\boldsymbol{\alpha}_0 \quad (k=1,2,3,\cdots)$$

【模型求解】（1）一年之后，即第 13 月月初有

$$\boldsymbol{\alpha}_{13}=\boldsymbol{A}^{13}\boldsymbol{\alpha}_0$$

在 Python 中输入以下代码：

```
import numpy as np
# 定义矩阵 A
A = np.array([[1, 1], [1, 0]])
# 定义向量 a0
a0 = np.array([[1], [0]])
# 计算矩阵 A 的 13 次方乘以向量 a0
a13 = np.linalg.matrix_power(A, 13) @ a0
# 打印结果
print(a13)
```

执行后结果：

```
[[377]
 [233]]
```

（2）要求第 k 月月初会有多少兔子，首先求解 $\boldsymbol{A}$ 的特征值与特征向量.

在 Python 中输入以下代码

```
import numpy as np
# 定义矩阵 A
A = np.array([[1, 1], [1, 0]])
# 计算特征值 D 和特征向量 X
D, X = np.linalg.eig(A)
# 打印结果
print("特征值 D：", D)
print("特征向量 X：")
print(X)
```

执行后结果：

```
特征值 D：[ 1.61803399 -0.61803399]
特征向量 X：
 [[ 0.85065081 -0.52573111]
  [ 0.52573111   0.85065081]]
```

由结果可知

$$\lambda_1 = 1.61803399,\quad \lambda_2 = -0.61803399,$$

$$\boldsymbol{P} = \begin{bmatrix} 0.85065081 & -0.52573111 \\ 0.52573111 & 0.85065081 \end{bmatrix}$$

所以

$$\boldsymbol{A}^k = \boldsymbol{P}\begin{pmatrix} \lambda_1^k & 0 \\ 0 & \lambda_2^k \end{pmatrix}\boldsymbol{P}^{-1} = \frac{1}{\lambda_1 - \lambda_2}\begin{pmatrix} \lambda_1^{k+1} - \lambda_2^{k+1} & \lambda_1\lambda_2^{k+1} - \lambda_2\lambda_1^{k+1} \\ \lambda_1^k - \lambda_2^k & \lambda_1\lambda_2^k - \lambda_2\lambda_1^k \end{pmatrix}$$

其中，$\lambda_1 = 1.61803399$，$\lambda_2 = -0.61803399$.

进一步可得

$$\begin{pmatrix} F_{k+1} \\ F_k \end{pmatrix} = \boldsymbol{\alpha}_k = \boldsymbol{A}^k \begin{pmatrix} 1 \\ 0 \end{pmatrix} = \frac{1}{\lambda_1 - \lambda_2}\begin{pmatrix} \lambda_1^{k+1} - \lambda_2^{k+1} \\ \lambda_1^k - \lambda_2^k \end{pmatrix}$$

所以

$$F_k = \frac{1}{2.23606798}\left[(1.61803399)^k - (-0.61803399)^k\right]$$

【结果分析】当 k 取不同值时，兔子数量如图 4.6 所示. 由图 4.6 可知，随着月份的增加，兔子数量呈爆炸式增长.

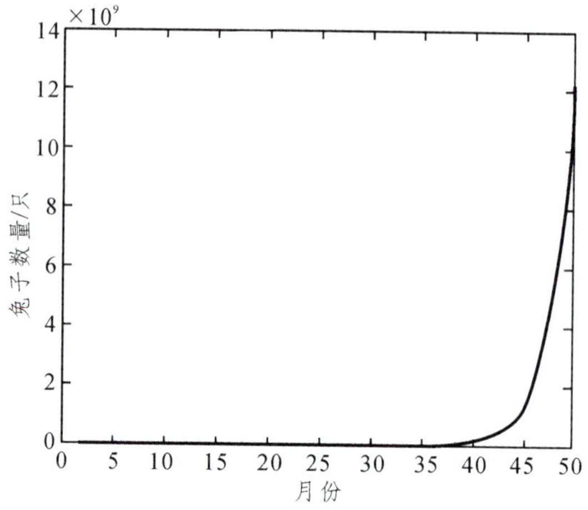

图 4.6　兔子数量随时间变化图（0～50 月）

代码如下：

```
k=linspace（1，50，50）;
Fk=（1.618.^k-（-0.618）.^k）./2.236;
p=plot（k，Fk）
title（'兔子数量随时间变化图（0 \sim 50 月）'）
xlabel（'月份'）
ylabel（'兔子数量（单位：10^9 只）'）
```

习题 4.8

【基础训练】

1. [目标 2.1、2.4、3.2] 利用 Python 软件求已知矩阵 $\boldsymbol{A}=\begin{bmatrix}1&2&3\\2&1&3\\3&3&6\end{bmatrix}$ 的特征值及特征向量.

2. [目标 2.1、2.4、3.2] 利用 Python 软件求方阵 $\boldsymbol{M}=\begin{bmatrix}\frac{1}{3}&\frac{1}{3}&-\frac{1}{2}\\\frac{1}{5}&1&-\frac{1}{3}\\6&1&-2\end{bmatrix}$ 的特征值和特征向量.

3. [目标 2.1、2.4、3.2] 设方阵 $\boldsymbol{A}=\begin{bmatrix}4&1&1\\2&2&2\\2&2&2\end{bmatrix}$，利用 Python 软件求一可逆矩阵 $\boldsymbol{P}$，使 $\boldsymbol{P}^{-1}\boldsymbol{AP}$ 为对角矩阵.

4. [目标 2.1、2.4、3.4] 利用 Python 软件判定方阵 $\boldsymbol{A}=\begin{bmatrix}1&0\\2&1\end{bmatrix}$ 是否与对角矩阵相似.

知识结构网络图

- 相似矩阵与二次型
  - 基础知识
    - 方阵的特征值与特征向量
      - 特征值与特征向量的概念
      - 特征值和特征向量的性质
      - 特征值和特征向量的求解
        - 求特征值的方法
        - 求特征向量的方法
    - 相似矩阵及其对角化
      - 矩阵的相似
        - 相似矩阵的定义
        - 相似矩阵的性质
      - 相似对角化
        - 判断矩阵是否可相似对角化的相关定理
        - 矩阵相似对角化的方法
    - 实对称矩阵
      - 内积、正交的定义及相关定理
      - 实对称矩阵特征值和特征向量的性质
      - 实对称矩阵正交相似对角化的方法
    - 二次型及其标准型
      - 二次型的概念
      - 二次型的矩阵表示
      - 合同变换
      - 化二次型为标准型
        - 正交变换法
        - 拉格朗日配方法
    - 正定二次型
      - 正定二次型的定义
      - 正定二次型的性质
      - 二次型正定的充要条件
  - 应用与实验
    - 应用
      - 1.高阶高次幂矩阵的求解 2.在线性递推关系中的应用
      - 3.劳动力就业转移问题 4.商品的市场占有率问题
      - 5.MIMO信道容量问题 6.遗传基因问题
      - 7.PageRank网页排名算法
    - 数学实验与模型举例
      - 数学实验
        - 求特征值、特征向量
        - 将二次型化为标准型
        - 判断二次型是否正定
      - 教学模型

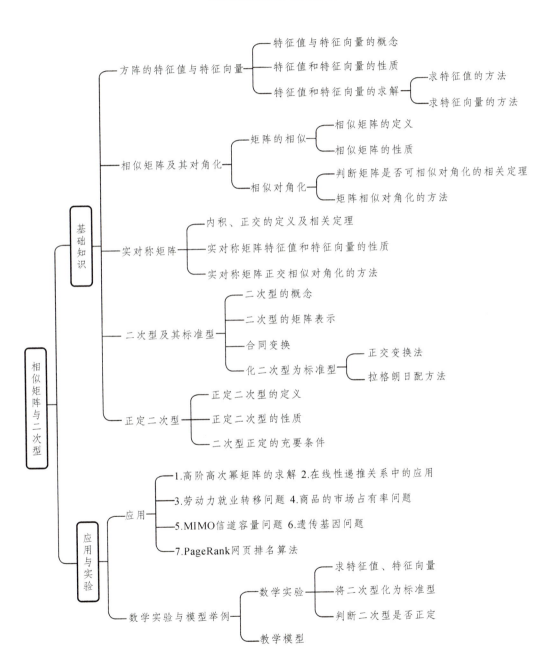

OBE 理念下教学目标

知识目标	1. 基础概念掌握	深入理解矩阵的特征值和特征向量的概念及其性质
		掌握矩阵的特征值和特征向量的求法
	2. 理论知识广度和深度	掌握相似矩阵的定义、性质及矩阵对角化的充分必要条件
		深入理解实对称矩阵的特征值和特征向量的特殊性质
	3. 数学方法和技巧应用	熟练掌握将矩阵对角化的方法
		理解二次型及其矩阵表示，掌握二次型秩的概念，以及合同变换与合同矩阵的概念
		了解二次型的标准型、规范型的概念以及惯性定理
能力目标	1. 问题解决能力	能够运用正交变换将二次型化为标准型
		了解并掌握配方法，能够用配方法将二次型化为标准型
		能够分析特征值、特征向量及二次型在高阶高次幂矩阵求解、线性递推关系、劳动力就业转移问题、商品市场占有率等实际问题中的应用
	2. 抽象思维和逻辑推理	掌握正定二次型、正定矩阵的概念及其判别方法
		能够运用所学的抽象概念和逻辑推理方法解决复杂的数学问题
	3. 数学建模能力	能够根据实际问题建立涉及特征值、特征向量及二次型的数学模型
		能够运用数学建模方法解决 MIMO 信道容量、遗传基因以及 PageRank 网页排名算法等实际问题
	4. 数据分析与解释能力	能够利用 Python 软件进行特征值、特征向量及二次型的计算
		能够根据实际问题收集数据，建立线性模型，并利用 Python 软件进行求解和结果解释
素质目标	3. 批判性思维	能够在学习和解决问题的过程中，运用批判性思维对矩阵特征值、特征向量及二次型等相关理论和方法进行深入分析和评价
思政目标	1. 创新精神	鼓励学生在掌握基础知识的基础上，利用 Python 软件等工具进行特征值、特征向量及二次型的创新应用探索，培养创新精神和实践能力
	2. 辩证思想	通过学习相似矩阵的性质及矩阵对角化的条件，培养学生的辩证思维能力，理解数学中的变化与不变、相对与绝对，从而更深入理解运动与静止的辩证关系
	3. 数学美学	欣赏二次型及其标准型、规范型所展现的数学美感，理解数学中的对称与和谐
		通过学习合同变换与合同矩阵的概念，感受数学中的等价与变换之美

章节测验

1. 单项选择题

（1）[目标 1.1]设三阶矩阵 $A=\begin{pmatrix}1&1&0\\1&0&1\\0&1&1\end{pmatrix}$，则 A 的特征值是(　　).

A. 1，0，1　　B. 1，1，2　　C. －1，1，2　　D. 1，－1，1

（2）[目标 1.1、2.1]若矩阵 $A=\begin{bmatrix}1&-1\\2&-3\end{bmatrix}$，则 A 的特征方程是(　　).

A. $\begin{vmatrix}\lambda-1&1\\-2&\lambda+3\end{vmatrix}$　　B. $\lambda^2-2\lambda-1=0$　　C. $\begin{vmatrix}\lambda+1&1\\-2&\lambda-3\end{vmatrix}$　　D. $\lambda^2+2\lambda-1=0$

（3）[目标 1.3、2.1]设矩阵 $A=\begin{pmatrix}1&1&1&1\\0&2&2&2\\0&0&3&3\\0&0&0&4\end{pmatrix}$，则 A 的线性无关的特征向量的个数是(　　).

A. 1　　B. 2　　C. 3　　D. 4

（4）[目标 1.1、4.2]设 A，B 为 n 阶矩阵，且 A 与 B 相似，则(　　).

A. $\lambda E-A=\lambda E-B$

B. 对任意的常数 λ，$\lambda E-A$ 与 $\lambda E-B$ 相似

C. A 与 B 有相同的特征值和特征向量

D. A 与 B 相似于一个对角矩阵

（5）[目标 1.1、2.1]下面二次型中为标准二次型的为（　　）.

A. $f(x_1,x_2,x_3)=2x_1^2+4x_2^2+5x_3^2-4x_1x_2$

B. $f(x_1,x_2,x_3)=x_1x_2+x_1x_3+x_2x_3$

C. $f(x_1,x_2,x_3)=x_1^2+4x_2^2+x_3^2$

D. $f(x_1,x_2,x_3)=x_1^2+x_2^2+x_3^2-x_1x_2-x_1x_3-x_2x_3$

（6）[目标 1.1、2.1]与矩阵 $A=\begin{bmatrix}1&2\\2&1\end{bmatrix}$ 合同的矩阵为（　　）.

A. $\begin{bmatrix}-2&1\\1&-2\end{bmatrix}$　　B. $\begin{bmatrix}2&-1\\-1&2\end{bmatrix}$

C. $\begin{bmatrix}2&1\\1&2\end{bmatrix}$　　D. $\begin{bmatrix}1&-2\\-2&1\end{bmatrix}$

2. 填空题

（1）[目标 1.2、1.3]已知三阶实对称矩阵 A 有 3 个特征值 $2,1,-2$，$B=A^2+2E$，则 B 的特征值是__________.

（2）[目标 1.2、2.1]设三阶矩阵 A 的特征值为－2、1、4，则 $|A|=$__________.

(3) [目标 1.1]设 $A=\begin{bmatrix}2&1&1\\1&2&1\\1&1&2\end{bmatrix}\sim\begin{bmatrix}1&0&0\\0&a&0\\0&0&4\end{bmatrix}$,则 $a=$__________.

(4) [目标 1.3、2.1]设 A 是三阶实对称矩阵，A 的特征值是 $\lambda_1=\lambda_2=1,\lambda_3=-1$，则有 $A^{2n}=$________.

(5) [目标 1.1]写出二次型 $f(x_1,x_2,x_3)=2x_1x_2+x_2^2+2x_1x_3-6x_2x_3$ 的矩阵__________.

(6) [目标 1.1、2.1]二次型 $f(x_1,x_2,x_3,)=x_1x_2+2x_2x_3+x_3^2$ 的秩为__________.

(7)[目标 1.3、2.1]若 $f(x_1,x_2,x_3)=2x_1^2+x_2^2+x_3^2+2x_1x_2+tx_2x_3$ 正定,则 t 的取值范围是_____.

3. 解答题

(1) [目标 1.1、2.1]求下列矩阵的特征值与特征向量：

① $\begin{bmatrix}2&-1&2\\5&-3&3\\-1&0&-2\end{bmatrix}$；② $\begin{bmatrix}0&0&0&1\\0&0&1&0\\0&1&0&0\\1&0&0&0\end{bmatrix}$.

(2) [目标 1.2、1.3]已知矩阵 $A=\begin{bmatrix}1&-1&1\\2&4&-2\\-3&-3&5\end{bmatrix}$ 与 $B=\begin{bmatrix}2&&\\&2&\\&&y\end{bmatrix}$ 相似.

① 求 y；

② 求一个满足 $P^{-1}AP=B$ 的可逆阵 P.

(3) [目标 1.1、2.1]用矩阵记号表示下列二次型：

① $f(x_1,x_2,x_3)=x_1^2+4x_1x_2+4x_2^2+2x_1x_3+x_3^2+4x_2x_3$；

② $f(x_1,x_2,x_3)=x_1^2-2x_1x_2+x_2^2-4x_1x_3-7x_3^2-4x_2x_3$；

③ $f(x_1,x_2,x_3,x_4)=x_1^2-2x_1x_2+x_2^2+4x_1x_3+x_3^2+x_4^2+6x_2x_3-2x_1x_4-4x_2x_4$.

(4) [目标 1.3、2.1]用配方法求二次型 $f(x_1,x_2,x_3)=2x_1x_2+2x_1x_3-6x_2x_3$ 的标准型，并写出相应的可逆线性变换.

(5) [目标 1.2、4.1]判别二次型 $f(x_1,x_2,x_3)=x_1^2+2x_1x_2+2x_2^2+4x_2x_3+x_3^2$ 是否正定？

部分习题参考答案

第 1 章

习题 1.1

【基础训练】

1. $a=0$ 或 $b=0$ 或 $a=b$　　2. 1　　3. $x_1=-\frac{5}{2},x_2=\frac{3}{2}$　　4. 0

5. $x_1=\frac{13}{28},x_2=\frac{47}{28},x_3=\frac{3}{4}$　　6. －1　　7. $(-1)^{\frac{(n-1)(n-2)}{2}}n!$

8*. 7　　9*. 奇排列

【能力提升】

1. $x=3$　　2. －1　　3. $(-1)^{\frac{n(n-1)}{2}}n!$　　4. 正　　5. $3abc-a^3-b^3-c^3$

6*. 13　　7*. 偶排列

【直击考研】

1. $\lambda^4+\lambda^3+2\lambda^2+3\lambda+4$　　2. －5

习题 1.2

【基础训练】

1.（1）－5 682 000　　（2）2 000　　2. 0　　3.（1）160　　（2）40

4. 略　　5. 6

【能力提升】

1.（1）$-2(x+y)(x^2-xy+y^2)$　　（2）－3　　（3）$b_1b_2b_3$　　2. 略

3. $M_{12}=-31,A_{12}=31,M_{13}=A_{13}=-29$　　4.（1）$a=-\frac{3}{4}$　　（2）$a=\frac{11}{2}$

【直击考研】

1. －4

习题 1.3

【基础训练】

1. (1) −9　(2) 20　(3) 12　(4) 5　2. (1) 1　(2) 4　3.0

【能力提升】

1. (1) −85　(2) −104　(3) 12　2. $D_{n+1}=\left(a_0-\frac{1}{a_1}-\frac{1}{a_2}-\cdots-\frac{1}{a_n}\right)a_1a_2\ldots a_n$

3. $D_n=2n+1$　4. 0.　5. −36

【直击考研】

1. $-(ad-bc)^2$

习题 1.4

【基础训练】

1. $x_1=1,x_2=2,x_3=3,x_4=-1$　2. $\lambda=0$或$\lambda=2$或$\lambda=3$　3. $a\neq1$且$b\neq0$

【能力提升】

1. $x_1=4,x_2=-6,x_3=4,x_4=-1$　2. $\lambda=2$或$\lambda=5$或$\lambda=8$　3. $\lambda\neq1$且$\lambda\neq3$

章节测验

1. 单项选择题

1. D　2. C　3. B　4. C　5. C　6. D　7. A

2. 填空题

1. 24　2.不变　3. 0　4. 0，37　5. 充分必要

3. 计算题

(1) −8　(2) x^2y^2　(3) 略　(4) ① −34　② 189　③ 12

(5) 6　(6) $u=0$或$\lambda=1$

(7) $x_1=\frac{1507}{665},x_2=-\frac{229}{133},x_3=\frac{37}{35},x_4=-\frac{79}{133},x_5=\frac{212}{665}$

第 2 章

习题 2.1

【基础训练】

1.（1）上三角矩阵　（2）对称矩阵　（3）对角矩阵　2. $a=0,b=2$

3. $a=-1,b=-2,c=0$　4. 行向量组：$(1,0,3),(0,1,2),(0,0,2)$，列向量组：$\begin{bmatrix}1\\0\\0\end{bmatrix},\begin{bmatrix}0\\1\\0\end{bmatrix},\begin{bmatrix}3\\2\\2\end{bmatrix}$

习题 2.2

【基础训练】

1. $a=3,b=-3,c=1$　2. $\boldsymbol{A}+\boldsymbol{B}=\begin{bmatrix}3&4&6\\5&4&0\end{bmatrix}$，$\boldsymbol{A}-2\boldsymbol{B}=\begin{bmatrix}-9&-2&-3\\-10&-2&0\end{bmatrix}$

3.（1）$\begin{bmatrix}-1&2&3\\0&1&0\end{bmatrix}\begin{bmatrix}1&0\\1&2\\0&1\end{bmatrix}=\begin{bmatrix}1&7\\1&2\end{bmatrix}$　（2）$\begin{bmatrix}1\\-1\\-1\end{bmatrix}[2\quad 3\quad -1]=\begin{bmatrix}2&3&-1\\-2&-3&1\\-2&-3&1\end{bmatrix}$

4. $\boldsymbol{AB}=\begin{bmatrix}0&0\\0&0\end{bmatrix}$.　5. $\begin{bmatrix}a&0\\c&a\end{bmatrix}$　6. $\begin{bmatrix}1&0\\n\lambda&1\end{bmatrix}$　7. $\begin{bmatrix}5&4&1\\-1&-1&0\\1&2&1\end{bmatrix}$；$-2$；$2$

【能力提升】

1. $\begin{bmatrix}-4&-1\\2&-2\end{bmatrix}$　2.（1）$\boldsymbol{AB}=\begin{bmatrix}6&2&-2\\6&1&0\\8&-1&2\end{bmatrix}$，$\boldsymbol{AB}-\boldsymbol{BA}=\begin{bmatrix}2&2&-2\\2&0&0\\4&-4&-2\end{bmatrix}$

（2）$\boldsymbol{AB}=\begin{bmatrix}a+b+c&a^2+b^2+c^2&2ac+b^2\\a+b+c&2ac+b^2&a^2+b^2+c^2\\1&a+b+c&a+b+c\end{bmatrix}$

$$\boldsymbol{AB}-\boldsymbol{BA}=\begin{bmatrix}b-ac&a^2+b^2+c^2-ab-b-c&2c(a-1)+b^2-a^2\\c-bc&2ac-2b&a^2+b^2+c^2-ab-b-c\\1-2a-c^2&c-cb&b-ac\end{bmatrix}$$

3. $\begin{bmatrix}a&b&-2b\\c&d&e\\0&0&d+\frac{1}{2}e\end{bmatrix}$　4. （1）不正确；反例：$\boldsymbol{A}=\begin{bmatrix}1&1\\-1&-1\end{bmatrix}$

（2）$\begin{bmatrix}0&0\\0&0\end{bmatrix}$、$\begin{bmatrix}0&0\\c&0\end{bmatrix}$、$\begin{bmatrix}0&b\\0&0\end{bmatrix}$；或$\begin{bmatrix}a&b\\c&-a\end{bmatrix}$，其中 $bc=-a^2$　（3）略

5.（1）$\begin{bmatrix}7&4&4\\9&4&3\\3&3&4\end{bmatrix}$　（2）$\begin{bmatrix}1&n\\0&1\end{bmatrix}$　6. 1×10^{16}；$\begin{bmatrix}25&0&0&0\\0&25&0&0\\0&0&4&0\\0&0&8&4\end{bmatrix}$　7. 略　8. 略

习题 2.3

【基础训练】

1. $\boldsymbol{A}+\boldsymbol{B}$ 不一定可逆；$\boldsymbol{AB}$ 一定可逆

2.（1）$\dfrac{1}{ad-bc}\begin{bmatrix}d&-b\\-c&a\end{bmatrix}$　（2）$\begin{bmatrix}0&\frac{1}{3}&\frac{1}{3}\\0&\frac{1}{3}&-\frac{2}{3}\\-1&\frac{2}{3}&-\frac{1}{3}\end{bmatrix}$　（3）$\begin{bmatrix}-\frac{1}{9}&\frac{1}{3}&\frac{4}{9}\\-\frac{1}{9}&\frac{1}{3}&-\frac{5}{9}\\\frac{1}{9}&-\frac{4}{9}&-\frac{2}{3}\end{bmatrix}$

3. $\begin{bmatrix}-2&1\\\frac{3}{2}&-\frac{1}{2}\end{bmatrix}$　4. 伴随矩阵：$\begin{bmatrix}18&-12&-2\\0&6&-5\\0&0&3\end{bmatrix}$；逆矩阵：$\begin{bmatrix}1&-\frac{2}{3}&-\frac{1}{9}\\0&\frac{1}{3}&-\frac{5}{18}\\0&0&\frac{1}{6}\end{bmatrix}$

5. $\dfrac{1}{4}$；$\dfrac{1}{256}$；$-\dfrac{2}{3}$；1

6.（1）$\begin{bmatrix}1&-2&0&0\\-2&5&0&0\\0&0&\frac{1}{3}&\frac{2}{3}\\0&0&-\frac{1}{3}&\frac{1}{3}\end{bmatrix}$（2）$\begin{bmatrix}0&0&\frac{1}{3}&\frac{2}{3}\\0&0&-\frac{1}{3}&\frac{1}{3}\\1&-2&0&0\\-2&5&0&0\end{bmatrix}$　7. $\begin{bmatrix}2&0&-3\\0&2&2\\0&0&-2\end{bmatrix}$

【能力提升】

1. 0.24　2. $\begin{bmatrix}0.25&0.25&0\\0&0.25&0.25\\0.25&0&0.25\end{bmatrix}$　3. $\dfrac{1}{5}\boldsymbol{E}$　4. $\boldsymbol{X}=\begin{bmatrix}\boldsymbol{O}&\boldsymbol{C}^{-1}\\\boldsymbol{A}^{-1}&\boldsymbol{O}\end{bmatrix}$　5. 略　6. 略

【直击考研】

1. C

习题 2.4

【基础训练】

1. $X=\begin{bmatrix}2\\0\end{bmatrix}$　　2. $X=\begin{bmatrix}\frac{8}{9}\\-\frac{1}{6}\\\frac{2}{3}\end{bmatrix}$　　3. $X=\begin{bmatrix}\frac{1}{3}&\frac{1}{6}&\frac{1}{6}\\\frac{1}{3}&\frac{1}{6}&\frac{1}{3}\\-\frac{1}{3}&\frac{1}{3}&\frac{1}{3}\end{bmatrix}$

2.（1）不是　（2）是　　（3）是　　（4）不是　　　3. 略

4. $\begin{bmatrix}1&0&0\\1&1&0\\1&0&1\end{bmatrix}\begin{bmatrix}1&3&3\\0&1&0\\0&0&1\end{bmatrix}$　　　5. $X=\begin{bmatrix}2&-23\\0&8\end{bmatrix}$

【能力提升】

1. $A^{-1}=\begin{bmatrix}0.25&0.25&0.25&0.25\\0.25&-0.25&0.25&-0.25\\0.25&0.25&-0.25&-0.25\\0.25&-0.25&-0.25&0.25\end{bmatrix}$　　2. $\begin{bmatrix}1&-1&-1&0&\cdots&0&0\\1&1&-1&-1&\cdots&0&0\\\vdots&\vdots&\vdots&\vdots&&\vdots&\vdots\\0&0&0&0&\cdots&1&-1\\0&0&0&0&\cdots&1&2\end{bmatrix}$

3. 略　　　4. 略

习题 2.5

【基础训练】

1.（1）是，是（2）否　（3）是，是　（4）是，是　（5）是，是　（6）是，是

2.（1）3　（2）3　（3）3　（4）3　　3. 1　　4. $a=-1$，$b=2$　　5. 2

6.（1）$\begin{bmatrix}1&1&3&3\\0&1&-1/3&2/3\\0&0&1&1\\0&0&0&0\end{bmatrix}$　（2）$\begin{bmatrix}1&-1&3/2&-1&0\\0&0&1&-2&2\\0&0&0&0&0\\0&0&0&0&0\end{bmatrix}$　　7.（1）2　　（2）3

8.（1）$A^{-1}=\begin{bmatrix}0&\frac{1}{3}&\frac{1}{3}\\0&\frac{1}{3}&-\frac{1}{3}\\-1&\frac{2}{3}&-\frac{1}{3}\end{bmatrix}$　　（2）$A^{-1}=\begin{bmatrix}\frac{1}{4}&\frac{1}{4}&\frac{1}{4}&\frac{1}{4}\\\frac{1}{4}&\frac{1}{4}&-\frac{1}{4}&-\frac{1}{4}\\\frac{1}{4}&-\frac{1}{4}&\frac{1}{4}&-\frac{1}{4}\\\frac{1}{4}&-\frac{1}{4}&-\frac{1}{4}&\frac{1}{4}\end{bmatrix}$

（3）因为 $|\boldsymbol{A}|=1$，所以 $\boldsymbol{A}^{-1}=\boldsymbol{A}^{*}=\begin{bmatrix}1&-3&-3&-38\\0&1&-2&7\\0&0&1&-2\\0&0&0&1\end{bmatrix}$　（4）$\boldsymbol{A}^{-1}=\begin{bmatrix}2&-1&0&0\\-3&2&0&0\\-5&7&-3&-4\\2&-2&\frac{1}{2}&\frac{1}{2}\end{bmatrix}$

【能力提升】

1. 3　2. $\frac{2}{5}$　3. 1　4. 略

5.（1）1　（2）-2　（3）除了 1 和 -2 的其他数

6. $\boldsymbol{A}^{-1}=\begin{bmatrix}0&0&\cdots&0&\frac{1}{a_n}\\\frac{1}{a_1}&0&\cdots&0&0\\\vdots&\vdots&\ddots&\vdots&\vdots\\0&0&\cdots&0&0\\0&0&\cdots&\frac{1}{a_{n-1}}&0\end{bmatrix}$

【直击考研】

1. C　2. D

章节测验

1. 选择题

（1）A　（2）B　（3）C　（4）D　（5）B　（6）A　（7）D　（8）A　（9）A　（10）A

2. 填空题

（1）$\begin{bmatrix}-1&1\\2&0\end{bmatrix}$　（2）$\begin{bmatrix}1&0\\-2&-2\end{bmatrix}$　（3）$\frac{7}{4}$　（4）$\frac{2}{5}\boldsymbol{A}-\frac{3}{5}\boldsymbol{E}$　（5）$\frac{1}{9}$

3. 判断题

（1）×　（2）√　（3）√　（4）√　（5）√　（6）×

4. 解答题

（1）0　（2）可逆，逆矩阵为$\begin{bmatrix}-1&2&-1\\-2&1&0\\-3&-1&2\end{bmatrix}$　（3）$t=2$

(4) ① $\begin{bmatrix}3 & 2\\-2 & -3\\1 & 3\end{bmatrix}$ ② $\begin{bmatrix}-2 & 2 & 6\\2 & 0 & -3\\2 & -1 & -3\end{bmatrix}$ (5) $\begin{bmatrix}1 & 0 & 0 & 0\\-2 & 1 & 0 & 0\\1 & -2 & 1 & 0\\0 & 1 & -2 & 1\end{bmatrix}$ (6) 证明略

第 3 章

习题 3.1

【基础训练】

1. 无解　2. 无穷多解　3. 只有零解　4. 有非零解　5. $\lambda=-1$或$\lambda=4$

6. 当 $a\neq1$ 且 $b\neq2$ 时，原方程组有唯一解；当 $a\neq1$ 且 $b\neq2$ 时，原方程组有无穷多解；当 $a=1$ 时，无论 b 为何值，原方程组无解

【能力提升】

1. $\lambda=5$　2. $c=0$

3. 当 $m=-1$ 且 $n\neq1$ 时，原方程组无解；当 $m\neq-1$，原方程组有惟一解；当 $m=-1$ 且 $n=1$ 时，原方程有无穷多解

4. 当 $a=1$ 且 $b\neq-1$ 时，原方程组无解；当 $a\neq1$ 时，原方程组有惟一解；当 $a=1$ 且 $b=-1$ 时，原方程组有无穷多解

5. 当 $\lambda=0$ 时，原方程组无解；当 $\lambda\neq1$ 且 $\lambda\neq0$ 时，原方程组有唯一解；当 $\lambda=1$，原方程组有无穷多解

【直击考研】

1. 1　2. D　3.（1）$1-a^4$　（2）$a=1$或$a=-1$

习题 3.2

【基础训练】

1. $\boldsymbol{\alpha}_1-\boldsymbol{\alpha}_2=\begin{bmatrix}1\\0\\-1\end{bmatrix}$，$3\boldsymbol{\alpha}_1+2\boldsymbol{\alpha}_2-\boldsymbol{\alpha}_3=\begin{bmatrix}0\\1\\2\end{bmatrix}$　2. $\boldsymbol{\alpha}=\begin{bmatrix}4\\-1\\-2\end{bmatrix}$，$\boldsymbol{\beta}=\begin{bmatrix}1\\0\\\frac{3}{2}\end{bmatrix}$　3. $\boldsymbol{\alpha}=\begin{bmatrix}1\\2\\3\\4\end{bmatrix}$

4.（1）$\boldsymbol{\beta}=\frac{5}{4}\boldsymbol{\alpha}_1+\frac{1}{4}\boldsymbol{\alpha}_2-\frac{1}{4}\boldsymbol{\alpha}_3-\frac{1}{4}\boldsymbol{\alpha}_4$　（2）$\boldsymbol{\beta}$ 不能由向量组 $\boldsymbol{\alpha}_1,\boldsymbol{\alpha}_2,\boldsymbol{\alpha}_3,\boldsymbol{\alpha}_4$ 线性表示

5.（1）$t=5$　（2）$t\neq5$

6.（1）向量组的秩为 3，其中一个最大线性无关组为 $\boldsymbol{\alpha}_1,\boldsymbol{\alpha}_2,\boldsymbol{\alpha}_3$

（2）$\boldsymbol{\alpha}_4=-8\boldsymbol{\alpha}_1+3\boldsymbol{\alpha}_2+6\boldsymbol{\alpha}_3$　　7. 略

【能力提升】

1.（1）线性无关　（2）线性相关　（3）线性无关

2.（1）$a=-1,b\neq 0$　　（2）$a\neq -1,\boldsymbol{\beta}=-\dfrac{2b}{a+1}\boldsymbol{\alpha}_1+\dfrac{a+b+1}{a+1}\boldsymbol{\alpha}_2+\dfrac{b}{a+1}\boldsymbol{\alpha}_3+0\boldsymbol{\alpha}_4$

3.（1）秩为 2，其中一个最大无关组为 $\boldsymbol{\alpha}_1,\boldsymbol{\alpha}_2$　　（2）$\boldsymbol{\alpha}_3=-\boldsymbol{\alpha}_1+2\boldsymbol{\alpha}_2,\boldsymbol{\alpha}_4=-2\boldsymbol{\alpha}_1+3\boldsymbol{\alpha}_2$

4. 略.

【直击考研】

1.（1）$a=5$　　（2）$\boldsymbol{\beta}_1=2\boldsymbol{\alpha}_1+4\boldsymbol{\alpha}_2+\boldsymbol{\alpha}_3,\boldsymbol{\beta}_2=\boldsymbol{\alpha}_1+2\boldsymbol{\alpha}_2,\boldsymbol{\beta}_3=5\boldsymbol{\alpha}_1+10\boldsymbol{\alpha}_2-2\boldsymbol{\alpha}_3$

2. A　　3. C　　4. 2

习题 3.3

【基础训练】

1. $x=k(8,3,0,1)^{\mathrm{T}}+(3,1,0,0)^{\mathrm{T}}$（$k$ 为任意常数）

2. $\lambda=1,x=k(3,-3,1)^{\mathrm{T}}+(-1,1,0)^{\mathrm{T}}$（$k$ 为任意常数）

3. $\xi_1=(-1,1,0,0,0)^{\mathrm{T}},\xi_2=(-1,0,-1,0,1)^{\mathrm{T}}$

4. $\boldsymbol{x}=k_1(1,1,0,0,0)^{\mathrm{T}}+k_2(0,0,1,1,0)^{\mathrm{T}}+k_3\left(\dfrac{1}{3},0,-\dfrac{5}{3},0,1\right)^{\mathrm{T}}+\left(\dfrac{2}{3},0,\dfrac{2}{3},0,0\right)^{\mathrm{T}}$（$k_1$，$k_2$，$k_3$ 为任意常数）

5. $a=0,b=2$
$\boldsymbol{x}=k_1(1,-2,1,0,0)^{\mathrm{T}}+k_2(1,-2,0,1,0)^{\mathrm{T}}+k_3(5,-6,0,0,1)^{\mathrm{T}}+(-2,3,0,0,0)^{\mathrm{T}}$（$k_1$，$k_2$，$k_3$ 为任意常数）

6. $a=2,b\neq-1$ 时无解，$a\neq 2$ 时有唯一解；$a=2,b=-1$ 时有无穷多解
$x=k(0,-2,1)^{\mathrm{T}}+(1,-1,0)^{\mathrm{T}}$（$k$ 为任意常数）

7.（1）$a\neq b\neq c$
（2）当 $a=b\neq c$ 时，$x=k(1,-1,0)^{\mathrm{T}}$；当 $b=c\neq a$ 时，$x=k(0,1,-1)^{\mathrm{T}}$；当 $c=a\neq b$ 时，$x=k(1,0,-1)^{\mathrm{T}}$ 当 $c=a=b$ 时，$x=k_1(1,-1,0)^{\mathrm{T}}+k_2(1,0,-1)^{\mathrm{T}}$（$k_1$，$k_2$，$k_3$ 为任意常数）

8.（1）$a=1,b=3$　　（2）$\xi_1=(1,-2,1,0,0)^{\mathrm{T}}$，$\xi_2=(1,-2,0,1,0)^{\mathrm{T}}$，$\xi_3=(-7,6,0,0,1)^{\mathrm{T}}$
（3）$\boldsymbol{x}=k_1(1,-2,1,0,0)^{\mathrm{T}}+k_2(1,-2,0,1,0)^{\mathrm{T}}+k_3(-7,6,0,0,1)^{\mathrm{T}}+(-2,3,0,0,0)^{\mathrm{T}}$

【能力提升】

1. $a\neq 1$，$a\neq -2$ 时，有唯一解；$a=1$ 时，$\boldsymbol{x}=k_1(-1,1,0)^{\mathrm{T}}+k_2(-1,0,1)^{\mathrm{T}}+(1,0,0)^{\mathrm{T}}$；$a=-2$ 时，$R(\boldsymbol{A})\neq R(\overline{\boldsymbol{A}})$，无解

2. $\boldsymbol{x}=k_1(-5,4,1,0)^{\mathrm{T}}+k_2(-2,4,0,1)^{\mathrm{T}}+(1,2,0,0)^{\mathrm{T}}$

3. $\boldsymbol{x}=k_1(2,-2,3)^{\mathrm{T}}+k_2(0,0,2)^{\mathrm{T}}+(1,0,2)^{\mathrm{T}}$

4.（1）$\lambda \neq 2$时，有唯一解；（2）$\lambda = 2$时，$R(\boldsymbol{A}) \neq R(\overline{\boldsymbol{A}})$，无解

（3）$\lambda = 1$时，$\boldsymbol{x} = k_1(-1,1,0,0)^{\mathrm{T}} + k_2(-1,0,1,0)^{\mathrm{T}} + (2,0,0,1)^{\mathrm{T}}$

5. （i）$k \neq 9$时，$\boldsymbol{x} = k_1(1,2,3)^{\mathrm{T}} + k_2(3,6,k)^{\mathrm{T}}$

（ii）$k = 9$时，当$R(\boldsymbol{A}) = 2$时，$\boldsymbol{x} = c(1,2,3)^{\mathrm{T}}$；当$R(\boldsymbol{A}) = 1$时，$\boldsymbol{x} = k_1\left(-\dfrac{b}{a},1,0\right)^{\mathrm{T}} + k_2\left(-\dfrac{c}{a},0,1\right)^{\mathrm{T}}$

6. （1）$\lambda \neq \dfrac{1}{2}$时，解$\boldsymbol{x} = k\left(-1,\dfrac{1}{2},-\dfrac{1}{2},1\right)^{\mathrm{T}} + \left(0,-\dfrac{1}{2},\dfrac{1}{2},0\right)^{\mathrm{T}}$

$\lambda = \dfrac{1}{2}$时，解$\boldsymbol{x} = k_1(1,-3,1,0)^{\mathrm{T}} + k_2\left(-\dfrac{1}{2},-1,0,1\right)^{\mathrm{T}} + \left(-\dfrac{1}{2},1,0,0\right)^{\mathrm{T}}$

（2）$\lambda \neq \dfrac{1}{2}$时，$C=1$，所以解为$x = (-1,0,0,1)^{\mathrm{T}}$

$\lambda = \dfrac{1}{2}$时，$k_1 = -\dfrac{1}{4}k_2 + \dfrac{1}{4}$，所以解为

$x = \left(-\dfrac{1}{4}k_2 + \dfrac{1}{4}\right)(1,-3,1,0)^{\mathrm{T}} + k_2\left(-\dfrac{1}{2},-1,0,1\right)^{\mathrm{T}} + \left(-\dfrac{1}{2},1,0,0\right)^{\mathrm{T}}$

【直击考研】

1.（1）2　（2）$\boldsymbol{P} = \begin{bmatrix} -6k_1+3 & -6k_2+4 & -6k_3+4 \\ 2k_1-1 & 2k_2-1 & 2k_3-1 \\ k_1 & k_2 & k_3 \end{bmatrix}$，其中$k_1,k_2,k_3$为任意常数，且$k_2 \neq k_3$

2.（1）-2　（2）$x = k(0,-1,1)^{\mathrm{T}} + (1,-2,0)^{\mathrm{T}}$（$k$为任意常数）

3.（1）$\boldsymbol{\xi} = (-1,2,3,1)^{\mathrm{T}}$　（2）$B = \begin{bmatrix} -k_1+2 & -k_2+6 & -6k_3-1 \\ 2k_1-1 & 2k_2-3 & 2k_3+1 \\ -1+3k_1 & -4+3k_2 & 1+3k_3 \\ k_1 & k_2 & k_3 \end{bmatrix}$，其中$k_1,k_2,k_3$为任意常数

4.（1）$\lambda = -1, a = -2$；（2）$x = k(1,0,1)^{\mathrm{T}} + \left(\dfrac{3}{2},-\dfrac{1}{2},0\right)^{\mathrm{T}}$（$k$为任意常数）

章节测验

1. 单项选择题

（1）B　（2）C　（3）A　（4）C　（5）D　（6）A

2. 填空题

（1）$\begin{vmatrix} a_{11} & a_{12} \cdots a_{1n} \\ \vdots & \vdots \quad \vdots \\ a_{n1} & a_{n2} \cdots a_{nn} \end{vmatrix} = 0$　（2）$a = -3$　（3）线性无关　（4）2，-1

（5）$(1,1,1)^{\mathrm{T}}$

3. 判断题

（1）×　（2）√　（3）×　（4）√

4. 解答题

（1）① $\xi_1=(1,7,0,19)^{\mathrm T}$，$\xi_2=(0,0,1,2)^{\mathrm T}$，$x=k_1(1,7,0,19)^{\mathrm T}+k_2(0,0,1,2)^{\mathrm T}$

② $\xi=(0,2,1,0)^{\mathrm T}$，$\boldsymbol{x}=k(0,2,1,0)^{\mathrm T}$

（2）$a=1,b=-1;\boldsymbol{x}=k_1(0,1,1,0)^{\mathrm T}+k_2(-4,1,0,1)^{\mathrm T}+(0,1,0,0)^{\mathrm T}$

（3）$\boldsymbol{x}=k\left(-\frac{1}{2},-\frac{1}{2},0,-\frac{1}{2},1\right)^{\mathrm T}+(0,-1,0,-1,0)^{\mathrm T}$　（4）$k=3$

（5）① 线性无关　② 线性相关　③ 线性相关

（6）① 线性无关　② 线性无关

（7）$\boldsymbol{\beta}$是向量组$\boldsymbol{\alpha}_1,\boldsymbol{\alpha}_2,\boldsymbol{\alpha}_3$的线性组合，$\boldsymbol{\beta}=2\boldsymbol{\alpha}_1-\boldsymbol{\alpha}_2+\boldsymbol{\alpha}_3$

（8）① 证明略② $\boldsymbol{\alpha}_1,\boldsymbol{\alpha}_2,\boldsymbol{\alpha}_5$是包含$\boldsymbol{\alpha}_1,\boldsymbol{\alpha}_5$一个最大线性无关组

③ $\boldsymbol{\alpha}_3=3\boldsymbol{\alpha}_1+\boldsymbol{\alpha}_2,\boldsymbol{\alpha}_4=\boldsymbol{\alpha}_1+\boldsymbol{\alpha}_2+\boldsymbol{\alpha}_5$

第4章

习题4.1

【基础训练】

1. $\lambda_1=-1$,属于$\lambda_1=-1$的所有特征向量为：$\boldsymbol{p}_1=k_1(-3,2)^{\mathrm T}(k_1\neq0)$；

$\lambda_2=4$,属于$\lambda_2=4$的所有特征向量为：$\boldsymbol{p}_2=k_2(1,\ 1)^{\mathrm T}(k_2\neq0)$

2. $\lambda_1=\lambda_2=-2$,属于$\lambda_1=\lambda_2=-2$,的所有特征向量为$\boldsymbol{p}_1=k_1(1,1,0)^{\mathrm T}+k_2(0,1,1)^{\mathrm T}$（$k_1$，$k_2$不全为0）

$\lambda_3=4$，属于$\lambda_3=4$的所有特征向量为$\boldsymbol{p}_2=k_1(1,1,2)^{\mathrm T}(k_1\neq0)$

$x=4$. $\lambda_1=\lambda_2=3$属于$\lambda_1=\lambda_2=3$的所有特征向量为$\boldsymbol{p}_1=k_1(-1,1,0)^{\mathrm T}+k_2(-1,0,4)^{\mathrm T}$（$k_1$, k_2不全为0）

$\lambda_3=12$,属于$\lambda_3=12$,的所有特征向量为$\boldsymbol{p}_2=k_1(-1,-1,1)^{\mathrm T}(k_1\neq0)$

4. $|\boldsymbol{A}-\boldsymbol{E}_3|=|2\boldsymbol{E}_3+\boldsymbol{A}|=|\boldsymbol{A}^2+3\boldsymbol{A}-4\boldsymbol{E}_3|=0$　5. 略　6. $|\boldsymbol{A}^3-3\boldsymbol{A}^2+7\boldsymbol{A}|=1\,050$

【能力提升】

1. $\lambda_1=\lambda_2=\lambda_3=2$，属于$\lambda_1=\lambda_2=\lambda_3=2$的所有特征向量为

$\boldsymbol{p}_1=k_1(1,1,0,0)^{\mathrm T}+k_2(1,0,1,0)^{\mathrm T}+k_3(1,0,0,1)^{\mathrm T}$（$k_1$，$k_2$，$k_3$不全为0）

$\lambda_4=-2$，属于$\lambda_4=-2$的所有特征向量为$\boldsymbol{p}_2=k_1(-1,1,1,1)^{\mathrm T}(k_1\neq0)$

2. $k=1$或$k=-2$　3. $|\boldsymbol{A}^2+\boldsymbol{A}+\boldsymbol{E}_3|=9$　4. $a=-5,b=4$　5. 略

【直击考研】

1. -1　　2. 2　　3. 2

4.（1）$\lambda_1=-1,\lambda_2=1,\lambda_3=0$; $k_1(1,0,-1)^T,k_2(1,0,1)^T,k_3(0,1,0)^T$（$k_1$，$k_2$，$k_3$不全为 0）

（2）$A=\begin{bmatrix}0&0&1\\0&0&0\\1&0&0\end{bmatrix}$

习题 4.2

【基础训练】

1. 能对角化，$\lambda_1=\lambda_2=2$, 属于 $\lambda_1=\lambda_2=2$, 的特征向量取为：$p_1=(1,1,0)^T$，$p_2=(-1,0,3)^T$

$\lambda_3=1$，属于 $\lambda_3=1$ 的一个特征向量为 $p_3=(1,1,1)^T$

所以 $p=\begin{bmatrix}1&-1&1\\1&0&1\\0&3&1\end{bmatrix}$，$p^{-1}AP=\begin{bmatrix}2&&\\&2&\\&&1\end{bmatrix}$

2. 能对角化，$\lambda_1=\lambda_2=2$, 属于 $\lambda_1=\lambda_2=2$ 的特征向量为 $p_1=(-2,1,0)^T,p_2=(2,0,1)^T$

$\lambda_3=-7$，属于 $\lambda_3=-7$ 的一个特征向量为 $p_3=(-1,-1,2)^T$

所以 $P=\begin{bmatrix}-2&2&-1\\1&0&-2\\0&1&2\end{bmatrix}$，$P^{-1}AP=\begin{bmatrix}2&&\\&2&\\&&-7\end{bmatrix}$

3.（1）不相似　（2）相似　（3）相似　4.（1）$a=3,b=0,\lambda=-1$　（2）可以

5.（1）$a=5$，$b=6$　（2）$P=\begin{bmatrix}1&1&1\\-1&0&-2\\0&1&3\end{bmatrix}$　6. 略

【能力提升】

1.（1）$a=3$，$b=5$　（2）$\lambda_1=1$，$\lambda_2=2$，$\lambda_3=5$ 属于它们的特征向量依次为

$p_1=(0,-1,1)^T,p_2=(1,0,0)^T$，$p_3=(0,1,1)^T$. 所以 $C=\begin{bmatrix}0&1&0\\-1&0&1\\1&0&1\end{bmatrix},C^{-1}AC=B$

2.（1）-4，2，-10（2）$\begin{bmatrix}-4&&\\&2&\\&&-10\end{bmatrix}$　3. $A^n=\begin{bmatrix}2^n&2^n-1&2^n-1\\0&2^n&0\\0&1-2^n&1\end{bmatrix}$　4. 证明略

【直击考研】

1. A　2. B　3. C　4.（1）$x=3, y=-2$；（2）$\boldsymbol{P}=\begin{bmatrix}-1 & -1 & -1\\ 2 & 1 & 2\\ 0 & 0 & 4\end{bmatrix}$

习题 4.3

【基础训练】

1.（1）$\boldsymbol{Q}=\begin{bmatrix}\frac{-2}{\sqrt{5}} & \frac{2}{3\sqrt{5}} & -\frac{1}{3}\\ \frac{1}{\sqrt{5}} & \frac{4}{3\sqrt{5}} & -\frac{2}{3}\\ 0 & \frac{\sqrt{5}}{3} & \frac{2}{3}\end{bmatrix}$　（2）$\boldsymbol{Q}=\begin{bmatrix}\frac{-1}{\sqrt{2}} & \frac{1}{3\sqrt{2}} & \frac{2}{3}\\ 0 & \frac{2\sqrt{2}}{3} & \frac{1}{3}\\ \frac{1}{\sqrt{2}} & \frac{-1}{3\sqrt{2}} & \frac{2}{3}\end{bmatrix}$　2. $x=1$

3. $\boldsymbol{P}=\begin{bmatrix}\frac{-1}{\sqrt{2}} & \frac{-1}{\sqrt{6}} & \frac{1}{\sqrt{3}} & 0\\ 0 & \frac{2}{\sqrt{6}} & \frac{1}{\sqrt{3}} & 0\\ \frac{1}{\sqrt{2}} & \frac{-1}{\sqrt{6}} & \frac{1}{\sqrt{3}} & 0\\ 0 & 0 & 0 & 1\end{bmatrix}$　4. $\boldsymbol{P}=\begin{bmatrix}\frac{2}{3\sqrt{5}} & \frac{-2}{\sqrt{5}} & \frac{1}{3}\\ \frac{4}{3\sqrt{5}} & \frac{1}{\sqrt{5}} & \frac{2}{3}\\ \frac{-5}{3\sqrt{5}} & 0 & \frac{2}{3}\end{bmatrix}$, $\boldsymbol{B}=\boldsymbol{P}\begin{bmatrix}3 & & \\ & 3 & \\ & & 0\end{bmatrix}\boldsymbol{P}^{\mathrm{T}}$　5. 略

【能力提升】

1.（1）$\boldsymbol{\alpha}=0$，$\boldsymbol{\beta}=1$　（2）$\boldsymbol{Q}=\begin{bmatrix}1 & 0 & 0\\ 0 & \frac{1}{\sqrt{2}} & -\frac{1}{\sqrt{2}}\\ 0 & \frac{1}{\sqrt{2}} & \frac{1}{\sqrt{2}}\end{bmatrix}$　2. $\boldsymbol{Q}=\begin{bmatrix}\frac{-2}{\sqrt{5}} & \frac{2}{3\sqrt{5}} & -\frac{1}{3}\\ \frac{1}{\sqrt{5}} & \frac{4}{3\sqrt{5}} & -\frac{2}{3}\\ 0 & \frac{\sqrt{5}}{3} & \frac{2}{3}\end{bmatrix}$

3.（1）$\boldsymbol{\alpha}_3=(1,0,1)^{\mathrm{T}}$　（2）$\boldsymbol{A}=\begin{bmatrix}\frac{13}{6} & \frac{-1}{3} & \frac{5}{6}\\ \frac{-1}{3} & \frac{5}{3} & \frac{1}{3}\\ \frac{5}{6} & \frac{1}{3} & \frac{13}{6}\end{bmatrix}$　4. 略

【直击考研】

1. $a=-1$; $\boldsymbol{Q}=\begin{bmatrix} \frac{1}{\sqrt{6}} & \frac{1}{\sqrt{3}} & -\frac{1}{\sqrt{2}} \\ \frac{2}{\sqrt{6}} & -\frac{1}{\sqrt{3}} & 0 \\ \frac{1}{\sqrt{6}} & \frac{1}{\sqrt{3}} & \frac{1}{\sqrt{2}} \end{bmatrix}$　　2.（1）$a=4,b=5$　　（2）$\boldsymbol{P}=\begin{bmatrix} 2 & -3 & -1 \\ 1 & 0 & -1 \\ 0 & 1 & 1 \end{bmatrix}$

3. D

习题 4.4

【基础训练】

1.（1）$\begin{bmatrix} 1 & 2 & 3 \\ 2 & 2 & 4 \\ 3 & 4 & 1 \end{bmatrix}$　　（2）$\begin{bmatrix} 1 & 1 & \frac{-1}{2} \\ 1 & 0 & 0 \\ \frac{-1}{2} & 0 & 2 \end{bmatrix}$　　（3）$\begin{bmatrix} 0 & 1 & 3 \\ 1 & 0 & 2 \\ 3 & 2 & 0 \end{bmatrix}$

2.（1）$\begin{bmatrix} 2 & 2 \\ 2 & 1 \end{bmatrix}$　　（2）$\begin{bmatrix} 1 & 3 & 5 \\ 3 & 5 & 7 \\ 5 & 7 & 9 \end{bmatrix}$

3.（1）$f(x_1,x_2,x_3)=4x_1^{\ 2}+2x_2^{\ 2}+x_3^{\ 2}+6x_1x_2+2x_2x_3$

（2）$f(x_1,x_2,x_3,x_4)=2x_4^{\ 2}+2x_1x_2+2x_1x_3+2x_2x_3$

【能力提升】

1.（1）$\begin{cases} x_1=y_1-y_2 \\ x_2=y_2-y_3 \\ x_3=y_3 \end{cases}$　　（2）$\begin{cases} x_1=y_1+y_2+y_3 \\ x_2=y_1-y_2+2y_3 \\ x_3=y_3 \end{cases}$　　2. $\begin{bmatrix} 0 & 1 & 0 \\ 1 & 0 & 0 \\ 0 & 0 & 1 \end{bmatrix}$

3. $c=\frac{8}{5},\lambda_1=0,\lambda_2=5,\lambda_3=\frac{43}{5}$　　4. 略

【直击考研】

1. 略

2. 当 $a\neq 2$ 时，$\begin{pmatrix} x_1 \\ x_2 \\ x_3 \end{pmatrix}=\begin{pmatrix} 0 \\ 0 \\ 0 \end{pmatrix}$；当 $a=2$ 时，$\begin{pmatrix} x_1 \\ x_2 \\ x_3 \end{pmatrix}=k\begin{pmatrix} -2 \\ -1 \\ 1 \end{pmatrix}$（k 为任意实数）

习题 4.5

【基础训练】

1. 令$\begin{cases}x_1=y_1\\x_2=y_1+y_2\\x_3=y_3\end{cases}$，即 $\boldsymbol{X}=\begin{bmatrix}1&0&0\\1&1&0\\0&0&1\end{bmatrix}\boldsymbol{Y}=\boldsymbol{C}_1\boldsymbol{Y}$,

则：$f(x_1,x_2,x_3)=y_1^2+y_1y_2+y_1y_3=(y_1+\frac{1}{2}y_2+\frac{1}{2}y_3)^2-\frac{1}{4}(y_2+y_3)^2$,

令$\begin{cases}w_1=y_1+\frac{1}{2}y_2+\frac{1}{2}y_3\\w_2=y_2+y_3\\w_3=y_3\end{cases}$，即 $\boldsymbol{Y}=\begin{bmatrix}1&-\frac{1}{2}&-1\\0&1&-1\\0&0&1\end{bmatrix}\boldsymbol{W}=\boldsymbol{C}_2\boldsymbol{W}$，即 $\boldsymbol{X}=\boldsymbol{C}_1\boldsymbol{C}_2\boldsymbol{W}$ 使 $f(x_1,x_2,x_3)=w_1^2-\frac{1}{4}w_2^2$

2.（1）$\begin{bmatrix}-1&1\\1&1\end{bmatrix}$ （2）$\begin{bmatrix}1&1&-3\\-2&1&1\\1&2&2\end{bmatrix}$ 3.（1）$a=-2$ （2）$\boldsymbol{Q}=\begin{bmatrix}\frac{1}{\sqrt{3}}&\frac{-1}{\sqrt{2}}&0\\\frac{1}{\sqrt{3}}&0&0\\\frac{1}{\sqrt{3}}&\frac{1}{\sqrt{2}}&0\end{bmatrix}$

4. 证明略

【能力提升】

1.（1）$y_1^2-y_2^2$，相应的线性变换为$\begin{cases}x_1=y_1+\dfrac{1}{2}y_2-\dfrac{3}{2}y_3\\x_2=\dfrac{1}{2}y_2-\dfrac{1}{2}y_3\\x_3=y_3\end{cases}$

（2）$-z_1^2+4z_2^2+z_3^2$，相应的线性变换为$\begin{cases}x_1=\dfrac{1}{2}z_1+z_2+\dfrac{1}{2}z_3\\x_2=\dfrac{1}{2}z_1-z_2+\dfrac{1}{2}z_3\\x_3=z_3\end{cases}$

（3）$y_1^2+y_2^2+y_3^2-y_4^2$,相应的线性变换为$\begin{cases}x_1=y_1\\x_2=y_2-y_3\\x_3=-y_1+y_4\\x_4=y_1+y_3-y_4\end{cases}$

2.（1）$\begin{cases}x_1=-\frac{2}{3}y_1+\frac{2}{3}y_2+\frac{1}{3}y_3\\x_2=-\frac{1}{3}y_1-\frac{2}{3}y_2+\frac{2}{3}y_3\\x_3=\frac{2}{3}y_1+\frac{1}{3}y_2+\frac{2}{3}y_3\end{cases}$ （2）$\begin{cases}x_1=\frac{1}{\sqrt{2}}y_1+\frac{1}{\sqrt{2}}y_3\\x_2=\frac{1}{\sqrt{2}}y_1-\frac{1}{\sqrt{2}}y_3\\x_3=\frac{1}{\sqrt{2}}y_2+\frac{1}{\sqrt{2}}y_4\\x_4=\frac{1}{\sqrt{2}}y_2-\frac{1}{\sqrt{2}}y_4\end{cases}$

3.（1）$[x_1,x_2,x_3]\begin{bmatrix}0&2&-2\\2&4&4\\-2&4&-3\end{bmatrix}\begin{bmatrix}x_1\\x_2\\x_3\end{bmatrix}$ （2）$P=\begin{bmatrix}\frac{2}{\sqrt{5}}&\frac{1}{\sqrt{30}}&\frac{1}{\sqrt{6}}\\0&\frac{5}{\sqrt{30}}&\frac{1}{\sqrt{6}}\\\frac{-1}{\sqrt{5}}&\frac{2}{\sqrt{30}}&\frac{2}{\sqrt{6}}\end{bmatrix}$ 4. 略 5. 略

【直击考研】

1. $a=2,\boldsymbol{Q}=\begin{bmatrix}\frac{1}{\sqrt{2}}&\frac{1}{\sqrt{3}}&\frac{1}{\sqrt{6}}\\0&\frac{-1}{\sqrt{3}}&\frac{2}{\sqrt{6}}\\\frac{-1}{\sqrt{2}}&\frac{1}{\sqrt{3}}&\frac{1}{\sqrt{6}}\end{bmatrix}$ 2.（1）$\boldsymbol{P}=\begin{bmatrix}1&-1&1\\0&1&0\\0&0&1\end{bmatrix}$ （2）不存在

3.（1）$\begin{bmatrix}1&2&3\\2&4&6\\3&6&9\end{bmatrix}$

（2）$\gamma_1=\frac{1}{\sqrt{14}}(1,2,3)^{\mathrm{T}}$，$\gamma_2=\frac{1}{\sqrt{5}}(-2,1,0)^{\mathrm{T}}$，$\gamma_3=\frac{1}{\sqrt{70}}(-3,-6,5)^{\mathrm{T}}$，$Q=(\gamma_1,\gamma_2,\gamma_3)$

（3）$\boldsymbol{x}=k_1(-2,1,0)^{\mathrm{T}}+k_2(-3,-6,5)^{\mathrm{T}}$，其中 k_1,k_2 为任意常数

4.（1）$a=4$，$b=1$ （2）$\boldsymbol{Q}=\begin{bmatrix}0&1\\-1&0\end{bmatrix}$

习题 4.6

【基础训练】

1. 等价、相似、合同 2. 等价、合同 3.（1）$\lambda_1=0$，$\lambda_2=\lambda_3=2$ （2）$k>-\frac{1}{2}$

4.（1）正定 （2）非正定 （3）非正定 5. 略 6. 略

【能力提升】

1. 等价、相似、合同 2. $-\frac{4}{5}<a<0$ 3. 略 4. 略

【直击考研】

1.（1）$\boldsymbol{P}=\begin{bmatrix}\frac{1}{\sqrt{3}} & \frac{-1}{\sqrt{2}} & \frac{-1}{\sqrt{6}}\\ \frac{1}{\sqrt{3}} & \frac{1}{\sqrt{2}} & \frac{1}{\sqrt{6}}\\ \frac{-1}{\sqrt{3}} & 0 & \frac{2}{\sqrt{6}}\end{bmatrix}$ （2）$\boldsymbol{C}=\begin{bmatrix}\frac{5}{3} & -1 & -1\\ -1 & \frac{5}{3} & \frac{1}{3}\\ -1 & \frac{1}{3} & \frac{5}{3}\end{bmatrix}$

2.（1）$\boldsymbol{P}^{\mathrm{T}}\boldsymbol{D}\boldsymbol{P}=\begin{bmatrix}\boldsymbol{A} & \boldsymbol{O}\\ \boldsymbol{O} & \boldsymbol{B}-\boldsymbol{C}^{\mathrm{T}}\boldsymbol{A}^{-1}\boldsymbol{C}\end{bmatrix}$ （2）矩阵 $\boldsymbol{B}-\boldsymbol{C}^{\mathrm{T}}\boldsymbol{A}^{-1}\boldsymbol{C}$ 是为正定矩阵

章节测验

1. 单项选择题

（1）C （2）D （3）D （4）B （5）C （6）D

2. 填空题

（1）6，3，6 （2）－8 （3）1 （4）E （5）$\begin{bmatrix}0 & 1 & 1\\ 1 & 1 & -3\\ 1 & -3 & 0\end{bmatrix}$ （6）3 （7）$\left(-\sqrt{2},\sqrt{2}\right)$

3. 解答题

（1）① $\lambda_1=\lambda_2=\lambda_3=-1$, 属于 $\lambda_1=\lambda_2=\lambda_3=-1$ 的所有特征向量为 $\boldsymbol{p}_1=k_1(1,1,-1)^{\mathrm{T}}$（$k_1$ 不为 0）

② $\lambda_1=\lambda_2=-1$，属于 $\lambda_1=\lambda_2=-1$ 的所有特征向量为 $\boldsymbol{p}_1=k_1(1,0,0,-1)^{\mathrm{T}}+k_2(0,1,-1,0)^{\mathrm{T}}$（$k_1$，$k_2$ 不全为 0）

$\lambda_3=\lambda_4=1$，属于 $\lambda_3=\lambda_4=1$ 的所有特征向量为 $\boldsymbol{p}_2=k_3(1,0,0,1)^{\mathrm{T}}+k_4(0,1,1,0)^{\mathrm{T}}$（$k_3$，$k_4$ 不全为 0）

（2）① $y=6$ ② $\boldsymbol{P}=\begin{bmatrix}-1 & 1 & 1\\ 1 & 0 & -2\\ 0 & 1 & 3\end{bmatrix}$

（3）① $f=[x_1,x_2,x_3]\begin{bmatrix}1 & 2 & 1\\ 2 & 4 & 2\\ 1 & 2 & 1\end{bmatrix}\begin{bmatrix}x_1\\ x_2\\ x_3\end{bmatrix}$ ② $f=[x_1,x_2,x_3]\begin{bmatrix}1 & -1 & -2\\ -1 & 1 & -2\\ -2 & -2 & -7\end{bmatrix}\begin{bmatrix}x_1\\ x_2\\ x_3\end{bmatrix}$

③ $f=[x_1,x_2,x_3,x_4]\begin{bmatrix}1 & -1 & 2 & -1\\ -1 & 1 & 3 & -2\\ 2 & 3 & 1 & 0\\ -1 & -2 & 0 & 1\end{bmatrix}\begin{bmatrix}x_1\\ x_2\\ x_3\\ x_4\end{bmatrix}$

（4）$f=2z_1^2-2z_2^2+6z_3^2$，$\begin{bmatrix}x_1\\x_2\\x_3\end{bmatrix}=\begin{bmatrix}1&1&3\\1&-1&-1\\0&0&1\end{bmatrix}\begin{bmatrix}z_1\\z_2\\z_3\end{bmatrix}$

（5）二次型 $f(x_1,x_2,x_3)=x_1^2+2x_1x_2+2x_2^2+4x_2x_3+x_3^2$ 不是正定的

参考文献

[1] 同济大学数学系. 工程数学线性代数[M]. 5 版. 北京：高等教育出版社，2007.

[2] 北京大学数学系几何与代数教研室代数小组. 高等代数[M]. 2 版. 北京：高等教育出版社，1998.

[3] 喻秉钧，周厚隆. 线性代数[M]. 北京：高等教育出版社，2011.

[4] LAY D C, LAY S R, MCDONALD J J. 线性代数及其应用[M]. 刘深泉，等，译. 北京：机械工业出版社，2023.

[5] LEON S J, DE PILLIS L G. 线性代数[M]. 张文博，张丽静，译. 北京：机械工业出版社，2023.

[6] 李尚志.线性代数[M]. 北京：高等教育出版社，2011.

[7] 韩中庚. 数学建模方法及其应用[M]. 2 版. 北京：高等教育出版社，2009.

[8] 卢刚. 线性代数[M]. 2 版. 北京：高等教育出版社，2000.

[9] 任广千，谢聪，胡翠芳. 线性代数的几何意义[M]. 西安：西安电子科技大学出版社，2015.

[10] 薛长虹，于凯. MATLAB 数学实验[M]. 成都：西南交通大学出版社，2014.